高职高专规划教材

机械制图

第4版

主　编　马　慧　孙曙光
副主编　郭　琳　姬彦巧　李运杰
参　编　刘思远　范婷婷

机械工业出版社

本教材主要依据高职高专《机械制图》教学大纲对制图基础理论的要求，结合高职高专教育的特点编写而成。本教材采用视图和三维立体图对照讲解，双色印刷。与本教材配套的《机械制图习题册（第4版）》同步出版，并附有参考答案。本教材配有电子课件，采用本书作为教材的任课教师可免费下载使用。

本教材可作为高职高专院校的专业课教材，也可供高等工科学校的师生使用，还可作为国家职业技能鉴定“计算机绘图师”“三维建模师”的考试参考用书。

图书在版编目（CIP）数据

机械制图/马慧，孙曙光主编. —4版. —北京：机械工业出版社，2013.9（2023.7重印）
高职高专规划教材
ISBN 978-7-111-42788-9

Ⅰ.①机… Ⅱ.①马…②孙… Ⅲ.①机械制图-高等职业教育-教材 Ⅳ.①TH126

中国版本图书馆CIP数据核字（2013）第122202号

机械工业出版社（北京市百万庄大街22号 邮政编码100037）
策划编辑：宋亚东 责任编辑：宋亚东 版式设计：常天培
封面设计：张 静 责任校对：张玉琴 责任印制：常天培
固安县铭成印刷有限公司印刷
2023年7月第4版第5次印刷
184mm×260mm·16.25印张·420千字
标准书号：ISBN 978-7-111-42788-9
定价：39.80元

电话服务
客服电话：010-88361066
010-88379833
010-68326294

网络服务
机 工 官 网：www.cmpbook.com
机 工 官 博：weibo.com/cmp1952
金 书 网：www.golden-book.com
机工教育服务网：www.cmpedu.com

前　言

本教材自出版以来，已经过两次修订，得到了广大读者的广泛关注和热情支持，很多读者向我们提出了宝贵的意见和建议。鉴于近年来各学校普遍进行了教学和课程的改革，教学内容也有一定的调整，同时新的国家标准和行业标准相继颁布实施，计算机绘图和三维建模技术有了较快发展；为了适应我国高职高专教育的迅速发展，满足教育部对高职、高专培养模式的要求，我们特进行了修订。

本次修订的内容及特点如下：

1. 实用先进：对教材内容做了一些调整，同时增加了实用教学案例，更加符合教学要求；采用最新国家标准及行业标准。

2. 便学易懂：大部分实例采用视图和三维立体图对照的方法讲解，既便于教师授课，也便于读者理解。

3. 重点突出：采用双色印刷，对易错点、重点、难点用红色的线条及文字表示；根据教学实践体会，对需要强调的内容用“提示”“注意”“小技巧”“想一想”等栏目加以说明。

4. 配套齐全：与本教材配套的《机械制图习题册（第4版）》同步出版，并附有参考答案；凡选用本书作为教材的教师均可登录机械工业出版社教材服务网 www.cmpedu.com 注册后免费下载电子课件。

本教材由马慧、孙曙光任主编，郭琳、姬彦巧、李运杰任副主编，参加编写的人员有刘思远和范婷婷，由马慧统稿。具体编写分工如下：第一、二章由刘思远编写，第三、四章由范婷婷编写，第五、六章由姬彦巧编写，第七、八章由孙曙光编写，第九、十、十一章由郭琳编写，第十二章和附录由李运杰编写。

本教材的二维图形由马慧制作，三维图形由孙曙光和李运杰制作。

本教材可作为高职高专院校的专业课教材，也可供高等工科学校的师生使用，还可作为国家职业技能鉴定“计算机绘图师”“三维建模师”的考试参考用书。

由于时间仓促，水平有限，书中难免有不足之处，欢迎广大读者批评指正。在编写过程中得到了有关领导和编写人员的大力支持，在此表示衷心的感谢！

编　者

目　录

第一章　机械制图基本知识

本章教学目标

1. 了解国家标准《机械制图》的有关规定
2. 认识绘图工具、仪器，掌握其使用方法

第一节　国家标准《机械制图》的有关规定

机械图样是表达工程技术人员的设计意图、交流技术思想、组织和指导生产的重要工具，是现代工业生产必不可少的技术文件。为了便于技术管理和交流，国家技术监督局发布了国家标准《技术制图》和《机械制图》，它对图样的内容、格式、尺寸注法和表达方法等都作了统一规定，使每一个工程技术人员有章可循。

本节摘要介绍制图标准中的图纸幅面、比例、字体、图线、尺寸标注等有关规定。其他内容将在以后有关章节中叙述。

“国家标准”简称“国标”。国标代号的含义以“GB/T 14689—2008”为例予以说明，其中：“GB”是国标的汉语拼音首字母缩写，“T”是推荐的“推”的汉语拼音首字母的缩写，“14689”是该标准的编号，“2008”表示该标准于2008年颁布。

一、图纸幅面及格式（GB/T 14689—2008）

工件的图样应画在具有一定格式和幅面的图纸上。

1. 幅面

图纸的幅面优先选用表1-1中规定的基本幅面。

表1-1　幅面及周边尺寸　　（单位：mm）

幅面代号	幅面尺寸	周边尺寸		
	$B\times L$	a	c	e
A0	841×1189	25	10	20
A1	594×841			
A2	420×594			10
A3	297×420		5	
A4	210×297			

由表1-1可知，图纸幅面大小有五种，A0～A4为其代号。其中A0幅面的图纸最大，其宽（B）×长（L）为841mm×1189mm，即幅面面积为1m^2。A1幅面为A0幅面大小的一半（以长边对折裁开）；其余都是后一号为前一号的一半。各种幅面的相互关系，如图1-1b

所示实线部分。

必要时允许对基本幅面加长、加宽，其加长、加宽量均按 A4 幅面尺寸的倍数增加，如图 1-1b 所示虚线部分。

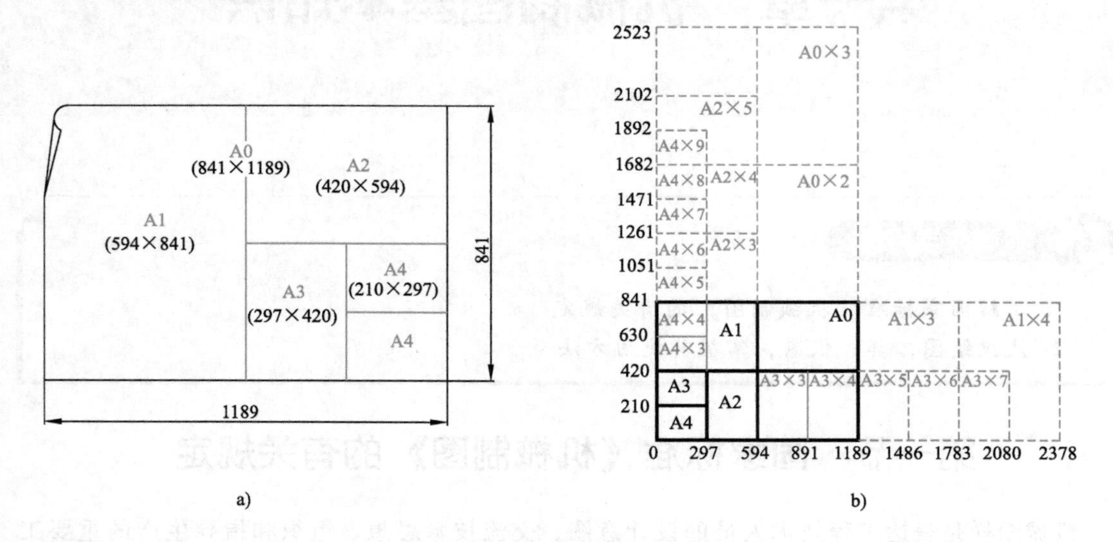

图 1-1　五种图纸幅面及加长边

2. 图框格式

图框线用粗实线绘制，表示图幅大小的纸边界线用细实线绘制，图框线与纸边界线之间的区域称为周边。图框的格式分为有装订边和无装订边两种格式。需要装订的图纸，其图框格式如图 1-2、图 1-3 所示。装订边宽度 a 和周边 c 可以由表 1-1 中查出。

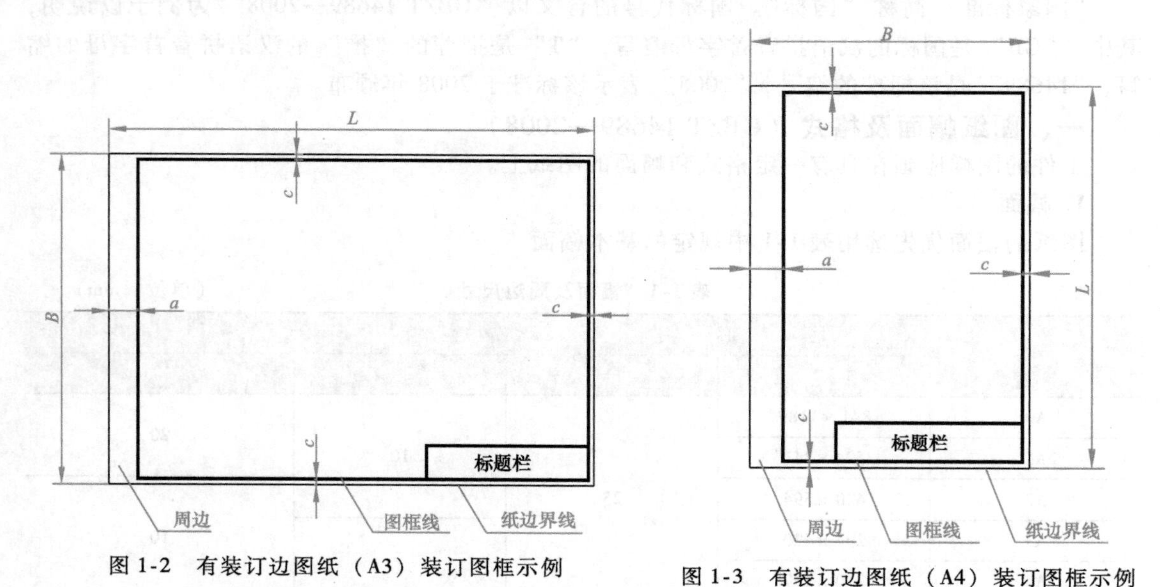

图 1-2　有装订边图纸（A3）装订图框示例

图 1-3　有装订边图纸（A4）装订图框示例

随着科学技术的发展，图纸的保管也可采用缩微摄影的方法，它对查阅和保存图纸都很方便，这种图纸不需要留装订边。不留装订边的图纸，其图框格式如图 1-4、图 1-5 所示。周边宽度 e 可由表 1-1 中查出。

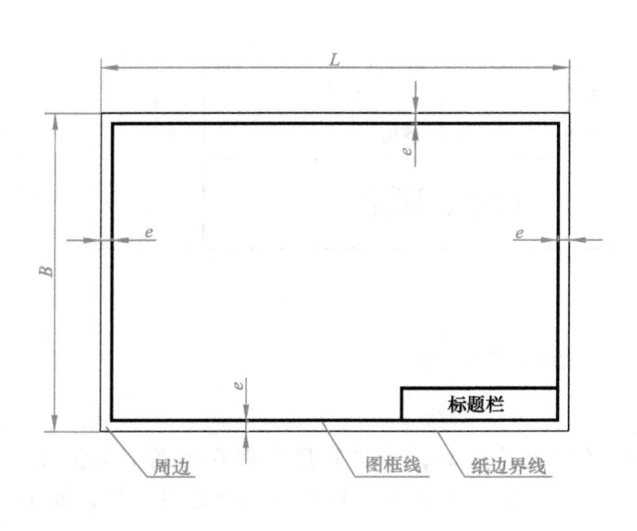

图 1-4　无装订边图纸装订图框示例（一）

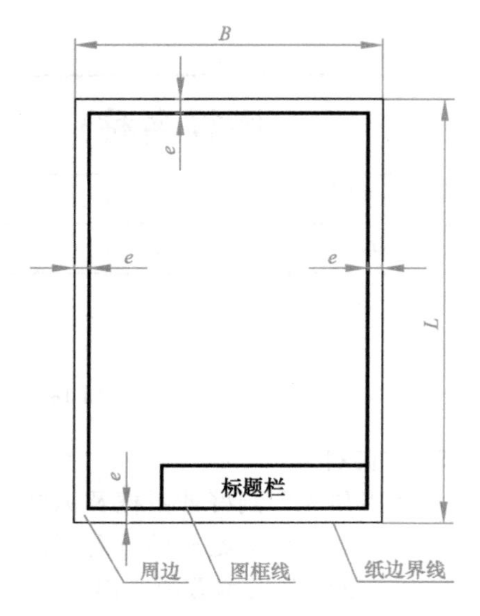

图 1-5　无装订边图纸装订图框示例（二）

注意　同一产品的图纸应采用同一种图框格式。

3. 标题栏

在每一张技术图样上，均需要画出标题栏，其位置配置、线型、字体等需要遵守相关的国家标准。

标题栏的位置在图框的右下角，标题栏中的文字方向为看图方向。标题栏的内容、格式及尺寸见国家标准《技术制图》（GB/T 10609. 1—2008），如图 1-6 所示。标题栏中的“年　月　日”的写法和顺序按下列示例中任选一种使用：

20120628（不用分隔符）

2012-06-28（用连字符分隔）

2012　06　28（用间隔字符分隔）

图 1-6　标题栏的内容、格式及尺寸

学校制图作业中的模型、零件测绘和零件图用的标题栏，推荐采用如图 1-7 所示的内容、格式及尺寸。

4. 对中符号

为了便于复制或缩微摄影时定位，各号图纸均应在各周边的中点处分别用粗实线绘制对中符号，自周边伸入图框内约 5mm，如图 1-8 所示。若对中符号与标题栏相遇，则对中符号伸入标题栏内的部分应当省略不画。

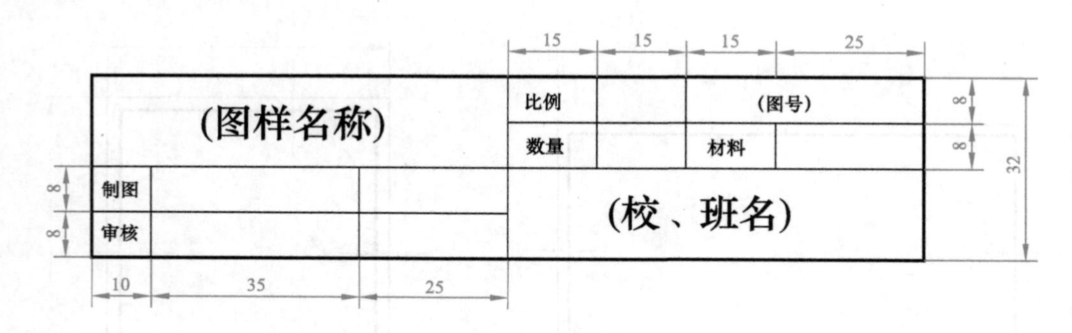

图 1-7 学校作业用的零件图标题栏

5. 方向符号

当使用预先印制好的图框及标题栏格式的图纸绘图时，为了满足合理安排图形的需要，允许看图方向与看标题栏的方向不同，必须在图纸的下边对中符号处画一个方向符号，如图1-9 所示，以明确表示看图方向。

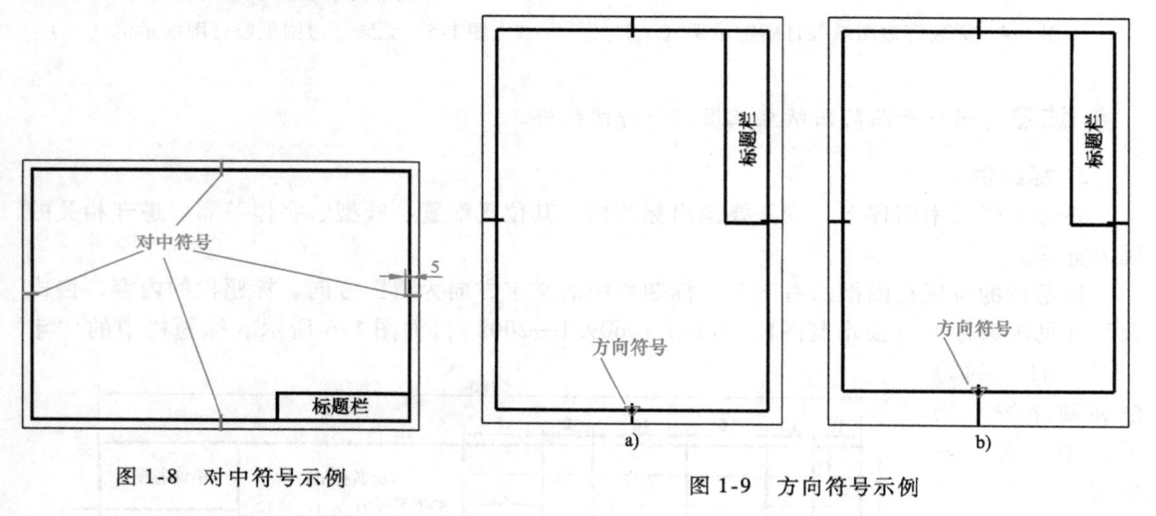

图 1-8 对中符号示例

图 1-9 方向符号示例

二、比例（GB/T 14690—1993）

1. 比例的定义和种类

国家标准 GB/T 14690—1993《技术制图 比例》规定：图中图形与其实物相应要素的线性尺寸之比称为比例。例如 1:1、1:2、2:1 等，比值为 1 的比例为原值比；比值小于 1 的比例为缩小比例；比值大于 1 的比例为放大比例。表 1-2 摘录了国家标准规定的比例值，其中 n 为正整数。优先采用红色字比例，括号内的比例尽量不用。

表 1-2 比例（摘自 GB/T 14690—1993）

原值比例	1 : 1				
放大比例		2:1	(2.5:1)	(4:1)	5:1
	1×10^n:1	2×10^n:1	$(2.5\times10^n$:1)	$(4\times10^n$:1)	5×10^n:1
缩小比例	(1:1.5)	1:2	(1:1.5)	(1:3)	(1:4)
	(1:1.5 $\times10^n$)	1:2 $\times10^n$	(1:2.5 $\times10^n$)	(1:3 $\times10^n$)	(1:4 $\times10^n$)
	1:5	(1:6)	1:10		
	1:5 $\times10^n$	(1:6 $\times10^n$)	1:1 $\times10^n$		

2. 比例的选取

需要按比例绘制图样时，应在表 1-2 规定的系列中选取适当的比例。为了看图方便，建议尽量按工件的实际大小 1:1 画图。如果工件太大或太小，则采用缩小或放大比例画图。

提示　不论放大或缩小，标注尺寸时必须标注实际尺寸，与图形所采用的比例无关，如图 1-10 所示。

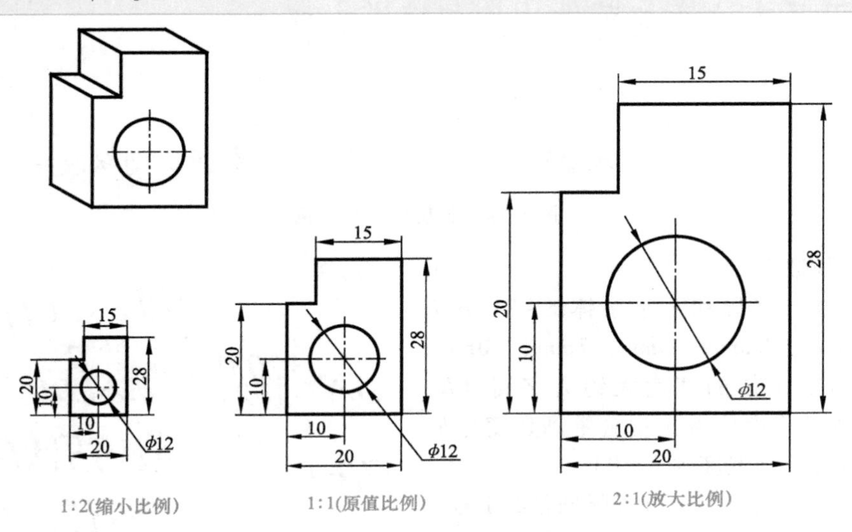

图 1-10　用不同比例画出的图形

3. 比例的标注方法

一般比例应注写在标题栏中的比例一栏内。

在同一张图样上的各图形采用相同的比例绘制；当某个图形需要采用不同的比例绘制时（例如局部放大图），必须在图形名称的下方标注出该图形所采用的比例，如图 1-11 所示的局部放大图的比例标注方法。

三、字体（GB/T 14691—1993）

图样中除了用图形表达工件的结构形状外，还需要用文字、数字说明工件的大小、名称、材料和技术要求等。为了使字形美观、易写、整齐，要求在图样中书写的字体应做到：字体工整、笔画清楚、间隔均匀、排列整齐。

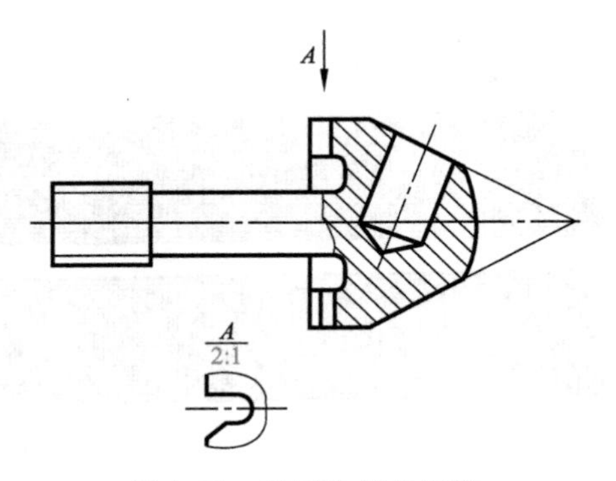

图 1-11　不同比例的标注

1. 汉字

（1）写法　汉字应写成长仿宋体字，字宽是字高的 0.7 倍，并应采用国家正式公布推行的简化字。

（2）字号　字号代表字体的高度，分为 3.5mm、5mm、7mm、10mm、14mm、20mm。

（3）仿宋体字的特点　仿宋体字的特点是横平竖直，注意起落，结构均匀，填满方格。

（4）长仿宋体字的书写方法　长仿宋体字的基本笔画是：横、竖、撇、点、折等。每一笔画要一笔写成，不宜勾描。此外，还要注意字首、偏旁以及笔画间位置的安排和比例关系。图 1-12 给出了三种字号的长仿宋体汉字的示例。推荐用 H 或 HB 的铅笔，并将笔磨（削）尖后，书写成长仿宋体字，这样易于控制笔画的粗细。

10号字

字体工整笔画清楚间隔均匀排列整齐

7号字

横平竖直注意起落结构均匀填满方格

5号字

技术制图机械电子汽车航空船舶土木建筑矿山井坑港口纺织服装

图 1-12　长仿宋体字示例

2. 字母和数字

（1）字号　字母和数字字体的字号分为 1.8mm、2.5mm、3.5mm、5mm、7mm、10mm、14mm、20mm。字体的宽度大约为字高（h）的2/3，笔画的粗度分为A型（笔画宽度为$h/14$）和B型（笔画宽度为$h/10$）。

（2）指数、分数、注脚和极限偏差的字号　指数、分数、注脚和极限偏差数值等的字母或数字，一般采用小一号字体，如图 1-13 所示。

（3）字体　字母和数字有直体和斜体两种，斜体字的字头向右倾斜，与水平基准线成 75°角，如图 1-14 所示。

R3　　M24-6H

$\phi20^{+0.010}_{-0.023}$　　$\phi15^{0}_{-0.01}$

78±0.1　　10JS5(±0.003)

$90\frac{H7}{f6}$　　φ9H7/c6

图 1-13　字母和数字示例（一）

注意　在同一张图样上，只允许选用一种形式的字体。

(1)字母(A型)示例
大写斜体

(2)数字示例
A型斜体

图 1-14　字母和数字示例（二）

四、图线及其画法

1. 图线的线型及应用

国家标准（GB/T 4457.4—2002）规定了机械图样中使用的 9 种图线，绘图时，应采用标准中规定的图线。所有线型的图线宽度应在下列数系中选择：0.13mm、0.18mm、0.25mm、0.35mm、0.5mm、0.7mm、1mm、1.4mm、2mm。

在机械图样中只采用粗、细两种线宽，它们之间的比例为 2:1，例如粗实线宽度为

0.7mm 时，细实线的宽度应是 0.35mm。根据图样的类型、尺寸、比例和缩微复制的要求等各种综合考虑确定，优先采用 0.5mm 和 0.7mm 的粗线宽度。机械制图中常用的线型名称、线型、线宽及应用见表 1-3。图线应用实例如图 1-15 所示。

表 1-3　线型名称、线型、线宽及应用

图线名称	图线型式、图线宽度	一般应用	图　例
粗实线	宽度:d≈0.5mm或0.7mm	可见轮廓线	可见轮廓线
细虚线	2～6　1 宽度:$d/2$	不可见轮廓线	不可见轮廓线
细实线	宽度:$d/2$	过渡线 尺寸线 尺寸界线 剖面线 重合断面图的轮廓线 辅助线 指引线 螺纹牙底线及齿轮的齿根线	重合断面的轮廓线
细点画线	15～20　3 宽度:$d/2$	轴线 对称中心线 节圆及节线	轴线 对称中心线
细双点画线	15～20　5 宽度:$d/2$	极限位置的轮廓线 中断线 相邻辅助零件的轮廓线 轨迹线	轨迹线 运动机件在极限位置的轮廓线 相邻辅助零件的轮廓线
波浪线	宽度:$d/2$	断裂处的边界线 视图与剖视图的分界线	断裂处的边界线 视图分界线
双折线	宽度:$d/2$	断裂处的边界线	
粗点画线	宽度:d	限定范围的表示线	镀铬

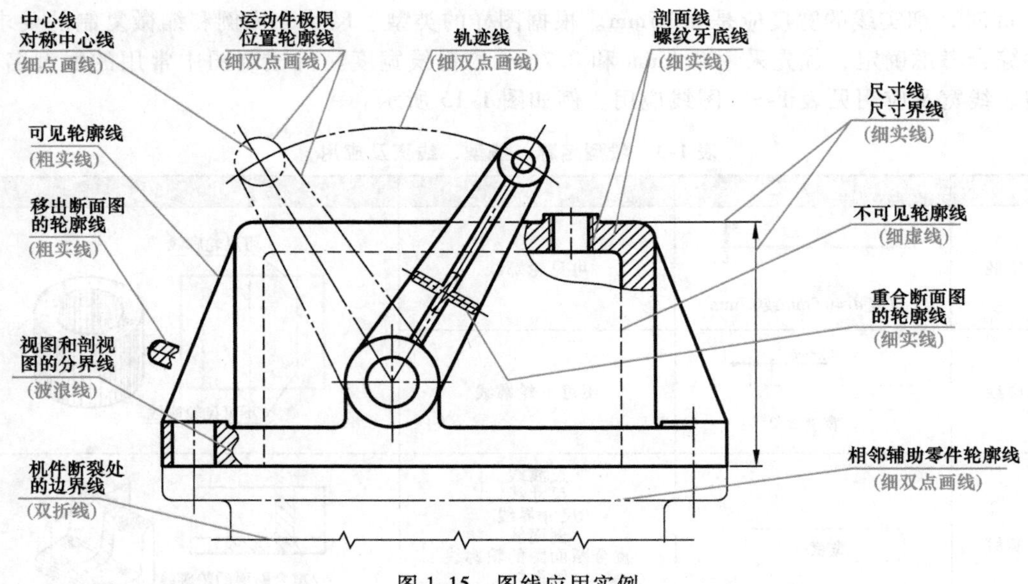

图 1-15　图线应用实例

2. 图线的画法

绘制机械图样时，应根据图幅的大小和图样复杂程度等因素综合考虑选定粗实线的宽度，例如经分析考虑后选定粗实线的宽度为 0.7mm，则其余各种宽度也就随之而确定了。粗点画线和粗虚线的宽度与粗实线相同，细虚线及其余各种细图线的宽度均与细实线相同。

1）同一图样中同类图线的宽度应基本一致。细虚线、细点画线、细双点画线、双折线等其画的长度和间隔的长度也应各自大致相同。

2）当图样上出现任何两条或两条以上的图线平行时（包括剖面符号），则两图线之间的最小距离不应小于 0.7mm。

3）绘制圆的对称中心线时，细点画线应该超出圆的轮廓 2～3mm，如图 1-16a 所示。点画线不能画得过长，点画线的两端应是长线段而不应是短画，两条点画线的交点不应是短画，如图 1-16b 所示。当圆较小时，点画线可用细实线代替，如图 1-16c 所示。

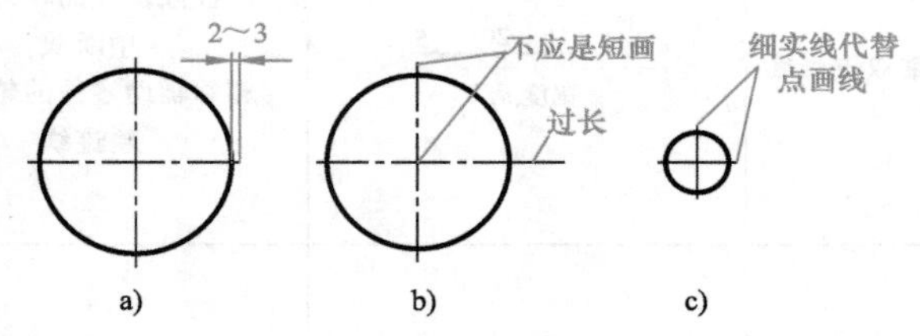

图 1-16　圆中心线的画法

4）圆柱体的断裂处可用特殊画法表示，如图 1-17a、b 所示。也可用波浪线表示，如图 1-17c 所示。

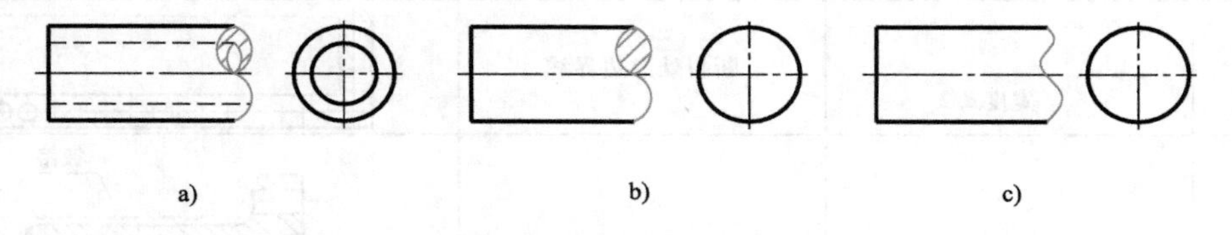

图 1-17　表示圆柱断裂的画法

5）当两条以上图线（粗实线、细虚线、细点画线、细双点画线、细实线）重合时，显示线型的顺序如下：

① 粗实线（表示可见轮廓）。

② 细虚线（表示不可见轮廓）。

③ 细点画线（表示回转体轴线、对称中心线、圆的中心线等）。

④ 细双点画线（表示假想轮廓等）。

⑤ 细实线（表示尺寸线、尺寸界线、剖面线等）。

五、尺寸注法

图形只能表示工件的形状，而工件上各部分结构的大小和相对位置，则必须由图上所注的尺寸来确定。所以，图样中的尺寸是加工工件的依据。标注尺寸时，必须认真细致，尽量避免漏标或错标，否则将会给生产带来困难和损失。

为了将图样中的尺寸标注得清晰、正确，下面介绍国家标准 GB/T 4458.4—2003《机械制图　尺寸注法》有关规定。

1. 基本规则

1）图样上标注的尺寸数值就是工件实际大小的数值。它与画图时采用的缩、放比例无关，与画图的精确度也无关，如图 1-18 所示。

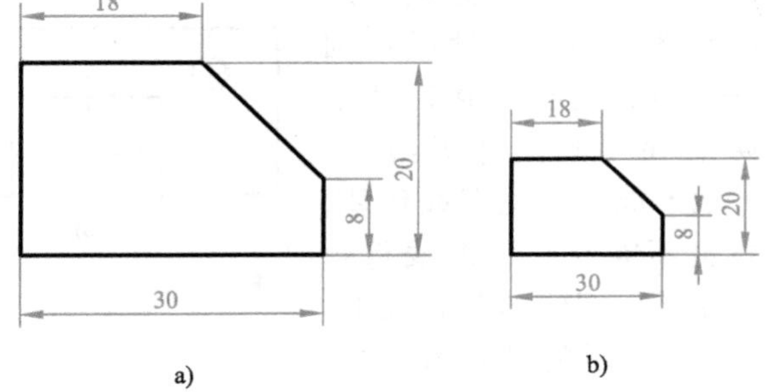

图 1-18　工件的尺寸与图形大小无关

2）图样上的尺寸以毫米（mm）为计量单位时，不需标注单位代号或名称。若应用其他计量单位时，必须注明相应计量单位的代号或名称，例如，角度为“30 度 10 分 5 秒”，则在图样上应标注成“30°10′5″”。

3）国家标准明确规定：图样上标注的尺寸是工件的最后完工尺寸，否则要另加说明。

4）工件的每个尺寸，一般只在反映该结构最清楚的图形上标注一次。

2. 尺寸要素

机械图样中的尺寸是由尺寸界线、尺寸线、箭头和尺寸数字组成的，如图 1-19 所示。

（1）尺寸界线

1）尺寸界线用细实线绘制，并由图形的轮廓线、对称中心线、轴线等处引出，尺寸界线一般与尺寸线垂直，如图 1-20 所示。也可利用轮廓线、对称中心线、轴线作为尺寸界线。

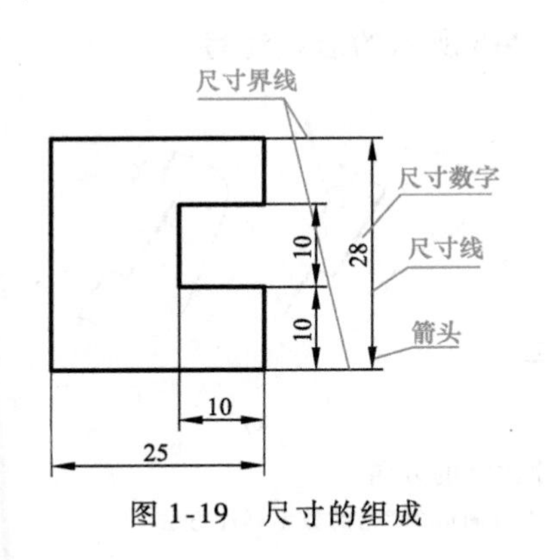

图 1-19　尺寸的组成

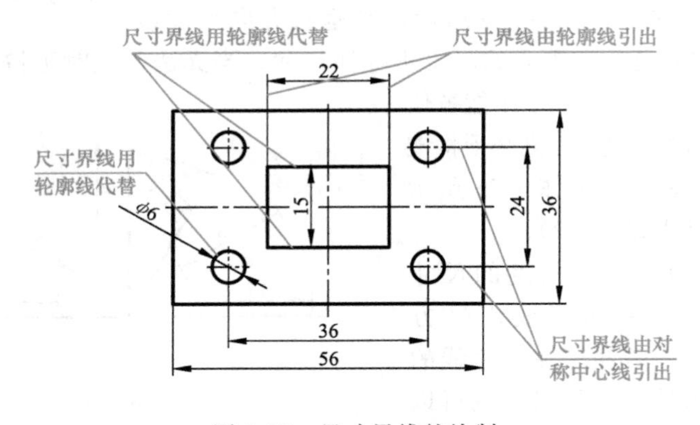

图 1-20　尺寸界线的绘制

2）必要时允许尺寸线与尺寸界线倾斜，如图 1-21 所示。此时，在光滑过渡处标注尺寸，需用细实线将轮廓线延长，从它们的交点处引出尺寸界线。

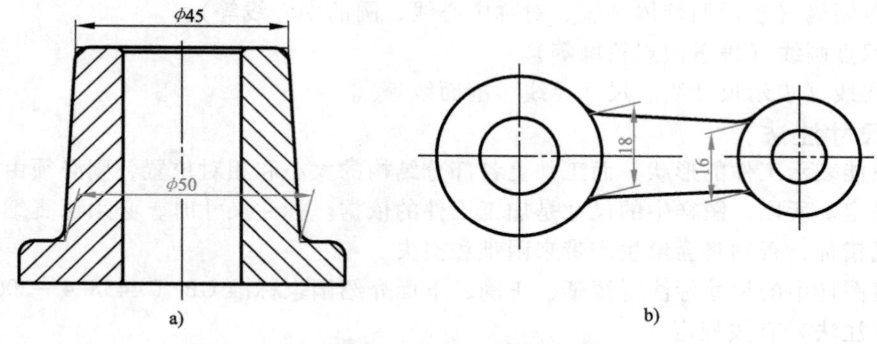

图 1-21　尺寸线与尺寸界线倾斜

（2）尺寸线及箭头　标注尺寸时，尺寸线必须与所注的线段平行。尺寸线用细实线绘制，箭头画在尺寸线的两端并顶到尺寸界线上。尺寸线不能用其他图线代替，一般也不能与其他图线重合或画在其他图线的延长线上。图 1-22b 所示的尺寸 56、36、26 和 22 是错误注法。

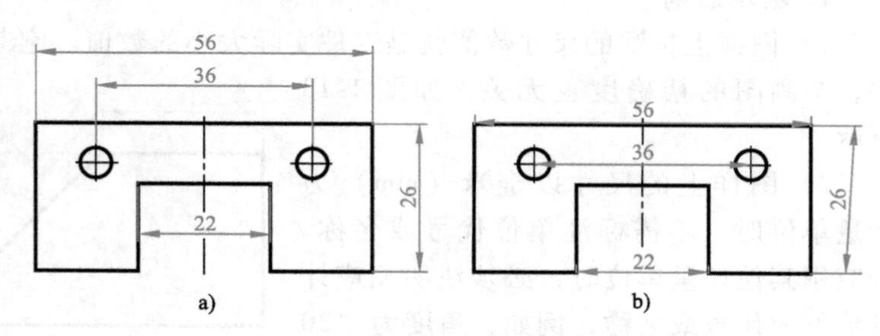

图 1-22　尺寸线的画法

a）正确　b）错误

（3）尺寸数字

1）线性尺寸的数字一般写在尺寸线的上方，如图 1-23a 所示。也允许注写在尺寸线的中断处，如图 1-23b 所示。无论采用哪一种标注方法，在一张图样上应统一标注方法。

2）线性尺寸数字的方向应随尺寸线的方向而变化，特别要注意垂直尺寸线中数字的方向和位置，容易标注错误。各方向尺寸线上的数字方向如图 1-24a 所示。与垂直方向尺寸线成 30°角的范围内的尽量不标注尺寸，当无法避免时可按图 1-24b 所示的形式注写。

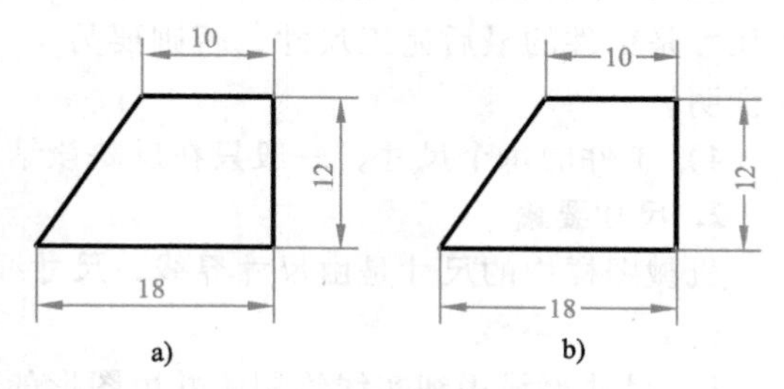

图 1-23　线性尺寸数字的位置

a）数字在尺寸线的上方　b）数字在尺寸线的中断处

3）尺寸数字不能被任何图线穿过，否则必须将该图线断开，如图 1-25 所示的尺寸 22 和 φ20。

4）标注角度的尺寸数字，一律写成水平方向，一般注写在尺寸线的中断处。必要时，也可以用指引线引出注写，如图

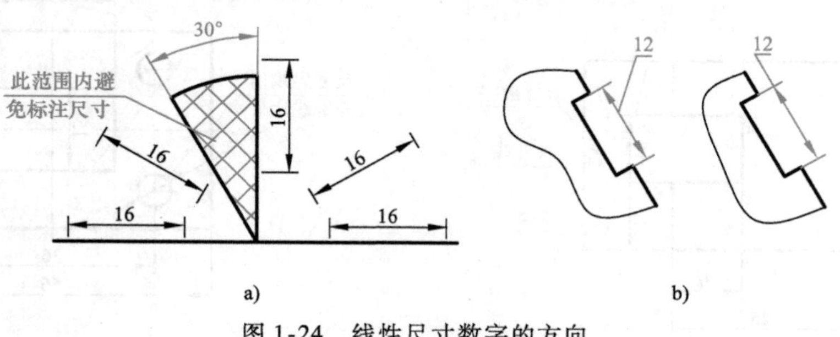

图 1-24　线性尺寸数字的方向

a）尺寸数字的方向　b）尺寸线与垂直方向成 30°角的数字标注方法

1-26 所示。

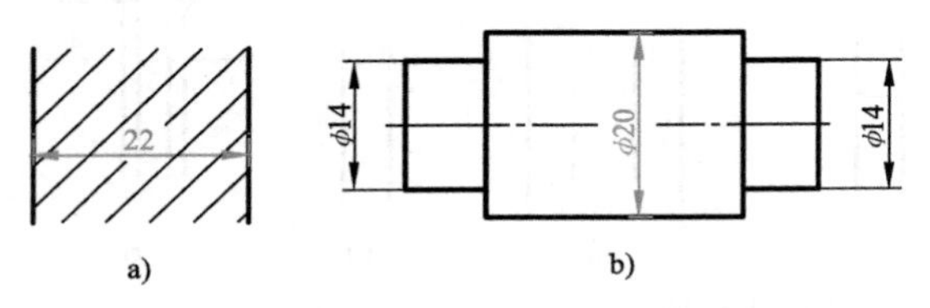

图 1-25　尺寸数字不能被任何图线穿过

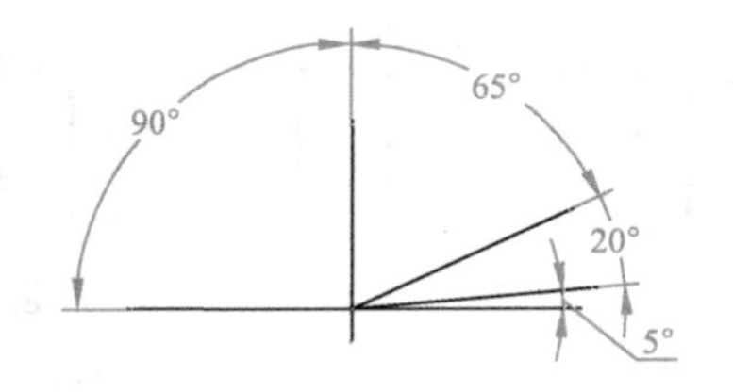

图 1-26　角度数字的注写

注意　角度的尺寸线为圆弧，应用圆规以角的顶点为圆心画出。

(4) 尺寸标注示例

1) 标注直径时，应在尺寸数字前面加注直径符号“ϕ”；标注半径时，应在尺寸数字前面加注半径符号“R”。表示直径的尺寸线要通过圆心，箭头指到圆周上；表示半径的尺寸线要由圆心引出，箭头指到圆弧上，如图 1-27a 所示。若圆弧半径过大，无法标出圆心位置时，应按图 1-27b 所示的形式标注；不需要标出圆心位置时，可按图 1-27c 所示的形式标注。

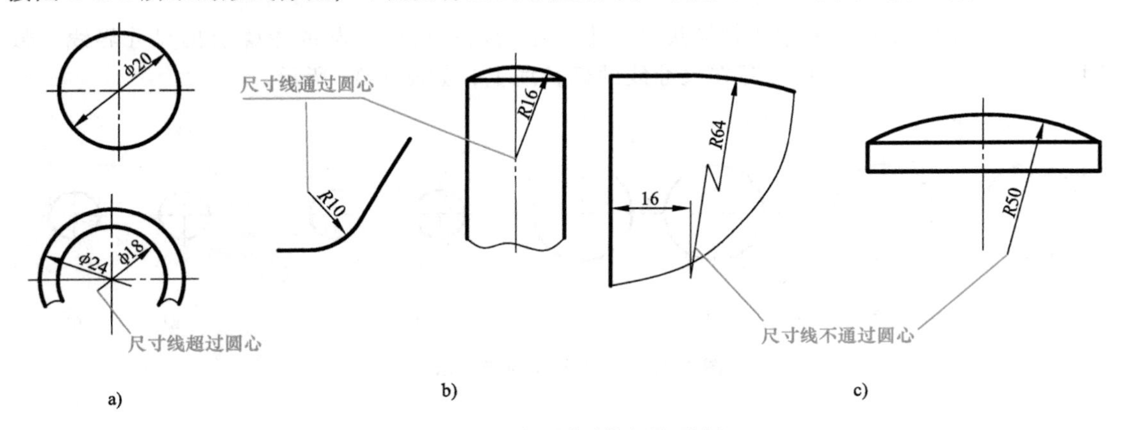

图 1-27　圆和圆弧的标注示例

注意　一般大于半圆的圆或圆弧标注“ϕ”，小于或等于半圆的圆弧标注“R”。

2) 标注球面的直径或半径尺寸时，应在符号“ϕ”和“R”前面再加注符号“S”表示球面，如图 1-28a、b 所示。

对于螺钉、铆钉的头部，轴或螺杆的球面端部以及手柄的球面端部，在不致引起误解的情况下，可省略符号“S”，如图 1-28c 所示的尺寸“$R10$”。

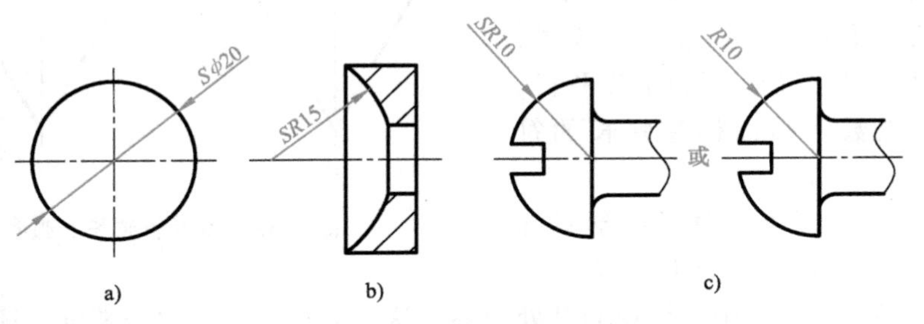

图 1-28　圆球面的标注示例

3) 对于线性小尺寸，没有足够的位置画箭头或写尺寸数字时，箭头可以由尺寸界线外指向内，连续尺寸可以用实心圆点代替箭头，如图 1-29 所示。

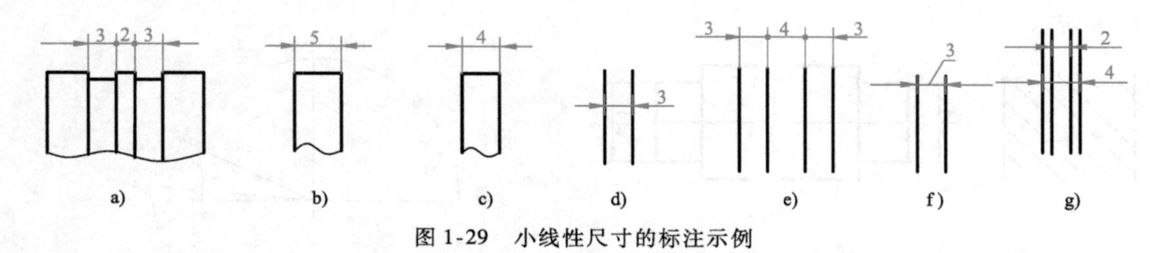

图 1-29　小线性尺寸的标注示例

4）对于小圆弧尺寸，尺寸数字可以注写在尺寸线的延长线上；尺寸线可以由外指向内，如图 1-30 所示。

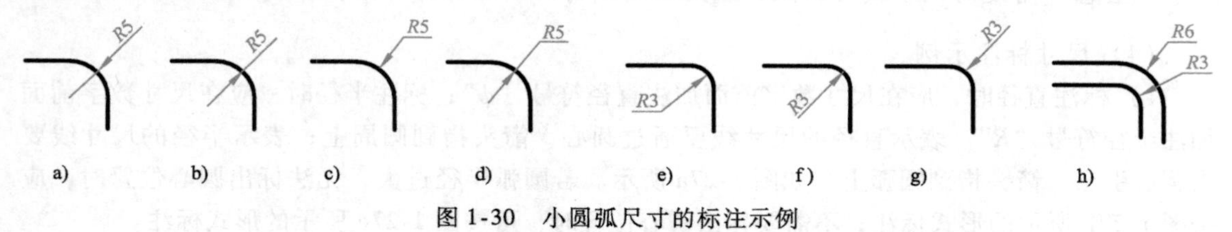

图 1-30　小圆弧尺寸的标注示例

5）对于小圆尺寸，尺寸线和箭头可以由外指向内；可以由圆的轮廓引出尺寸界线；数字可以写在尺寸线上，也可以写在尺寸线的延长线上，如图 1-31 所示。

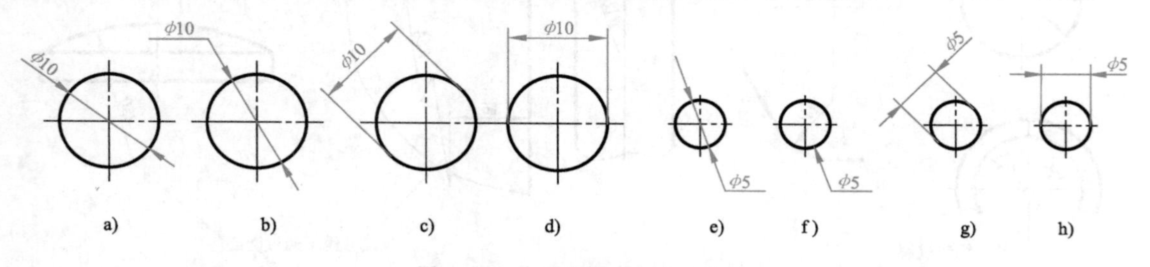

图 1-31　小圆尺寸的标注示例

注意　圆弧的尺寸线和箭头无论从内向外，还是从外向内，必须通过圆心。

6）如图 1-32 所示，相同的图形表示角度时，尺寸界线由角的轮廓线引出；表示弦长时，尺寸界线与所表示的弦垂直引出；表示弧长时，尺寸线与所表示的弧平行，并在数字前面标注弧长的符号“⌒”。

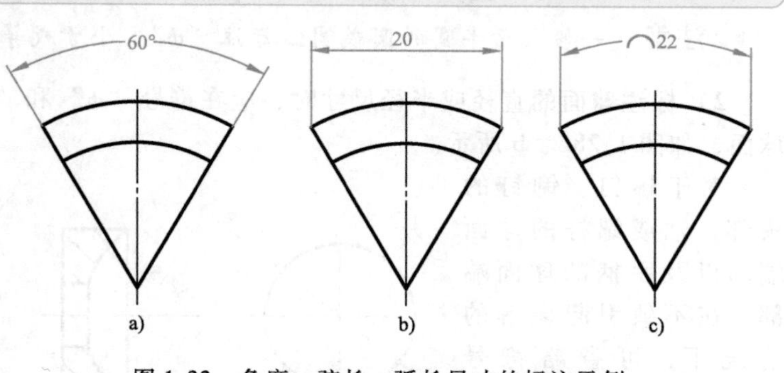

图 1-32　角度、弦长、弧长尺寸的标注示例

7）对称零件的图形只画一半或大于一半时，尺寸线应略超过对称中心线或断裂处边界，这时只在尺寸线的一端画出箭头，标注的尺寸数值是整个尺寸，如图 1-33 所示。

（5）标注尺寸的符号及应用　为了更准确地表达工件的某些结构，便于识图，常在尺寸数字前面加注符号，常用的结构符号及其应用示例见表 1-4。

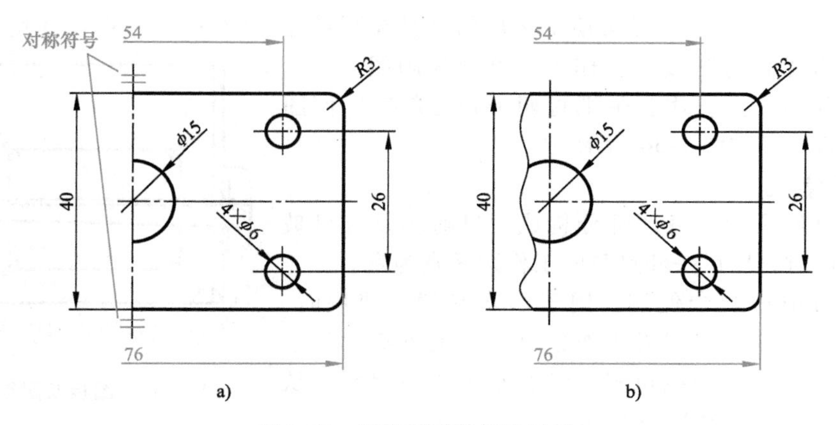

图 1-33　对称图形的标注示例

表 1-4　常用的结构符号及其应用

名称	符号	应用示例	名称	符号	应用示例
直径	ϕ	φ14　φ10	半径	R	R16
球面直径	$S\phi$	Sφ30	球面半径	SR	SR30
斜度	∠	∠1:100	厚度	δ	δ2
弧长	⌒	⌒39.17	锥度	▷	▷1:5
方形	□	□14	参考尺寸	( )	10　4×10(=40)

第二节　制图工具、仪器及使用方法

本节只介绍学校中常用的制图工具和仪器，如图板、丁字尺、三角板、曲线板、绘图仪器等，画图时应将这些用品准备齐全。

一、图板的选用及图纸的固定

图板用来铺放图纸，选用时，以板面平整、无裂缝和划痕、左右导边平直光滑为宜。

固定图纸时，一般应将图纸置于图板的左下方，并注意留出放置丁字尺的空位（一般大于丁字尺尺身宽度），这样可使丁字尺的尺身在图纸范围内，尺头均能靠稳图板的工作边，可减少画图误差。图纸用丁字尺对正后，用胶带纸将四个角处粘牢，使图纸固定在图板上，如图 1-34 所示。

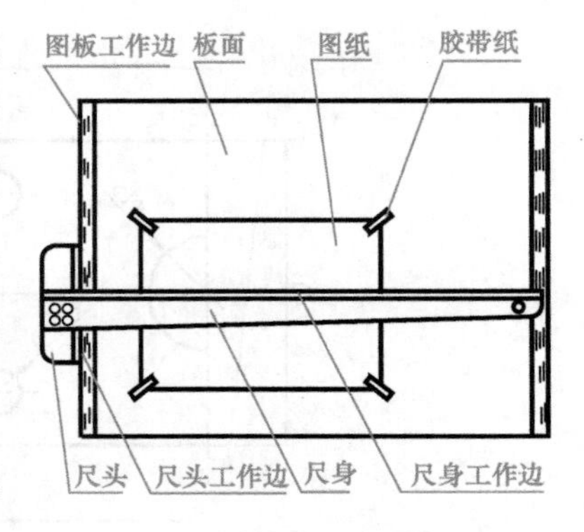

图 1-34　图板及图纸的固定

二、丁字尺

丁字尺由尺头和尺身两部分构成。目前多以有机玻璃制成。选用时，以尺头和尺身的工作边平直为宜。

丁字尺与图板配合使用，用于画水平线。使用时，用左手扶尺头，使它与图板工作边靠紧，上下移动丁字尺，使尺身工作边至画线位置，然后左手压住尺头，从左向右画水平线，如图 1-35 所示。

三、三角板

一副三角板是由 45°等腰三角形和 30°、60°的直角三角形组成的。

利用三角板的直角边与丁字尺配合，可画出水平线和垂线，如图 1-36 所示。

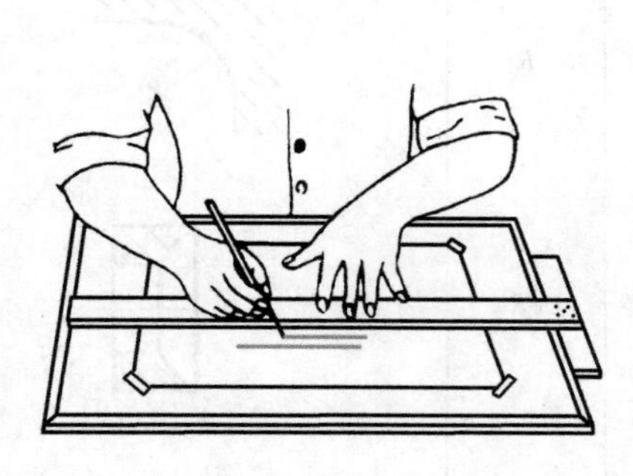

图 1-35　用丁字尺画水平线（横线）

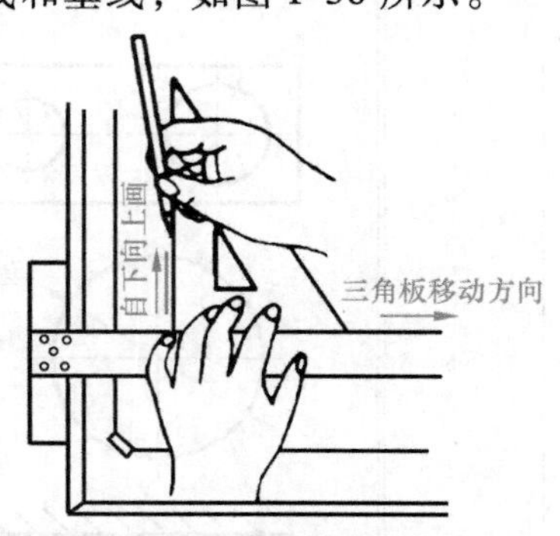

图 1-36　用三角板画垂线（竖线）

用三角板的不同角度与丁字尺配合，还可以画出与水平线成 75°、60°、45°、30°、15°的倾角，如图 1-37 所示。

此外，利用一副三角板还可以画出任意直线的平行线或垂直线，如图 1-38 所示。

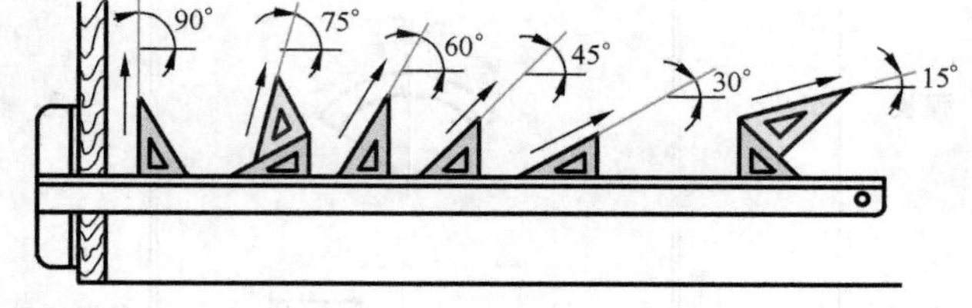

图 1-37　三角板与丁字尺配合画斜线

四、绘图仪器

一般绘图时采用盒装的绘图仪器，以便使用和保管。成盒仪器种类很多，件数不一，如图 1-39 所示是 12 件绘图仪器。下面介绍几种常用件及其使用方法。

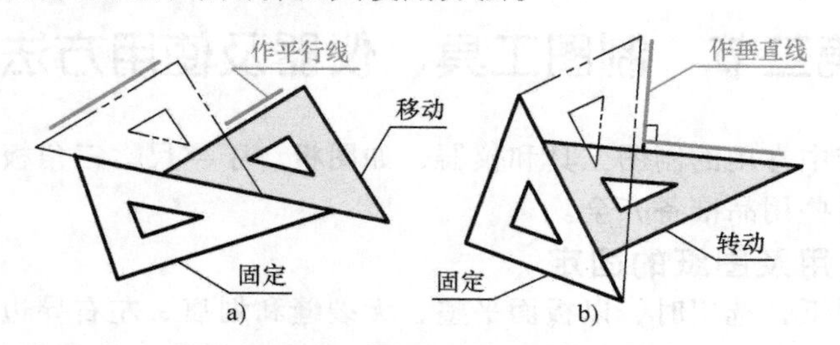

图 1-38　画某直线的平行线或垂直线

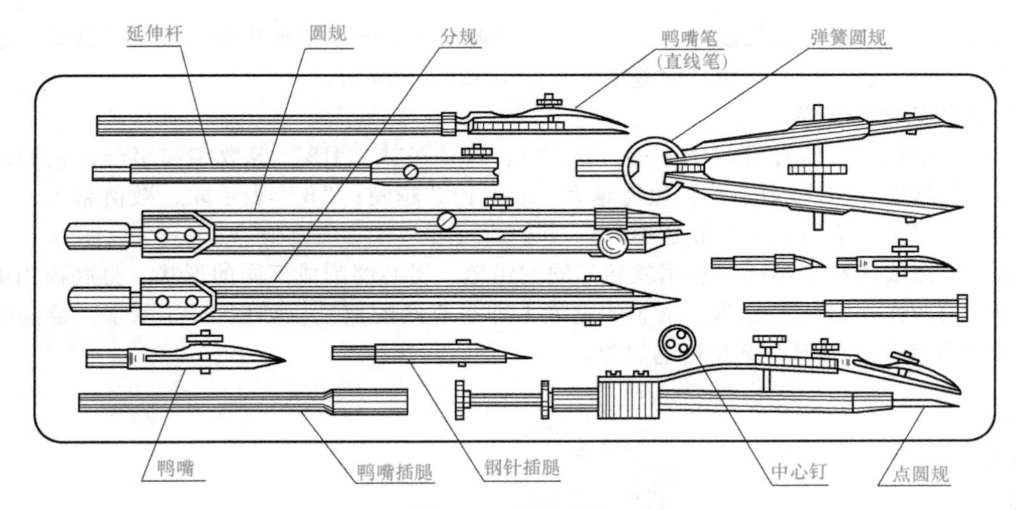

图 1-39　绘图仪器

1. 圆规

圆规主要用于画圆或圆弧。圆规的一条腿上装有铅芯，另一条腿上装有钢针。钢针两端的形状不同，一端为台阶状，一端为锥形状，如图 1-40a 所示。画圆或圆弧时，一般用台阶状钢针，以避免针眼扩大，画圆不准确，如图 1-40b 所示。圆规代替分规使用时，则换用锥形尖端。

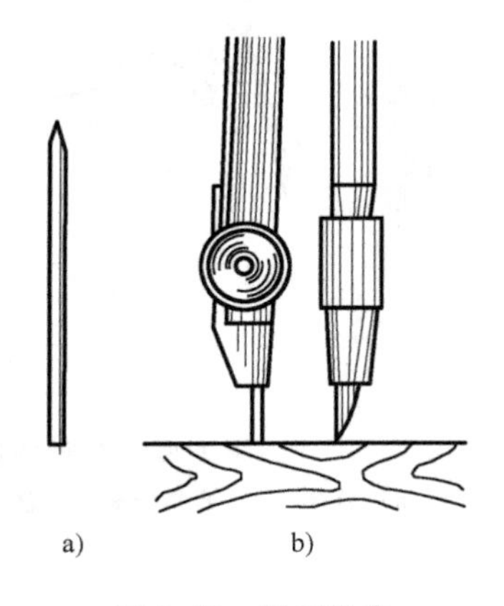

图 1-40　圆规针尖

a）针尖两端形状　b）画圆时针尖的用法

画圆时，先将圆规两腿分开到所需要的半径尺寸，左手食指将针尖放到圆心的位置，另一腿的铅芯接触纸面，再以右手拇指和食指捏住圆规头部手柄，顺时针转动，速度和力度要均匀，并使圆规沿运转方向稍微自动倾斜，就可以画成一个完整的圆，如图 1-41a、b 所示。画大圆时，要装上接长杆，再将铅笔插腿装在接长杆上使用，如图 1-41c 所示。

2. 分规

分规主要用于量取线段、等分线段和截取尺寸。分规两腿均装有钢针，使用时，应调整两个钢针的长短，以两腿合拢后，两钢针尖汇交于一点为宜，如图 1-42a 所示。

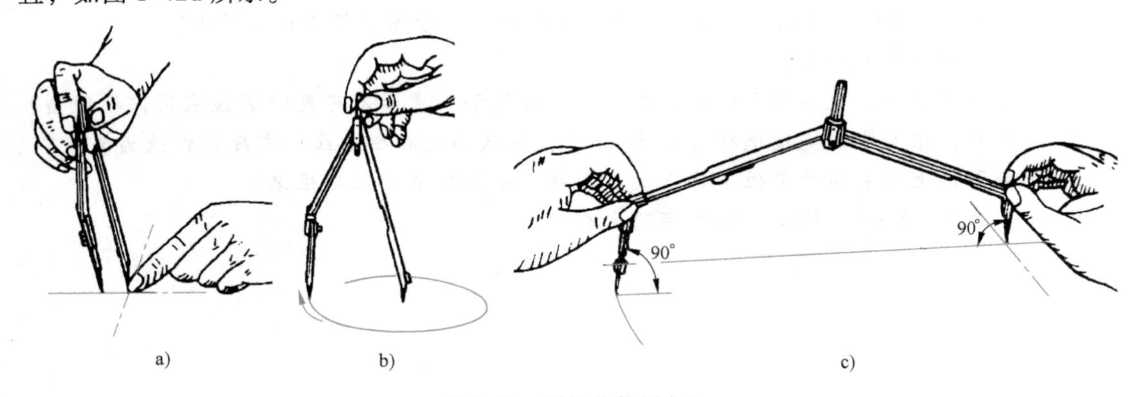

图 1-41　圆规的使用方法

a）定圆心和半径　b）画圆　c）画大圆

用分规截取若干等长线段时，应以分规的两腿交替为轴，沿给出的直线进行截取，这样易于操作，便于连续截取线段且误差小，如图1-42b、c所示。

3. 绘图铅笔和铅芯

在绘图铅笔上，印有H、2H……，B、2B、3B……或“HB”等数字和字母，它们用于表示铅芯的软硬。“H”表示硬，数值越大，表示铅芯越硬；“B”表示软，数值越大，表示铅芯越软；“HB”表示铅芯软硬适中。

根据绘图线的线型不同，选用软硬不同的铅笔，铅芯磨削成不同的形状。打底稿用尖铅芯；加深用两面平行的扁铅芯，铅芯的宽度 b 即是直线的宽度，如图1-43所示。绘图时常用H铅笔打底稿，用HB或B铅笔加深。

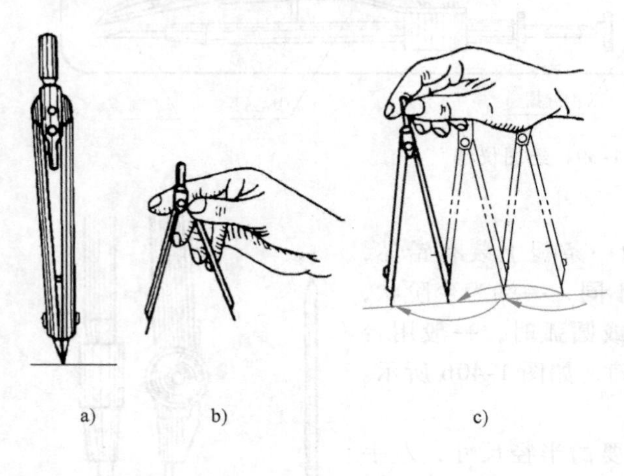

图1-42 分规的使用方法

a）分规 b）调整分规的手法 c）用分规等分线段

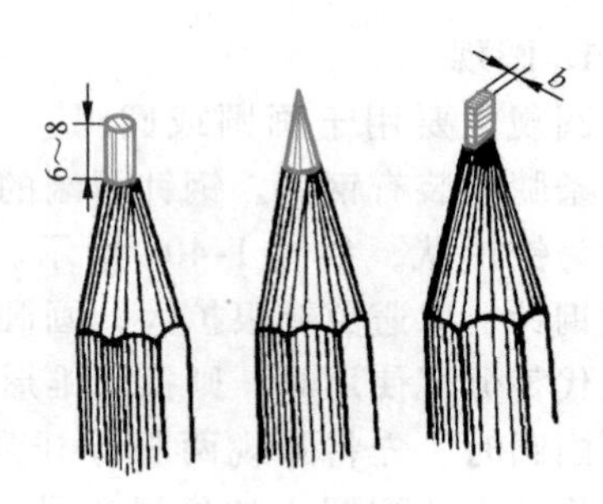

图1-43 铅芯的形状

思考题

1. 国家标准《技术制图》规定图纸的基本幅面有哪几种规格？
2. A2图纸幅面是A3图纸幅面的几倍？A3图纸幅面是A4图纸幅面的几倍？有何规律？
3. 2:1是放大比例还是缩小比例？
4. 若采用1:2的比例绘制一个直径为40mm的圆，其绘图直径应该为多少？
5. 字体的字号代表什么？
6. 在机械图样中，表示可见的轮廓线采用何种线型？表示不可见轮廓线采用何种线型？
7. 绘图时，粗实线的宽度选择为0.5mm时，细点画线和细虚线的宽度应该选为多少？
8. 机械图样上常采用的单位是什么？在图样上是否需要标注单位名称？
9. 尺寸 ϕ15、$S\phi$15、R15、SR15有何区别？

第二章　机械制图基本技能

本章教学目标

1. 了解等分线段和等分圆周的绘图方法
2. 掌握圆弧连接的作图技巧
3. 了解两种椭圆画法
4. 了解斜度和锥度的定义和作图方法
5. 掌握平面图形分析方法和作图技巧

工件的轮廓形状都是由一些直线和圆弧组成的几何图形，绘制几何图形称几何作图。本章将介绍机械制图中常用的几何作图方法、平面图形的线段分析和尺寸标注方法，以及与机械制图有关的基本技能。

第一节　等分线段和圆周

一、等分线段

将一条已知线段平均分成几等份的作图方法，称为等分线段。

将线段 AB 三等分的作图方法，如图 2-1 所示。

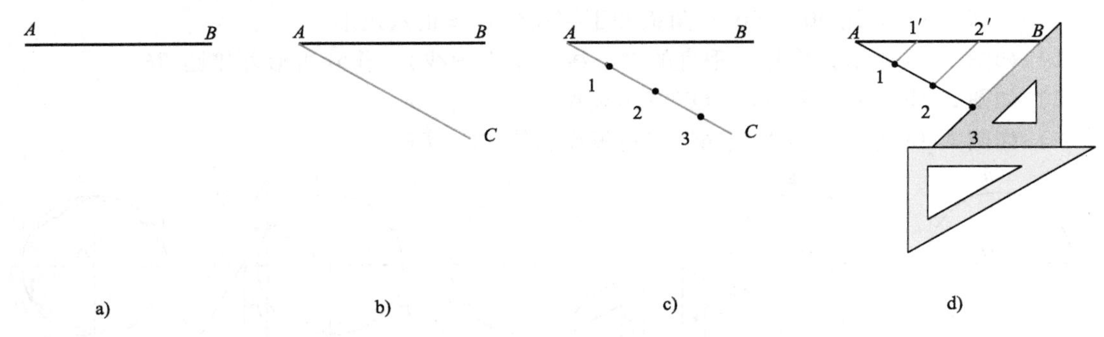

图 2-1　三等分线段

1）如图 2-1a 所示，已知线段 AB。

2）如图 2-1b 所示，过点 A 作任意直线 AC。

3）如图 2-1c 所示，用分规以任意长度在 AC 上截取三条等长线段，得点 1、2、3。

4）如图 2-1d 所示，连接 $3B$ 两点，并分别过点 1、2 作 $3B$ 的平行线，交 AB 于点 1′、2′，即得三条等长线段 $A1'=1'2'=2'B$。

注意 在几何作图中，等分线段不能用数学的方法计算等分点，而是用作图的方法作出等分点。

二、等分圆周作正多边形

一般圆内接正多边形是将圆周几等分，然后将各点依次连线作出正多边形。常见的正多边形有三边形、四边形、五边形和六边形。

1. 圆内接正方形的画法

已知正方形的对角线长度（即正方形的外接圆直径）作正方形，如图 2-2 所示。

1）如图 2-2a 所示，先作相互垂直的中心线（单点画线），以正方形对角线 BD 为直径作圆 O。

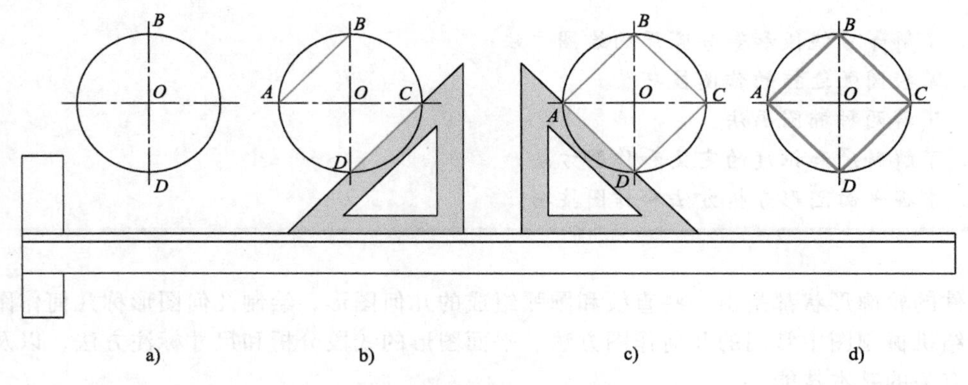

图 2-2 圆内接正方形画法

2）如图 2-2b 所示，用 45°三角板的斜边，分别过 B、D 两点作两条 45°斜线 AB、CD。

3）如图 2-2c 所示，作 BC、AD 两条斜线。

4）如图 2-2d 所示，描深正方形 $ABCD$ 即为所求。

2. 圆内接正六边形的画法

已知正六边形的外接圆直径，有两种作正六边形的方法。

（1）方法一 利用 30°、60°三角板和丁字尺配合作正六边形。

1）如图 2-3a 所示，作相互垂直的中心线（单点画线），作六边形外接圆 BE。

2）如图 2-3b 所示，用 30°、60°三角板作斜线 AB、DE。

3）如图 2-3c 所示，用 30°、60°三角板作斜线 BC、EF。

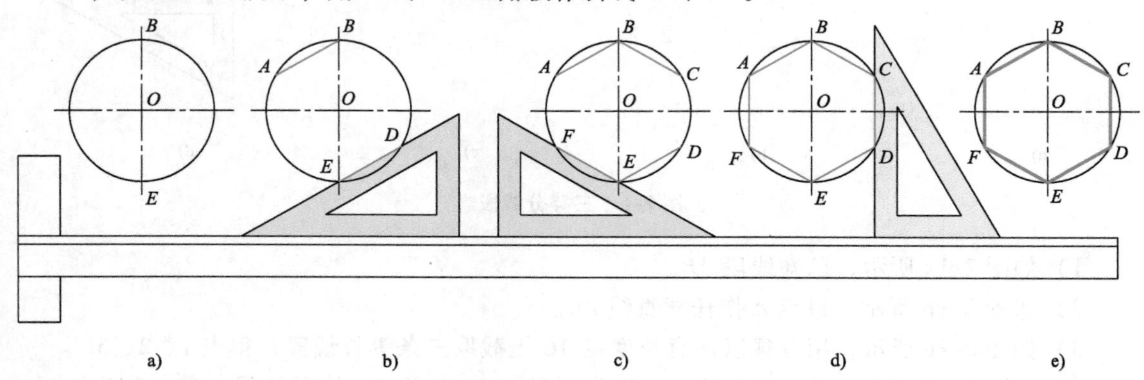

图 2-3 用三角板和丁字尺作正六边形

4）如图 2-3d 所示，作铅垂线 AF 和 CD。

5）如图 2-3e 所示，描深完成六边形 $ABCDEF$。

（2）方法二　利用圆规、直尺作正六边形

1）如图 2-4a 所示，作相互垂直的中心线（单点画线）相交于点 O。

2）如图 2-4b 所示，作正六边形的外接圆 BE。

3）如图 2-4c 所示，以点 E 为圆心，以 OE 为半径作圆弧，交圆 O 于点 F、D。

4）如图 2-4d 所示，以点 B 为圆心，以 OB 为半径作圆弧，交圆 O 于点 A、C。

5）如图 2-4e 所示，依次连接 A、B、C、D、E、F、A 即得所求的正六边形。

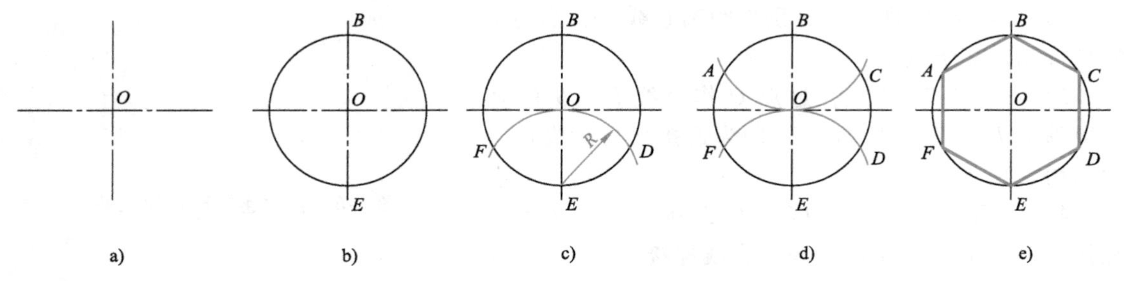

图 2-4　用圆规、直尺作正六边形

3. 圆内接正五边形的画法

已知正五边形外接圆直径，作正五边形。

1）如图 2-5a 所示，作相互垂直的中心线（单点画线），作正五边形外接圆 12。

2）如图 2-5b 所示，作半径 $O2$ 的中心点 3。

3）如图 2-5c 所示，以点 3 为圆心，以 $3B$ 为半径作圆弧，交 12 于点 4。线段 $B4$ 即为五边形的边长。

4）如图 2-5d 所示，以 B 为圆心，以 $B4$ 为半径作圆弧，交圆 O 于 A、C 两点。

5）如图 2-5e 所示，分别以点 A、C 为圆心，以 AB 为半径在圆上截得 E、D 两点，依次连接 A、B、C、D、E、A 即得所求的正五边形。

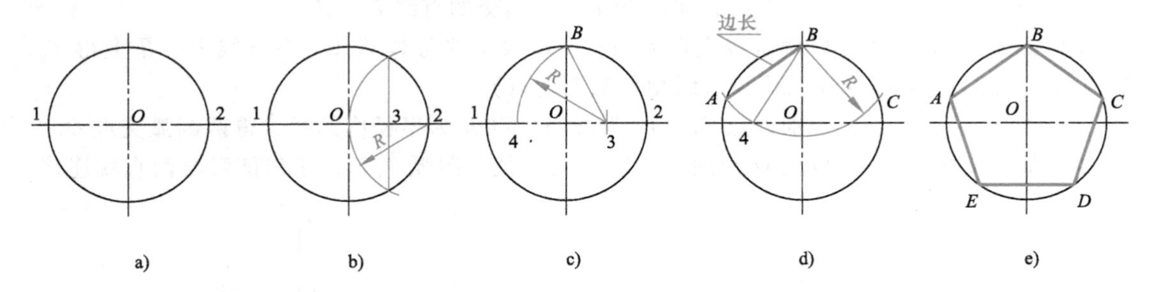

图 2-5　正五边形的画法

第二节　圆弧连接

绘制工件的图形时，常会遇到圆弧与圆弧、圆弧与直线光滑连接的情况，如图 2-6 所示的各种工件。

圆弧连接是指用已知半径的圆弧，光滑地连接直线或圆弧。这种起连接作用的圆弧称为连接弧。作图时，要准确地求出连接弧的圆心和连接点（切点），才能确保圆弧的光滑连接。

一、用连接弧 *R* 连接两相交直线

两相交直线可以相交成直角、锐角和钝角三种情况，其作图方法和原理相同。

1. 用连接弧 *R* 连接两相交成直角的直线（方法一）

作图步骤如图 2-7 所示。

1）如图 2-7a 所示，已知连接弧半径为 R，两垂直相交的直线 Ⅰ、Ⅱ。

2）如图 2-7b 所示，分别作距离直线 Ⅰ、Ⅱ 为 R 的平行线，交于点 O。

3）如图 2-7c 所示，过点 O 作直线 Ⅰ、Ⅱ 的垂线得垂足 T_1、T_2（点 T_1、T_2 即为连接弧与直线相切的两切点）。

4）如图 2-7d 所示，以点 O 为圆心，以 R 为半径作圆弧 T_1T_2，求出圆弧与两直线连接。

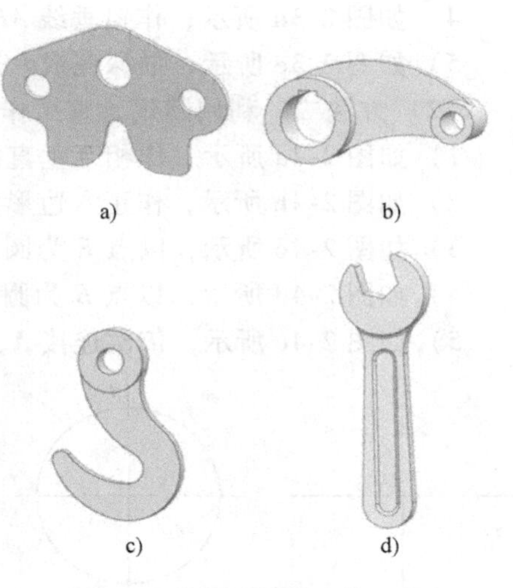

图 2-6　各种连接形式的工件

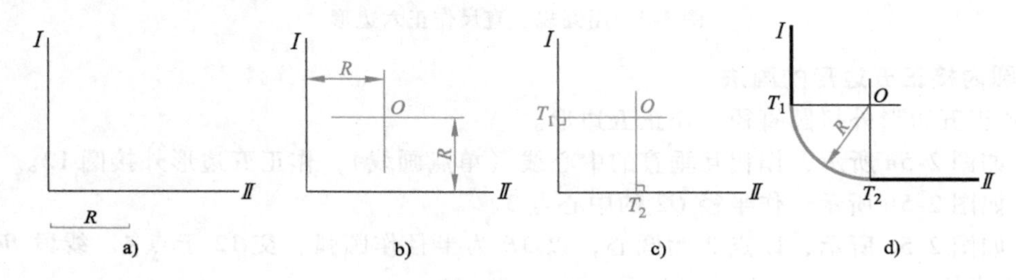

图 2-7　直角连接的画法（一）

2. 用连接弧 *R* 连接两相交成直角的直线（方法二）

作图步骤如图 2-8 所示。

1）如图 2-8a 所示，已知连接弧半径为 R，两相交的直线 Ⅰ、Ⅱ。

2）如图 2-8b 所示，以两直线交点为圆心，以 R 为半径作圆弧，在直线 Ⅰ、Ⅱ 上得 T_1、T_2 两点（点 T_1、T_2 即为连接弧与直线相切的两切点）。

3）如图 2-8c 所示，分别以点 T_1、T_2 为圆心，以 R 为半径作圆弧，得两圆弧交点 O。

4）如图 2-8d 所示，以点 O 为圆心，以 R 为半径作圆弧 T_1T_2，求出圆弧与两直线连接。

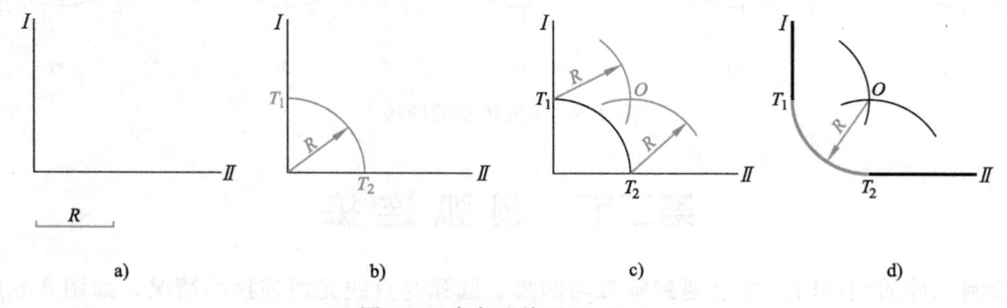

图 2-8　直角连接画法（二）

3. 用连接弧 *R* 连接两相交成钝角的直线

作图步骤如图 2-9 所示。

1）如图 2-9a 所示，已知连接弧半径为 R，两相交直线 I 、II 。

2）如图 2-9b 所示，分别作距离直线 I 、II 为 R 的平行线，交于点 O。

3）如图 2-9c 所示，过点 O 作直线 I 、II 的两垂线得垂足 T_1、T_2（点 T_1、T_2 即为连接弧与直线相切的两切点）。

4）如图 2-9d 所示，以点 O 为圆心，以 R 为半径作圆弧 T_1T_2，求出圆弧与两直线连接。

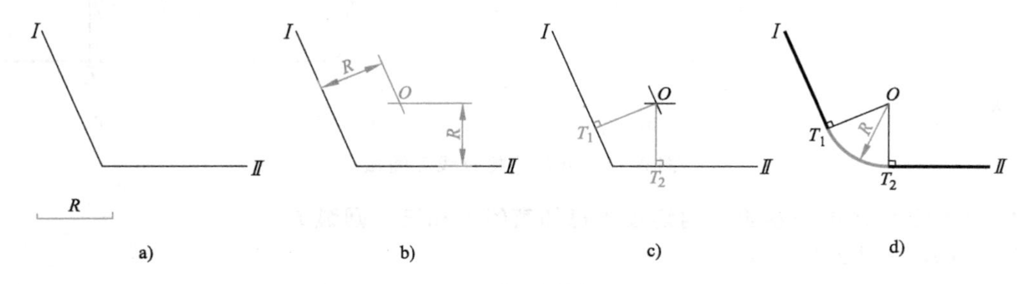

图 2-9　钝角连接的画法

4. 用连接弧 R 连接两相交成锐角的直线

作图步骤如图 2-10 所示。

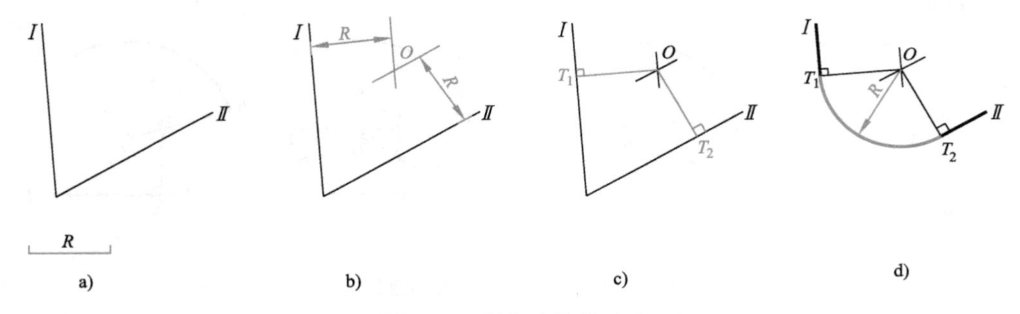

图 2-10　锐角连接的画法

1）如图 2-10a 所示，已知连接弧半径为 R，两垂直相交的直线 I 、II 。

2）如图 2-10b 所示，分别作距离直线 I 、II 为 R 的平行线，交于点 O。

3）如图 2-10c 所示，过点 O 作直线 I 、II 的垂线得垂足 T_1、T_2（点 T_1、T_2 即为连接弧与直线相切的两切点）。

4）如图 2-10d 所示，以点 O 为圆心，以 R 为半径作圆弧 T_1T_2，求出圆弧与两直线连接。

二、用圆弧 R 连接直线和圆弧

用半径为 R 的连接弧，连接已知直线 I 和已知圆弧 R_1，分为内切和外切两种连接方式。

1. 用半径为 R 的连接弧，外切连接已知直线 I 和已知圆弧 R_1

作图步骤如图 2-11 所示。

1）作已知直线和圆弧。如图 2-11a 所示，作出已知直线 I 和圆弧 R_1。

2）求连接圆弧的圆心。如图 2-11b 所示，以点 O_1 为圆心，以 $R+R_1$ 为半径作圆弧，并作距离直线 I 为 R 的平行线，平行线与半径为 $R+R_1$ 的圆弧交于点 O，点 O 即为连接圆弧 R 的圆心。

3）求连接圆弧的切点。如图 2-11c 所示。连接 O、O_1 交圆弧 R_1 于点 T_1；自点 O 向直线 I 作垂线，得垂足 T_2（点 T_1、T_2 即为连接弧的两个连接点）。

4）作连接圆弧 R。如图2-11d所示，以点 O 为圆心，以 R 为半径作圆弧 T_1T_2，即求出圆弧 R 与已知直线 I 和已知圆弧 R_1 外切。

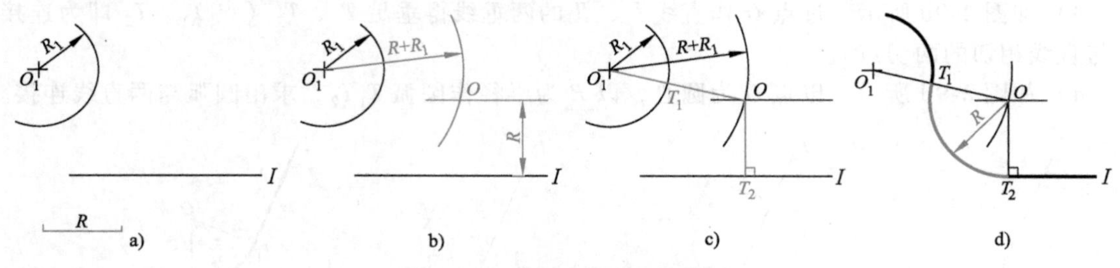

图2-11　外切连接直线和圆弧

2. 用半径为 R 的连接弧，内切连接已知直线 I 和已知圆弧 R_1

作图步骤如图2-12所示。

1）作已知直线和圆弧。如图2-12a所示，作出已知直线 I 和圆弧 R_1。

2）求连接圆弧的圆心。如图2-12b所示，以点 O_1 为圆心，以 $|R_1-R|$ 为半径作圆弧，并作距离直线 I 为 R 的平行线，平行线与半径为 $|R_1-R|$ 的圆弧交于点 O，点 O 即为连接圆弧的圆心。

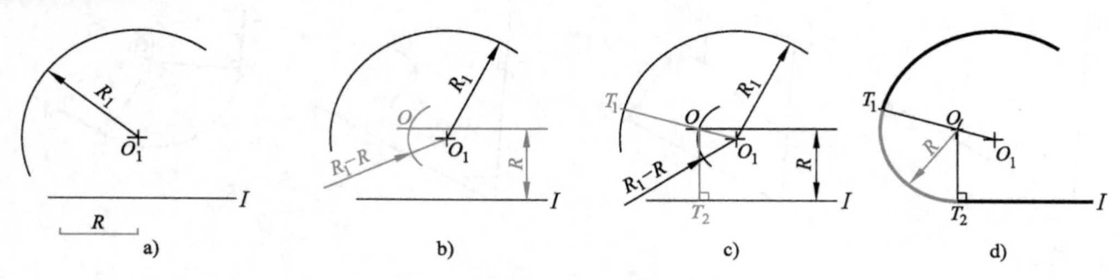

图2-12　内切连接圆弧和直线

3）求连接圆弧的切点。如图2-12c所示，连接 O、O_1 并延长，交圆弧 R_1 于点 T_1；自点 O 向直线 I 作垂线，得垂足 T_2（点 T_1、T_2 即为连接弧的两个连接点）。

4）作连接圆弧。如图2-12d所示，以点 O 为圆心，以 R 为半径作圆弧 T_1T_2，即求出圆弧与已知直线 I 和已知圆弧 R_1 内切。

三、用圆弧 R 连接两已知圆弧

用半径为 R 的圆弧连接已知半径为 R_1 和 R_2 的两圆弧，分内切、外切和混合切三种情况。

1. 用半径为 R 的圆弧，与两已知圆弧内切连接

1）作已知两圆弧。如图2-13a所示，作出已知圆弧 R_1

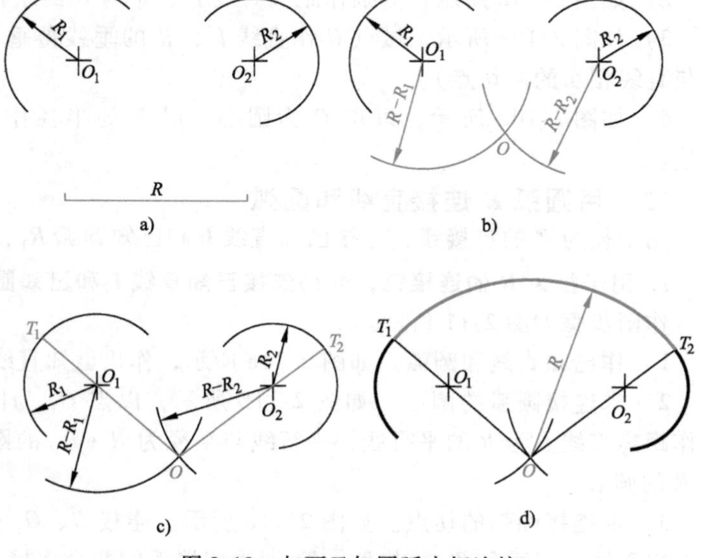

图2-13　与两已知圆弧内切连接

和圆弧 R_2。

2）求连接圆弧的圆心。如图 2-13b 所示，以点 O_1 为圆心，以 $|R-R_1|$ 为半径作圆弧；以点 O_2 为圆心，以 $|R-R_2|$ 为半径作圆弧，两圆弧交于点 O，点 O 即为连接圆弧的圆心。

3）求连接圆弧的切点。如图 2-13c 所示，连接 O、O_1 并延长，交圆弧 R_1 于点 T_1；连接 O、O_2 并延长，交圆弧 R_2 于点 T_2（点 T_1、T_2 即为连接弧的两个切点）。

4）作连接圆弧。如图 2-13d 所示，以点 O 为圆心，以 R 为半径作圆弧 T_1T_2，即求出圆弧与两已知圆弧内切。

2. 用半径为 R 的圆弧，与两已知圆弧外切连接

1）作已知两圆弧。如图 2-14a 所示，作出已知圆弧 R_1 和圆弧 R_2。

2）求连接圆弧的圆心。如图 2-14b 所示，以点 O_1 为圆心，以 R_1+R 为半径作圆弧；以点 O_2 为圆心，以 R_2+R 为半径作圆弧；两圆弧交于点 O，点 O 即为连接圆弧的圆心。

3）求连接圆弧的切点。如图 2-14c 所示，连接 O、O_1 并延长，交圆弧 R_1 于点 T_1；连接 O、O_2 并延长，交圆弧 R_2 于点 T_2（点 T_1、T_2 即为连接弧的两个切点）。

4）作连接圆弧。如图 2-14d 所示，以点 O 为圆心，以 R 为半径作圆弧 T_1T_2，即求出圆弧与两已知圆弧外切。

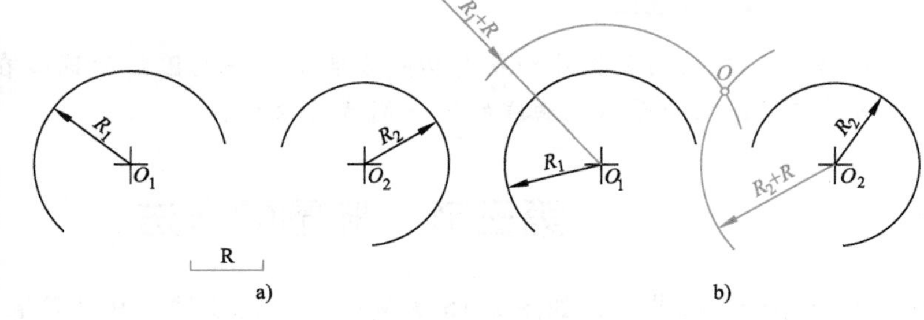

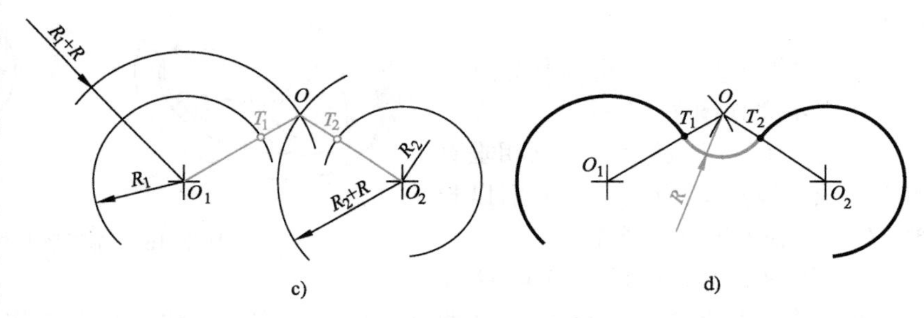

图 2-14　与两已知弧外切连接

3. 用半径为 R 的圆弧，与两已知圆弧混合连接

1）作已知两圆

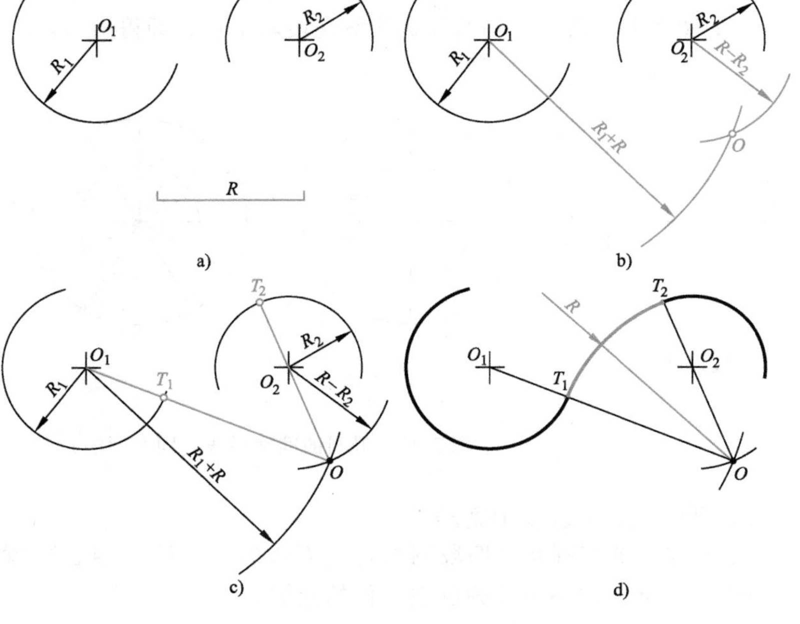

图 2-15　与两已知圆弧混合连接

弧。如图 2-15a 所示，作出已知圆弧 R_1 和圆弧 R_2。

2）求连接圆弧的圆心。如图 2-15b 所示，以点 O_1 为圆心，以 R_1+R 为半径作圆弧；以点 O_2 为圆心，以 $|R-R_2|$ 为半径作圆弧；两圆弧交于点 O，点 O 即为连接圆弧的圆心。

3）求连接圆弧的切点。如图 2-15c 所示，连接 O、O_1，交圆弧 R_1 于点 T_1；连接 O、O_2 并延长，交圆弧 R_2 于点 T_2（点 T_1、T_2 即为连接弧的两个切点）。

4）作连接圆弧。如图 2-15d 所示，以点 O 为圆心，R 为半径作圆弧 T_1T_2，即求出连接圆弧与两已知圆弧混合连接。

小技巧 判别两圆弧外切或内切的方法是：若两圆弧的圆心在曲线的两侧时为外切，若两圆弧的圆心在曲线的同一侧时为内切。

第三节 椭圆的作法

椭圆是常用的非圆曲线，如图 2-16 为椭圆形凸轮零件，其外轮廓为椭圆形。椭圆画法有几种，下面介绍常用的两种椭圆画法。

图 2-16 椭圆形凸轮零件

一、同心圆法（准确作法）

作图步骤如图 2-17 所示。

1）如图 2-17a 所示，作互相垂直的中心线，以点 O 为圆心，分别以长轴 AB 和短轴 CD 为直径作圆。

2）如图 2-17b 所示，过点 O 作任意径向直线与两圆分别交于 1、2 两点。自点 1 作铅垂线，自点 2 作水平线，两直线交于点 G，点 G 即为椭圆上的一个点。

3）如图 2-17c 所示，作若干径向直线，按前面方法求出椭圆上的若干点。

4）如图 2-17d 所示，用曲线板光滑连接若干点，即得所求。

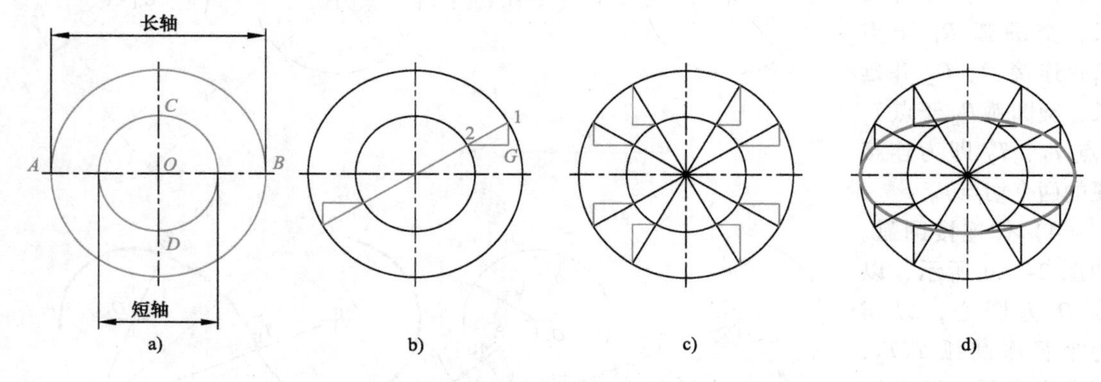

图 2-17 椭圆的准确画法（同心圆法）

二、四心法（近似作法）

四心法作出的椭圆是由四段圆弧连接而成的。所谓“四心”就是确定椭圆上四段圆弧的圆心位置（此方法不可作为制造零件的依据）。

作图步骤如图 2-18 所示。

1）如图 2-18a 所示，作互相垂直的中心线，定出椭圆长轴 AB 和短轴 CD。连接 AD，以点 O 为圆心，以 AD 为半径作圆弧交 OD 延长线于点 E。以点 D 为圆心，以 DE 为半径作圆弧，交 AD 于点 F。

2）如图 2-18b 所示，作 AF 的垂直平分线，与 OA（长半轴）交于点 O_1，与 OC（短半轴）的延长线交于点 O_3。

3）如图 2-18c 所示，由于图形有对称性，分别作出点 O_1 和 O_3 的对称点 O_2 和 O_4。点 O_1、O_2、O_3、O_4 是椭圆上四段圆弧的圆心。分别连接 O_1、O_3，O_2、O_3，O_1、O_4，O_2、O_4 并延长，确定四段圆弧的分界线。

4）如图 2-18d 所示，分别以点 O_1、O_2 为圆心，O_1A（或 O_2B）为半径作圆弧 GH 和 JK。分别以点 O_3、O_4 为圆心，O_3D（或 O_4C）为半径作圆弧 HJ 和 GK，即为所求。

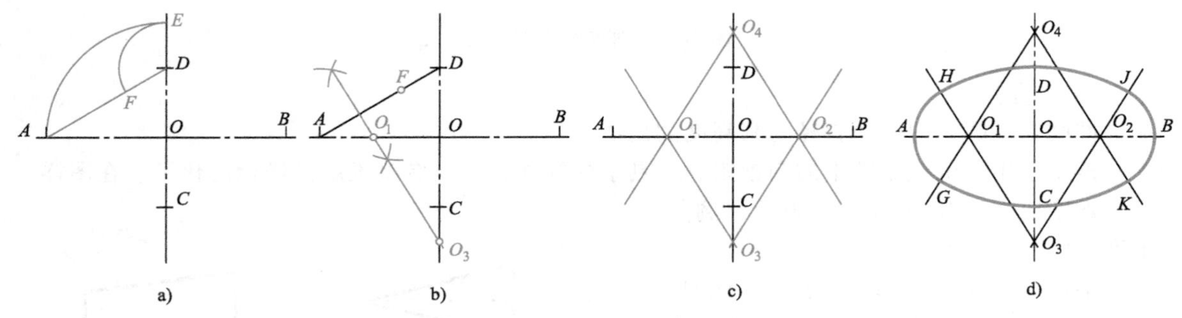

图 2-18　椭圆的近似画法（四心法）

第四节　斜度和锥度

一、斜度

斜度是指一直线相对另一直线、或一平面相对另一平面的倾斜程度。例如机械图样中的铸造斜度、锻造斜度和脱模斜度等。

斜度在图样中常用 1∶n 的形式表示其大小，例如斜度 1∶5、斜度 1∶10。

在图样中，斜度常用斜度符号及斜度值表示。斜度符号如图 2-19a 所示；在图样上标注时，斜度符号的斜线方向要与图样的斜度方向一致，如图 2-19b 所示。

例 2-1　如图 2-20 所示为方形斜垫片，其垫片斜面相对底面的斜度为 1∶6，试作出该图形（尺寸 60×60 表示正方形）。

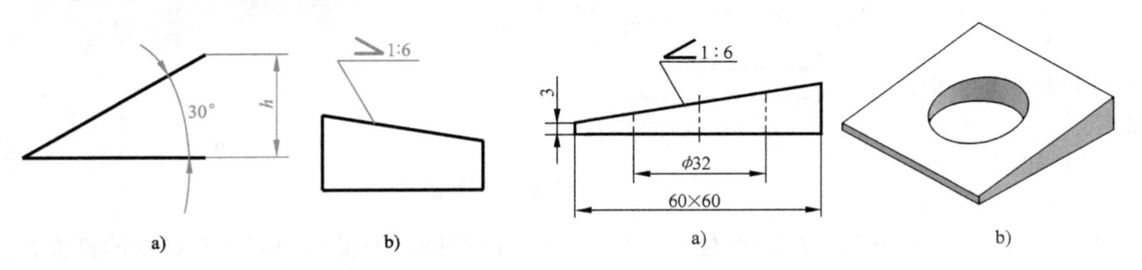

图 2-19　斜度的符号及标注
a）符号（h 为字高）　b）标注

图 2-20　方形斜垫片

作图方法如图 2-21 所示。

1）如图 2-21a 所示，作水平线 $AB=60$、垂直线 $AC=3$。

2）如图 2-21b 所示，用分规任取长度，在 AB 线段上取 6 个单位长度；在垂直方向取一个单位长度，得点 E。连接 A、E，即为 1:6 斜度。

3）如图 2-21c 所示，过点 C 作 AE 的平行线；过点 B 作垂线，两直线交于点 D。则 CD 即为垫片上 1:6 斜度的斜面。

4）如图 2-21d 所示，最后作出 $\phi32$ 孔，整理并加深轮廓线。

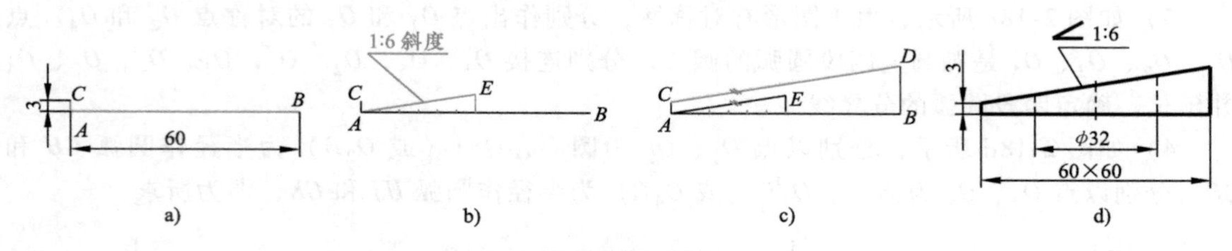

图 2-21　斜度的作图方法

二、锥度

锥度是指圆锥的底面直径与其高度的比值。

锥度常用于机械零件中的圆锥销、工具手柄等处，而且有些锥度已经标准化了。在图样中，锥度也常以比例的形式表示，例如锥度 1:5、锥度 1:10。

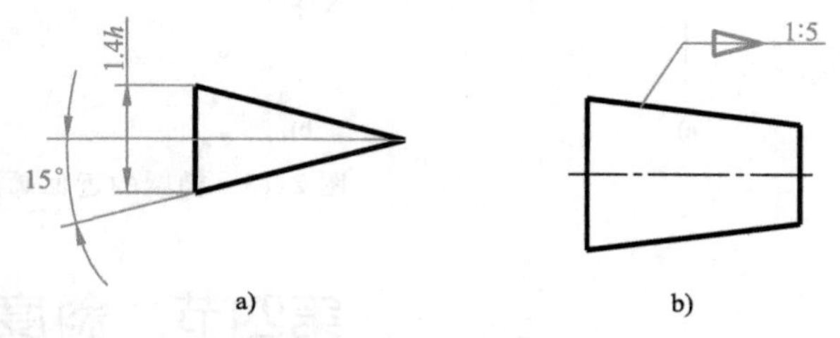

图 2-22　锥度的符号及其标注

a）符号（h 为字高）　b）标注方法

锥度符号如图 2-22a 所示。标注时，锥度符号的斜线方向应与图样上的锥度方向一致，如图 2-22b 所示。

例 2-2　如图 2-23 所示为手柄零件。中间部位锥面的锥度为 1:4，试作出该手柄的图形。

作图方法如图 2-24 所示。

1）如图 2-24a 所示，先作出轴线和中心线，再根据已知尺寸作出左端球面 $S\phi38$ 的圆和右端圆柱 $\phi22$、$\phi35$ 几条直线。

2）如图 2-24b 所示，在轴线上取 4 个单位长度 AB，在垂直方向对称取 1 个单位长度 CD，连接 B、C，B、D，即得到 1:4 的锥度。

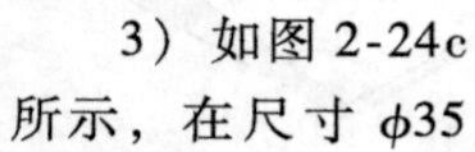

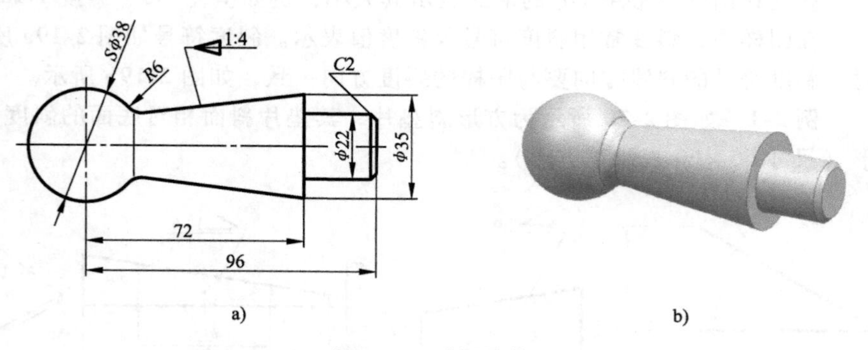

图 2-23　手柄零件

3）如图 2-24c 所示，在尺寸 $\phi35$ 的两个端点上分别作 BC、BD 的平行线，交 $S\phi38$ 球面的圆，即得出中间 1:4 锥度的锥面，再作出其他线。整理并加深轮廓线，即为所求。

> **注意**　图中标注的“$C2$”尺寸，表示端部的倒角，“C”表示 45°倒角，“2”表示倒角距离是 2mm。图中 $R6$ 的圆弧用圆弧连接的方法作出，即 $R6$ 与一条直线和一条圆弧连接。

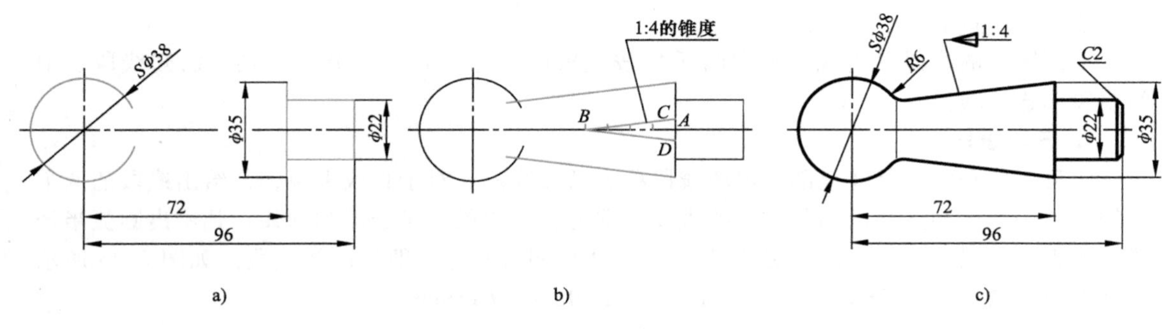

图 2-24　锥度的作图方法

第五节　平面图形的分析和作法

本节介绍如何应用几何作图的知识作出机械零件轮廓的平面图形。平面图形是由几何图形和一些线段组成的。要正确地作出平面图形，首先要对图形进行尺寸分析和线段分析。

一、尺寸分析

平面图形所标注的尺寸，一般按其作用分为定形尺寸和定位尺寸。

1. 定形尺寸

用以确定平面图形中各组成部分形状和大小的尺寸称为定形尺寸。如图 2-25a 所示的黑色尺寸，如直线段长度尺寸 35mm、10mm、20mm，圆的直径 ϕ12mm、ϕ24mm，圆的半径 R12mm、R22mm。

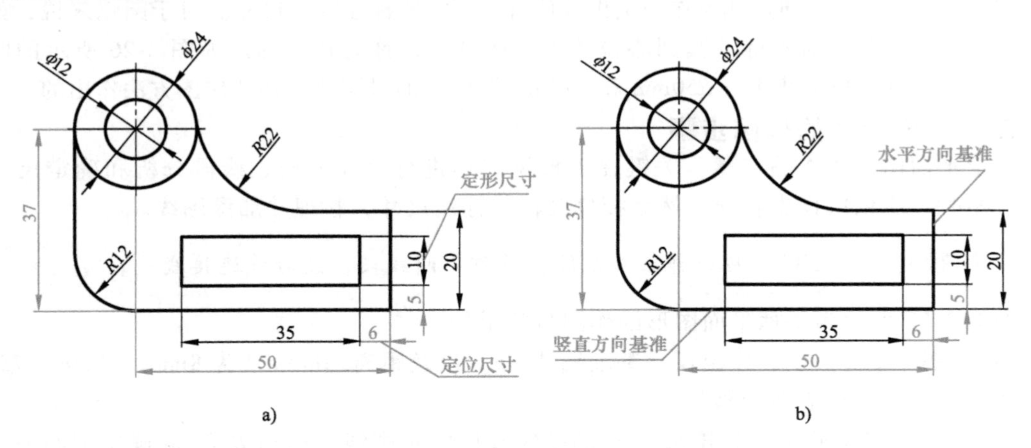

图 2-25　尺寸分析

2. 定位尺寸

用以确定平面图形中各组成部分的相对位置的尺寸，称为定位尺寸。如图 2-25a 所示的红色尺寸，如尺寸 37mm 和 50mm 是分别以底面和右侧面为基准，确定 ϕ24mm 圆心位置的尺寸；尺寸 5mm 和 6mm 是确定矩形 35mm × 10mm 位置的尺寸。

定位尺寸应以尺寸基准作为标注尺寸的起点，如图 2-25b 所示。一个平面图形应有两个方向的尺寸基准（水平方向和竖直方向），通常是以图形的对称轴线、大直径圆的中心线和主要轮廓线作为尺寸标注的基准。

二、线段分析

平面图形的线段（直线、圆和圆弧）按线段的尺寸是否齐全分为三类：已知线段、中间线段和连接线段。

1. 已知线段

定形尺寸和定位尺寸全部注出的线段称为已知线段。对于直线来说，凡给出线段的两个已知点或一个已知点并已知其方向的直线，即为已知线段。对于圆和圆弧，凡给出圆弧半径或圆的直径，以及圆心的两个定位尺寸（*X*、*Y*）相对坐标，即为已知线段。如图 2-26 所示手柄图形中的尺寸 ϕ20mm、15mm、ϕ5mm、*R*10mm、*R*15mm。

2. 中间线段

已知定形尺寸和一个方向的定位尺寸（*X* 或 *Y* 相对坐标），需根据边界条件用连接关系作图才能作出的线段称为中间线段。对于圆和圆弧来说，凡给出圆的直径或圆的半径，以及圆心的一个方向定位尺寸，该圆弧即为中间线段。如图 2-26 所示的尺寸 *R*50mm，圆心坐标是由与其相切的 ϕ30mm 给出了一个 *Y* 方向的相对坐标，其 *X* 方向的位置需要作图确定。

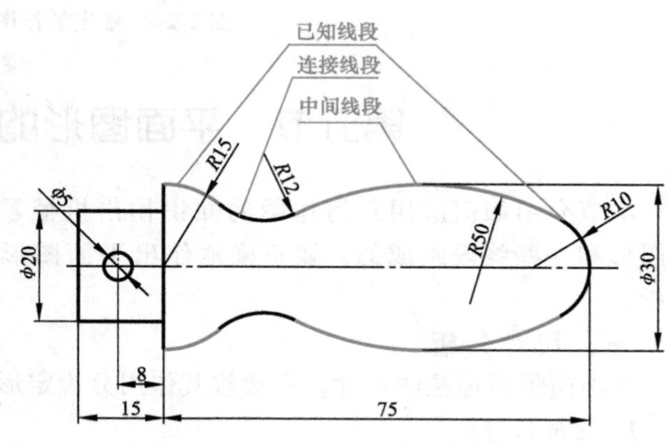

图 2-26　手柄的线段分析

3. 连接线段

只注出了定形尺寸，而未标注定位尺寸的线段称为连接线段。对于一条直线来说，若其两端都与定圆相切，它是通过几何作图定出其位置，不需要标注定位尺寸。对于圆弧来说，如果只标注了圆的半径，而不标注其圆心位置尺寸的圆弧，称为连接弧。如图 2-26 所示的圆弧 *R*12mm。该圆弧是利用其两条 *R*50mm 和 *R*15mm 圆弧，通过圆弧连接的作图方法作出的。

三、平面图形的作图步骤

确定平面图形的作图步骤，关键在于根据图形进行尺寸分析、线段分析和确定尺寸基准。作图时，应依次作出各线，然后校核底稿，标注尺寸，整理并加深图线。

小技巧　作图时，应先作已知线段，再作中间线段，最后作连接线段。

如图 2-27 所示为手柄平面图形的作图步骤示例。

1）如图 2-27a 所示，作出尺寸基准线 *A*、*B*，以及距离基准线 *A* 为 8mm、15mm、75mm 的三条垂直于基准线 *B* 的直线。

2）如图 2-27b 所示，作出 ϕ20mm 的已知圆柱的轮廓线，根据 *R*10mm 确定圆心 *O*，分别作出 ϕ5mm、*R*15mm、*R*10mm 的已知圆和圆弧。

3）如图 2-27c 所示，作出 ϕ30mm 的辅助线Ⅰ和Ⅱ，作距离Ⅰ、Ⅱ为 50mm 的平行线Ⅲ和Ⅳ。以点 *O* 为圆心，以 50mm − 10mm = 40mm 为半径作圆弧，分别交直线Ⅲ、Ⅳ于 O_1、O_2 两点。

4）如图 2-27d 所示，连接 *O*、O_1，*O*、O_2 并延长，交已知圆弧于点 T_1、T_2，分别以点 O_1、O_2 为圆心，以 50mm 为半径作中间弧。

5）如图 2-27e 所示，分别以点 O_1、O_2 为圆心，以 50mm + 12mm = 62mm 为半径作圆弧，再以点 O_5 为圆心，以 15mm + 12mm = 27mm 为半径作圆弧，与前面的两圆弧分别交于

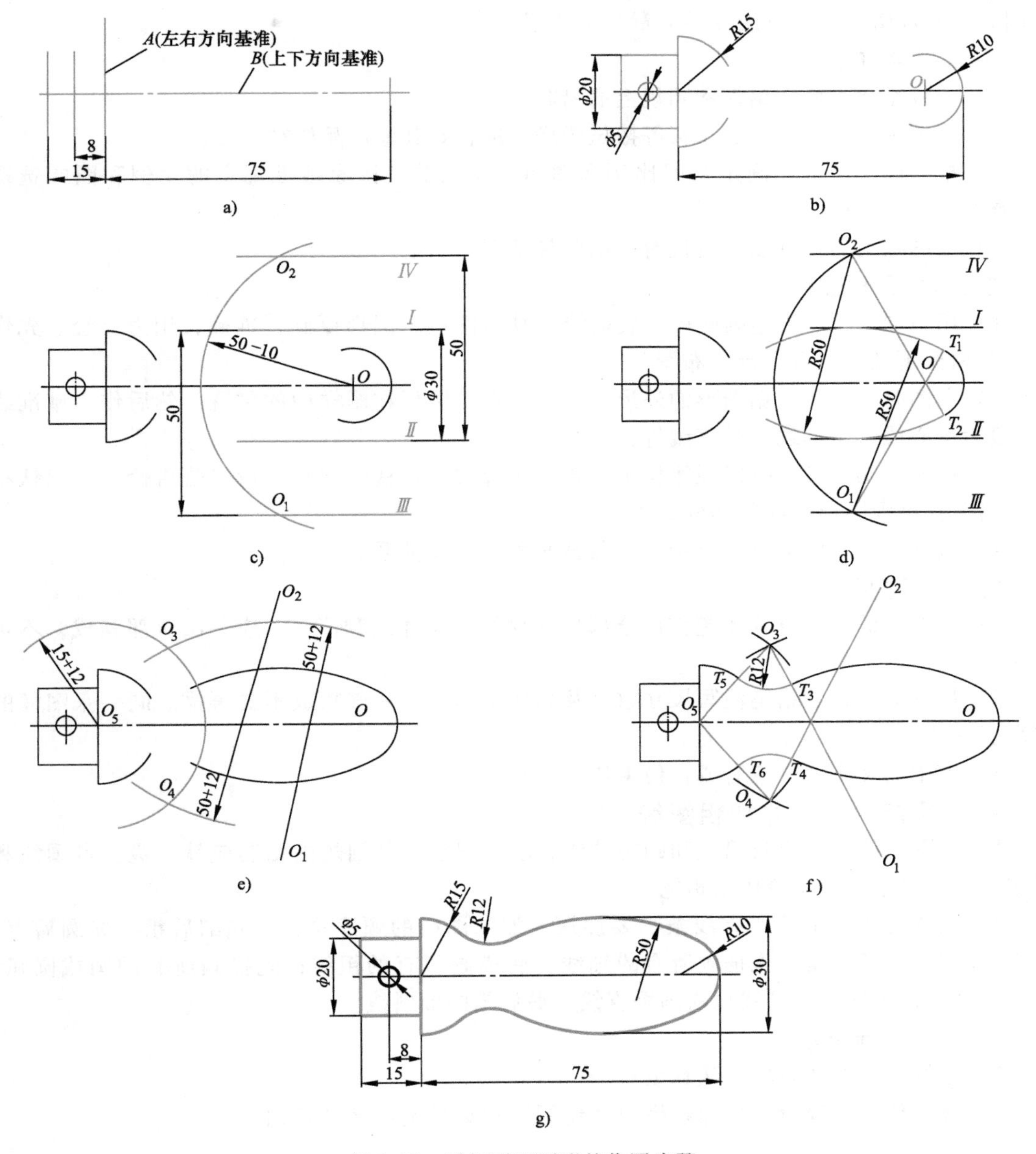

图 2-27　手柄平面图形的作图步骤

点 O_3、O_4。

6）如图 2-27f 所示，连接 O_1、O_3，O_2、O_4，与半径为 50mm 的圆弧分别交于点 T_3、T_4；连接 O_5、O_3，O_5、O_4，与半径为 12mm 的圆弧分别交于点 T_5、T_6；以点 O_3、O_4 为圆心，以 12mm 为半径作连接弧 T_3T_5 和 T_4T_6。

7）如图 2-27g 所示，检查底稿，擦去作图线，标注尺寸，加粗图线，即完成手柄图形。

第六节　绘制图样的一般方法及步骤

绘制图样有三种方法：绘制仪器图、绘制徒手图和计算机绘图。本节介绍绘制仪器图的作图方法及步骤，其他方法在后面章节中介绍。

一、准备工作

1）按线型要求削好铅笔和圆规上的铅芯。

2）将图板、丁字尺、三角板等擦拭干净，准备好其他用品放在一边。

3）根据图形尺寸，确定绘图比例和图幅，注意要按国家标准规定的比例和图幅选取（可查阅表1-1、表1-2）。

4）在图板上确定好图纸的位置，用胶带纸固定图纸。

二、画图形底稿

1）用H或2H的铅笔画底稿。底稿线要画得细些，图形要画得准确，用力要轻。先作出图框和标题栏，然后进行“布图”。

2）布图时，先要根据图形的外形尺寸，估算出图形在图样中的位置，然后作出基准线（一般为中心线、对称线、长直线等）。

3）按照已知图形和投影规律作出主要外轮廓线，审视一下布局情况是否恰当，确认布局妥当后，再画图形的细节部分。

4）检查所画的图形是否有错画、漏画的图线，及时更正。

三、标注尺寸

1）用削尖的H或HB铅笔作出全部尺寸界线、尺寸线和箭头，应一次全部画成，不再加深。

2）用笔尖稍钝的铅笔注写尺寸数字及其他字母，要一气呵成不要再描。同一张图样的字高要一致。

3）图中的文字说明应写成长仿宋体。

四、检查、描深并加粗图线

1）描深图线时，应将铅笔和圆规的铅芯削成扁状，且圆规的铅芯应软一级。点画线和细实线用尖铅笔，粗实线用扁铅笔。

2）描深是指图中的所有线条都要加深，加深图线的顺序是：“先细后粗，先圆后直，先正后斜”。其意思是：先描画所有的细线，后描画所有的粗线；先描画所有的圆或圆弧，后描画直线；先描画水平线再描画垂直线；最后描画倾斜线。

五、填写标题栏

1）按标题栏内的各项目认真填写。

2）确认校核无误时，在标题栏中“制图”格内签上姓名和日期。

思考题

1. 如何绘制圆内接正三角形和圆内接正八边形？

2. 同心圆法和四心法画椭圆有何区别？

3. 斜度和锥度有何区别？1:5的斜度和1:5的锥度是否相同？

4. 为什么绘制平面图形时，要先分析图形的尺寸和线段？画图的顺序是什么？

5. 平面图形中有长、宽两个方向的基准，通常图形中哪些线可以作为基准线？

6. 图形中有一段圆弧只给出了半径尺寸，这段圆弧属于什么线段？作图时是否应该先行画出？

第三章 投影基础

本章教学目标

1. 了解投影法的基本知识
2. 掌握物体三视图的投影规律
3. 了解点、线段和平面的投影特性

任何形状的零件表面都是由面围成的，如图3-1所示的V形块。表面上的面与面的交线为棱线，棱线与棱线相交为点。为了迅速而正确地作出零件的视图，就必须掌握点、线、面的投影规律和投影特性。

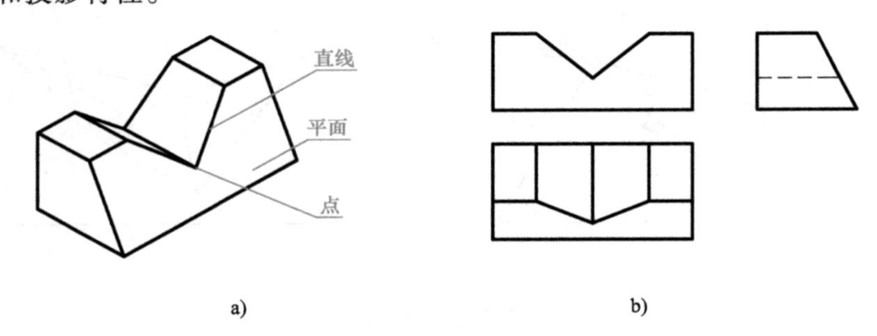

图3-1 V形块及其三视图

第一节 投影法的基本知识

一、投影法

1. 投影法的概念

物体在灯光或日光的照射下，在地面上就会产生该物体的影子。但是，影子只能反映该物体的外轮廓形状，不能反映其完整的形象。如果假设光线能够穿透物体，就可以完整地反映物体的形象，如图3-2所示。投影法就是人们根据这种假想的现象抽象出来的。

2. 投影体系的建立

如图3-3a所示，P为投影面，S为投射中心，ABC为空间几何要素。分别将SA、SB、SC连线，并与P平面相交于点a、b、c，三角形abc为空间三角形ABC在平面P上的投影；Sa、Sb、Sc线为投射线。图3-3b所示表示假设当投射中心无限远时，投射线假设成相互平行的情况。

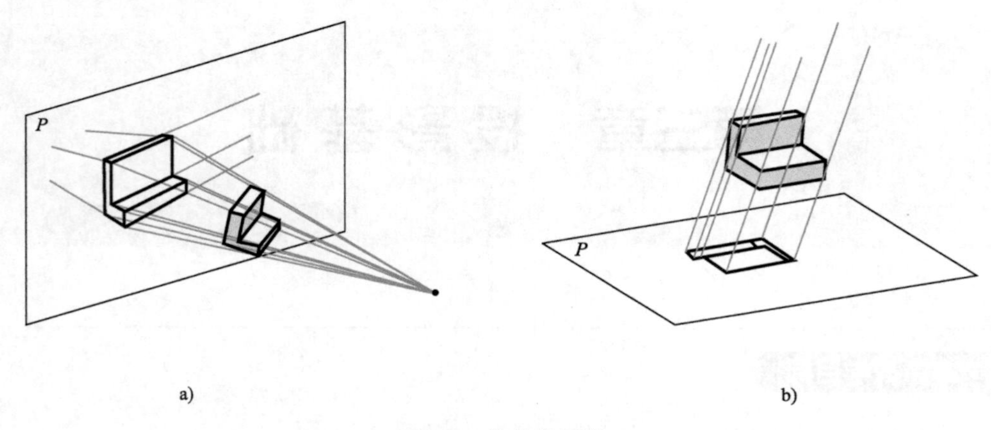

a)　　b)

图 3-2　物体的投影

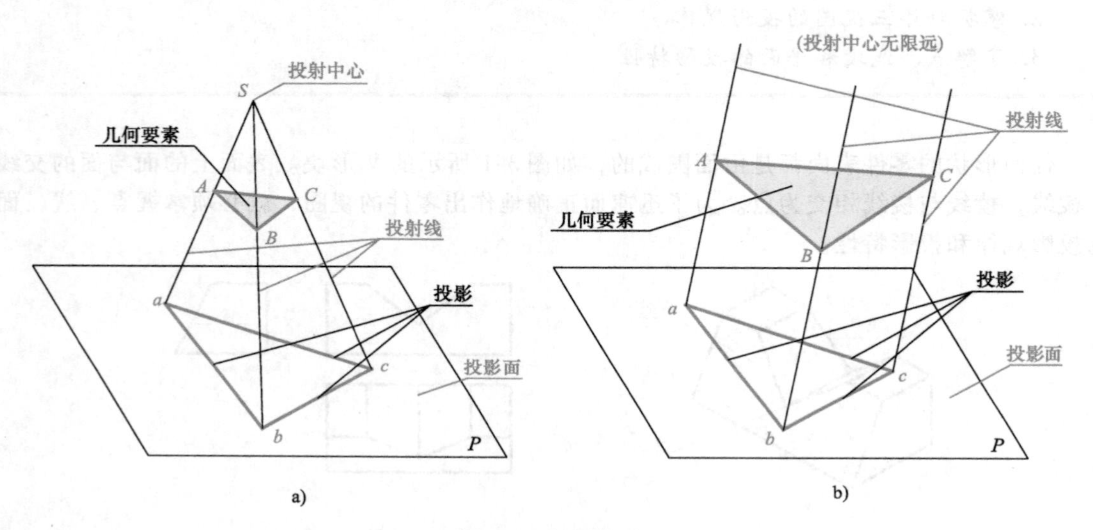

a)　　b)

图 3-3　投影体系

人们把这种投射线通过物体，向选定投影面投射，并在该投影面上得到图形（投影）的方法称为投影法。

3. 投影法的种类

常用的投影法分为两大类：中心投影法和平行投影法。

（1）中心投影法　如图 3-4 所示，投射线从投射中心出发，在投影面上作出物体投影的方法，称为中心投影法。用中心投影法得到的投影接近于直观物体的效果，主要应用于绘制建筑效果图或工业产品说明书及广告中的透视图，如图 3-5 所示。

（2）平行投影法　当投射中心距离投影面为无限远时（如阳光的光线），则投射线近于互相平行。这种用互相平行的投射线投影，在投影面上作出物体投影的方法称为平行投影法。

在平行投影法中，按投射线是否垂直于投影面又分为斜投影法和正投影法两种。

1）斜投影法：如图 3-6a 所示，投射线与投影面倾斜称为斜投影法。用这种方法可以绘制立体感很强的轴测图。

2）正投影法：如图 3-6b 所示，投射线垂直于投影面称为正投影法。由于正投影法能够真实地反映物体的形状与大小，度量性好，作图方便，故广泛应用于各种工程图样中。

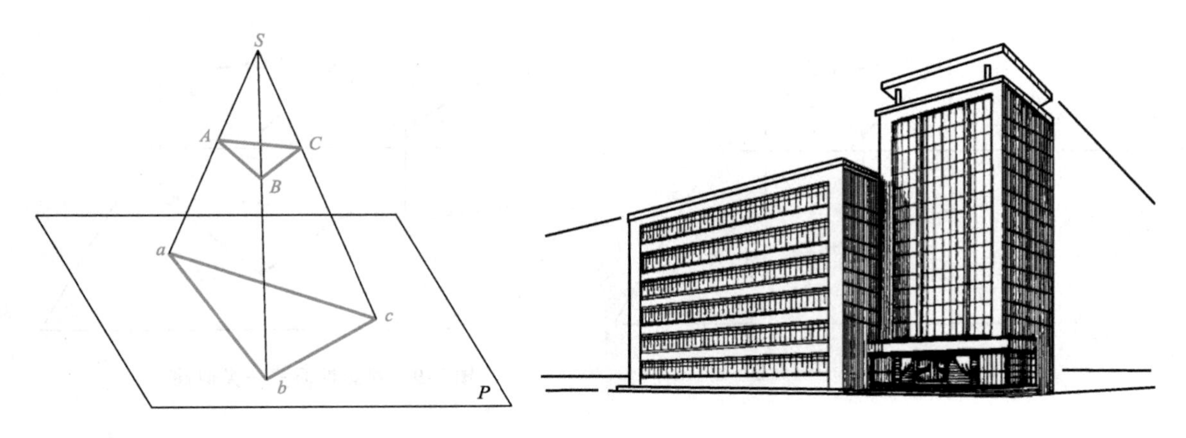

图 3-4　中心投影法

图 3-5　建筑物透视图

提示　正投影是机械制图的主要理论基础，也是我们在本课程中学习的主要内容。

二、正投影的基本性质

物体上的面和棱线相对投影面有三种情况：平行、垂直或倾斜。采用正投影法投射时，针对这三种位置的线段和平面具有以下三种性质。

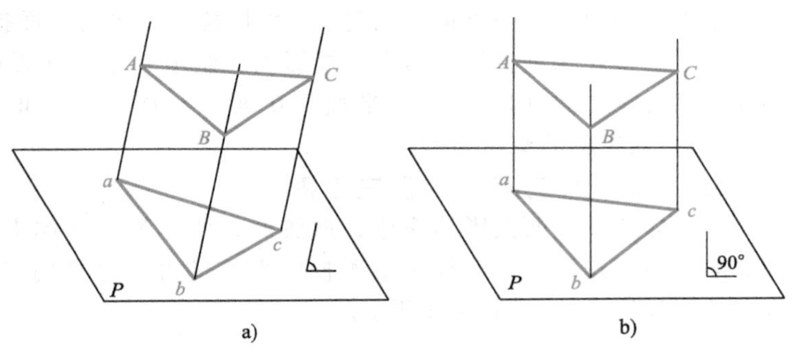

图 3-6　平行投影法

a）斜投影法　b）正投影法

1. 真实性

如图 3-7 所示，当直线或平面平行于投影面时，直线的正投影反映真实长度，平面的正投影反映真实形状，这种性质称为真实性。

2. 积聚性

如图 3-8 所示，当直线或平面垂直于投影面时，直线的投影积聚为点；平面的投影积聚为直线段，这种性质称为积聚性。

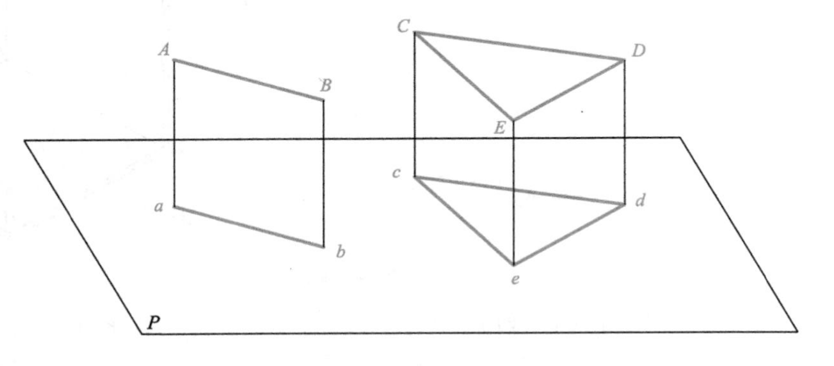

图 3-7　投影性质——真实性

3. 类似性

如图 3-9 所示，当直线和平面倾斜于投影面时，直线的投影为缩小的线段；平面的投影为缩小的类似形，这种性质称为类似性。

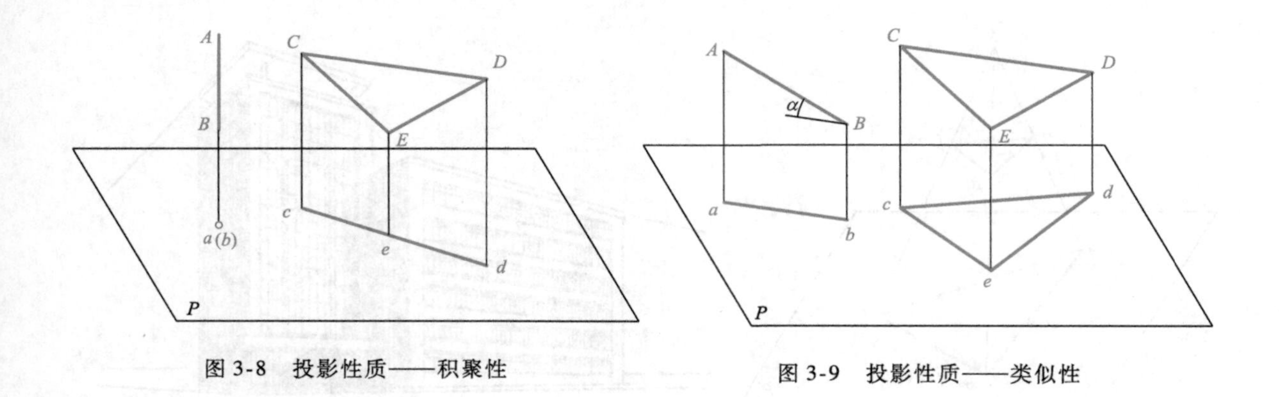

图 3-8　投影性质——积聚性

图 3-9　投影性质——类似性

第二节　物体的三视图

一、三面投影体系

由图 3-10 所示，用一个投影面得到的投影只能反映物体一个方向的形状，不能反映物体多个方向的形状。国家标准规定，工程图样必须采用多面投影。

建立三个互相垂直的平面作为投影面，组成一个三面投影体系，如图 3-11 所示。三投影面分别为正立面（V 面）、水平面（H 面）和侧立面（W 面）。三个投影面的交线为 X、Y、Z 轴，三条轴的交点为 O。

二、物体的三面投影及三视图

将物体放在三面投影体系中，放置时，要尽量使物体上各表面平行或垂直于三个投影面。然后用正投影（投射线垂直于投影面）的方法分别向三个投影面投射，即可得到三个方向的正投影图，如图 3-12 所示。

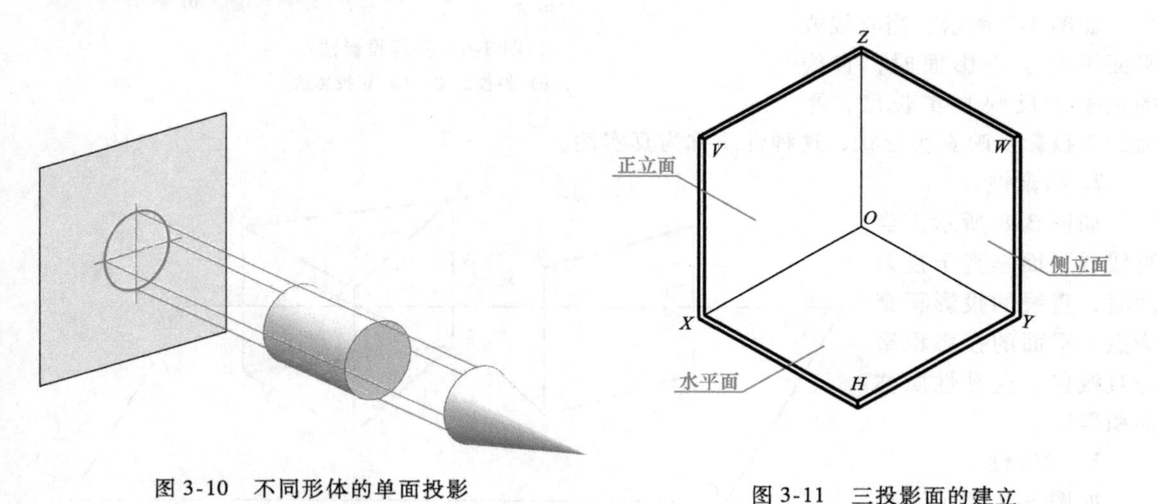

图 3-10　不同形体的单面投影

图 3-11　三投影面的建立

工程上把正面投影图称为主视图、水平投影图称为俯视图、侧面投影图称为左视图，把物体的三面投影图称为三视图。

为了把互相垂直的三个投影图画在一张图纸上，必须把投影面展开。其展开方法是：正立面（V 面）不动，水平面（H 面）绕 X 轴向下旋转 90°；侧立面（W 面）绕 Z 轴向后旋转 90°，使三个投影面处于同一个平面内，如图 3-13a、b 所示。实际绘图时，投影面的边框不画，投影面的代号不写，如图3-13c所示。

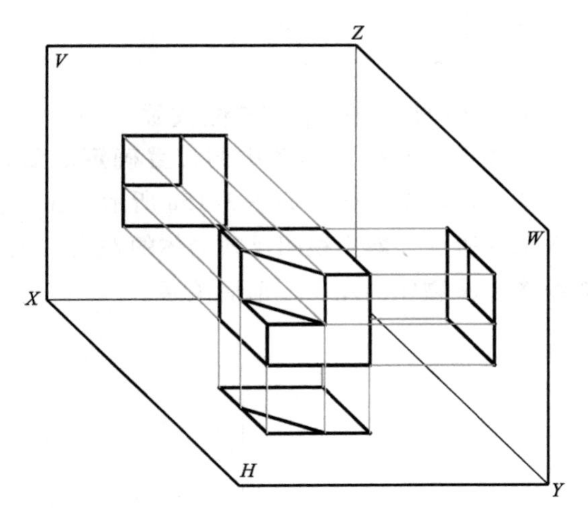

图 3-12　物体的三面投影

三、物体三视图的投影关系

在三面投影体系中，物体的 X 轴方向尺寸称为长度，Y 轴方向尺寸称为宽度，Z 轴方向尺寸称为高度。如图 3-14 所示，在物体的三视图中，主视图与俯视图在 X 轴方向都反映物体的长度，它们的位置左右应对正，称为“长对正”。主视图与左视图在 Z 轴方向都反映物体的高度，它们的位置上下应对齐，称为“高平齐”。俯视图与左视图在 Y 轴方向都反映物体的宽度，这两个宽度一定要相等，称为“宽相等”。

由此得出三视图的投影规律：

主、俯视图“长对正”

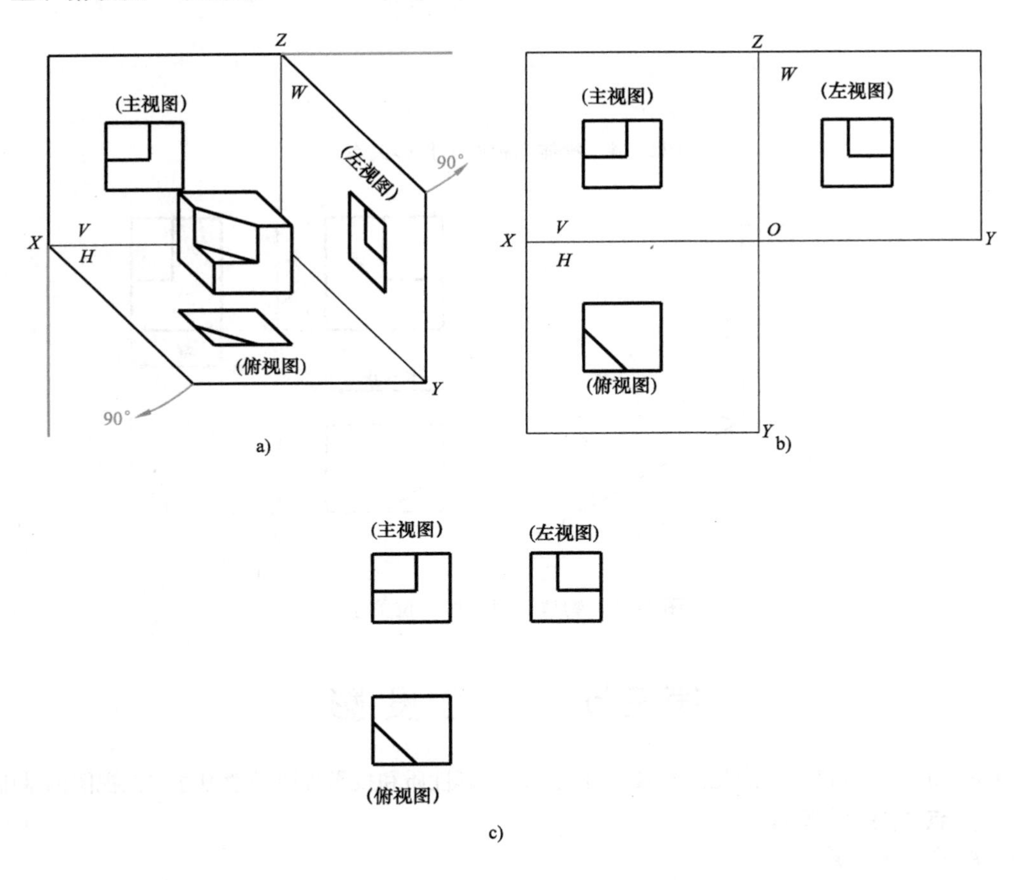

图 3-13　投影面的展开与三视图

主、左视图“高平齐”

俯、左视图“宽相等”

四、物体三视图的方位关系

物体在三面投影体系中的位置确定之后，相对于观察者，它在空间就有上、下、左、右、前、后六个方位，如图 3-15a 所示。在三视图中，每一个视图都可以反映四个方位，如图 3-15b 所示。即主视图反映物体的左右、上下关系，左视图反映物体的前后、上下关系，俯视图反映物体的左右、前后关系。

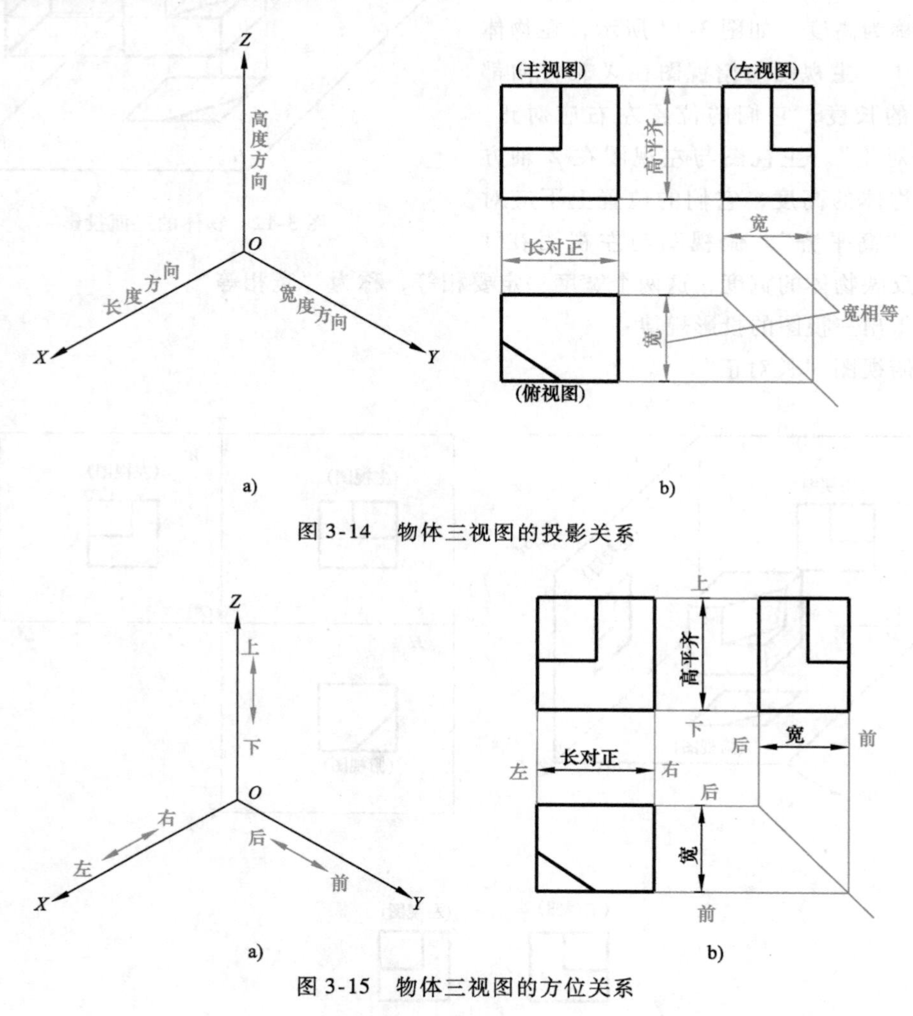

图 3-14　物体三视图的投影关系

图 3-15　物体三视图的方位关系

第三节　点的投影

点是构成立体的最基本的几何元素。研究点的投影性质和投影规律是学习立体三视图的基础。

一、点的投影规律

1. 点的三面投影

如图 3-16a 所示，用正投影的方法，将点 A 分别向三个投影面投射，得到点 A 的水平投影 a，正面投影 a'和侧面投影 a''。

注意　空间点用大写字母 A、B、C……等标记，它们在 H 面上投影用相应的小写字母 a、b、c……标记；在 V 面上的投影用相应的小写字母 a'、b'、c'……标记；在 W 面上的投影用相应的小写字母 a''、b''、c''……标记。

2. 投影面的展开

如图 3-16b 所示，把三个投影面在一个平面上展开。Y 轴随 H、W 面分为两处，分别以 Y_H、Y_W 表示。

在投影图上一般不必作出投影面的边界，而只作出投影轴及其投影。为了作图方便，在 Y_H 和 Y_W 作一条 45°辅助线，如图 3-16c 所示

3. 点的投影规律

如图 3-17 所示，通过点的投影和投影面的展开，点的三面投影具有以下投影规律：

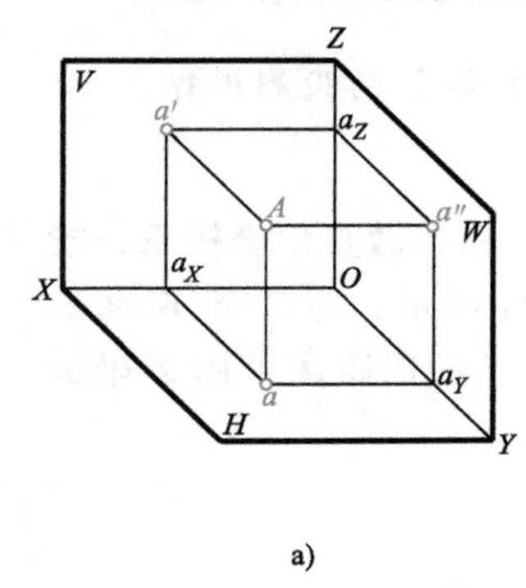

a)

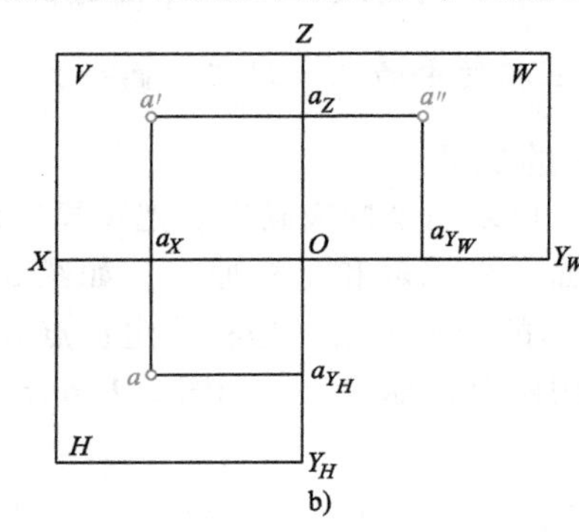

b)

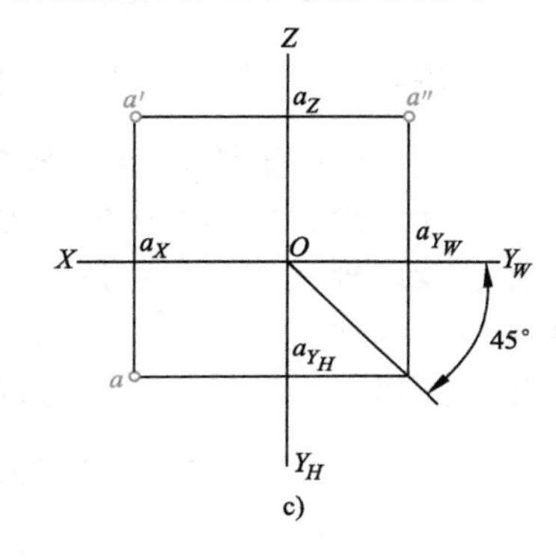

c)

图 3-16　点的三面投影

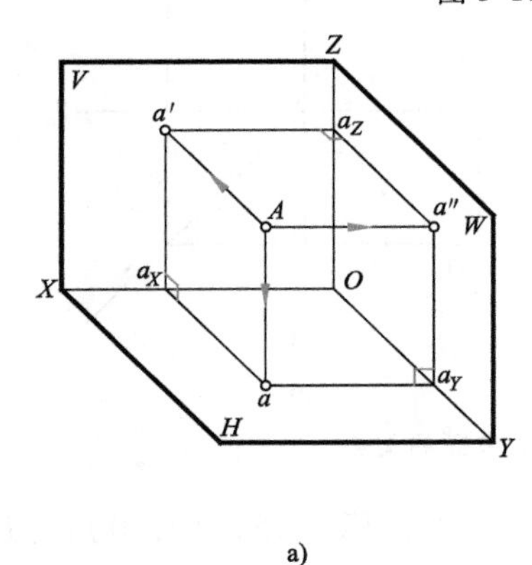

a)

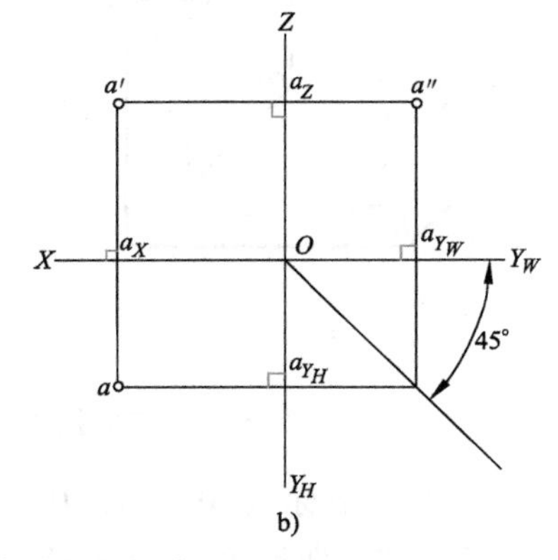

b)

图 3-17　点的投影规律

1）点的正面投影和水平投影连线垂直于 X 轴，即 $a'a \perp OX$。

2）点的正面投影和侧面投影连线垂直于 Z 轴，即 $a'a'' \perp OZ$。

3）点的水平投影到 X 轴距离等于点的侧面投影到 Z 轴距离，即 $aa_X = a'a_Z$。

例 3-1　如图 3-18a 所示，已知点 A 的正面投影 a'和侧面投影 a''，求其水平投影 a。

分析：应用点的投影规律，只要已知点的任何两面投影，就可以求出它的第三面投影。

作图：

1）如图 3-18b 所示，过原点 O 作 45°辅助线。

2）如图 3-18c 所示，过点 a'作 X 轴的垂线，点 a 必在此直线上。过点 a''作 Y_W 轴的垂

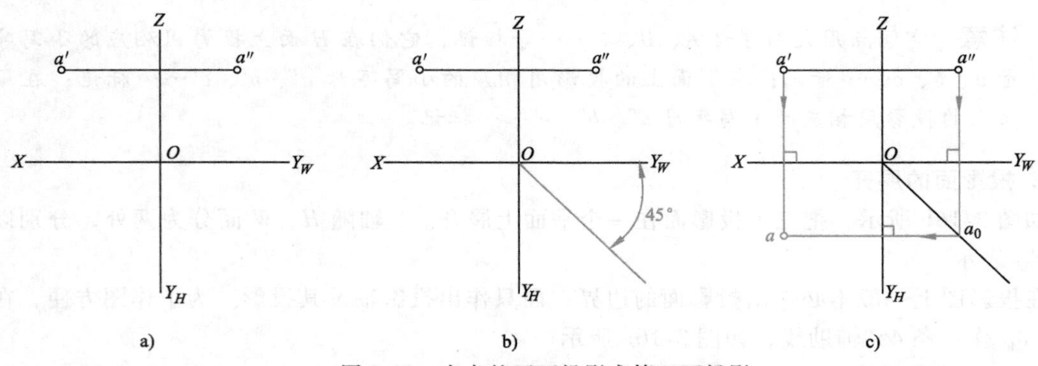

图 3-18　由点的两面投影求第三面投影

线，交辅助线于点 a_0。过点 a_0 作 Y_H 轴的垂线，与 $a'a_X$ 的延长线相交得水平投影 a。

提示　点的投影同样满足三视图中的“长对正，高平齐，宽相等”的投影规律。

二、点的投影与直角坐标的关系

点在三投影面体系中的位置，可以用坐标来确定。把三投影面体系当做直角坐标系，投影面、投影轴和原点分别是坐标面、坐标轴和坐标原点。如图 3-19a 所示，点 A 到 W 面的距离可用 X 坐标确定；点 A 到 V 面的距离可用 Y 坐标确定；点 A 到 H 面的距离可用 Z 坐标确定。所以，点的一个投影可以用两个坐标确定，如图 3-19b 所示。

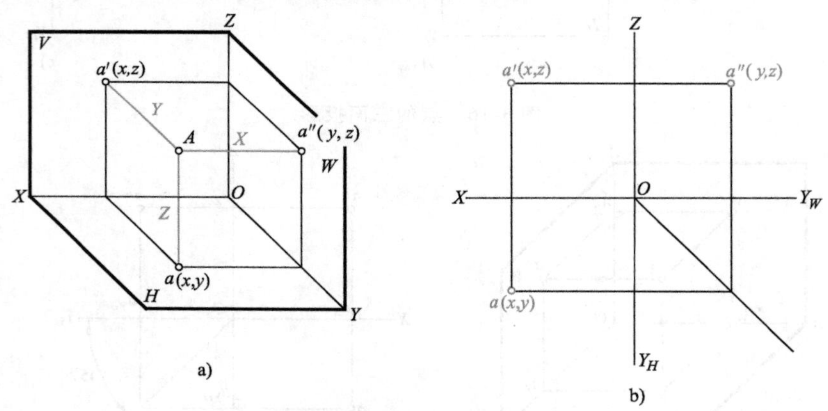

图 3-19　点的投影与直角坐标的关系

例 3-2　已知点 A 的坐标（40，15，10）；点 B 的坐标（25，10，0）；点 C 的坐标（15，0，0），求作各点的三面投影。

分析：各点的空间位置可以由点的坐标确定，各点的投影也可以由点的坐标和点的投影规律作出。

作图：

1）用细实线作出互相垂直的坐标轴 X、Y_H、Y_W、Z 和 45°辅助线。

2）如图 3-20a 所示，在 OX 轴上截取 40mm 得点 a_X；在 OY_H 轴上截取 15mm 得点 a_{Y_H}；在 OZ 轴上截取 10mm 得点 a_Z，根据点的投影规律分别过点 a_X、a_{Y_H}、a_Z 作各轴的垂线，其交点即得点 A 的三面投影 a、a'、a''。

3）如图 3-20b 所示，在 OX 轴上截取 25mm 得点 b_X；在 OY_H 轴和 OY_W 轴上分别截取

10mm 得点 b_{Y_H}和 b_{Y_W}，由于 Z 坐标为 O，相当于点 b_Z 的位置在原点。根据点的投影规律过点 b_X、b_{Y_H}和 b_{Y_W}作各轴的垂线，即得点 B 的三面投影 b、b'、b''。

4）如图 3-20c 所示，在 OX 轴上截取 15mm 得点 c_X，由于 $c_Y=0$，$c_Z=0$，所以点 c、c' 与 c_X 重合，c''与原点 O 重合。

5）如图 3-20d 所示，将 A、B、C 三点的投影合在一起，即是已知各点的三面投影。

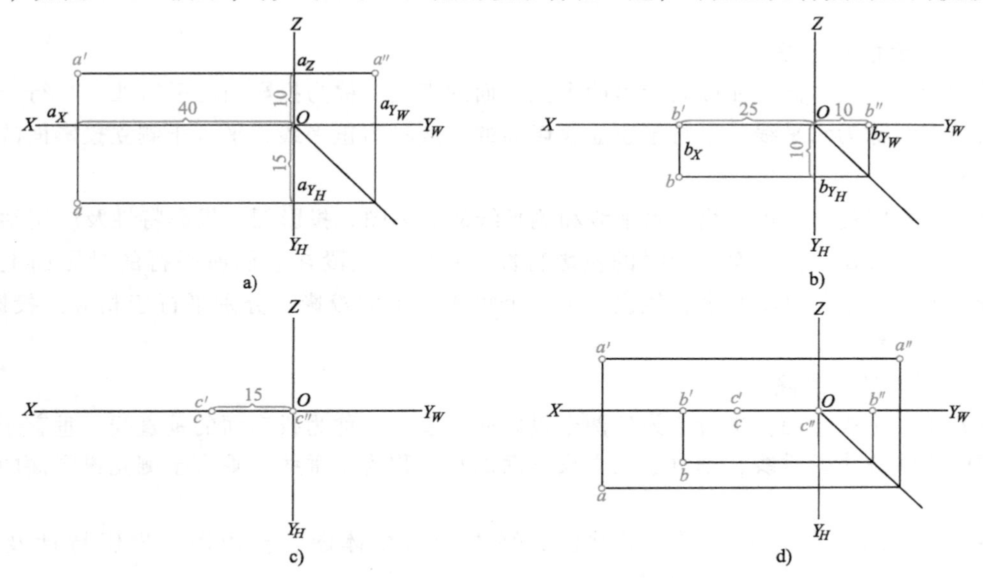

图 3-20　根据点的坐标求点的三面投影

a）点 A 的投影　b）点 B 的投影　c）点 C 的投影　d）点 A、B、C 的投影

第四节　线段的投影

一、线段的投影

线段的投影可以由线段上的两个端点确定。

线段的三面投影实质上是作两端点的三面投影，然后同面投影连线。如图 3-21 所示，已知线段两端点 A（20，18，7）、B（7，7，18）的坐标，要作直线段 AB 的三面投影，只要先分别作出 A、B 两点的三面投影，然后用粗实线分别连接 A、B 两点的同面投影 ab、$a'b'$、$a''b''$，即为直线 AB 的三面投影。

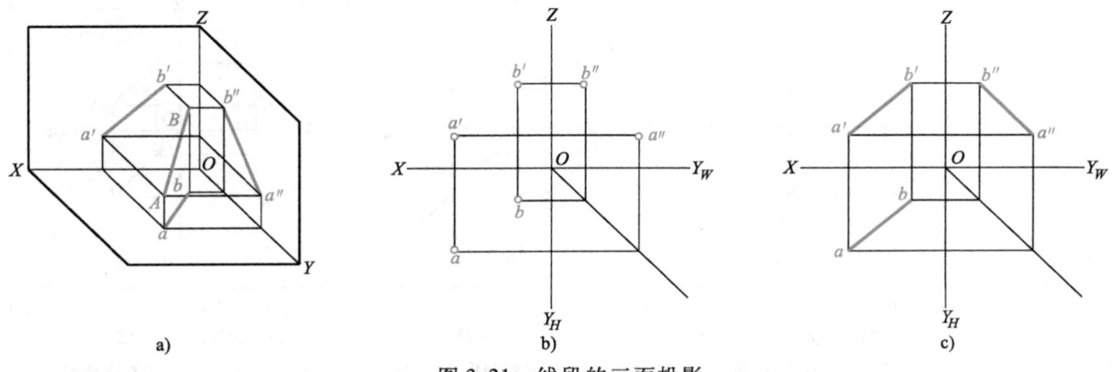

图 3-21　线段的三面投影

小技巧 如果点在直线上，则此点的各个投影一定在该直线的同面投影上。求线段的投影可归结为求两端点的投影。

二、各种位置线段的投影特性

线段在三面投影体系中处于三种位置，即平行于投影面、垂直于投影面和倾斜于投影面。

1. 投影面的平行线

平行于一个投影面，而倾斜于另两个投影面的直线，称为投影面的平行线。平行于水平投影面的直线称为水平线，平行于正立投影面的直线称为正平线，平行于侧立投影面的直线称为侧平线。

表 3-1 分别列出了正平线、水平线和侧平线的立体图、投影图、投影特性及应用举例。

由表 3-1 可知，投影面平行线的投影特性是：空间线段在它们所平行的投影面上的投影，能反映该线段的真实长度；线段在另两个投影面上的投影，分别平行于相应的投影轴，且投影长度缩短。

2. 投影面的垂直线

垂直于一个投影面，平行于另外两个投影面的直线，称为投影面的垂直线。垂直于水平投影面的直线称为铅垂线，垂直于正立投影面的直线称为正垂线，垂直于侧立投影面的直线称为侧垂线。

表 3-2 分别列出了铅垂线、正垂线、侧垂线的立体图、投影图、投影特性及应用举例。

表 3-1 投影面平行线的投影特性

名称	正平线（平行于V、倾斜于H和W）	水平线（平行于H、倾斜于V和W）	侧平线（平行于W、倾斜于H和V）
立体图	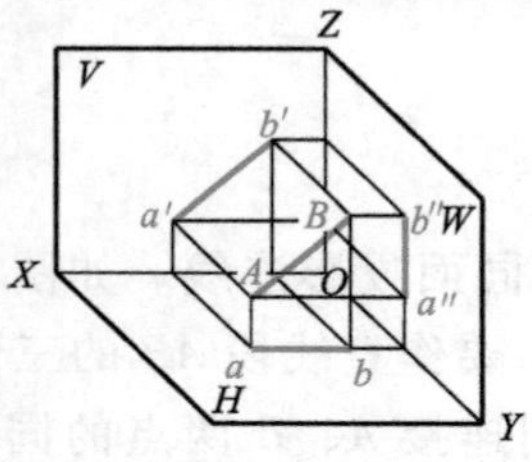	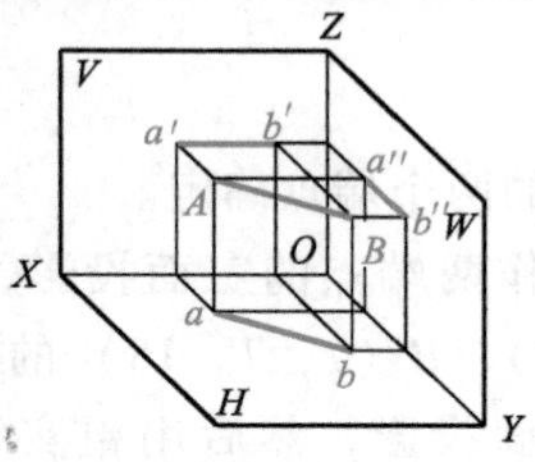	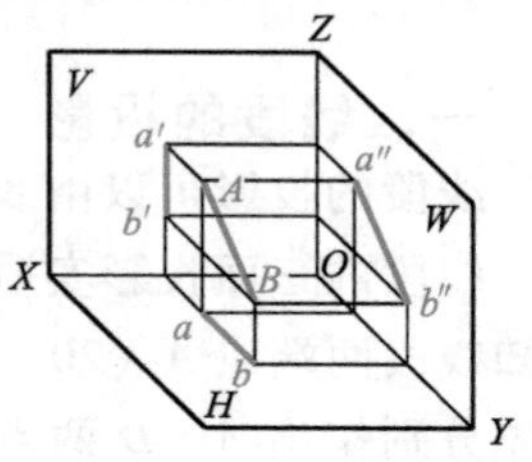
投影图	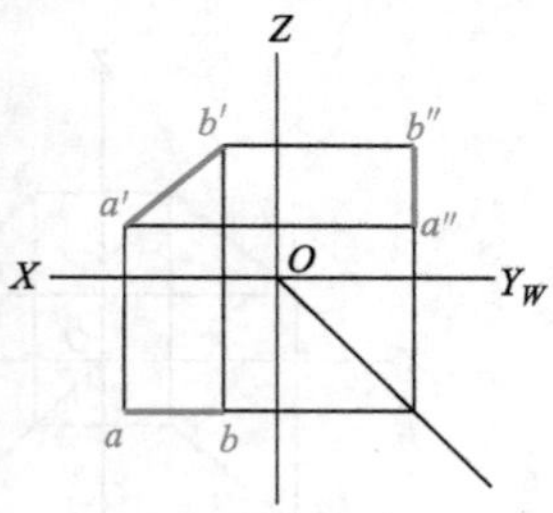	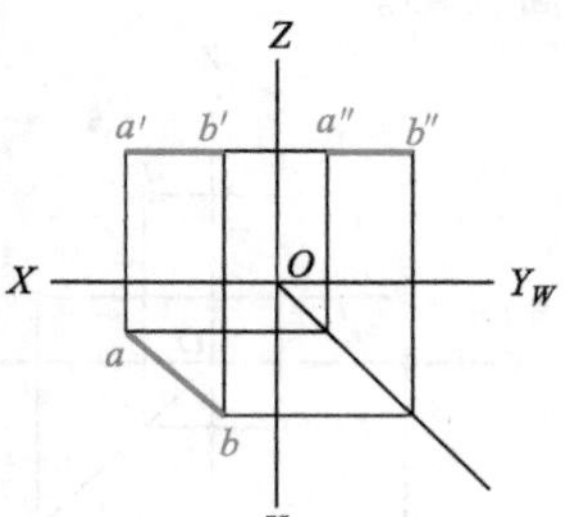	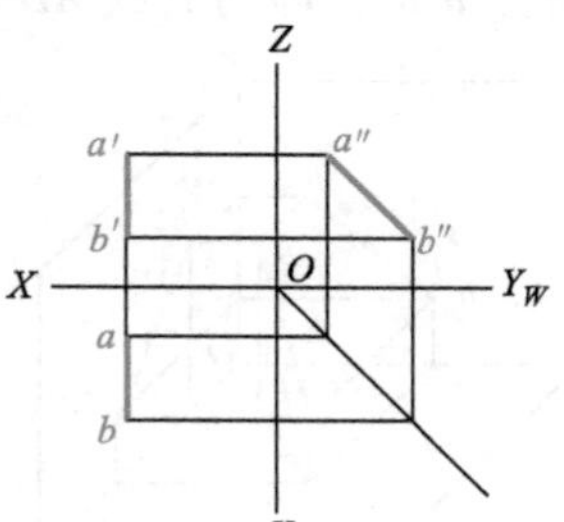
投影特性	1）$a'b'=AB$ 2）$ab /\!/ OX$，$a''b'' /\!/ OZ$ 3）$a'b'$与 OX 轴和 OZ 轴倾斜	1）$ab=AB$ 2）$a'b' /\!/ OX$，$a''b'' /\!/ OY_W$ 3）ab 与 OX 轴和 OY_H 轴倾斜	1）$a''b''=AB$ 2）$ab /\!/ OY_H$，$a'b' /\!/ OZ$ 3）$a''b''$与 OY_W 和 OZ 轴倾斜

（续）

名称	正平线（平行于*V*、倾斜于*H* 和*W*）	水平线（平行于*H*、倾斜于*V* 和*W*）	侧平线（平行于*W*、倾斜于*H* 和*V*）
应用举例	主视方向	主视方向	主视方向

表 3-2　投影面垂直线的投影特性

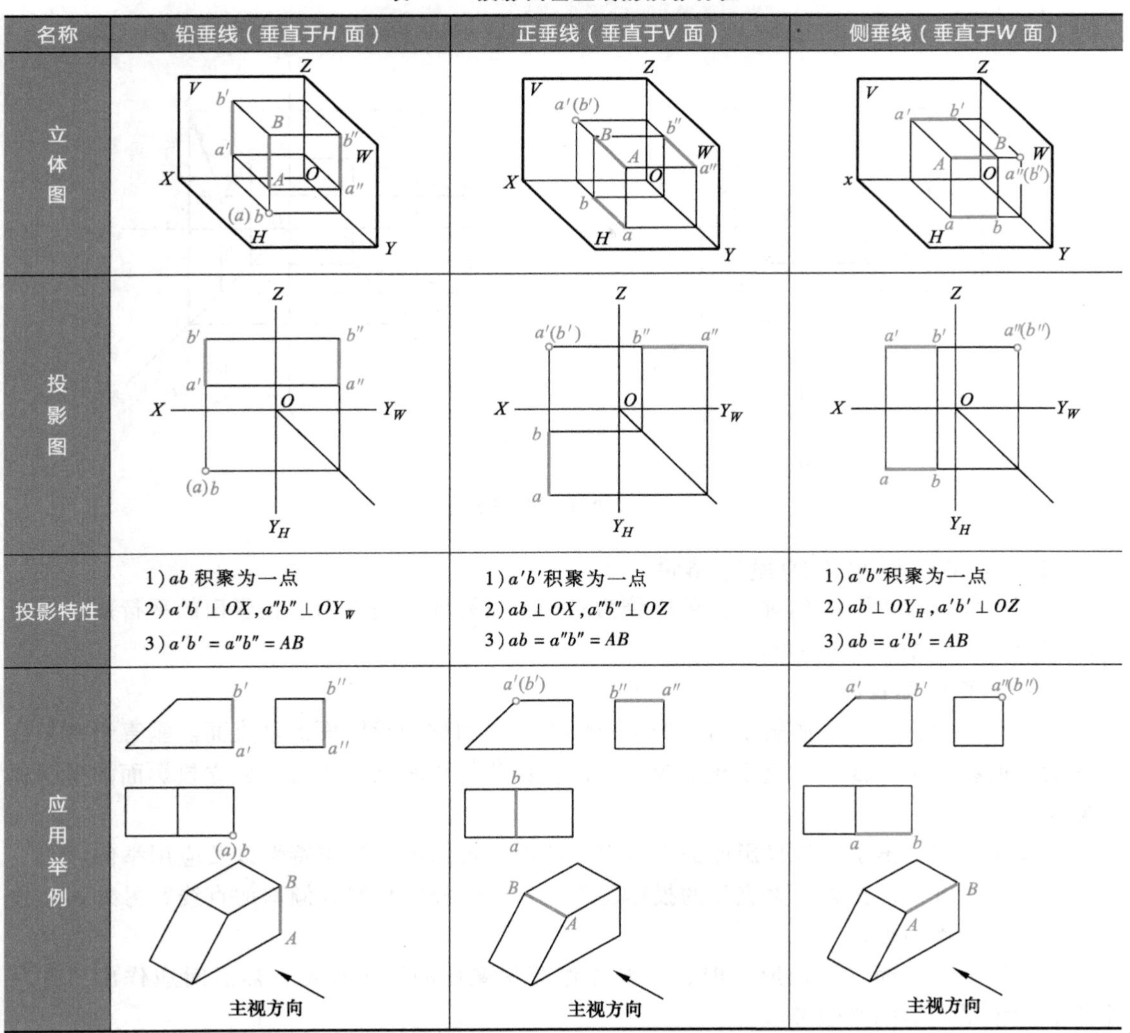

名称	铅垂线（垂直于*H* 面）	正垂线（垂直于*V* 面）	侧垂线（垂直于*W* 面）
立体图			
投影图			
投影特性	1）ab 积聚为一点 2）$a'b' \perp OX$，$a''b'' \perp OY_W$ 3）$a'b' = a''b'' = AB$	1）$a'b'$积聚为一点 2）$ab \perp OX$，$a''b'' \perp OZ$ 3）$ab = a''b'' = AB$	1）$a''b''$积聚为一点 2）$ab \perp OY_H$，$a'b' \perp OZ$ 3）$ab = a'b' = AB$
应用举例	主视方向	主视方向	主视方向

由表 3-2 可知，投影面垂直线的投影特性是：空间线段在它们所垂直的投影面上的投影积聚为点；线段在另外两个投影面上的投影分别垂直于相应的投影轴，且投影长度反映真实长度。

注意 投影面的垂直线与投影面的平行线的定义不同，不能混淆。

3. 投影面的倾斜线

与三个投影面都倾斜的直线称为投影面的倾斜线。

如图 3-21 所示，直线 *AB* 与三个投影面都倾斜，其三面投影与投影轴倾斜。

第五节 平面的投影

一、平面多边形的投影

空间平面可以是平面多边形、圆等任意平面图形。平面多边形的投影，可以由平面上的点、线段的投影确定。如图 3-22 所示为平面三角形的投影，一般是先作出三角形各顶点的投影，然后将同面投影各相邻的点依次连线，即为平面三角形的投影。

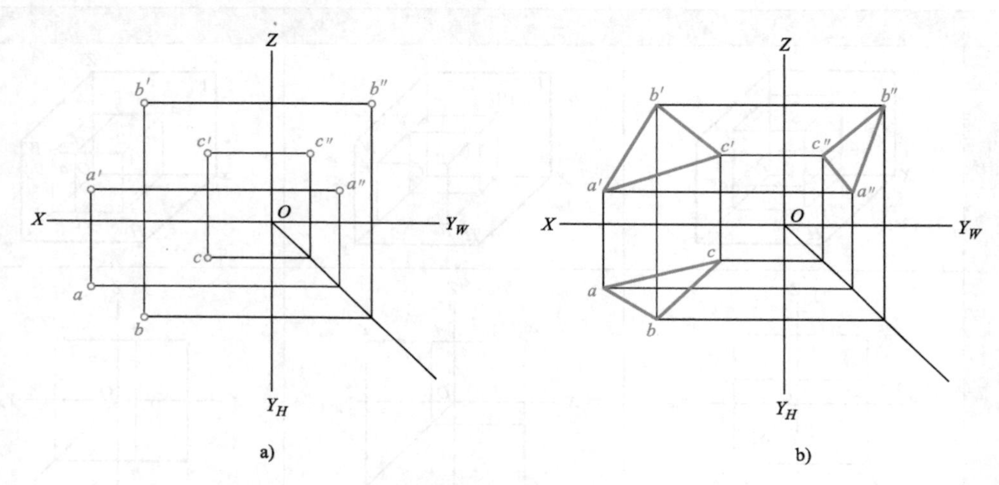

图 3-22 平面三角形的投影

二、各种位置平面的投影特性

空间平面与投影面的相对位置可以分为三种：投影面的垂直面、投影面的平行面、投影面的倾斜面（一般位置平面）。

1. 投影面的垂直面

垂直于一个投影面，倾斜于另外两个投影面的平面称为投影面的垂直面。垂直于水平投影面的平面称为铅垂面，垂直于正立投影面的平面称为正垂面，垂直于侧立投影面的平面称为侧垂面。

表 3-3 分别列出了三种投影面的垂直面立体图、投影图、投影特性以及应用举例。

由表 3-3 可知，投影面垂直面的投影特性是：一个投影积聚为倾斜的直线，另外两个投影为该平面的类似形。

作投影面垂直面（平面形）时，一般先作有积聚性的那个投影，然后对应作出另外两个投影为该平面形的类似形。

表 3-3　投影面垂直面的投影特性

名称	铅垂面(垂直于H面)	正垂面(垂直于V面)	侧垂面(垂直于W面)
立体图			
投影图			
投影特性	1)水平投影积聚为直线 2)正面投影和侧面投影为类似形	1)正面投影积聚为直线 2)水平投影和侧面投影为类似形	1)侧面投影积聚为直线 2)水平投影和正面投影为类似形
应用举例	主视方向	主视方向	主视方向

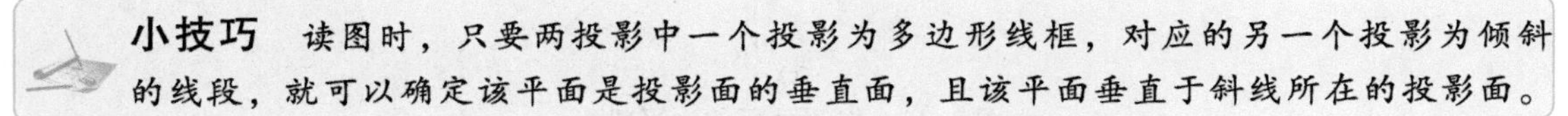

小技巧　读图时，只要两投影中一个投影为多边形线框，对应的另一个投影为倾斜的线段，就可以确定该平面是投影面的垂直面，且该平面垂直于斜线所在的投影面。

例 3-3　如图 3-23a 所示，已知正垂面 $ABCD$ 的水平投影 $abcd$ 和正面投影 $a'b'c'd'$，试作出其侧面投影。

分析：根据正垂面的投影特性，四边形 $ABCD$ 的侧面投影应为水平投影的类似形。可先作出四个顶点的侧面投影，然后依次连线即为所求。

作图过程如图 3-23b、c 所示。

例 3-4　如图 3-24a 所示，已知带梯形缺口长方形的正面投影和侧面投影，试作出其水平投影。

分析：该平面的侧面投影积聚为倾斜的直线，故该平面为侧垂面，其水平投影应为正面

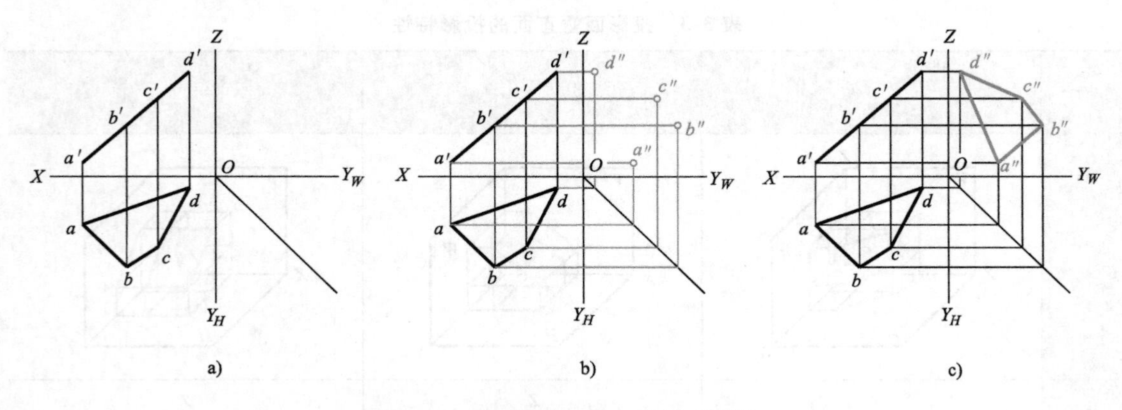

图 3-23　作正垂面 *ABCD* 的侧面投影

投影的类似形。可依次根据面上的点、线两个投影作出水平投影。

作图过程如图 3-24b、c 所示。

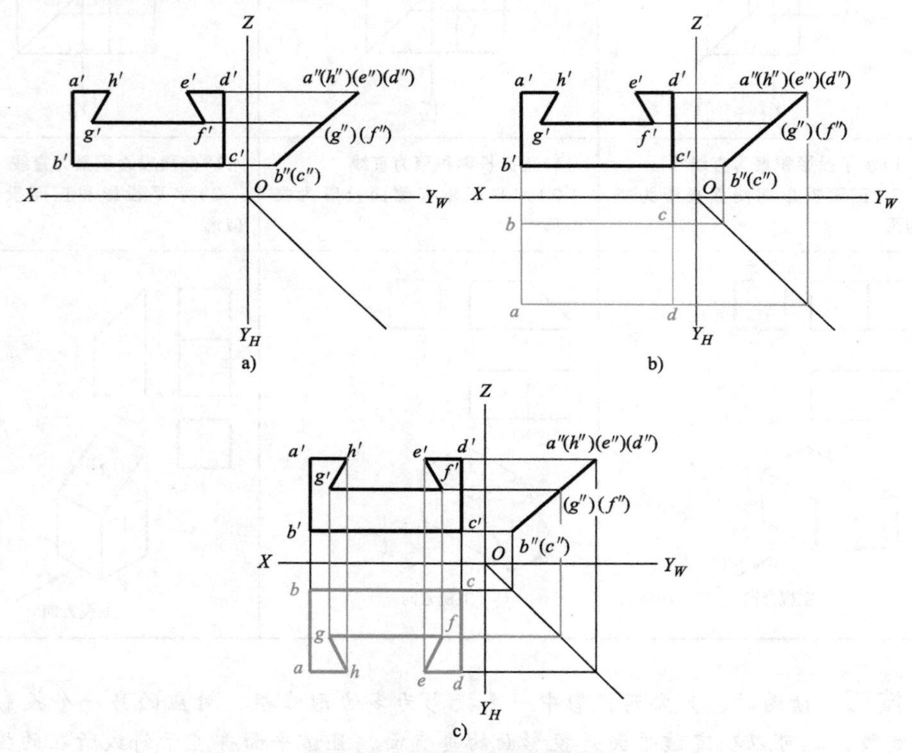

图 3-24　作侧垂面的水平投影

2. 投影面的平行面

平行于一个投影面的平面，称为投影面的平行面。平行于水平投影面的平面称为水平面，平行于正立投影面的平面称为正平面，平行于侧立投影面的平面称为侧平面。

表 3-4 列出了三种平行面的立体图、投影图、投影特性以及应用举例。

由表 3-4 可知，投影面平行面的投影特性是：投影面平行面在它所平行的投影面上的投影反映真实形状，另外两投影积聚为直线段，且分别平行于相应的投影轴。

作投影面平行面时，一般先作反映真实形状的那个投影，然后对应作出另外两个投影。

小技巧 读图时，只要给出平面图形的一个投影为线框，另一个投影积聚为平行于投影轴的线段，就可以确定它是投影面的平行面，且该平面平行于线框所在的投影面。

3. 投影面的倾斜面

与三个投影面都倾斜的平面，称为投影面的倾斜面。其投影特点是：三个投影均为空间形状的类似形。

表 3-4 投影面平行面的投影特性

名称	水平面(平行于 H 面)	正平面(平行于 V 面)	侧平面(平行于 W 面)
立体图			
投影图			
投影特性	1)水平投影反映真形 2)正面投影积聚为直线，平行于 OX 轴；侧面投影积聚为直线，平行于 OY_W 轴	1)正面投影反映真形 2)水平投影积聚为直线，平行于 OX 轴；侧面投影积聚为直线，平行于 OY_H 轴	1)侧面投影反映真形 2)水平投影积聚为直线，平行于 OY_H 轴；正面投影积聚为直线，平行于 OZ 轴
应用举例	主视方向	主视方向	主视方向

作图时，根据平面上的点线投影对应作出其三面投影。

小技巧 读图时，只要对应的三面投影没有积聚性，是三个类似形状，就可以确定它是倾斜于投影面的平面，空间形状可根据类似性想象出来。

三、特殊位置圆的投影

1. 平行于投影面的圆

如图 3-25 所示，当圆平行于某一投影面时，圆在该投影面上的投影为圆（真形），其余两投影均积聚为平行于投影轴的直线段，其线段长度等于圆的直径。

2. 垂直于投影面的圆

当圆垂直于某一投影面时，该圆在所垂直的投影面上的投影积聚为直线段，线段的长度等于圆的直径，其余两个投影均为椭圆。

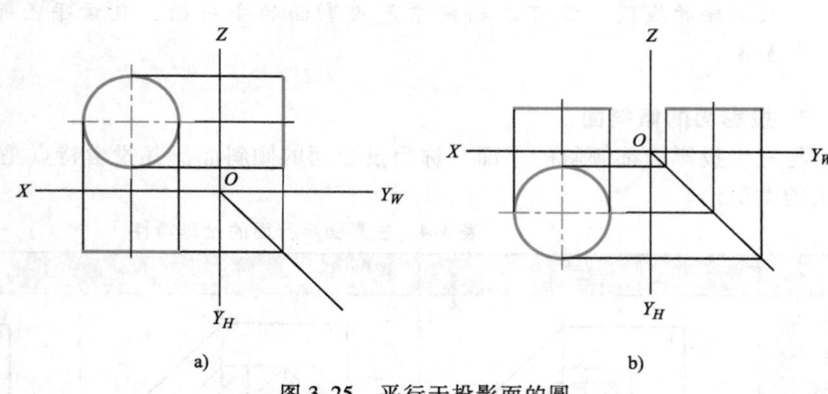

图 3-25　平行于投影面的圆

如图 3-26a 所示，圆心为 O 的圆，与正立投影面垂直，圆的正面投影积聚为直线段，其长度等于圆的直径，且倾斜于投影轴，它的水平投影为椭圆。椭圆的长、短轴互相垂直，如图 3-26b 所示。水平投影中的椭圆长轴为圆的直径长度，短轴长度可根据正面投影作出。

求得椭圆的长短轴，即可以用四心法作出椭圆。

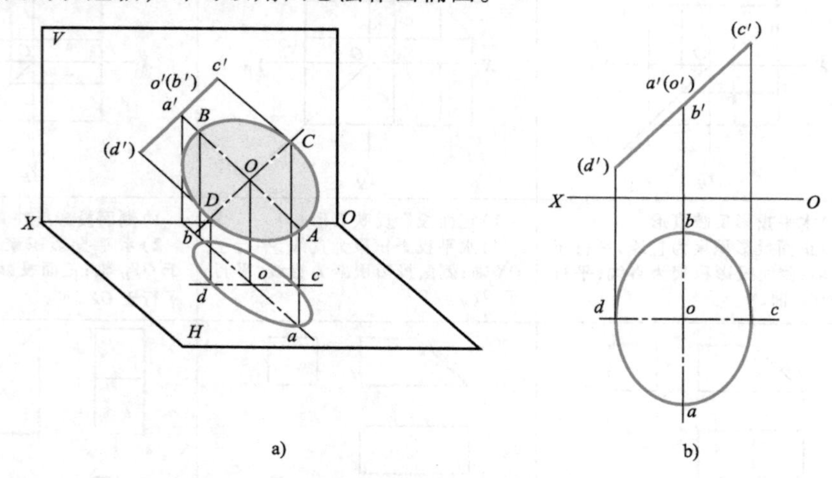

图 3-26　垂直于投影面的圆

倾斜于三个投影面的圆，其三面投影均为椭圆，作图方法较为复杂，这里不作介绍。

思考题

1. 投影法分为几类？什么是正投影法？工程图样一般采用什么投影法？
2. 正投影为什么要作多面投影图？三个投影面有什么关系？
3. 正投影的投影特性是什么？
4. 点的投影规律是什么？
5. 线段的投影、平面的投影与点的投影有何关系？
6. 若已知线段的一个投影积聚为点，这条线段是否为投影面的垂直线？
7. 若已知平面的一个投影积聚为直线，这个平面是否为投影面的垂直面？

第四章　基本立体

本章教学目标

1. 常握绘制平面立体三视图和识读平面立体三视图的技巧
2. 掌握绘制回转体三视图和识讯回转体三视图的技巧
3. 了解基本立体尺寸标注的方法

任何立体都是由它本身的表面所围成的。由若干平面围成的立体，称为平面立体（棱柱、棱锥）；由曲面或曲面和平面围成的立体，称为曲面立体或回转体（圆柱、圆锥、圆球、圆环）。通常上述立体称为基本立体，如图 4-1 所示。为了更好地绘制和读懂各种形状的立体，必须对基本立体的投影特性研究清楚。本章主要介绍基本立体的投影及其表面上的点、线的投影等内容。

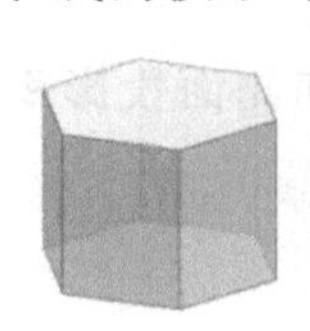
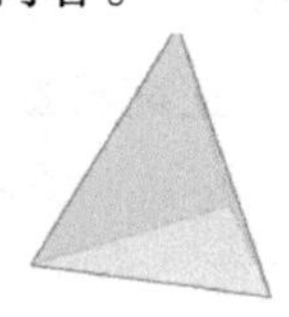
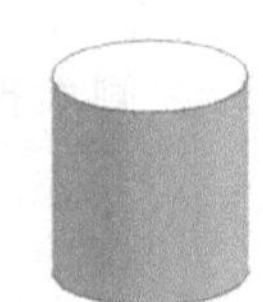
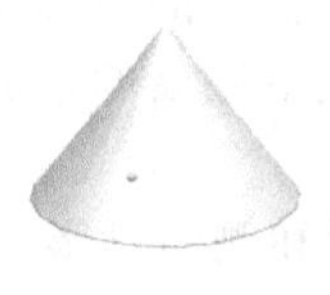

图 4-1　基本立体

第一节　平面立体

平面立体的表面是平面多边形围成的，平面多边形是由直线段围成的，直线段是由两个端点来确定的。因此，作平面立体的投影实际上是作立体上各顶点及棱线的投影。所以，作图时，首先分析立体上各表面、棱线、各顶点与投影面的相对位置，然后运用前面所学的有关点、线、面的投影特性进行作图。作图时要判别其可见性，把可见棱线的投影画成粗实线，不可见棱线的投影画成虚线。

一、正棱柱体

正棱柱体是由互相平行的上下底面和与其垂直的侧面围成的。因此，侧面各棱线互相平行。常用的正棱柱有三棱柱、四棱柱、五棱柱、六棱柱等。棱柱在投影体系中的位置，一般是将棱柱的上下底面平行于投影面，侧面及其棱线垂直于投影面。

1. 正三棱柱及表面点的投影

（1）正三棱柱的投影　如图 4-2a 所示为正三棱柱，它由三个矩形的侧面和上下两个三角形底面组成。现对三棱柱的各表面及其棱线进行分析。

三棱柱的上下底面是水平面，它们的水平投影重合，并反映真形；它们的正面投影积聚成水平的直线段，侧面投影也积聚成水平的直线段。水平投影的三边形，其形状是上下底面

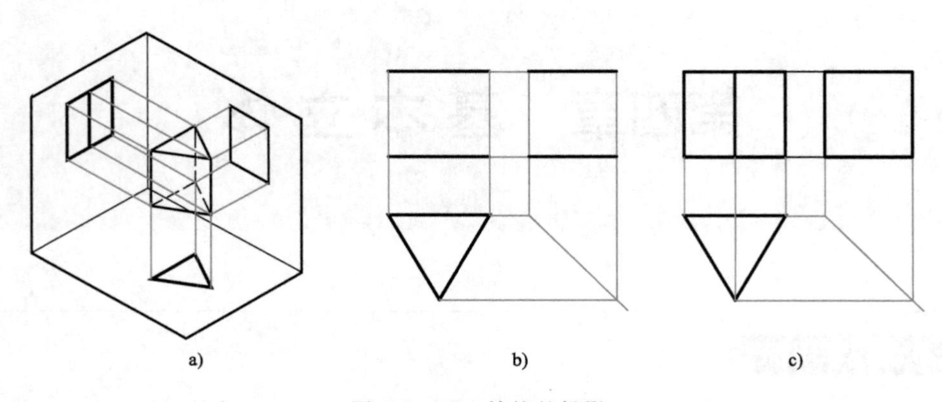

图 4-2　正三棱柱的投影

的真形；其三条边分别是三个侧面积聚的直线；其三个顶点分别是三条棱线积聚为点。

三棱柱的前面两个立面为铅垂面，所以它们的水平投影积聚为直线段；正面投影及侧面投影均为矩形。三棱柱后面的立面是一个正平面，所以正面投影反映真形，其水平投影积聚为直线段；其侧面投影积聚为直线段。

三棱柱的三条棱线均为铅垂线，水平投影积聚为点（三条边的交点），正面投影和侧面投影反映真长且垂直于投影轴。

作图方法如图 4-2b、c 所示：

1）先作三棱柱上下底面反映真形的投影（水平投影为三角形）。

2）再按三棱柱的高度画出上下底面的正面投影和侧面投影，正面投影和侧面投影积聚为水平的直线。

3）画出三条棱线的正面投影和侧面投影。

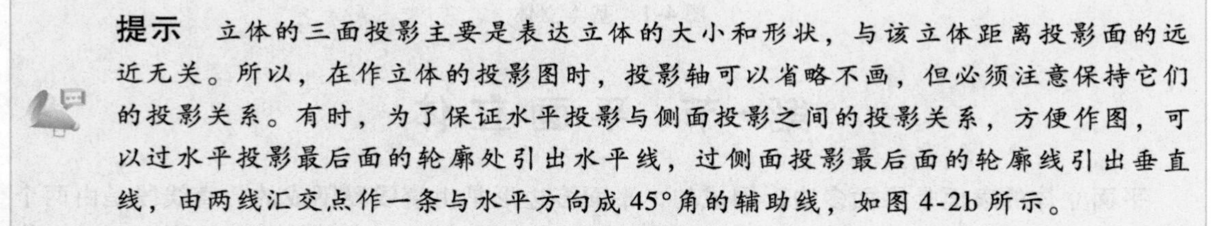

提示　立体的三面投影主要是表达立体的大小和形状，与该立体距离投影面的远近无关。所以，在作立体的投影图时，投影轴可以省略不画，但必须注意保持它们的投影关系。有时，为了保证水平投影与侧面投影之间的投影关系，方便作图，可以过水平投影最后面的轮廓处引出水平线，过侧面投影最后面的轮廓线引出垂直线，由两线汇交点作一条与水平方向成45°角的辅助线，如图 4-2b 所示。

（2）正三棱柱表面点的投影　在棱柱表面上取点时，需要先分析点所在平面的投影特性。如果点所在的平面投影积聚（投影面的平行面、投影面的垂直面），则该平面上点的投影一定在有积聚的直线上。如果立体表面投影重合，则不可见平面上的点也一定不可见，作图时要表明点的可见性（不可见点画括号）。

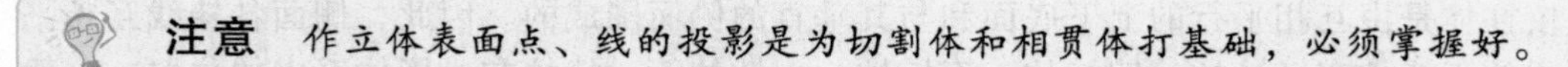

注意　作立体表面点、线的投影是为切割体和相贯体打基础，必须掌握好。

例 4-1　如图 4-3a 所示，已知三棱柱左立面 AA_1B_1B 上的点 M 的正面投影 m'、右立面 BB_1C_1C 上的点 N 的正面投影 n'，要求作出 M、N 的其他两面投影。

分析：如图 4-3b 可知，由于三棱柱的左立面 AA_1B_1B 为铅垂面，其水平投影 $a(a_1)b(b_1)$ 积聚为直线段，所以点 M 的水平投影 m 必在直线 $a(a_1)b(b_1)$ 上。由于正面投影点 (n') 不可见，其点在三棱柱的后面 BB_1C_1C 上，该平面是正平面，水平投影和侧面投影都积聚为直线段，所以点 N 的水平投影 n 和侧面投影 n' 直接可以作出。

作图：

1）如图 4-3c 所示，按点的投影规律，过已知点 m' 向下作铅垂线即可得水平投影 m。

2）然后根据点 m'和 m 作出侧面投影 m''。由于点 M 在左立面上，所以侧面投影 m''为可见点。

3）如图 4-3d 所示，按点的投影规律，根据点 n' 作出其水平投影 n 和侧面投影 n''。

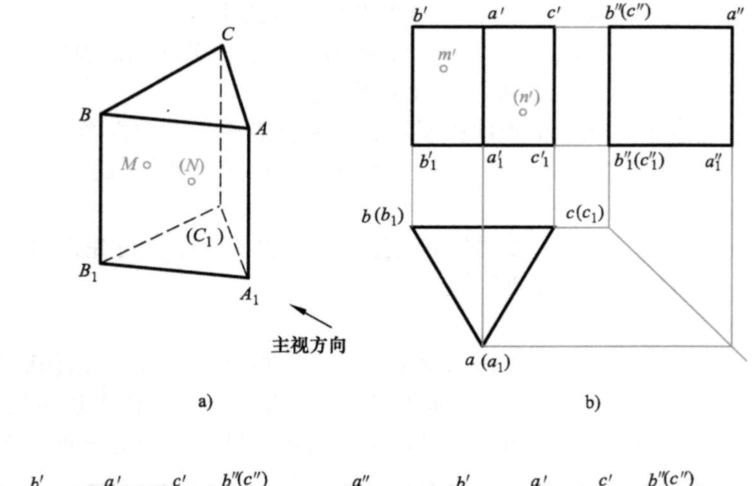

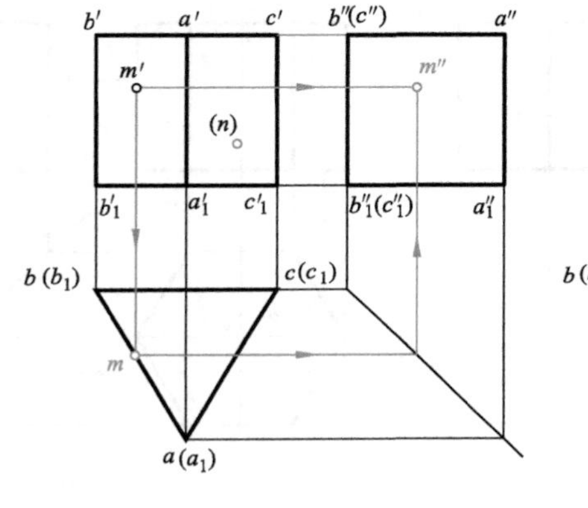

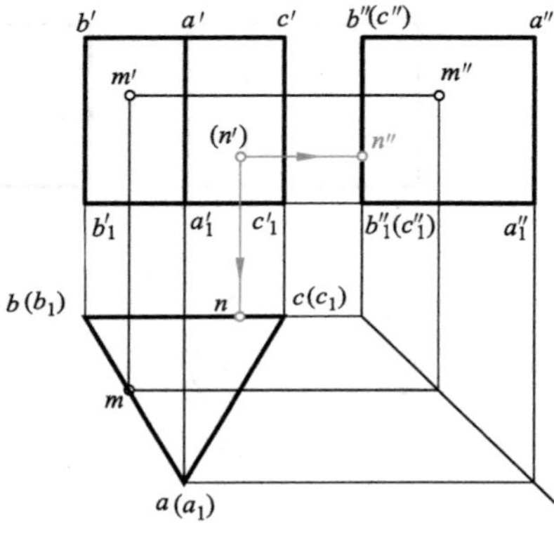

图 4-3　正三棱柱表面上点的投影

2. 正六棱柱及表面点的投影

（1）正六棱柱的投影　正六棱柱的投影如图 4-4 所示。

分析：该六棱柱的放置位置为六棱柱的上下底面为水平面，水平投影反映正六边形的真形。棱柱的前面和后面为正平面，正面投影重合并反映矩形真形。棱柱的其他侧面均为铅垂面，水平投影积聚为直线，正面投影和侧面投影为类似形的矩形。

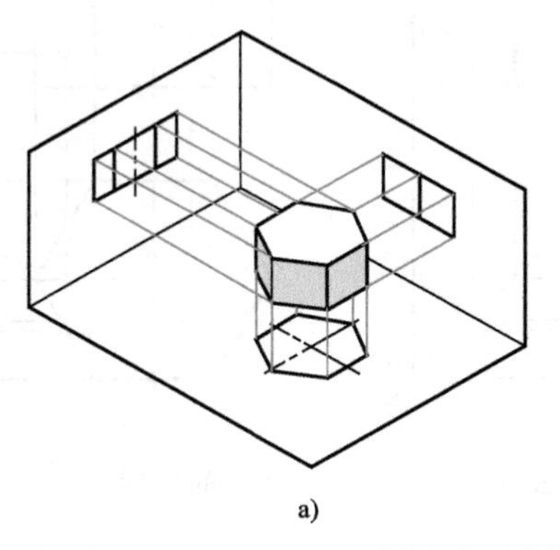

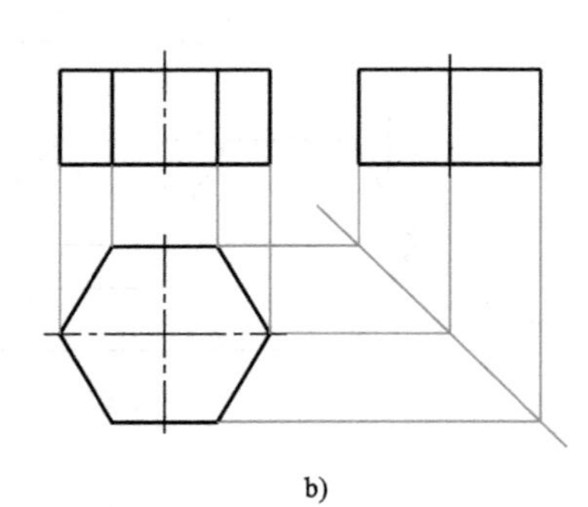

图 4-4　正六棱柱的投影

由分析可知，水平投影的正六边形线框反映了上下底面的形状；正六边形中的六条边，分别是六个侧面投影积聚的直线；六边形的六个顶点分别是六个棱线投影积聚的点。作图时，可先从六边形作起（反映真形的投影），然后作上下底面的正面投影和侧面投影（分别积聚为水平线），最后根据投影关系作六条棱线的正面投影和侧面投影。

作图方法（图 4-4b）：

1）用单点画线作出水平投影六边形的中心线，正面投影和侧面投影的对称线。

2）按作正六边形的方法，作出水平投影六边形。

3）按正六棱柱的高度，作出上下底面的正面投影和侧面投影。

4）作出六条棱线的正面投影和侧面投影。

（2）正六棱柱表面上点的投影　正六棱柱表面上点的投影。

例 4-2　如图 4-5a 所示，已知六棱柱表面点 M、N、K 的一个投影，试作出各点的另外两面投影。

分析：点 M、N 在六棱柱的侧面上，水平投影积聚，可先作水平投影；点 K 在六棱柱的顶面上，正面投影和侧面投影积聚，可直接作出。

作图：

1）如图 4-5b 所示，先作出水平投影 m，再由 m 和 m' 作出侧面投影 m''。

2）如图 4-5c 所示，先作出水平投影 n，再由 n 和 n'' 作出正面投影 n'。

3）如图 4-5d 所示，由水平投影 k 作出正面投影 k' 和侧面投影 k''。

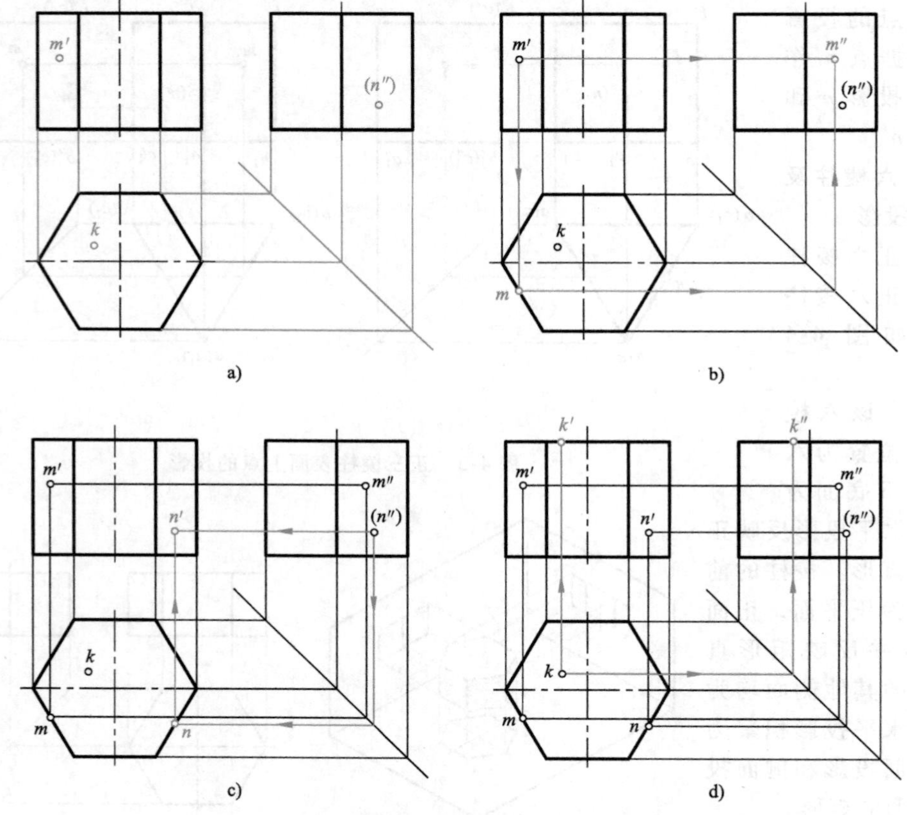

图 4-5　六棱柱表面点的投影

请读者自行分析其他位置正三棱柱和正六棱柱（棱线垂直于正面或棱线垂直于侧面）的投影。

二、正棱锥体

棱锥体由底面和几个侧面围成，侧面上的棱线交于一点，称为锥顶。棱锥体的底面为正多边形且锥顶在通过底面的几何中心垂直线上，称为正棱锥体。

1. 正三棱锥及表面点的投影

（1）正三棱锥的投影　如图 4-6a 所示为正三棱锥，它是由底面和三个侧面组成的。其中底面为水平面，它的水平投影反映三角形真形；正面投影和侧面投影积聚为水平的直线。棱锥的后面三角形为侧垂面，其侧面投影积聚为直线；水平投影和侧面投影均为类似形；棱锥的左侧面和右侧面为一般位置平面，它们的三个投影均为类似形。

提示　正三棱锥的左视图投影不是等腰三角形。

作图方法：

1）先作正三棱锥底面的三个投影（图4-6b）。

2）再作正三棱锥锥顶的三个投影（图4-6c）。

3）最后作出三棱锥三条棱线的水平投影、正面投影和侧面投影（图4-6c）。

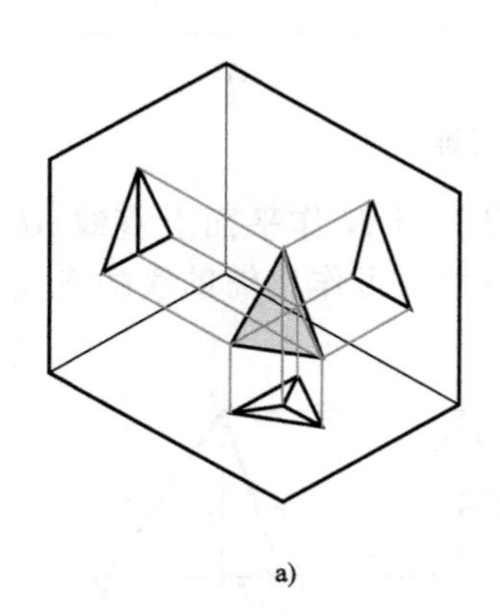

a)　　b)

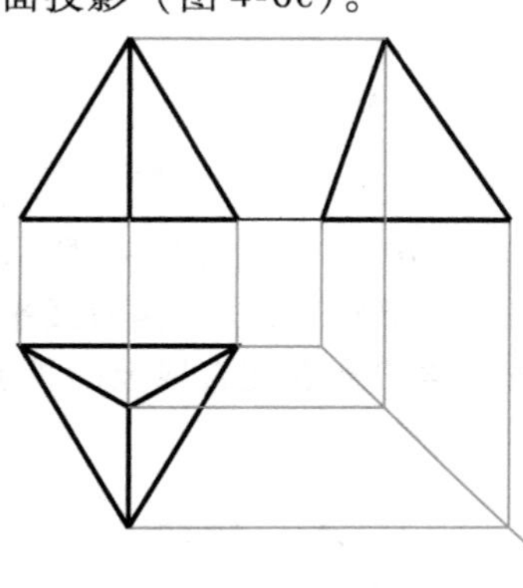

c)

图4-6　正三棱锥的投影

（2）正三棱锥表面上点的投影　如图4-7所示，已知正三棱锥的三面投影以及表面上点 M 的正面投影 m' 和点 N 的水平投影 n，试作出点 M、N 的另外两投影。

分析点 M：由于点 M 所在的平面 $\triangle SAB$ 是一般位置平面，其三面投影都没有积聚性；所以欲求点 M 的其他投影，必须先在 $\triangle SAB$ 平面上作辅助线。为了作图方便，可采用两种方法作辅助线。

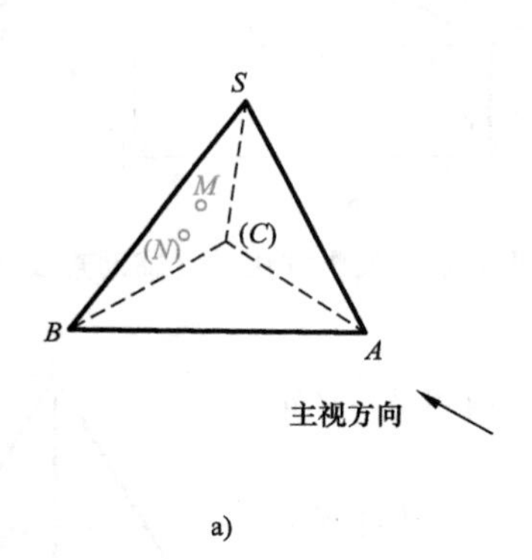

a)

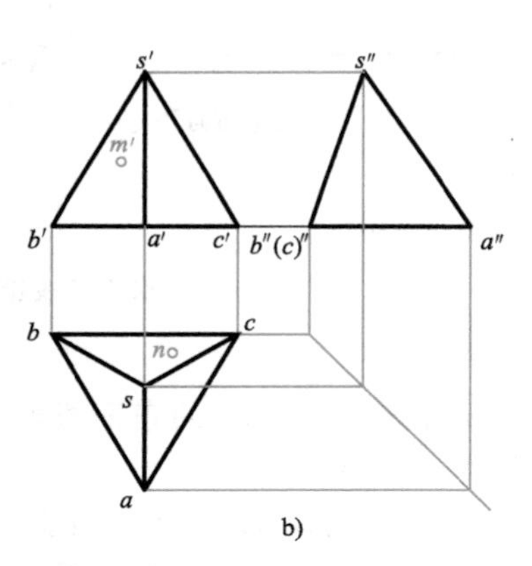

b)

图4-7　正三棱锥表面上点的投影

1）方法一：如图4-8所示，过已知点 M 与锥顶 S 连线作辅助线 SD，则点 M 一定在辅助线 SD 上。

作图：

① 作辅助线 SD 的正面投影：连接 $s'm'$ 并延长，与 $a'b'$ 交于点 d'。

② 作辅助线 SD 的水平投影：过点 d' 向下作垂线与 ab 相交得点 d，连接 sd。

③ 作辅助线 SD 的侧面投影：由点 d、d' 作出点 d''，连接 $s''d''$。

④ 根据点的投影特性，作出水平投影 m、侧面投影 m''。点 m、m'、m'' 即为正三棱锥表面上点 M 的三面投影。

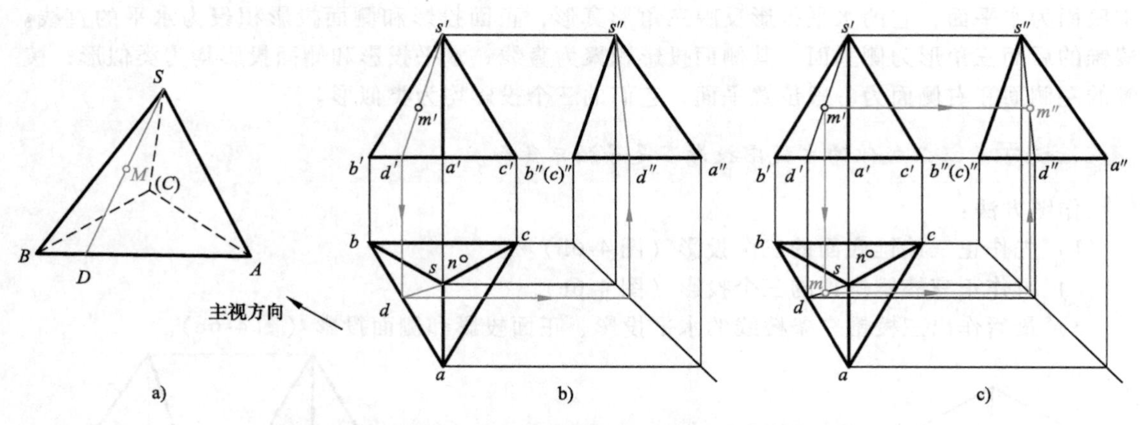

图 4-8　求正三棱锥表面点的投影方法一（辅助直线过锥顶）

2）方法二：如图 4-9 所示为另一种辅助线的求解方法。过已知点 M 作平面上直线 AB 的平行线 EF，根据“两直线平行、其各面投影也平行”的投影特性，可作出辅助线的三面投影，再根据点在直线上的投影特性作出点的三面投影。

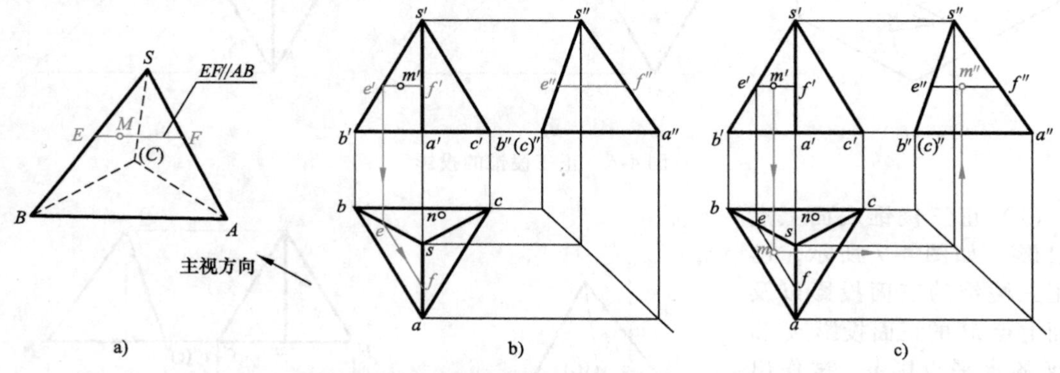

图 4-9　求正三棱锥表面点的投影方法二（辅助直线平行某一棱线）

作图：

① 作辅助线 EF 的正面投影：通过点 m' 作 $e'f'$ 平行于 $b'a'$。

② 作辅助线 EF 的水平投影：过点 e' 向下作垂线与 $b\ s$ 相交于点 e，作 ef 平行于 ab。

③ 作辅助线 EF 的侧面投影：作 $e''f''$ 平行于 $b''a''$，与 $e'f'$ 等高。

④ 根据点 E 在直线 EF 上的投影特性，作出水平投影 m、侧面投影 m''。由于平面△SAB 的水平投影和侧面投影都可见，所以点 m'、m'' 都为可见点。

分析点 N：由于点 N 所在的平面是侧垂面（侧面投影积聚为直线），可先作出侧面投影，然后由水平投影和侧面投影作出正面投影。点 N 投影的作图方法如图 4-10 所示。

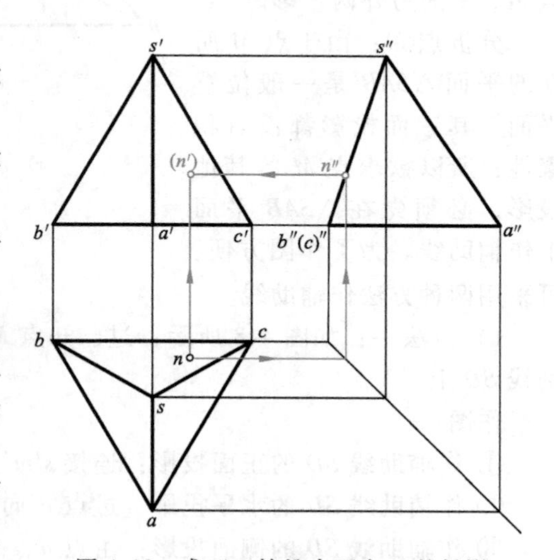

图 4-10　求正三棱锥表面点 N 的投影

提示　由点 M 和点 N 的作图方法，可以得出平面上点的投影规律：当平面的投影积聚为直线时，其表面的点可直接作到该直线上；然后由点的两投影作出第三投影。当平面的投影没有积聚时，需要过已知点作辅助直线的三面投影，然后将已知点分别作到辅助线的投影上。

2. 正四棱锥及表面点的投影

（1）正四棱锥的投影　如图 4-11b 所示，正四棱锥的底面四边形平行于水平投影面，水平投影反映真形，正面投影和侧面投影积聚为水平的直线；左右两个侧面的正面投影积聚为直线，水平投影和侧面投影为类似的三角形；前后两个侧面为侧垂面，其侧面投影为直线，水平投影和正面投影为类似的三角形。

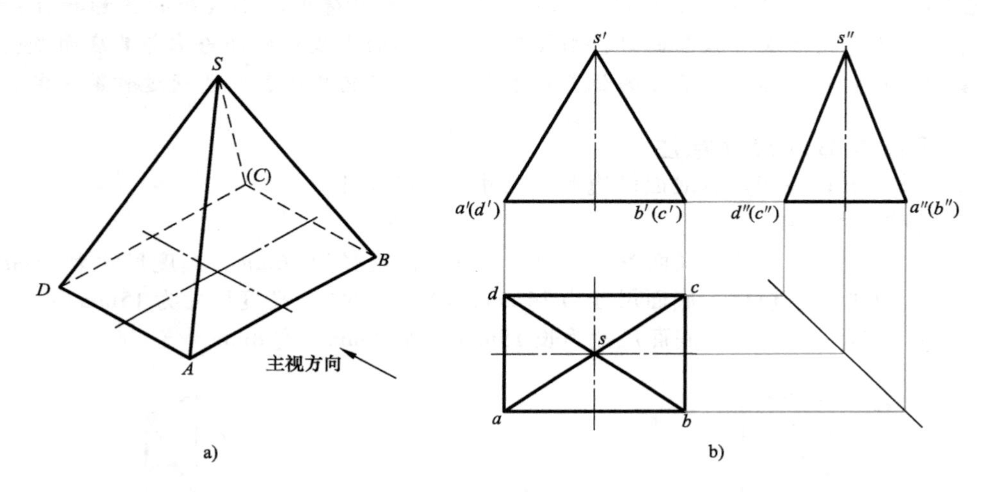

图 4-11　正四棱锥的投影

（2）四棱台的投影　如图 4-12b 所示为四棱台的投影作法，先作四棱锥的投影，再作出棱台上底面的投影，将不存在的作图线去掉即为棱台的投影。

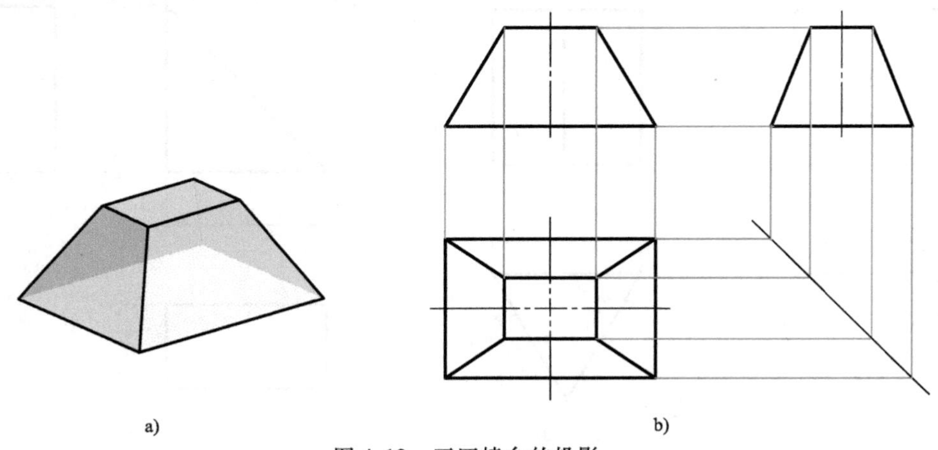

图 4-12　正四棱台的投影

（3）正四棱锥表面点的投影　由于正四棱锥的各表面投影都有积聚性，所以其表面点的投影可以直接作出，作图方法如图 4-13 所示。

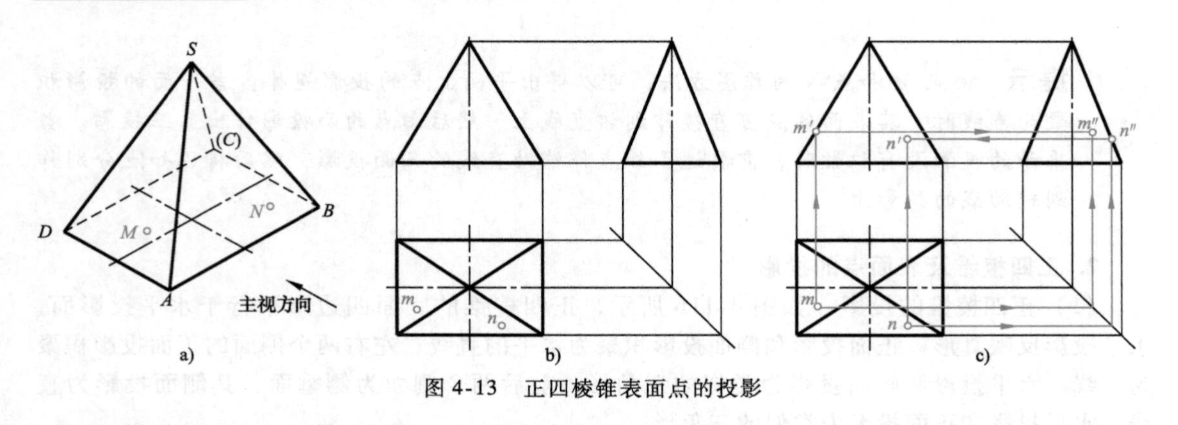

图 4-13　正四棱锥表面点的投影

提示　根据正三棱锥、正四棱锥的投影特性，可以得出其他棱锥的投影特性：当棱锥的底面平行于某一投影面时，则棱锥在该投影面上投影的外轮廓与其底面是全等的多边形；锥顶在该投影面上的位置处于多边形的几何中心，需要通过作图确定。

三、平面立体的尺寸标注

平面立体一般标注确定其底面多边形的尺寸和高度尺寸。

1. 三棱柱尺寸标注

如图 4-14c 所示三棱柱：底面等边三角形的外接圆直径为 16mm，高度尺寸为 15mm。

如图 4-14d 所示三棱柱：底面尺寸为 14mm、12mm、60°，高度尺寸为 15mm。

如图 4-14e 所示三棱柱：底面尺寸为长 15mm、高 16mm、宽 8mm。

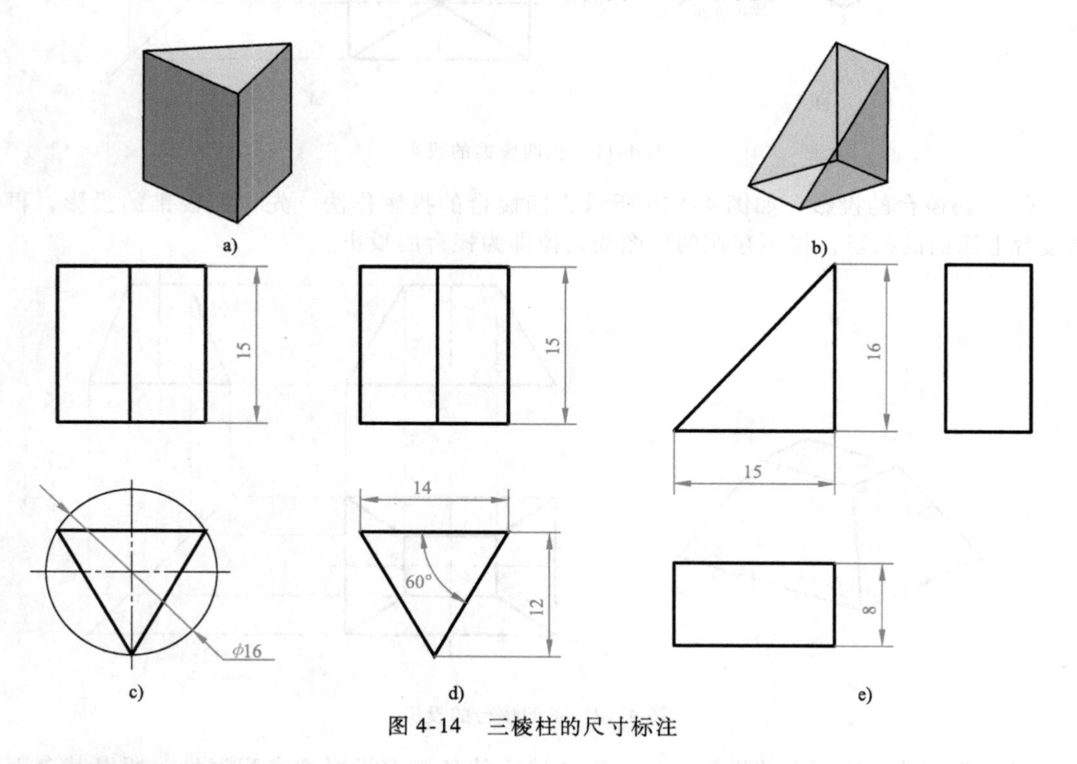

图 4-14　三棱柱的尺寸标注

2. 四棱柱尺寸标注

如图 4-15d 所示四棱柱：底面长 15mm、宽 8mm，柱高 18mm。

如图 4-15e 所示梯形板：板底面尺寸为 4mm、15mm、18mm，板厚为 8mm。

如图 4-15f 所示梯形板：板底面尺寸为 10mm、15mm、16mm，板厚为 8mm。

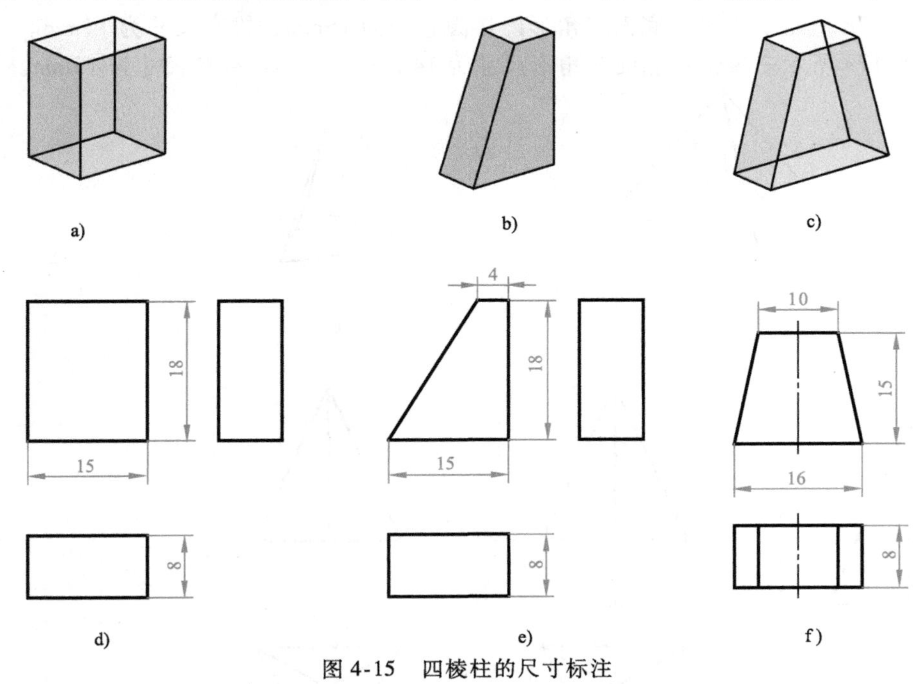

图 4-15　四棱柱的尺寸标注

3. 六棱柱及四棱台尺寸标注

如图 4-16d 所示六棱柱：六边形外接圆直径为 18mm、高度尺寸为 10mm。

如图 4-16e 所示六棱柱：六边形内切圆直径为 16mm、高度尺寸为 10mm。

如图 4-16f 所示四棱台：上底长 10mm、宽 5mm，下底长 15mm、宽 8mm，高度尺寸为 18mm。

如图 4-16g 所示四棱台：上底正方形 6mm × 6mm、下底正方形 10mm × 10mm，高度尺寸为 18mm。

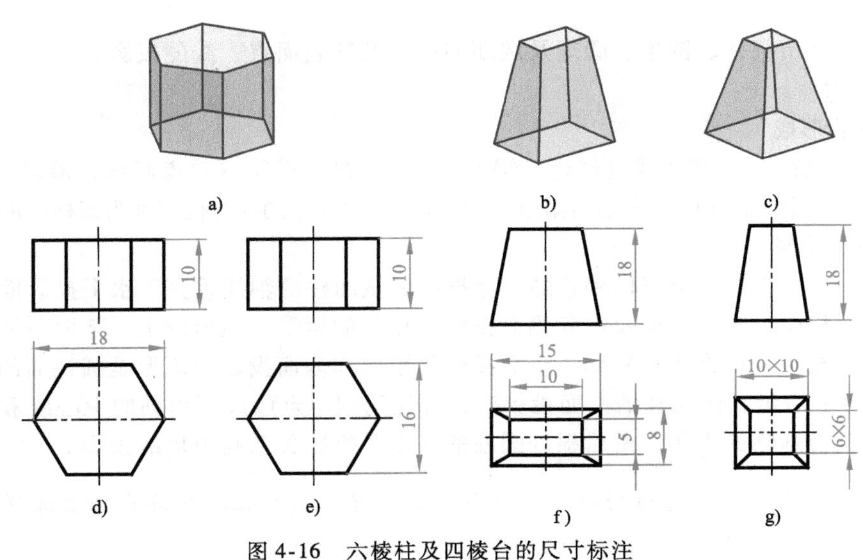

图 4-16　六棱柱及四棱台的尺寸标注

4. 四棱锥及三棱锥尺寸标注

如图 4-17c 所示四棱锥：底面四边形：长 15mm、宽 8mm，锥高尺寸为 18mm。

如图 4-17d 所示三棱锥：底面三角形外接圆直径为 16mm，锥高尺寸为 15mm。

如图 4-17e 所示三棱锥：底面三角形尺寸为 14mm、12mm、锥高尺寸为 15mm。

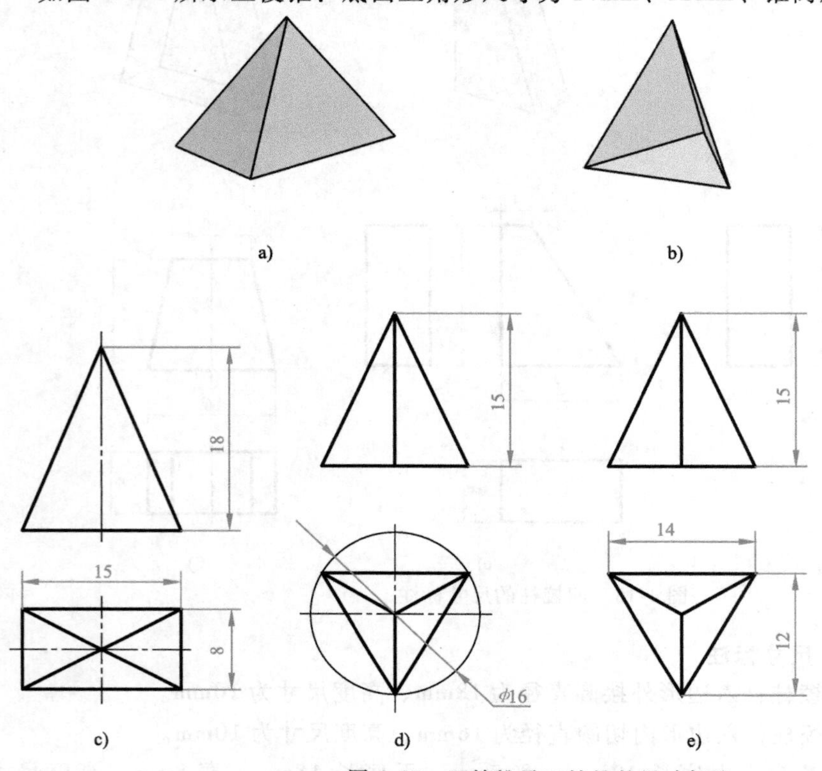

图 4-17 四棱锥及三棱锥的尺寸标注

第二节 回 转 体

本节主要介绍圆柱、圆锥、圆球及圆环的投影及其表面点、线的投影。

一、圆柱

1. 圆柱的形成

如图 4-18a 所示，一条母线（红线）绕着与它平行的回转轴（单点画线）旋转，形成圆柱面。圆柱体是由圆柱面和上、下底面围成的。母线在圆柱面上的任意位置称为圆柱面的素线。

2. 圆柱的投影

如图 4-18b 所示为一个圆柱和它的三面投影。该圆柱的轴线垂直于水平投影面，因此圆柱的水平投影积聚为圆；正面投影和侧面投影为相等的矩形。矩形的上、下两条线是圆柱的上、下底面的投影，积聚为水平线。正面投影的矩形和侧面投影的矩形是圆柱面的投影。

如图 4-18c 所示，画圆柱的三面投影时，首先用细单点画线画出圆的中心线和轴线，再根据圆柱的直径画圆的投影，最后根据圆柱的高度及投影关系画矩形的投影。

注意 圆柱的轴线可以铅垂、正垂或侧垂放置，轴线正垂和轴线侧垂放置圆柱的三面投影如图 4-19 所示。

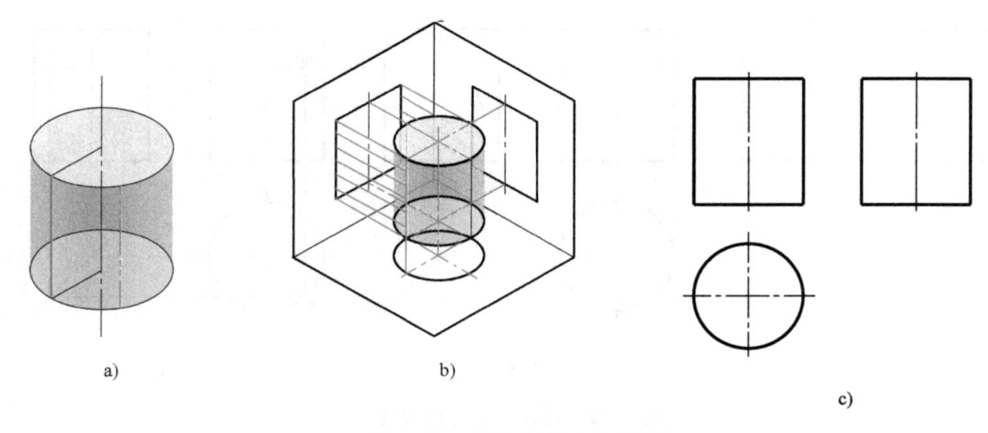

a)　　b)　　c)

图 4-18　圆柱的形成及投影

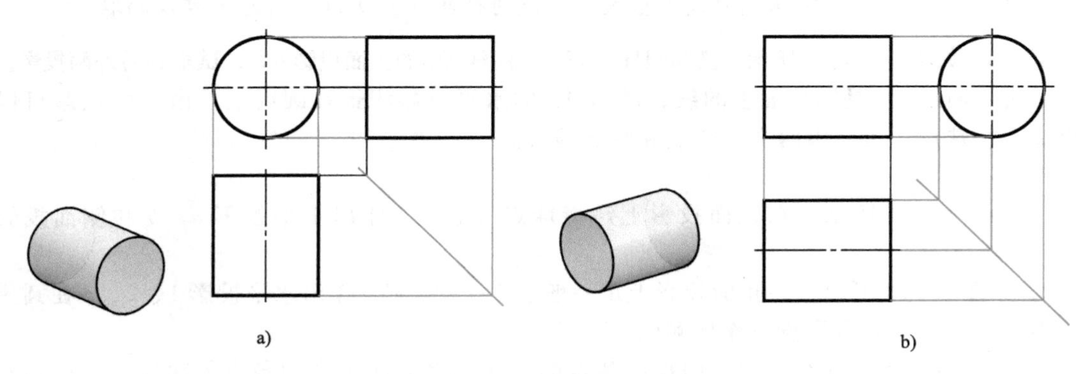

a)　　b)

图 4-19　圆柱的投影

a）轴线正垂的圆柱投影　b）轴线侧垂的圆柱投影

由三种位置圆柱的投影可以从中得出圆柱的投影特点：一个投影为圆；另外两投影对应为全等的矩形。

小技巧　读图时，只要圆的投影对应为矩形，则该立体一定是圆柱体。

3. 圆柱表面的点和线

轴线垂直于投影面的圆柱，其柱面和底面的投影都具有积聚性。因此，圆柱表面的点、线可以利用积聚法作图。处于转向轮廓线上的点称为特殊点，其他点称为一般点。

（1）圆柱表面上点的投影　如图 4-20a 所示，已知圆柱面上点 M 的正面投影 m'，点 N 的侧面投影（n''），求作它们的另外两投影 m、m''，n、n''。

分析：由于圆柱的水平投影具有积聚性，所以点 M、N 的水平投影一定在圆周上。又由于已知点 M 正面投影 m'是可见点，所以水平投影在前半个圆周上；已知点 N 的侧面投影（n''）为不可见点，所以水平投影在右半个圆周上。

作图方法如图 4-20b、c 所示。

（2）圆柱表面上线的投影　在圆柱表面上作线的投影时，可先在已知线的投影上定出属于线上的特殊点（转向线上的点），再取几个属于线上的一般点（转向轮廓线以外的点）；作出这些点的投影后，判别可见性，按点的顺序依次连线即为所求。作图时，辅助线用细实线绘制；投影可见的线用粗实线连接，投影不可见的线用虚线连接。

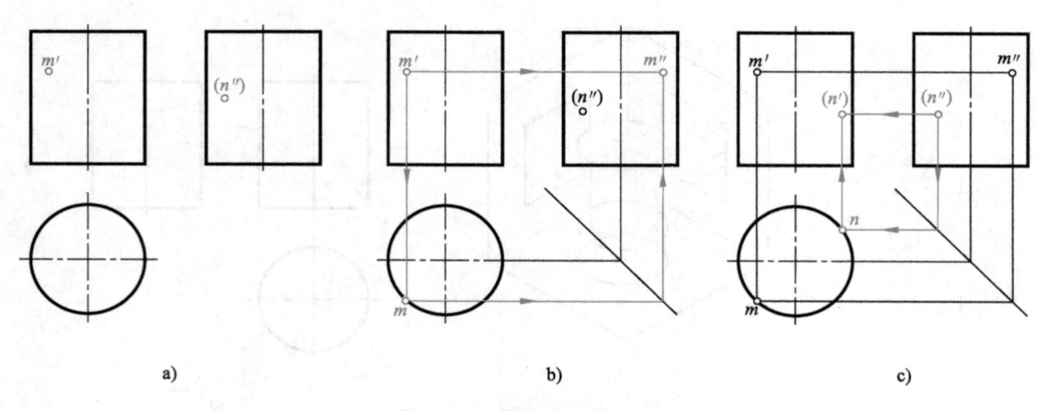

a) b) c)

图 4-20 圆柱表面点的投影

注意 线上的特殊点是曲线上虚线与实线的分界点，所以作图时不可以漏取。

例 4-3 如图 4-21a、b 所示，已知圆柱表面上的曲线 AC 的正面投影 $a'c'$，试求其另外两投影。

分析：曲线 AC 是圆柱面上的线，所以 AC 的水平投影积聚在圆周上。由正面投影可以定出 2 个特殊点。再定出两个一般点和端点即可。

作图：

1）如图 4-21c 所示，在正面投影上定特殊点 a'、b'，作出水平投影 a、b 和侧面投影 a''、b''。

2）如图 4-21d 所示，在正面投影上定一般点 1′、2′、c'，作出水平投影 1、2、c 在圆周上；根据正面投影和水平投影作出侧面 1″、2″、c''。

3）判别可见性并连线。按正面投影各点的顺序，将侧面投影的各点依次连线。由水平投影分析，属于左半圆上的点、线的侧面投影可见；属于右半个圆上的点、线的侧面投影不可见。因此，将侧面投影中的 $a''1''b''$ 光滑连接成粗实线，将 $b''2''c''$ 光滑连接成虚线。

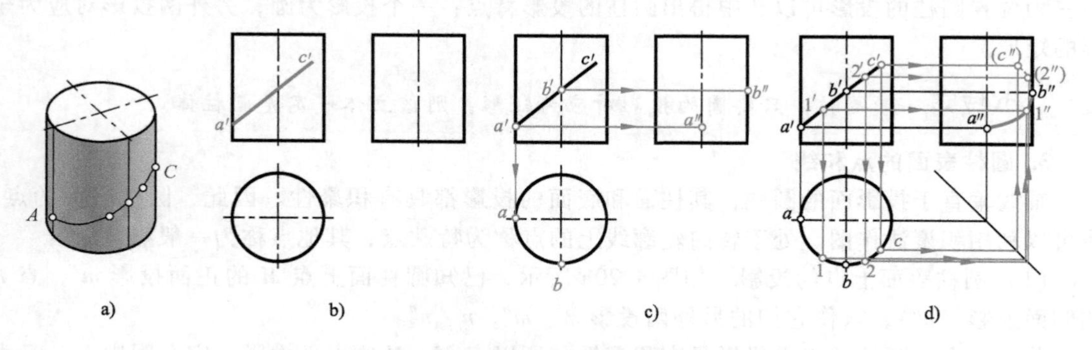

a) b) c) d)

图 4-21 圆柱表面上线的投影

例 4-4 如图 4-22a 所示，已知圆柱面上的线 AB、CD 的正面投影，试作出其水平投影和侧面投影。

分析：圆柱面上的 AB 线平行于圆柱的轴线，属于素线上的一部分，其投影特性与轴线的投影特性相同；圆柱面上的 CD 线是圆柱上垂直于轴线的圆弧，其投影与圆柱的底圆相同。

作图过程如图 4-22b、c 所示。

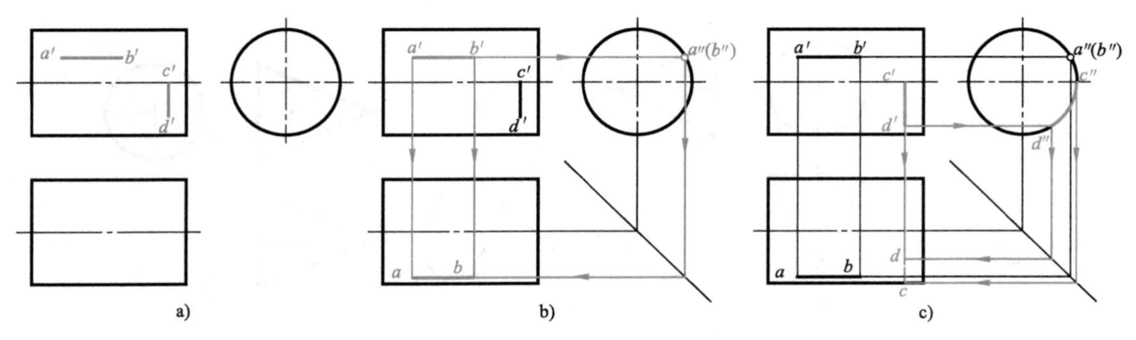

图 4-22　圆柱面上特殊线的投影

注意　图 4-21 所示 *AC* 线的正面投影是直线，其实在圆柱面上不是直线，而是平面曲线的正面投影积聚在一条直线上。图 4-22 所示 *AB* 线的正面投影与轴线平行，它在圆柱表面上是直线。图 4-22 所示 *CD* 线的正面投影与轴线垂直，它在圆柱表面上是圆弧。

二、圆锥

1. 圆锥的形成

如图 4-23a 所示，直线 *SA* 绕着与其相交的轴线 *SO* 旋转，形成圆锥面。圆锥由圆锥面和底面围成，圆锥面上通过锥顶 *S* 的任一直线称为圆锥面的素线。

2. 圆锥的投影

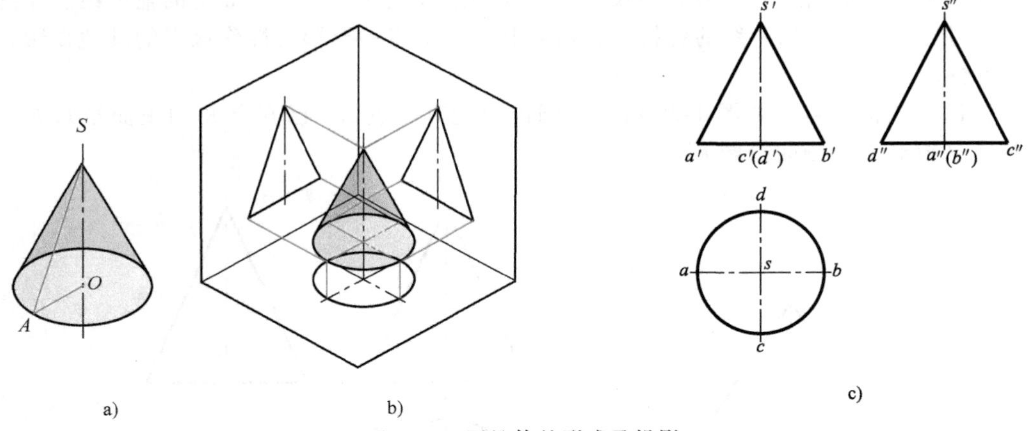

图 4-23　圆锥体的形成及投影

如图 4-23b 所示为轴线垂直于水平投影面的圆锥，下面分析其各表面的投影。

1）圆锥底面为水平面，其水平投影为圆，且反映底面的真形。圆锥底圆的正面投影和侧面投影均为水平的直线，且等于底圆的直径。

2）圆锥面的三个投影均无积聚性。圆锥面的水平投影为圆，且与底面圆的水平投影重合。圆锥面的水平投影可见，底面的水平投影不可见。

3）圆锥面的正面投影和侧面投影是全等的等腰三角形。

圆锥的三面投影如图 4-23c 所示。

注意　图 4-23 所示的圆锥轴线垂直于水平投影面，当圆锥轴线垂直于正面或垂直于侧面时，其投影如图 4-24 所示。

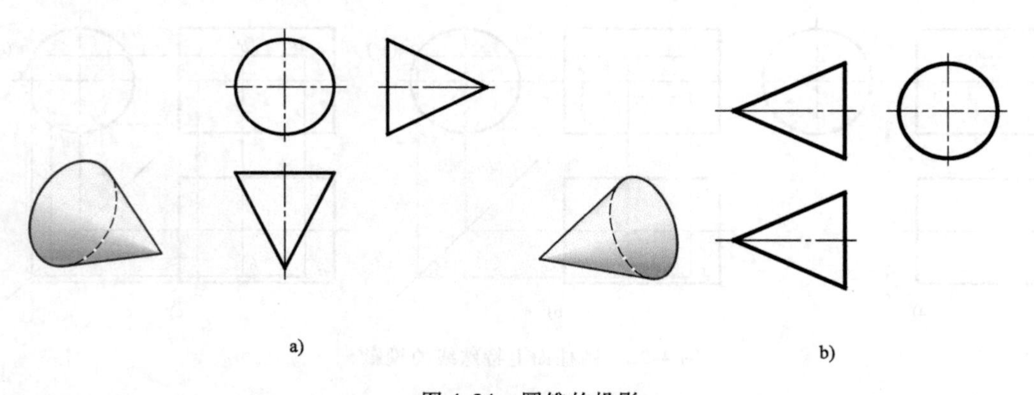

图 4-24　圆锥的投影

a）轴线正垂的圆锥投影　b）轴线侧垂的圆锥投影

通过这三种位置的圆锥投影图，可以从中得出圆锥体的投影特点：一个投影为圆；另两个投影对应为全等的等腰三角形。

小技巧　读图时，只要圆的投影对应为两个等腰三角形，则该立体一定是圆锥体。

3. 圆锥表面的点和线

圆锥表面上的点分为特殊点和一般点。特殊点是转向轮廓线上的点，可根据已知点的一个投影直接作出其他的投影。一般点是锥面上的其他点，由于圆锥面的三个投影都没有积聚性，所以要确定圆锥面上的一般点的投影，必须通过该点作一条圆锥面上的辅助线。作图方法是先通过已知点作出辅助线的各投影，然后利用线上点的投影特性作该点的其他投影，并标明可见性。

（1）圆锥表面的点　如图 4-25 所示，圆锥面上有一点 K，已知点 K 的正面投影 k'，作点 K 的水平投影 k 和侧面投影 k''。

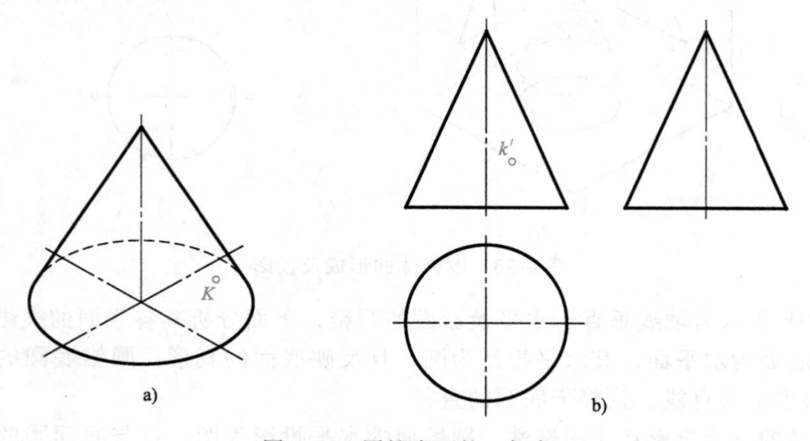

图 4-25　圆锥表面的一般点

分析：由于圆锥面投影没有积聚性，点 K 是锥面上的一般点，因此必须通过点 K 作辅助线来求解。通过点 K 作辅助线可以有两种方法：一种是过已知点作通过锥顶的素线，称为素线法；另一种是过已知点作一个垂直于圆锥轴线的圆，称为纬圆法。

1）素线法。如图 4-26a 所示，过点 K 与锥顶 S 连线，并延长与圆锥底圆交于点 D，素线 SD 即是过已知点作的辅助线。由于锥顶 S 的三面投影已知，点 D 的投影可直接作出；将

SD 的同面投影连线即可定出辅助线 SD 的三面投影；根据直线上点的投影特性，即可作出圆锥面上点 K 的其他投影。

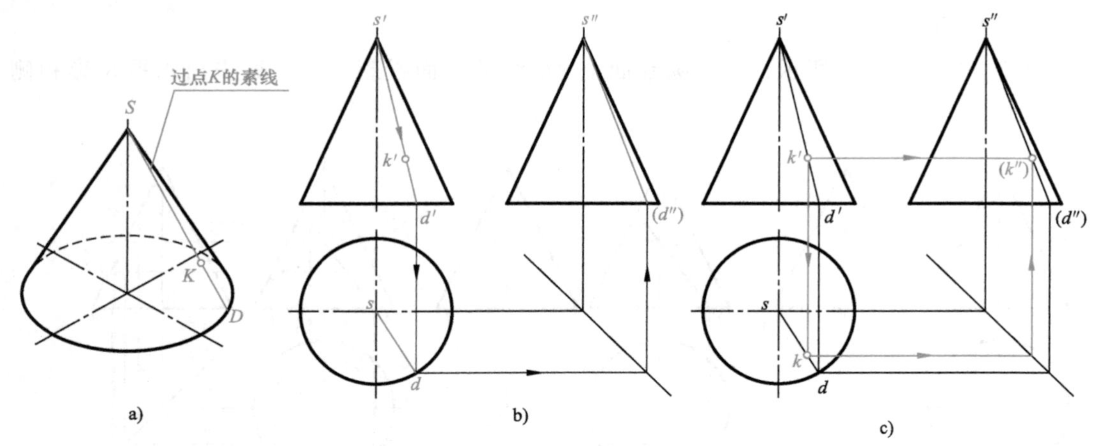

图 4-26　用素线法求圆锥面上一般点的投影

作图方法：

① 如图 4-26b 所示，在正面投影中，过点 k' 与 s' 连线并延长，交圆锥底圆的正面投影于点 d'；根据点 D 在底圆上，作出水平投影 d、侧面投影 d''；将水平投影 sd 连线，即是辅助线 SD 的水平投影；将侧面投影 $s''d''$ 连线，即是辅助线 SD 的侧面投影。

② 如图 4-26c 所示，由正面投影 k' 作出水平投影 k 在 sd 上；作出侧面投影 k'' 在 $s''d''$ 上。

2）纬圆法。如图 4-27a 所示，过已知点 K 作一个平行于圆锥底圆的辅助圆，由于辅助圆与圆锥底圆平行，所以其辅助圆的投影特性与底圆相同。

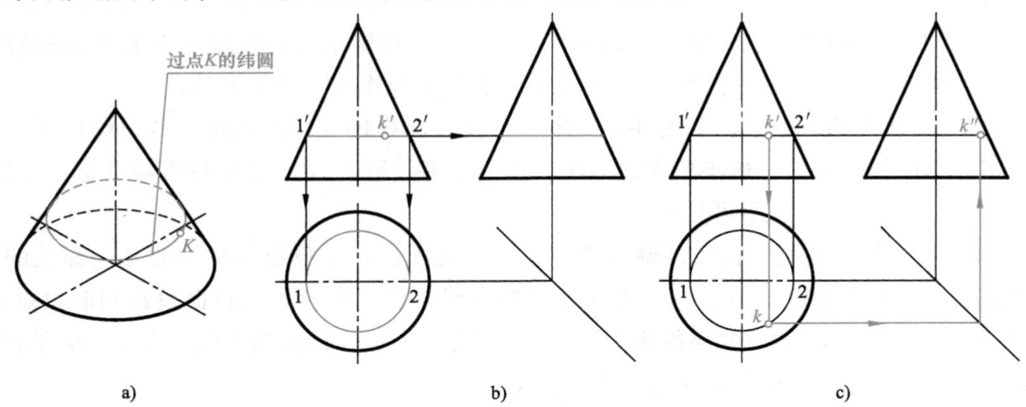

图 4-27　用纬圆法求圆锥面上一般点的投影

作图方法：

① 如图 4-27b 所示，在正面投影中，过点 k' 作垂直于轴线的直线 $1'2'$（辅助圆的正面投影），并根据投影关系画出辅助圆的水平投影 12（反映圆）。

② 如图 4-27c 所示，由正面投影 k' 作出水平投影 k 在 12 圆上；已知点 k 的两面投影即可作出侧面投影 k''。

小技巧　作图时，为了简便，可不作 45°的辅助线，而是利用水平投影与侧面投影 Y 坐标相等的特性，作出对应的投影。

（2）圆锥表面的线　在圆锥表面取线，可先取属于线上的特殊点（转向轮廓线上的点、极限点等）；再取属于线上的一般点（一般在两特殊点之间取一个一般点）；判别可见性后，再顺次连线即为所求。

例 4-5　如图 4-28a 所示，已知圆锥面上 AD 线的正面投影 $a'd'$，试作出水平投影和侧面投影。

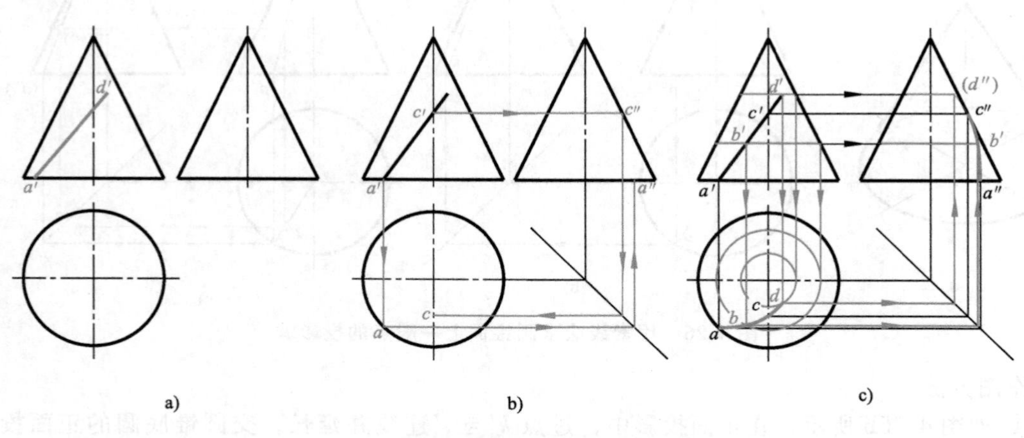

图 4-28　圆锥表面的曲线

分析：由已知的正面投影可知，线段 AD 是正面投影积聚为直线的平面曲线，其水平投影和侧面投影均为曲线。该曲线的投影由线上的若干个点的投影来确定，作图方法如图 4-28b、c所示。

作图：

1）先定曲线上的特殊点。如图 4-28b 所示，在正面投影中定出最低点 a' 和转向轮廓线上的点 c'，画出特殊点的水平投影 a、c（可见）和侧面投影 a''、c''（可见）。

2）再定曲线上的一般点。如图 4-28c 所示，在正面投影 a'、c' 之间定出一般点 b'，以及端点 d'。按圆锥面上取一般点的作图方法，作出水平投影 b、d（水平投影均可见），以及侧面投影 b''（可见）、d''（不可见）。

3）判别可见性并连线。由于圆锥的锥顶在上，锥面的水平投影可见，故其表面上的点也为可见点。水平投影按 a、b、c、d 顺序连成粗实线。由水平投影和正面投影判断出点 A、B、C 在左半个锥面上，因此侧面投影中的点 $a''b''c''$ 为可见点，连成粗实线；点 C、D 在右半个锥面上，侧面投影 c''、d'' 为不可见，连成虚线。

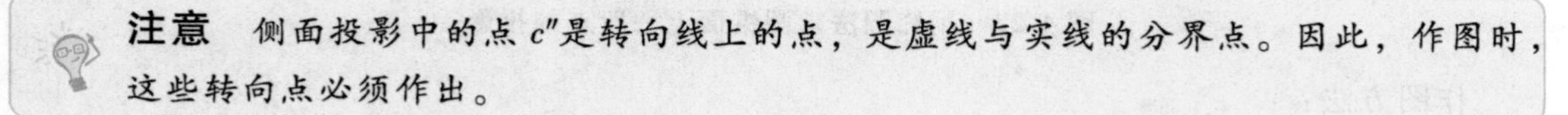

注意　侧面投影中的点 c'' 是转向线上的点，是虚线与实线的分界点。因此，作图时，这些转向点必须作出。

例 4-6　如图 4-29a 所示，已知圆锥面过锥顶的线 AB 和垂直于圆锥轴线的线 CD，求作这两线的另外两投影。

分析：圆锥面上过锥顶的线属于素线上的直线段，其三面投影均为直线段且都通过锥顶。只要在素线上定出该线段的两端点即可求出。圆锥面上垂直于圆锥轴线的线是平行于底圆的圆弧，其三面投影与圆锥底圆的投影相同。

作图过程如图 4-29b、c 所示。

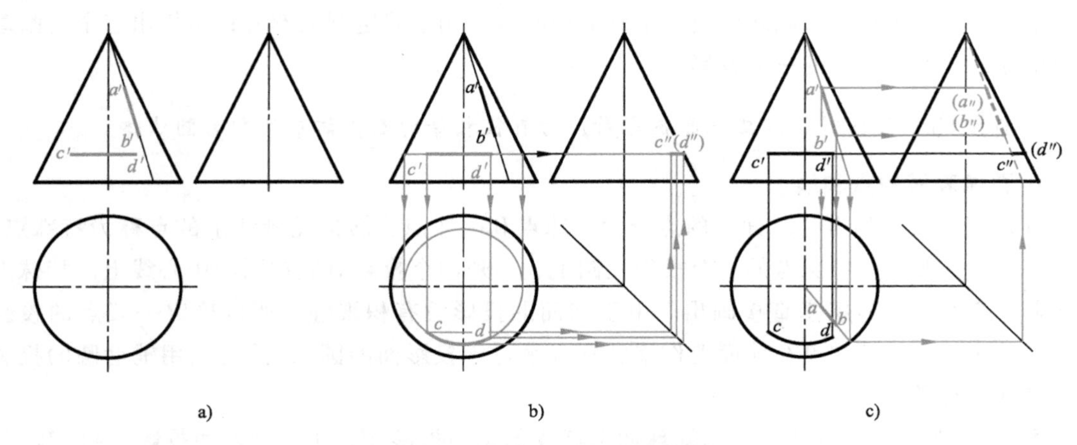

图 4-29 圆锥面上特殊线的投影

小技巧 圆锥面上的线只要通过圆锥的锥顶，则三个投影都是通过锥顶的直线；圆锥面上线只要垂直于轴线，则三个投影与底圆的三个投影相同。

三、圆球

1. 圆球的形成

如图 4-30a 所示，一个圆绕其直径旋转，形成圆球面。

2. 圆球的投影

如图 4-30b 所示，圆球的三面投影均为圆，其直径都等于圆球的直径。但要注意，这三个圆分别是圆球上的三个转向轮廓线，不能误认为是圆球上一个圆的三面投影。

如图 4-30c 所示，球面上轮廓线 A 的正面投影是圆 a'；其水平投影 a 和侧面投影 a''分别与相应的中心线重合，均不画出。轮廓线 A 将圆球分为前半球和后半球。前半球上的点正面投影可见，后半球上的点正面投影不可见。球面上轮廓线 B 的水平投影是圆 b；其正面投影 b'和侧面投影 b''分别与相应的中心线重合，均不画出。轮廓线 B 将球面分为上半球和下半球。上半球上的点水平投影可见，下半球上的点水平投影不可见。同理，轮廓线 C 的侧面投影是圆 c''；其水平投影 c 和正面投影 c'分别与相应的中心线重合，均不画出。轮廓线 C 将圆球分为左半球和右半球。左半球上的点侧面投影可见，右半球上的点侧面投影不可见。

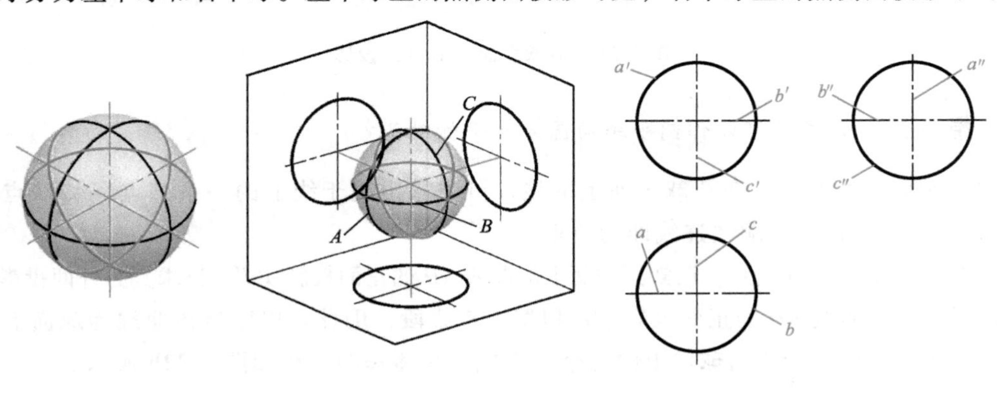

图 4-30 圆球的形成及其投影

作图时，先用细单点画线作出三个圆的中心线，用于确定圆的圆心；再作出三个与圆球直径相等的圆即为圆球的三面投影。

小技巧 读图时，只要三面投影对应为直径相等的圆，该形体即为圆球体。

3. 圆球表面的点和线

（1）圆球表面的点　球面上的点分为特殊点和一般点，转向轮廓线上的点称为特殊点，其他点称为一般点。特殊点的一个投影在圆上，另外两个投影对应在圆的中心线上。特殊点的投影可按点的投影规律直接画出。由于球面的投影没有积聚性，所以确定一般点的投影时，可过球面上的已知点在球面上作辅助圆（平行于投影面的圆），然后利用辅助圆的投影来确定点的投影。

例 4-7　如图 4-31a 所示，已知球面上点 A 的正面投影 a'，求其他两面投影 a 和 a''。

分析：点 A 是一般点，需要作辅助圆来确定。点 A 的正面投影可见，表明点在前半球上；另外由点的正面投影可见，点 A 在上半球面上，其水平投影可见；点 A 在左半球面上，其侧面投影可见。

作图：

1）如图 4-31b 所示，在正面投影中，过点 a' 作水平的直线 $1'2'$（水平辅助圆的正面投影），并根据投影关系作出辅助圆的水平投影 1234（反映圆），侧面投影 $3''4''$。

2）如图 4-31c 所示，由正面投影 a' 作出水平投影 a 在 12 圆上；由点 a 画出侧面投影 a'' 在 $3''4''$ 线上。

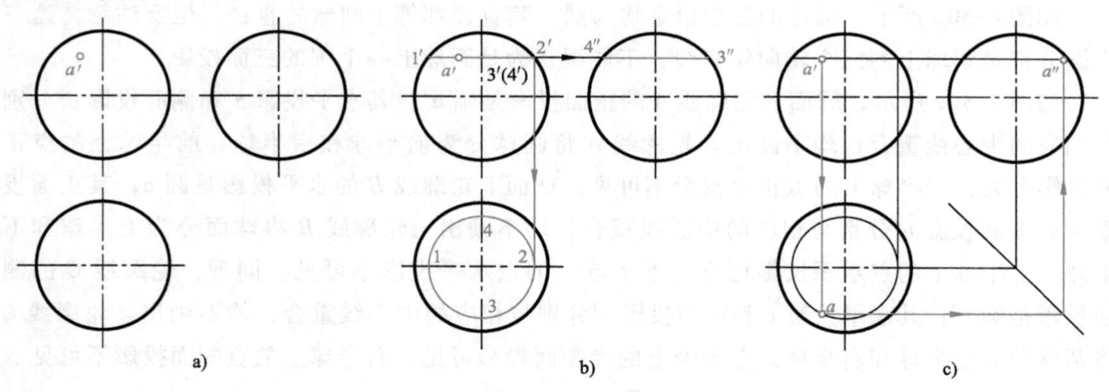

图 4-31　圆球表面一般点的投影

想一想　是否还可以作侧平辅助圆或正平侧助圆？

（2）圆球表面的线　在圆球表面上取线，可先求出属于线上的一系列点（特殊点、一般点），判别可见性，再顺次连线即为所求。

例 4-8　如图 4-32a 所示，已知圆球面上的曲线 AD 的正面投影 $a'd'$，试求其另外两投影。

分析：由于曲线 AD 的正面投影 $a'd'$ 积聚为直线段，因此可以断定该曲线为球面上的一条平面曲线。将曲线看成由球面上的几个点组成，具体作图方法如图 4-32b 所示。

作图：

1）先定曲线上的特殊点。在正面投影 $a'd'$ 上定出转向轮廓线上的点 $b'c'$，作出侧面投影

b''在圆上，水平投影 c 在圆上。根据点的两面投影作 b 和 c''。

2）再定曲线上的一般点。在正面投影上定出端点 a'和 d'（还可以再定几个点）。过点 a'作辅助圆的正面投影 $1'2'$，辅助圆的侧面投影 $3'4'$，按投影关系作出水平投影 1234，作出属于圆上点的投影 a 和 a''；用相同的方法求出（d）和（d''）。

3）判别可见性并连线。连水平投影 $abcd$。由正面投影看出，AC 在上半个球面上，C 在转向轮廓线上，水平投影 abc 可见，连成光滑的粗实线；CD 在下半个球面上，水平投影 $c(d)$不可见，连成光滑的虚线。连侧面投影 $a''b''c''d''$。由正面投影看出 AB 线在左半个球面上，侧面投影可见，连成光滑的粗实线；BCD 在右半个球面上，侧面投影不可见，连成光滑的虚线。

想一想　若已知圆球表面线的水平投影或侧面投影，如何画出其他两面投影？

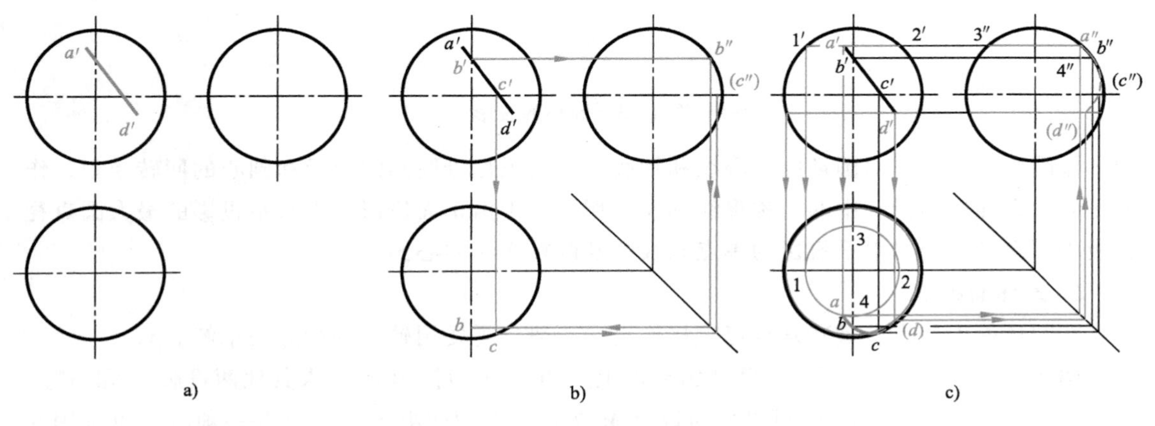

图 4-32　圆球表面上线的投影

四、圆环

1. 圆环的形成

如图 4-33a 所示，圆环可以看做是一个母线圆 $ABCD$ 绕着与该圆在同一个平面内，且位于圆周外的轴线旋转而成。母线中，上半圆 BAD 旋转形成上环面，下半圆 BCD 旋转形成下环面；外半圆 ABC 旋转形成外环面，内半圆 ADC 旋转形成内环面。

2. 圆环的投影

如图 4-33b 所示为圆环轴线铅垂时的投影。圆环的水平投影为三个同心圆，中间单点画线圆是母线圆心旋转轨迹的水平投影，该圆外部是外环面，该圆内部是内环面。最大圆是外环面的转向轮廓线；最小圆是内环面上的转向轮廓线。这三个同心圆的正面投影重合在两母线圆的圆心连线上，其投影与单点画线上重合，不必画出。该线在正面投影中是上半圆环和下半圆环的分界线，即上环面上的点、线，水平投影可见，下环面上的点、线，水平投影不可见。

正面投影和侧面投影为相同的图形，但表示环面不同方向的投影。正面投影、侧面投影的两个圆分别表示母线圆旋转至平行于正面和侧面的投影，也就是最左、最右和最前、最后两个素线圆的投影。靠近轴线的半个虚线圆处于内环面，为不可见，故画成虚线。两圆的公切线为内环面与外环面的分界线，即是最上和最下两个转向圆的投影。

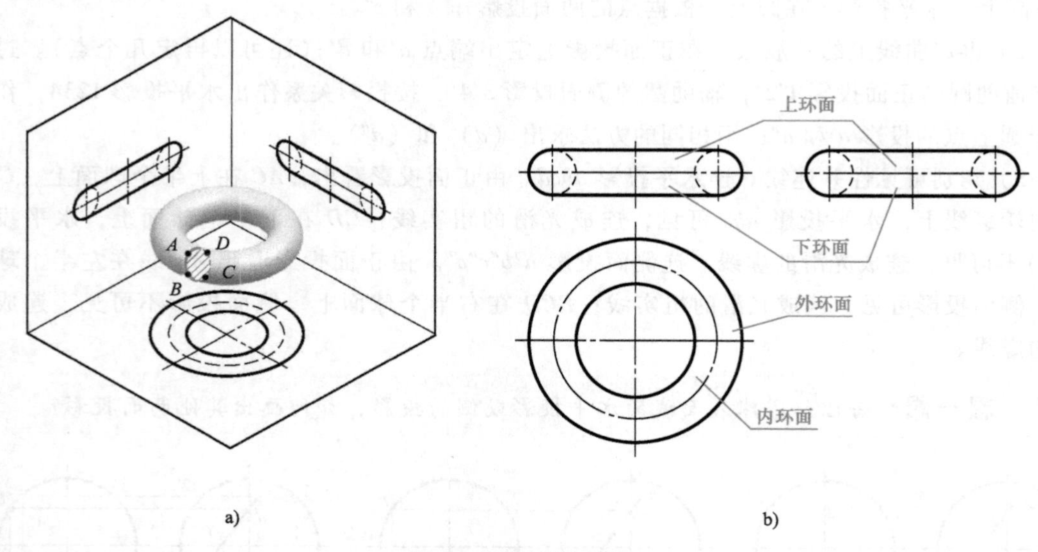

a)　　b)

图 4-33　圆环的投影

作图时，首先作出圆环的中心线和轴线，然后根据母线圆的半径和圆心的回转半径，作出正面投影和侧面投影中两对称母线圆及公切线；再由正面投影定出水平投影的最大圆直径和最小圆直径，作出水平投影的单点画线圆及两粗实线同心圆。

3. 圆环面的点

在圆环面上取点，其特殊点可直接作出，一般点需要用辅助圆的方法求解。

例 4-9　如图 4-34a 所示，已知圆环面上点 M 的正面投影 m'，求其他两投影 m 和 m''。

分析：由于正面投影 m'可见，所以点 M 在外环面的前半部。点 M 是一般点，可采用在环面上过 M 点作一水平的辅助圆的方法求解。

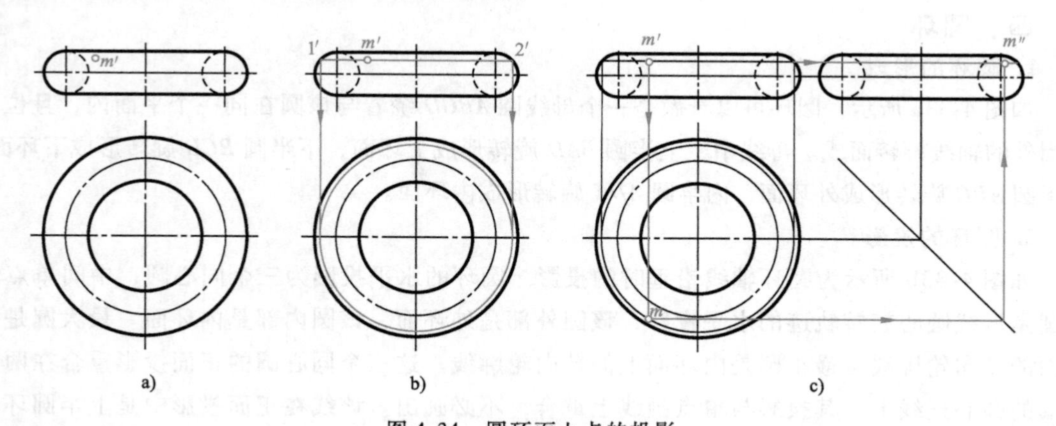

a)　　b)　　c)

图 4-34　圆环面上点的投影

作图：

1）如图 4-34b 所示，过点 m'作一条水平线 1′2′，即过点 M 的水平辅助圆，正面投影积聚为水平直线。

2）以 1′2′为直径作出辅助圆的水平投影。

3）如图 4-34c 所示，由点 m'作垂线，得水平投影 m 在辅助圆的前半圆上，然后由点

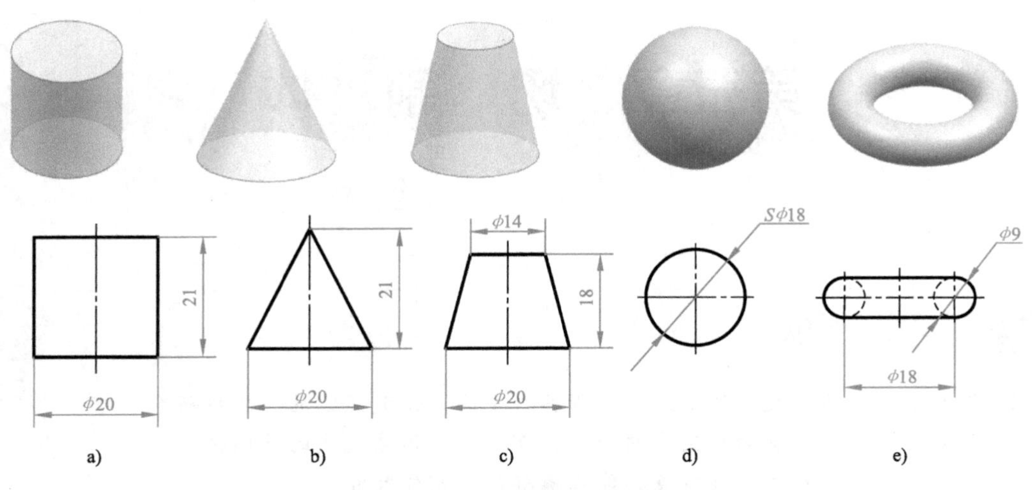

图 4-35　回转体尺寸标注

m 和点 m' 得出侧面投影 m''。因为点 M 在左上部的外环面上，所以点 m 和点 m'' 均为可见点。

五、回转体尺寸标注

圆柱、圆锥的尺寸一般标注底圆直径和高度；圆台的尺寸要标注上、下底圆的直径和高度；圆球尺寸在直径 ϕ 前面加注“S”表示球面；圆环的尺寸标注母线圆直径和回转圆直径，如图 4-35 所示。

思考题

1. 平面立体和回转体投影有何区别？

2. 棱柱和棱锥的投影有何区别？

3. 如果一个投影为圆，对应的另外两个投影为相等的矩形，这个形体是什么？如果一个投影为圆，对应的另外两个投影为相等的等腰三角形，这个形体又是什么？

4. 圆锥表面上一般点的投影用什么方法作出？

5. 圆柱表面上一条线的投影平行于圆柱轴线，这条线是直线还是曲线？

6. 圆锥表面上一条线通过圆锥的锥顶，这条线是直线还是曲线？

7. 圆球面上作一般点的投影，为什么必须作辅助线？这条辅助线是直线还是圆？三个投影分别用什么线表示？

8. 圆球表面上的线，什么情况下是圆？三个投影分别用什么线表示？

第五章　切　割　体

本章教学目标

1. 了解平面立体截交线的形成，掌握各种平面立体截交线的作图技巧
2. 了解各种回转体表面截交线的形状，掌握回转体截交线的作图技巧
3. 了解切割体的尺寸标注特点，能正确标注切割体尺寸

为了满足某些机械零件的设计及加工工艺要求，需要将构成零件的基本形体截切（图5-1），切割立体的平面称为截平面；截平面与立体相交，在立体表面产生的交线称为截交线；截交线围成的平面图形称为截断面。

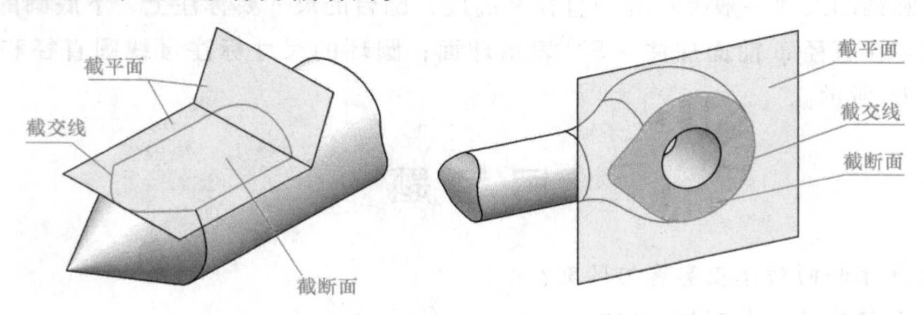

图 5-1　立体表面的截交线

由于立体的种类不同，截平面与立体的相对位置不同，其截交线的形状也有所不同。但是，任何截交线都具有以下两个基本特征：

1）截交线是截平面与立体表面的共有线，截交线上的点是截平面与立体表面的共有点。

2）由于立体表面是封闭的，所以截断面是封闭的平面图形。

本章主要介绍截平面为特殊位置平面时的截交线画法。

第一节　平面立体表面的截交线

由于平面立体的表面是由平面围成的，立体表面上的棱线为直线，故截平面与平面立体相交，所得的截交线是平面多边形。其多边形的顶点是平面立体上棱线与截平面的交点，多边形的边是平面立体上棱面与截平面的交线。由此可见，求平面立体表面的截交线，可先求出截断面中各顶点的投影，再按相邻点的顺序依次连线，即可作出截交线的投影。

一、棱柱表面的截交线

作棱柱表面截交线时，一般先分析棱柱的放置位置，截平面与棱柱的哪些表面相交，想象出截断面的形状。作图时，一般根据已知的投影图，先作出截断面多边形中各点的投影，然后判别可见性，各点依次连线。

例 5-1 如图 5-2a 所示，已知正六棱柱被正垂面和侧平面截切（由正面投影表示），补画出被截切后正六棱柱的其他投影。

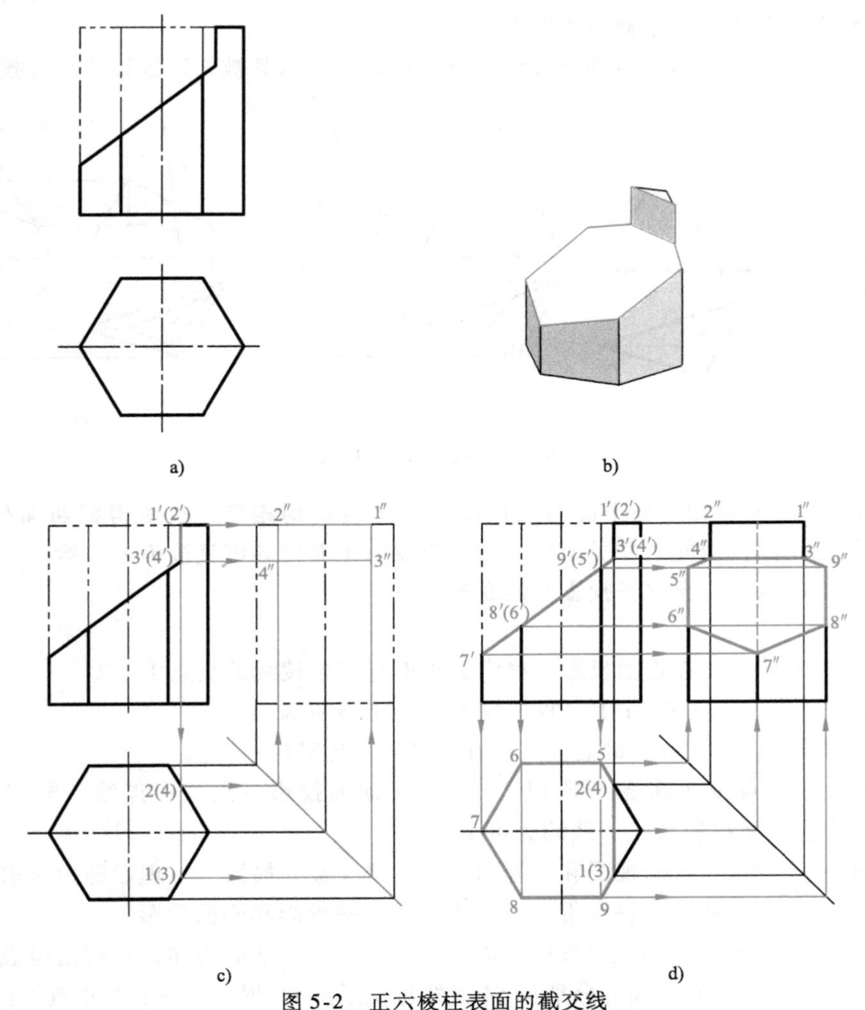

图 5-2 正六棱柱表面的截交线

分析：由正面投影可知，正垂的截平面与六棱柱的六个表面相交，与正六棱柱的五条棱相交，其截断面是七边形（图 5-2b）。侧平的截平面与六棱柱的上底、右侧两立面相交，其截断面是矩形。两个截平面相交，其交线必须画出。

作图：

1）如图 5-2c 所示，在正面投影中定出侧平面与正六棱柱上底面的交线 1′2′；侧平面与正垂面的交线 3′4′。

2）按投影特性，由正面投影 1′2′作出棱柱上底面交线的水平投影 12；侧面投影 1″2″。同理，作出水平投影 34 和侧面投影 3″4″。

3）如图 5-2d 所示，由正面投影中各点定出水平投影（3）、（4）、5、6、7、8、9。

4）由正投影和水平投影作出各点的侧面投影 3″、4″、5″、6″、7″、8″、9″。

5）判别可见性，依次连线，即侧面投影矩形 1″2″4″3″，七边形 3″4″5″6″7″8″9″3″。

6）整理轮廓线，侧面投影中5″6″、8″9″上边轮廓线被切掉，不必画出，其余投影存在的线描深。

二、棱锥表面的截交线

由于棱锥表面的投影可能具有积聚性，可能不具有积聚性。因此，对投影不具有积聚性的表面，其截交线必须通过作辅助线得出。

例5-2 如图5-3a所示，已知三棱锥被正垂面截切，求其被切三棱锥的其他投影。

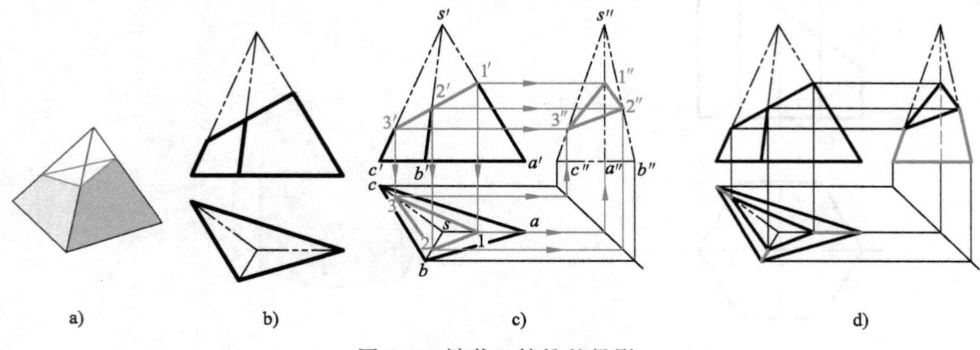

图5-3 被截三棱锥的投影

分析：由图5-3b可知，截平面与三棱锥的三条棱线均相交，故所得截断面是三角形。由于截平面是正垂面，因此，截平面与三棱锥交点的正面投影可直接确定。然后，由正面投影确定三个棱上的点，作出水平投影和侧面投影。

作图：

1）如图5-3c所示，在正面投影中确定截平面与三条棱线的交点1′、2′、3′。

2）作水平投影，点1在*sa*上，点2在*sb*上，点3在*sc*上。

3）作侧面投影，点1″在*s″a″*上，点2″在*s″b″*上，点3″在*s″c″*上。

4）水平投影各点依次连线，即12、23、31。侧面投影各点依次连线，即1″2″、2″3″、3″1″。水平投影和侧面投影各点、线均为可见。

5）如图5-3d所示，将俯视图和左视图中可见线连接并描深，整理后即为所求。

例5-3 如图5-4a所示，补全带切口三棱锥的水平投影和侧面投影。

分析：如图5-4b所示，由正面投影可以看出，切口由水平截面和正垂截面组成，切口的正面投影具有积聚性。两截平面均分别与*SA*棱线相交于点*I*、*IV*；水平面与正垂面的交线*IIIII*

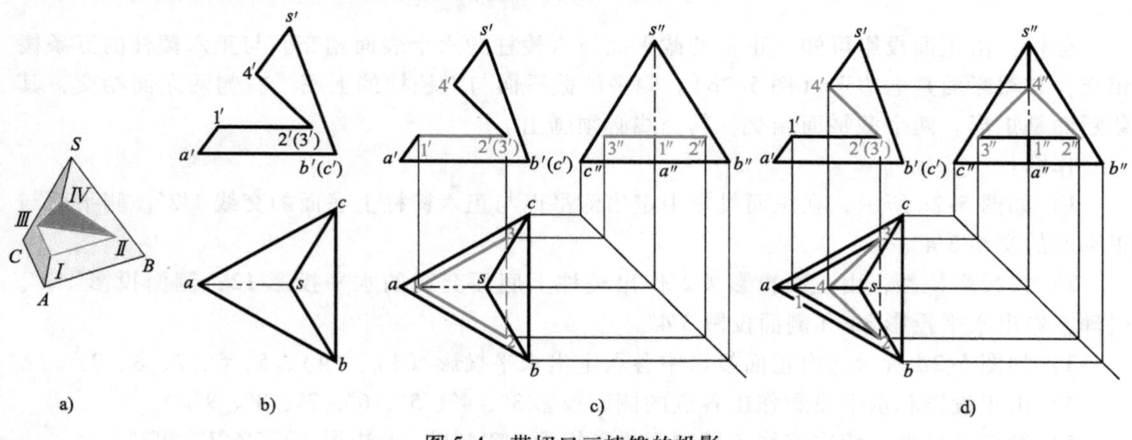

图5-4 带切口三棱锥的投影

为正垂线。由于水平截面与三棱锥的底面平行，因此，它与左前侧面 *SAB* 的交线 *ⅠⅡ* 必平行于底边 *AB*（其投影也平行）；它与左后侧面的交线 *ⅠⅢ* 必平行于底边 *AC* 其投影也平行）。

作图：

1）如图 5-4c 所示，在正投影中定出截交线上的已知点 1′、4′为棱线 $s'a'$ 上的点，2′（3′）为两截平面的交线。

2）水平投影中，过点 1 作 *ab* 的平行线 12，过点 1 作 *ac* 的平行线 13。

3）由水平投影和正面投影作出侧面投影 1″、2″、3″。

4）如图 5-4d 所示，作水平投影 1、4 在 *sa* 上，侧面投影 1″、4″在 $s''a''$ 上。

5）判别可见性连线：水平投影连线，12、13 可见画粗实线、23 不可见画虚线；24、34 均为可见画粗实线；侧面投影依次连线，1″2″、1″3″在一条直线上且可见画粗实线；2″4″、3″4″均可见画粗实线。

6）整理轮廓线：由正面投影可见，1′、4′之间的棱线被切掉，所以水平投影 14 和侧面投影 1″4″不存在，其他线描深。

第二节　回转体表面的截交线

截平面与回转体相交，其截交线一般是封闭的平面曲线，也可能是由曲线和直线所围成的平面图形或多边形，如图 5-5 所示。求作回转体表面的截交线时，要根据回转体的投影特性和截平面相对回转体的位置，初步确定截断面的形状，然后根据截交线的性质决定作图方法，求出截交线。

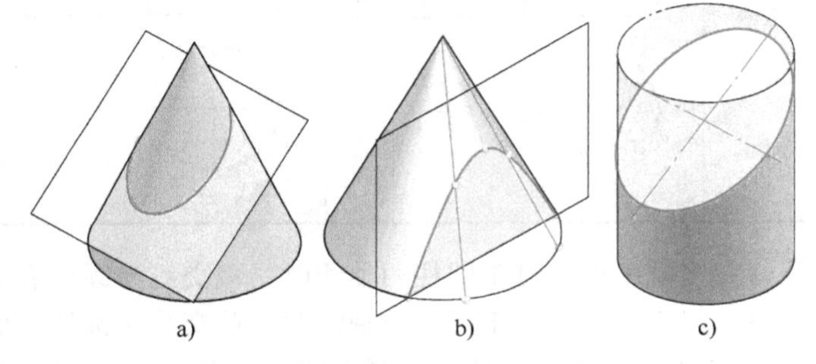

图 5-5　回转体表面的截交线

本节介绍用积聚法和共有点方法作截交线。

一、作截交线的方法

（1）积聚法　当回转面和截平面的投影都具有积聚性时（特殊位置截平面与圆柱面相交），可在其投影中直接定出截交线上点的两面投影。根据点的两面投影即可求出第三面投影。

（2）共有点法　当回转体表面投影没有积聚性（圆锥、圆球、圆环），截平面的投影积聚（特殊位置平面）时，可利用其截交线上点是截平面与回转体共有点的特性，先在截交线的已知投影中定出若干点（特殊点、一般点）；然后按回转体表面取点的方法作出该点的其他投影。

二、作截交线的步骤

1）分析回转体的投影特性、截平面与投影面的相对位置、截平面与回转体的相对位置，初步判断截交线的形状及其投影。

2）求出截交线上的所有特殊点，即最高点、最低点、最左点、最右点、最前点、最后点或转向点。

3）为了作图准确，还必须求出截交线上的几个一般点，并使这些点分布均匀。

4）判别可见性，依次光滑连接各点，即得截交线的投影。

5）整理轮廓线，按线型要求描深所有存在的线、面的投影。

三、圆柱面的截交线

由于圆柱面的投影具有积聚性，当截平面是特殊位置平面时，一般采用积聚法作图。根据截平面与圆柱的相对位置不同，圆柱表面截交线的形状有三种情况，见表5-1。

1）当截平面平行于圆柱的轴线时，截交线为圆柱表面上的两条素线。

表5-1 圆柱表面截交线的三种情况

截平面的位置	平行于轴线	垂直于轴线	倾斜于轴线
立体图	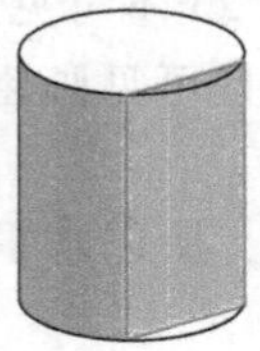	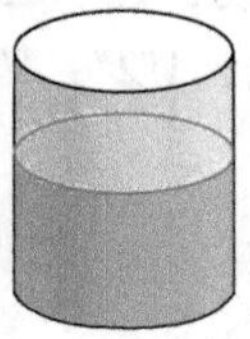	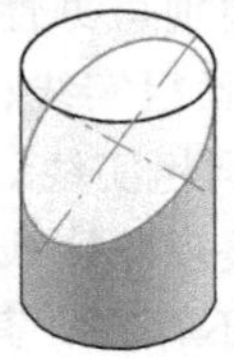
投影图	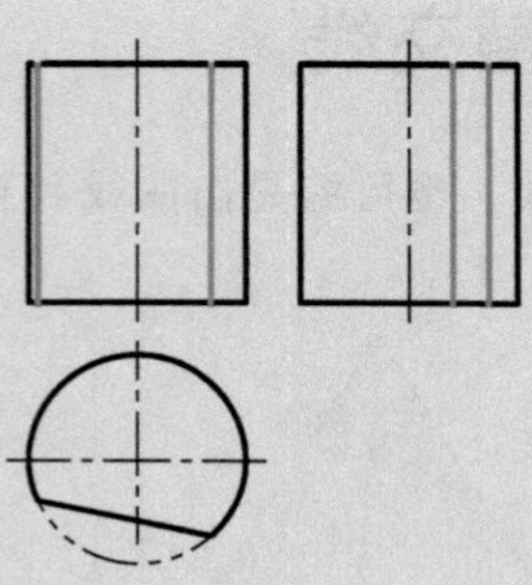	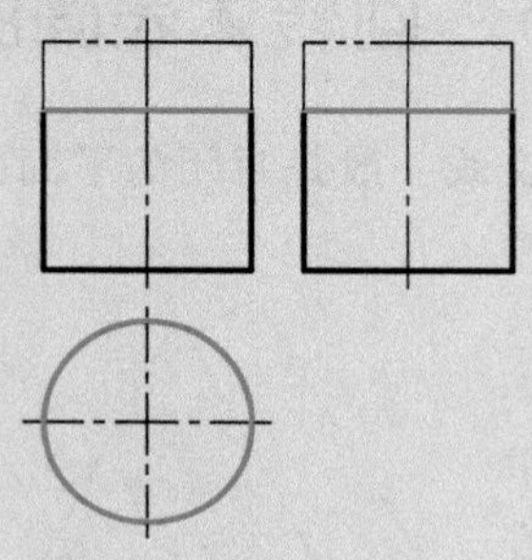	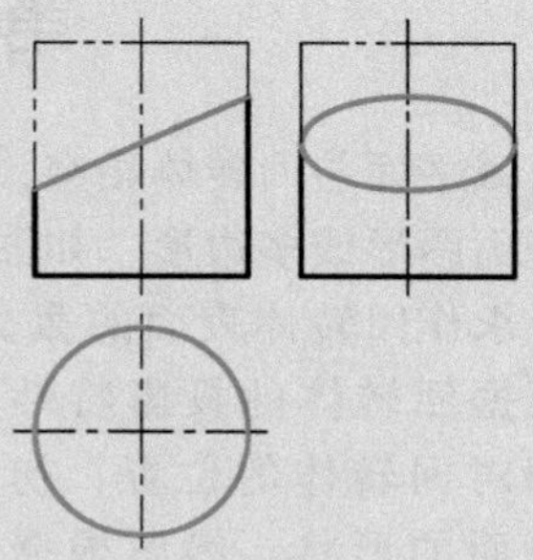

2）当截平面垂直于圆柱的轴线时，截交线为圆柱表面平行于底的圆。

3）当截平面倾斜于圆柱的轴线时，截交线为圆柱表面上的椭圆。

例5-4 如图5-6a所示，画出圆柱被正垂面截切后的侧面投影。

分析：截平面与圆柱的相对位置是倾斜于圆柱的轴线，其截交线为椭圆。如图5-6a所示。因为截平面的正面投影积聚为直线，则截交线的正面投影在该直线上；可由正面投影定出截交线上特殊点A（最低点）、C（最高点）、B（最前点）、D（最后点）；定出一般点E、F、G、H。因为圆柱的水平投影积聚为圆，则截交线上各点的水平投影积聚在该圆上。根据截交线的水平投影和侧面投影，即可作出截交线的侧面投影。

作图：

1）求特殊点：如图5-6c所示，在正面投影中定出特殊点的正面投影a'、b'、c'、d'；水平投影a、b、c、d。由正面投影和水平投影作出其侧面投影a''、b''、c''、d''。

2）求一般点：如图5-6d所示，在正面投影a'、b'之间任取一对一般点e'、f'，因为e'、f'是圆柱面上的点，所以其水平投影在圆上，作出水平投影e、f。再由水平投影和正面投影作出侧面投影e''、f''。同理，作出对称的一般点H、G的三面投影。

3）判别可见性、连线、整理轮廓线：如图5-6e所示，侧面投影按点的顺序依次连接成光滑的椭圆，将圆柱轮廓线存在部分整理成粗实线，截切掉的部分不必画出。

例5-5 如图5-7a所示，圆柱被正垂面和水平面截切，画出圆柱切割体的水平投影和侧面投影。

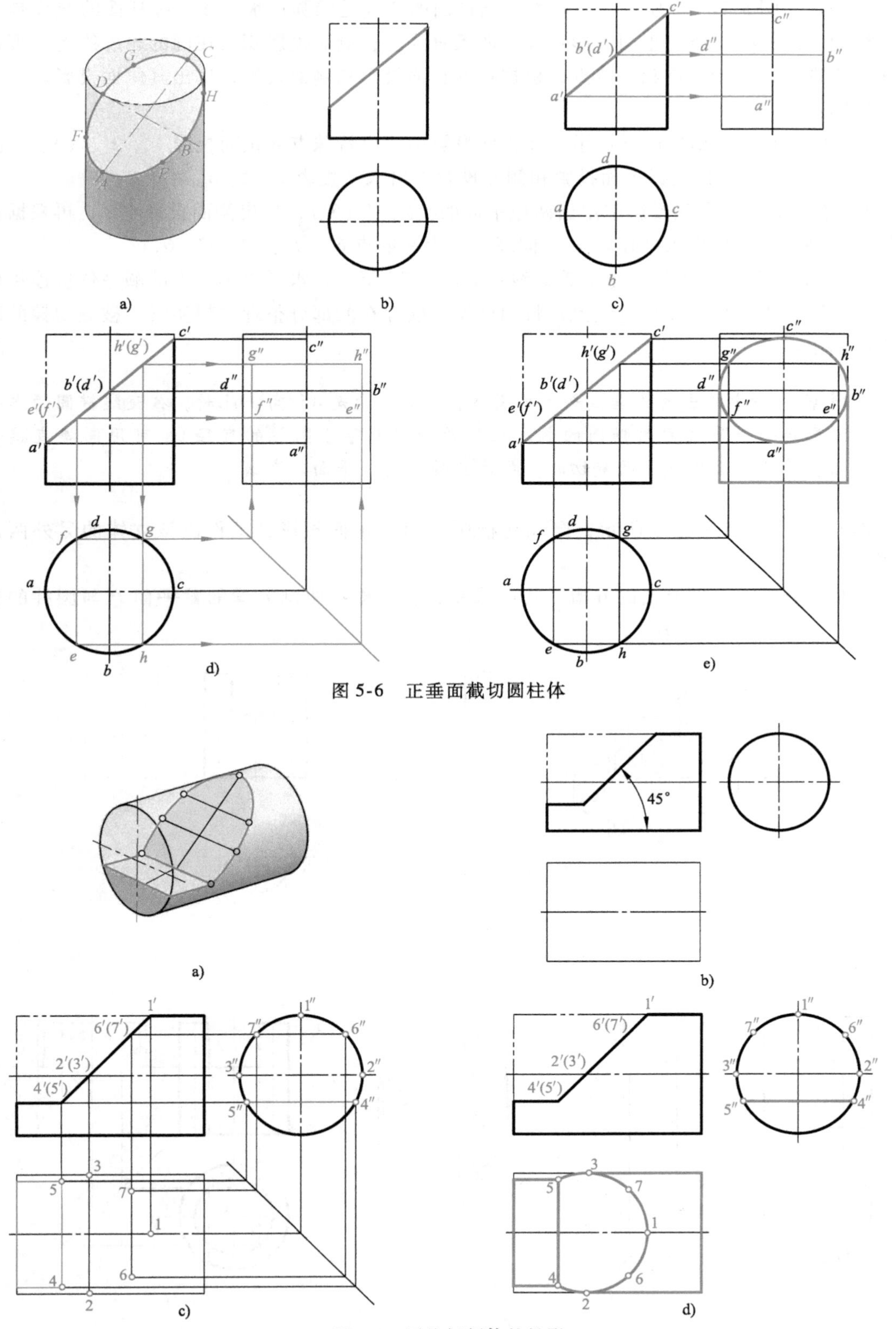

图 5-6　正垂面截切圆柱体

图 5-7　圆柱切割体的投影

分析：如图 5-7a、b 所示，正垂面与圆柱面的交线是椭圆；水平面与圆柱面的交线是平行轴线的素线；截交线的正面投影积聚为两条直线段；侧面投影积聚在圆的轮廓线上。可在已知的投影上确定特殊点和一般点，根据点的正面投影和侧面投影，作出其侧面投影。

作图：

1）求特殊点：如图 5-7c 所示，在正面投影中定出特殊点的正面投影 1′、2′、(3′)；侧面投影 1″、2″、3″；再根据正面投影和侧面投影作出水平投影 1、2、3。

2）求一般点：在正投影中定出两截平面的交线 4′ (5′)，作出侧面投影 4″5″，再根据正面投影和侧面投影作出水平投影 45；同理，作出一般点 6′、7′、6″、7″、6、7。

3）判别可见性、连线、整理轮廓线：如图 5-7d 所示，水平投影按点的顺序依次连接成光滑的椭圆；素线部分连成直线段；将圆柱轮廓线存在的部分整理成粗实线，被截切掉的部分不必画出。

注意 图中给出的正垂截平面与圆柱轴线的夹角是45°角，此时，截交线椭圆的水平投影是一个圆（因为椭圆的长、短轴的投影都等于圆柱的直径），可用圆规直接作图。作两相交的截平面截切时，要注意作出两截平面的交线。

例 5-6 如图 5-8a、b 所示，已知切槽圆柱筒的正面投影，试作出该立体的另外两面投影。

分析：圆柱筒上部开出的方槽，其形状左、右对称；切割方槽的截平面 P 与圆柱的轴

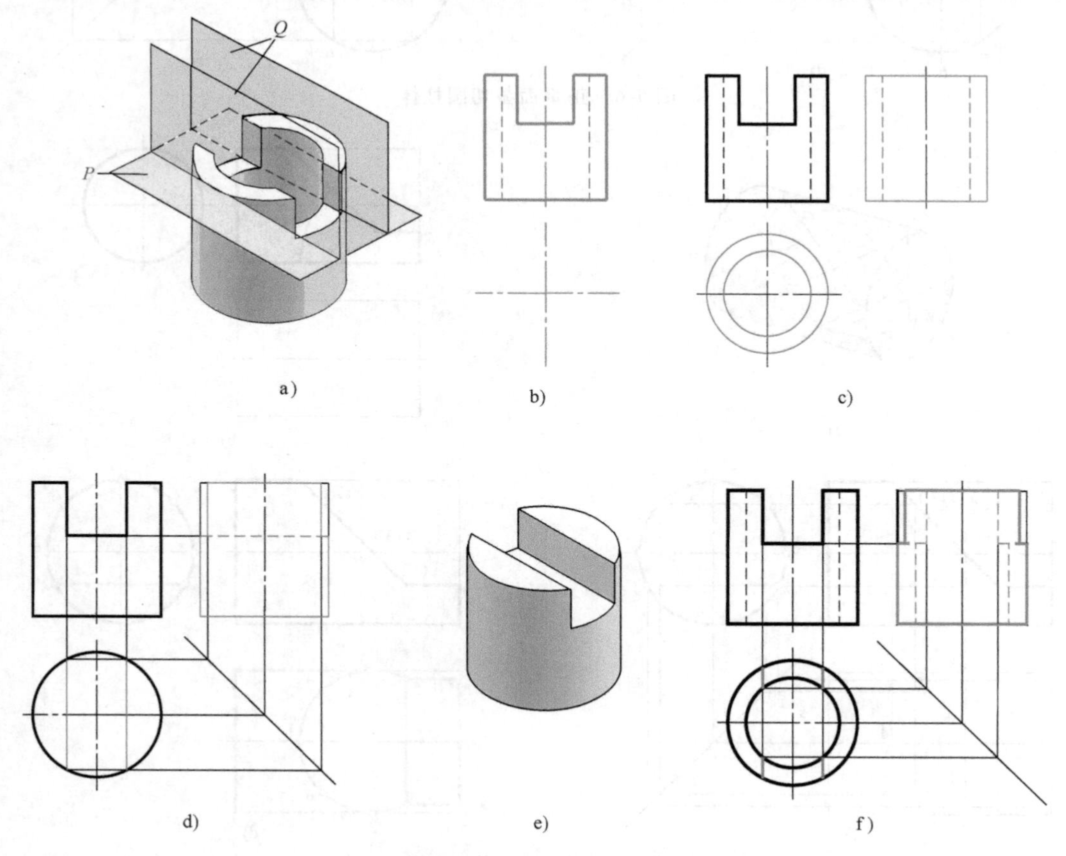

图 5-8 圆柱筒开槽的画法

线垂直，其内、外表面的交线为圆弧；截平面 Q 与圆柱的轴线平行，其内、外表面的交线为平行于轴线的直线；截平面 P 和 Q 彼此的交线为直线段。

作图：

1）如图 5-8c 所示，作出圆柱筒的水平投影和侧面投影。

2）如图 5-8d 所示，作出圆柱筒外表面截交线的水平投影和侧面投影（先不考虑孔，如图 5-8e 所示）。

3）如图 5-8f 所示，作出圆柱筒内表面截交线的水平投影和侧面投影。判别可见性、整理轮廓线。

四、圆锥面的截交线

由于圆锥面的投影没有积聚性，当截平面是特殊位置平面时，一般采用共有点的方法作图。

截平面与圆锥相交，根据平面与圆锥的截切位置和与轴线倾角的不同，截交线有五种情况，见表 5-2。

表 5-2　圆锥面截交线的形状

截平面的位置	过锥顶	不过锥顶			
截交线的形状	相交两直线	圆	椭圆	抛物线	双曲线
立体图	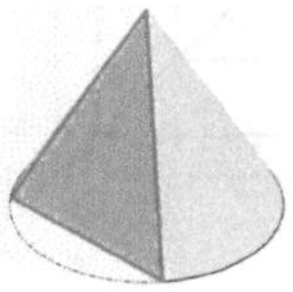	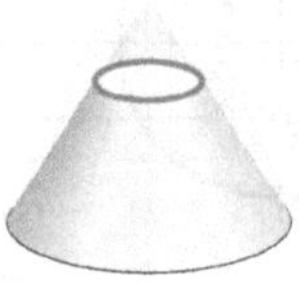	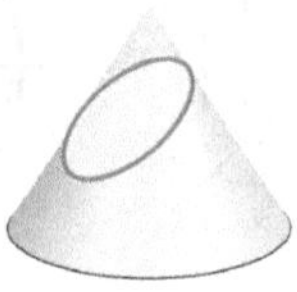	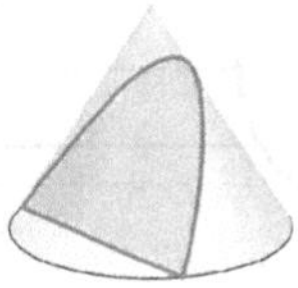	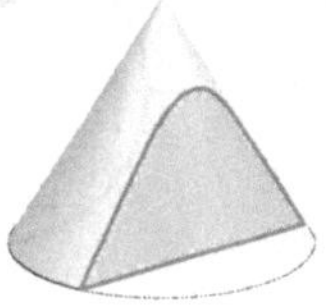
投影图	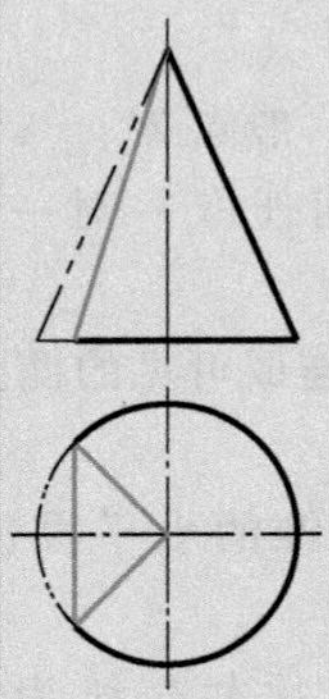	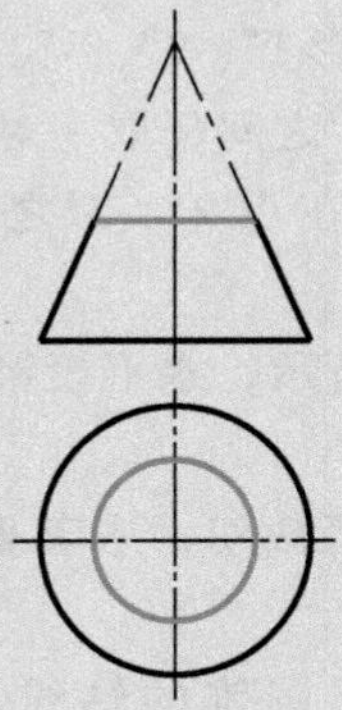	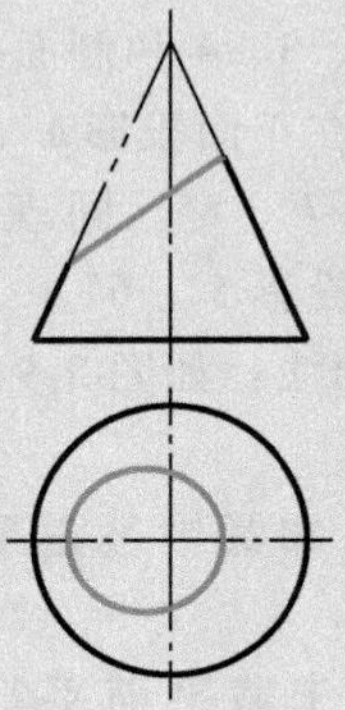	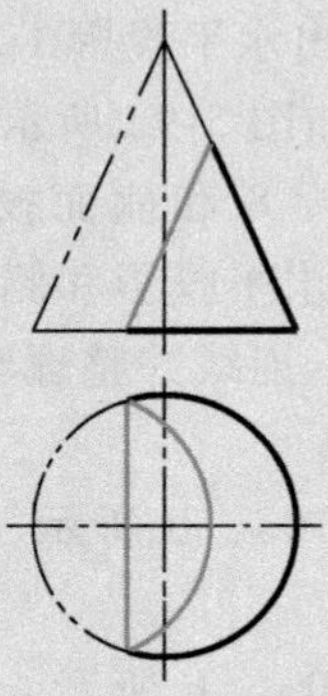	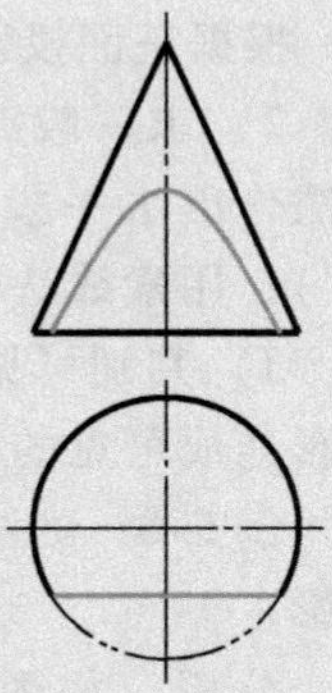

例 5-7　如图 5-9a、b 所示，作出圆锥被正垂面截切后的水平投影和侧面投影。

分析：由于截平面倾斜于圆锥的轴线，故截交线为椭圆。因为截平面正面投影积聚为直线，所以截交线的正面投影与截平面的正面投影重合，故截交线的正面投影已知。截交线上的点，是截平面和圆锥表面的共有点。可在截交线上确定特殊点和一般点，这些点是圆锥表面点，可用圆锥表面取点的方法作出。

作图：

1）求特殊点：如图 5-9c 所示，在正面投影中定出截交线上的转向轮廓点 1′、2′、3′、

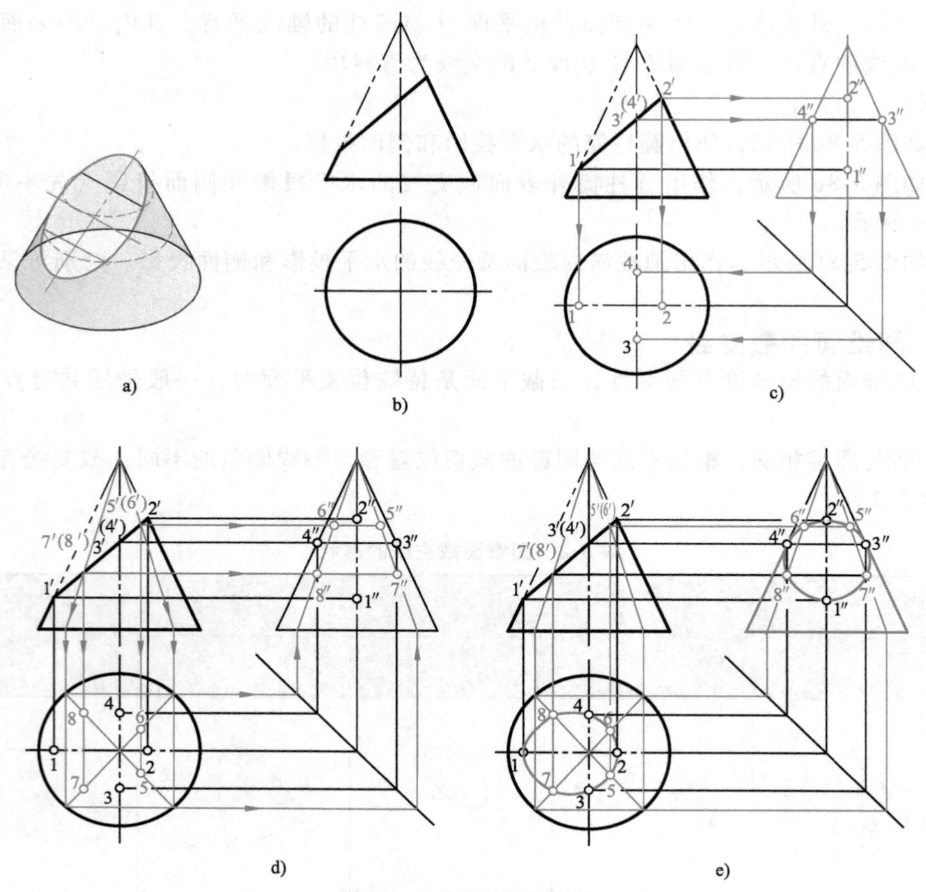

图 5-9　正垂面截切圆锥

4′；根据正面投影作出水平投影 1、2、3、4 和侧面投影 1″、2″、3″、4″。

2）求一般点：如图 5-9d 所示，在正面投影 1′、3′之间任取一对一般点 7′、(8′)；用素线法作出水平投影 7、8 和侧面投影 7″、8″。同理，在点 2′、3′之间任取一对一般点 5′、(6′)；用素线法作出水平投影和侧面投影 5″、6″。

3）判别可见性、连线并整理轮廓线：如图 5-9e 所示，水平投影连成可见的椭圆，侧面投影连成可见的椭圆。

例 5-8　如图 5-10a、b 所示，已知圆锥被正平面截切，求其圆锥的水平投影和侧面投影。

分析：如图 5-10a、b 所示，由于截平面平行于圆锥的轴线，故截交线为双曲线。又因为截平面为正平面，故截交线的水平投影和侧面投影都积聚为直线，根据投影特性可直接作出侧面投影。然后根据截交线的水平投影和侧面投影作出截交线的正面投影。

作图：

1）求特殊点：如图 5-10c 所示，作出圆锥面的侧面投影和截交线的侧面投影；在水平投影和侧面投影中定出截交线上的最低点（底圆上的点）1、2 和 1″、2″；确定最高点（转向轮廓线上的点）3 和 3″；根据水平投影和侧面投影定出正面投影 1′、2′、3′。

2）求一般点：如图 5-10d 所示，在水平投影任取一般点 4、5；用素线法作出正面投影

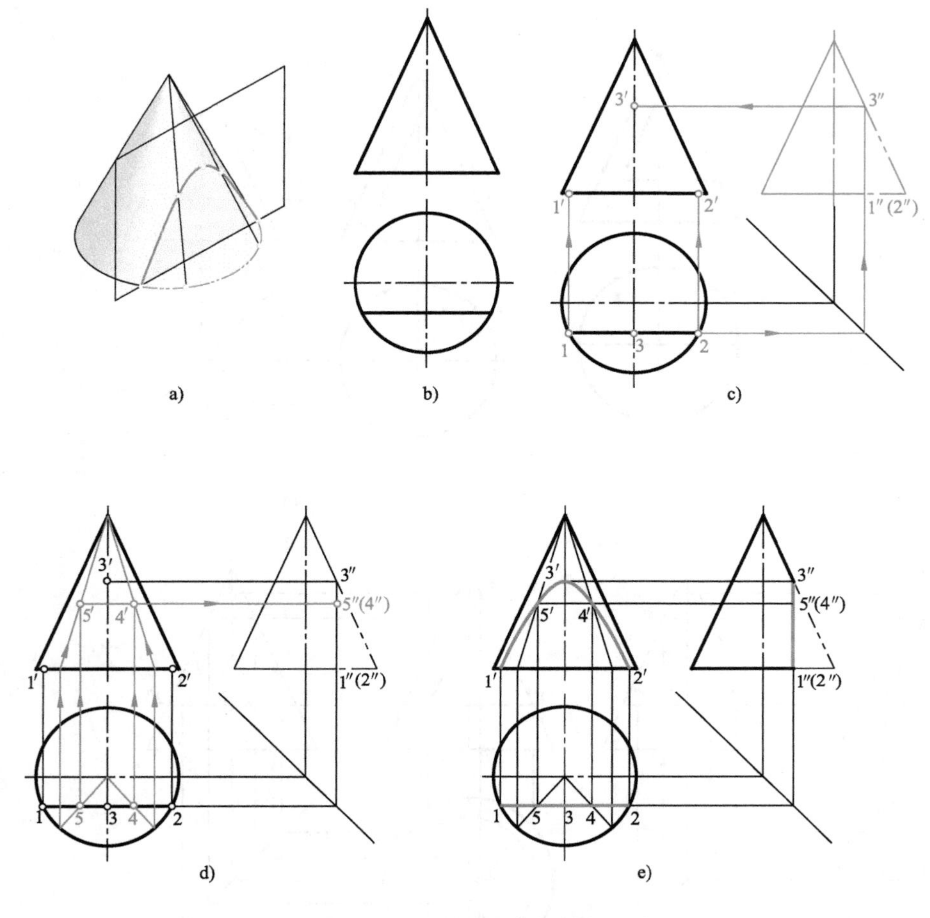

图 5-10　正平面截切圆锥

4′、5′（因为侧面投影已知，也可以不作）。

3）判别可见性、连线：如图 5-10e 所示，正面投影按点的顺序依次连成可见的曲线。

例 5-9　如图 5-11a 所示，已知带切口圆锥的正面投影，试作出其他两面投影。

分析：圆锥的切口是由一个水平截面和一个正垂截面切割而成，水平截面与圆锥轴线垂直，截交线的水平投影是一个大于半圆的圆弧，可用圆规直接作出；正垂截面与圆锥的最右素线平行，截交线应为抛物线，可通过在已知投影中确定特殊点、一般点，再连线的方法作出。

具体作图过程如图 5-11 所示，读者可自行分析。

五、圆球面的截交线

圆球被平面所截，截交线均为圆。由于截平面的位置不同，其截交线的投影可能为直线、圆或椭圆，见表 5-3。

1）当截平面平行于投影面时，截交线在该投影面上的投影反映圆的真形，其他两面投影积聚为平行于投影轴的线段，线段的长度等于圆的直径。

2）当截平面垂直于一个投影面时，截交线在该投影面上的投影积聚为直线段，线段的长度等于圆的直径，其他两面投影为椭圆。

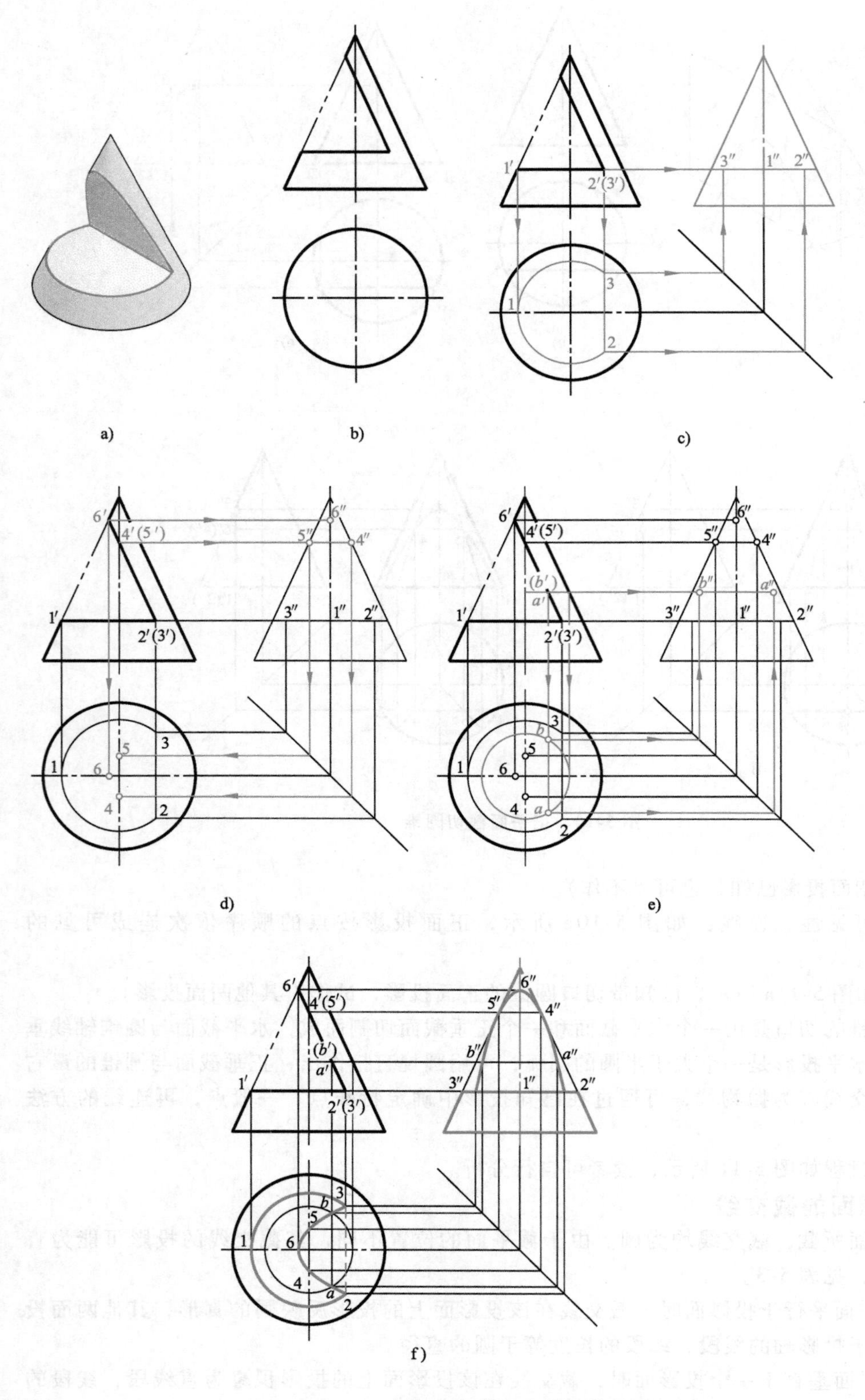

图 5-11　带切口圆锥的投影

表 5-3　圆球的截交线形状

截平面特点	正平面	水平面	正垂面
投影特点	正面投影为截交线圆的实形	水平投影为截交线圆的实形	截交线圆的水平投影为椭圆
立体图	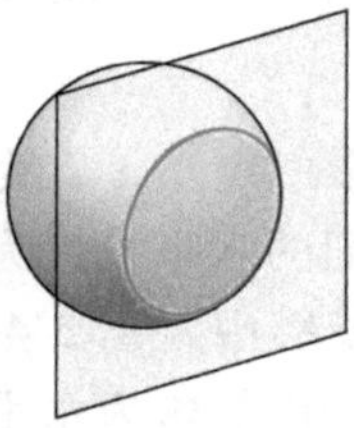	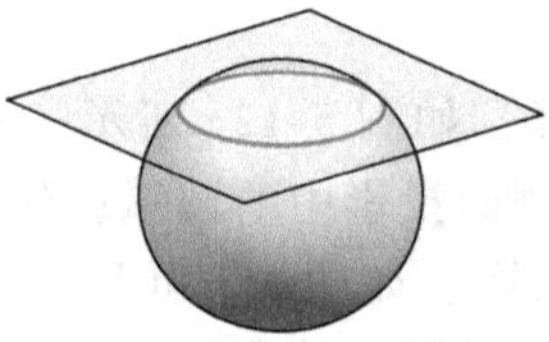	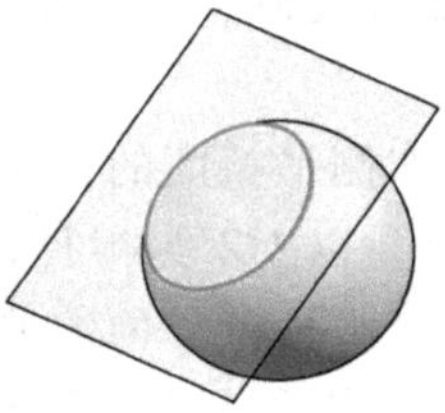
投影图	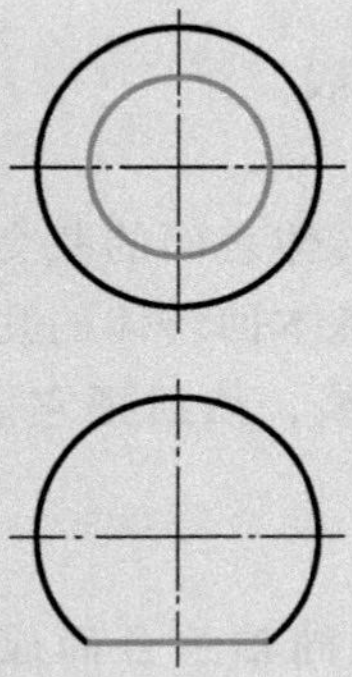	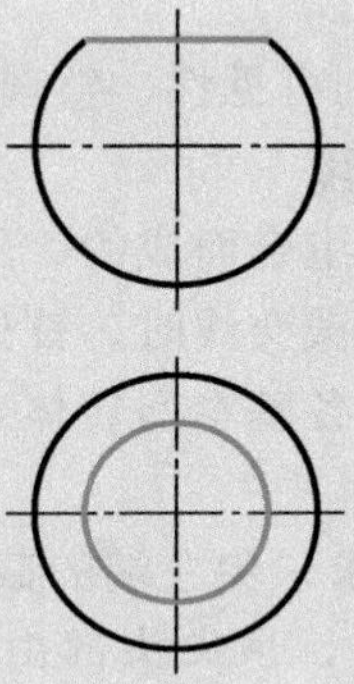	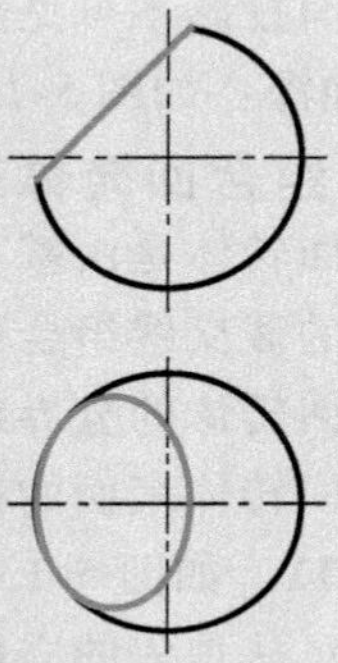

例 5-10　如图 5-12a 所示，已知被切槽半球的正面投影，求其水平投影和侧面投影。

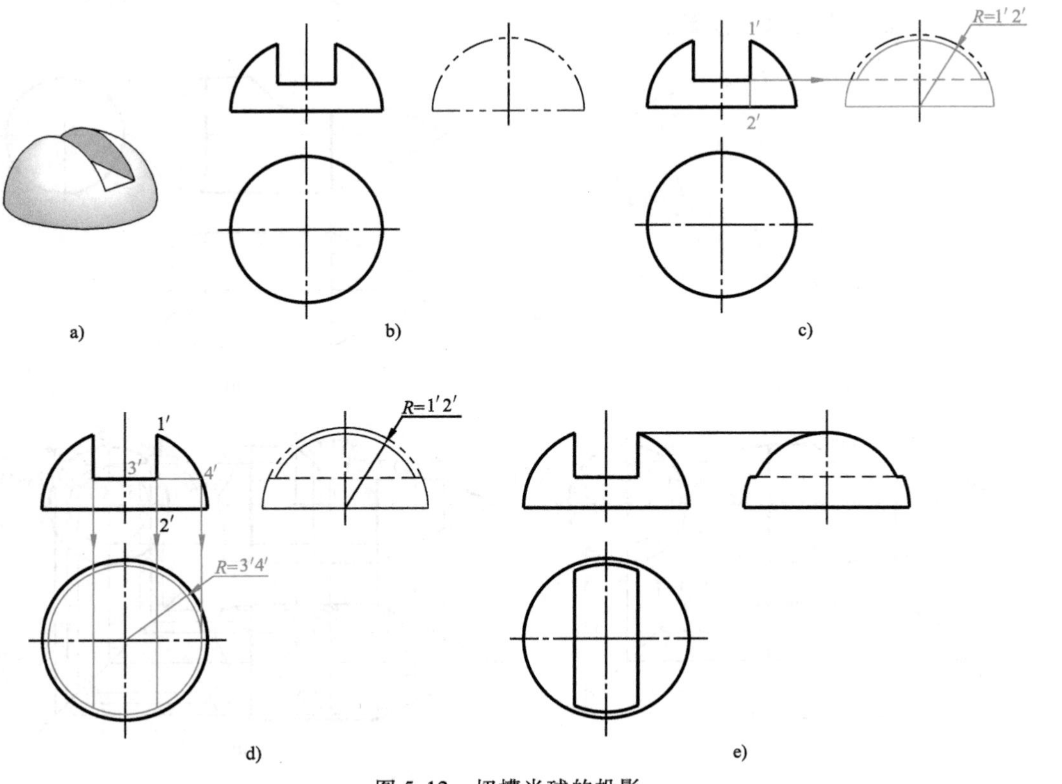

图 5-12　切槽半球的投影

分析：半球上部切口是由一个水平面截面和两个侧平截面对称截切而成的。如图 5-12b 所示，水平截面截得的交线，水平投影为圆弧；侧平截面截得的交线，侧面投影为圆弧；两截平面之间的交线为直线段。作图时，只需要定出各圆弧的半径，用圆规在其投影中直接画出圆弧即可求得。

作图：

1）作侧平截面的截交线投影：如图 5-12c 所示，在正面投影中定出 1′2′为侧面投影圆弧的半径，以 1′2′为半径，作出侧面投影中的圆弧；作出两截平面的水平投影为直线。

2）作水平截平面的截交线投影：如图 5-12d 所示，在正面投影中定出 3′4′为水平投影圆弧半径，以 3′4′为半径作出水平投影中的圆弧；作出截交线的侧面投影为水平直线；槽底平面的侧面投影不可见部分画成虚线。

3）加深：如图 5-12e 所示，判别可见性，整理并加深轮廓线。

六、组合回转体表面的截交线

组合回转体是由基本回转体同轴组合而成的，因此组合回转体表面的截交线是由基本回转体表面的截交线组合而成的。在求截交线时，首先要分析各基本回转体的几何性质，并定出各基本回转体的分界线，分别作出各基本回转体表面的截交线，然后把它们连接在一起，就是组合回转体表面的截交线。

例 5-11　如图 5-13a、b 所示，求顶尖左端的截交线。

分析：从顶尖的立体图可以看出，顶尖头部由圆锥和圆柱同轴组合而成，被水平面 *P* 和正垂面 *Q* 截切。截交线由三部分组成：水平截平面截切圆锥截得双曲线，截切圆柱面得两平行于轴线的直线段；正垂截平面截切圆柱截得椭圆弧。截交线的正面投影和侧面投影都有积聚性，只需要作出水平投影。

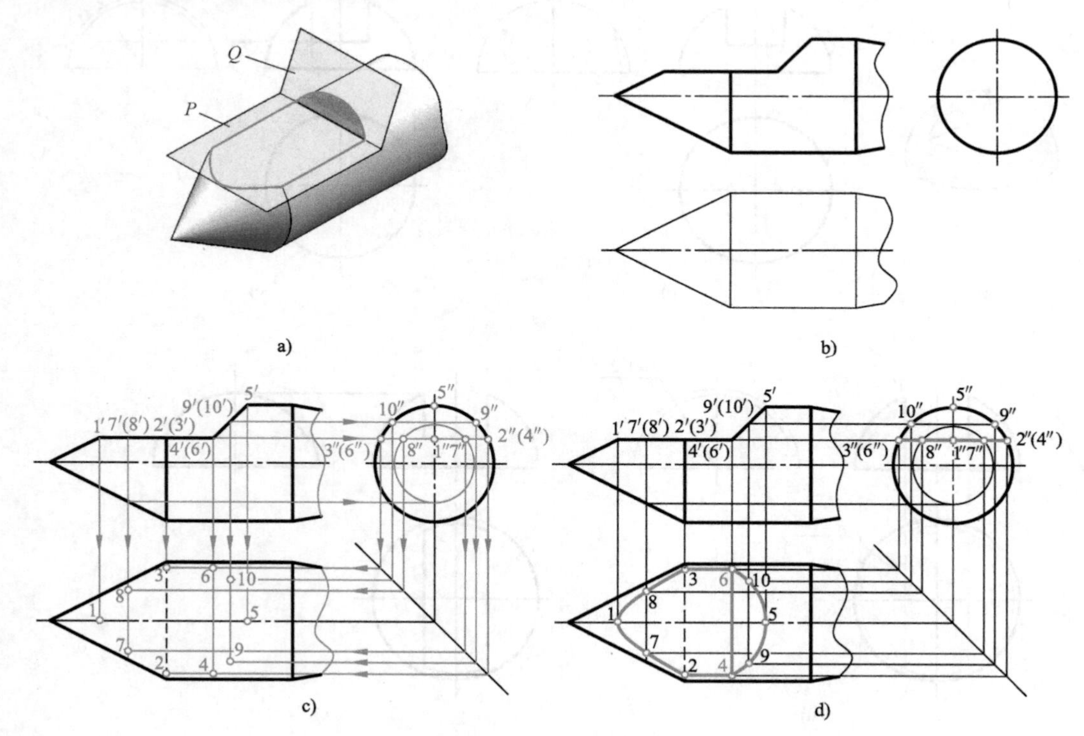

图 5-13　顶尖头部截交线

作图：

1）求特殊点：在正面投影和侧面投影中定出圆锥面上三个特殊点 1′、2′、3′和 1″、2″、3″；定出圆柱面上三个特殊点 4′、5′、6′和 4″、5″、6″。由正面投影和侧面投影作出水平投影 1、2、3、4、5、6。

2）求一般点：在正面投影中定出圆锥面上的一般点 7′、8′；用辅助纬圆法作出侧面投影 7″、8″和水平投影 7、8。在正面投影和侧面投影中定出圆柱面上的一般点 9′、10′和 9″、10″；由正面投影和侧面投影作出水平投影 9、10。

3）各点依次连线，整理轮廓线，作出两截平面交线的水平投影 4、6。

例 5-12　如图 5-14a 所示，作出连杆头部的截交线。

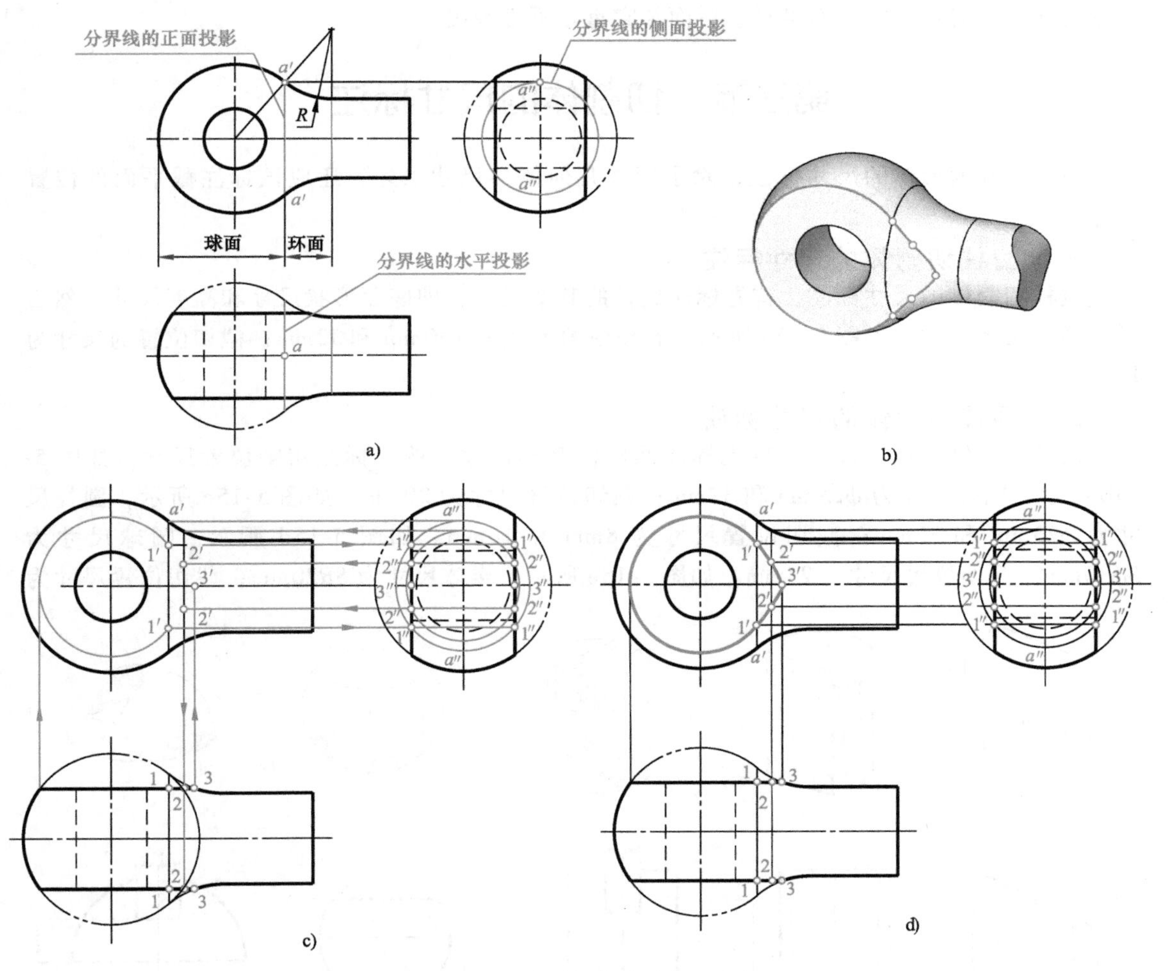

图 5-14　组合回转体表面的截交线

a）确定分界线　b）立体图　c）作特殊点　d）作一般点并连线

分析：该立体的表面是由球面、环面及柱面组合而成的，由于截平面是正平面，两截平面的水平投影及侧面投影积聚为直线，因此只需要作出截交线的正面投影。由投影图可知，圆柱面没有被截切，只需要作出球面和环面上的截交线。

作图：

1）先作出各基本回转体的分界线，如图 5-14a 所示，在正面投影中，将球心与环面圆弧母线的中心相连。连线与组合体相交于点 a'，过点 a'作垂直于回转体轴线的直线，则 $a'a'$为球面与环面的分界线的正面投影。

2）作截平面与球面的交线：在水平投影中定出截交线圆的半径，正面投影作圆与分界线交于 1′，点 1′即是球面与环面截交线的分界点。在水平投影中定出截交线上最右点 3，作出正面投影 3′和侧面投影 3″。

3）求一般点：如图 5-14c 所示，在侧面投影 1″、3″之间任取一个一般点 2″，过点 2″作辅助圆；根据投影关系作出辅助圆的正面投影为垂直于轴线的直线，由侧面投影 2″作出正面投影 2′。

4）依次连接各点，连同左半部的圆弧，形成一个封闭的、圆滑的曲线，即为所求。由于截交线前后对称，故前面可见、后面与它重合不必画出。

第三节　切割体的尺寸标注

被切割几何形体的尺寸标注，除了标注几何体的尺寸以外，还应该标注截平面的位置尺寸。

一、棱柱切割体的尺寸标注

棱柱切割体的尺寸标注，首先标注棱柱的基本尺寸，即底面形状尺寸和高度尺寸，然后标注切割位置尺寸。如图 5-15a 所示，五棱柱的尺寸为 ϕ30mm 和 32mm；截切位置的尺寸为 18mm。

二、回转切割体的尺寸标注

回转切割体的尺寸标注，首先标注回转体基本尺寸，然后标注切割位置尺寸。如图 5-15b 所示，圆柱尺寸为 ϕ25mm 和 32mm；截切位置尺寸为 20mm。如图 5-15c 所示，圆柱尺寸为 ϕ25mm 和 32mm；截切位置尺寸为 8mm 和 10mm。如图 5-15d 所示，圆球尺寸为 $S\phi$30mm；截切位置尺寸为 24mm。如图 5-15e 所示，半球尺寸为 SR20mm；截切位置尺寸为

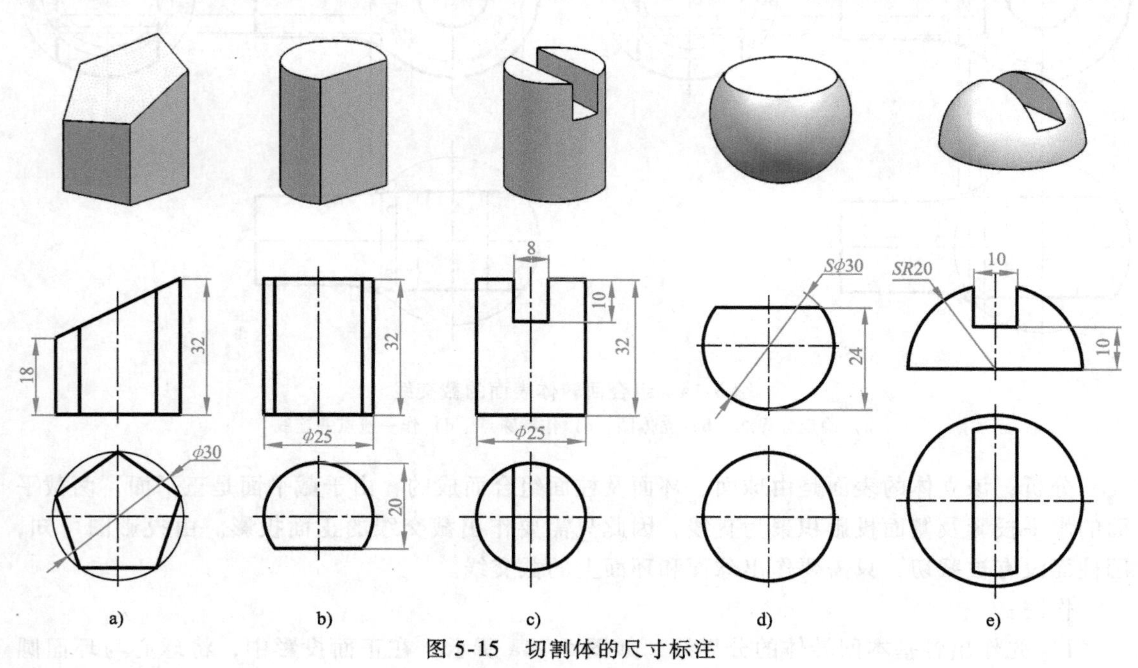

图 5-15　切割体的尺寸标注

10mm、10mm。

注意　由于截交线是截切后自然形成的，所以截交线上不应该标注尺寸。

思考题

1. 平面立体截交线与回转体截交线有什么区别？
2. 截平面平行圆柱轴线截切，截交线的形状有什么特点？
3. 截平面倾斜于圆柱轴线截切，截交线的形状有什么特点？
4. 截平面垂直于圆柱的轴线截切，截交线的形状有什么特点？
5. 截平面过圆锥的锥顶截切，截交线的形状有什么特点？
6. 截平面垂直于圆锥轴线截切，截交线的形状有什么特点？
7. 切割体的尺寸标注有什么特点？

第六章　相　贯　体

本章教学目标

1. 了解相贯线的形成
2. 了解平面立体与回转体相贯线的作图方法
3. 掌握两回转体相贯线的作图技巧

第一节　概　　述

两立体相交，称为两立体相贯，它们的表面交线称为相贯线。由于立体有平面立体与曲面立体两类，故两立体相贯时分为三种情况：

1）两平面立体相贯，如图6-1a所示。

2）平面立体与曲面立体相贯，如图6-1b所示。

3）两曲面立体相贯，如图6-1c所示。

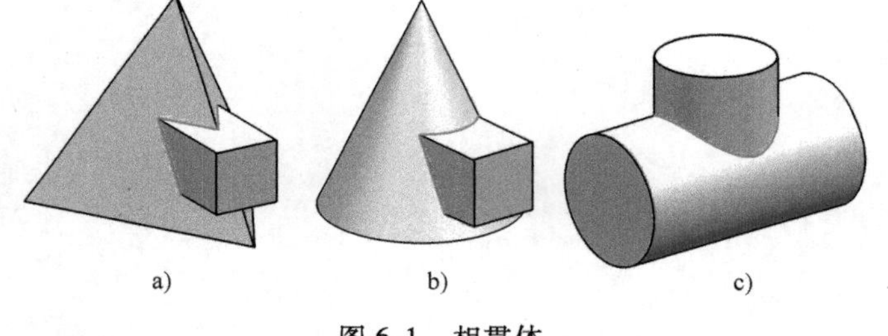

图6-1　相贯体

1. 相贯线的基本性质

两立体相贯时，相贯线的形状受相贯体的形状、大小和相对位置的影响而不同。相贯线具有以下基本性质：

1）相贯线是两立体表面的共有线，也是两立体的分界线；相贯线上的点是两立体表面的共有点。

2）一般相贯线是封闭的空间曲线，特殊情况为平面曲线或直线，也可能不封闭。

2. 求相贯线的步骤

根据相贯线的基本性质，求相贯线的实质就是求两立体表面上的一系列共有点。求相贯线的步骤如下：

（1）空间分析　根据相贯体的投影图想象出相贯体的形状、大小和相对位置；分析出相贯体与投影面的相对位置，并判明相贯线的形状和范围；分析相贯体是全贯还是互贯及投影特点，从而确定求相贯线的作图方法。

（2）作图

1）确定相贯线上的特殊点：即能确定相贯线的投影范围和变化趋势的点，如各回转体转向轮廓线上的点，相贯线上的最高点、最低点、最左点、最右点、最前点和最后点等。

2）确定相贯线上的一般点：在两个距离远的特殊点之间确定适当的一般点。

3）判别可见性并连线：可见性的判别原则是只有当一段相贯线同时位于两立体可见表面时，这段相贯线的投影才是可见性的，否则就是不可见的。连线的原则是同面投影中，相贯线上的相邻点按顺序光滑连接。

4）整理轮廓线：对于两相贯体的轮廓线，存在的部分可见描成粗实线，不可见描成虚线；对于不存在的轮廓线则不必画出或用细双点画线画出。

第二节　平面立体与回转体相贯

由于平面立体的各表面均为平面，因此平面立体中某一表面与回转体表面的交线为截交线，两部分截交线的交点称为结合点，它是平面立体的棱对回转面的贯穿点。因此，求平面立体与回转体的相贯线，可归结为求截交线和结合点的问题。

例 6-1　如图 6-2a 所示，已知三棱柱与圆锥体相贯，作出其相贯线的投影。

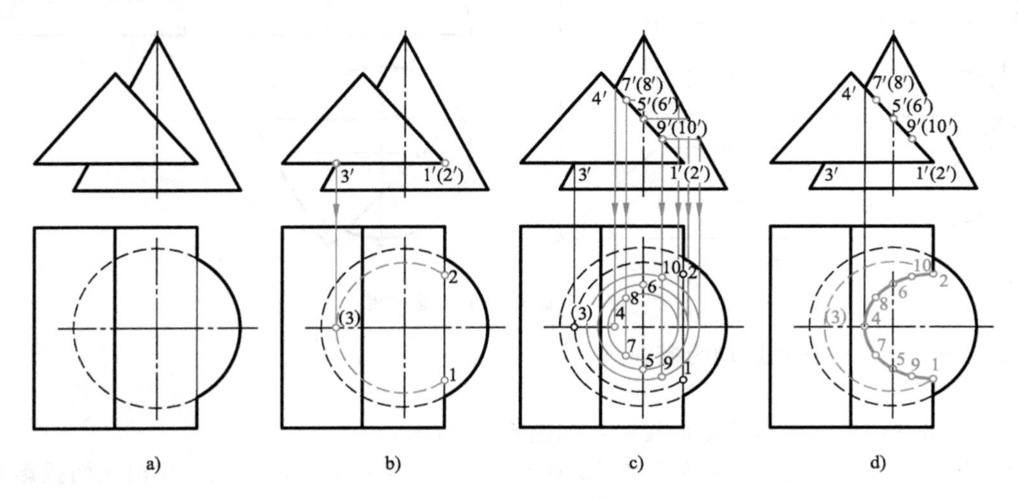

图 6-2　三棱柱与圆锥体相贯

分析：由已知两投影分析可知，三棱柱中有两个平面与圆锥面相交，产生两段截交线，相贯线即由这两段截交线组成。三棱柱的水平面与圆锥面的交线为圆弧，正垂面与圆锥面的交线为椭圆弧，两弧的交点即是棱与圆锥面的结合点。

作图：

1）作水平投影中的圆弧：如图 6-2b 所示，由正面投影和水平投影关系，用圆规直接作出水平投影中的圆弧 1（3）2。

2）作水平投影中的椭圆弧：如图 6-2c 所示，在正面投影中定出特殊点 4′、5′、（6′），一般点 7′、（8′）、9′、（10′）；用纬圆法作出各点的水平投影 4、5、6、7、8、9、10。

3）判别可见性并连线：如图 6-2d 所示，正面投影 3′、4′之间的圆锥轮廓不存在，不必作出；水平投影 1、2 之间棱线不存在，不必作出；水平投影中的圆弧 1（3）2 为不可见，用虚线表示；椭圆弧 142 为可见，用粗实线表示。

例 6-2　如图 6-3a 所示，已知三棱柱与半圆球相贯，求其相贯线的投影。

分析：由水平投影，三棱柱的三个面中有两个面与半圆球相交，一个面平行于正投影面，与半圆球的交线正面投影为圆弧，侧面投影为直线段；另一个面为铅垂面，与半圆球面

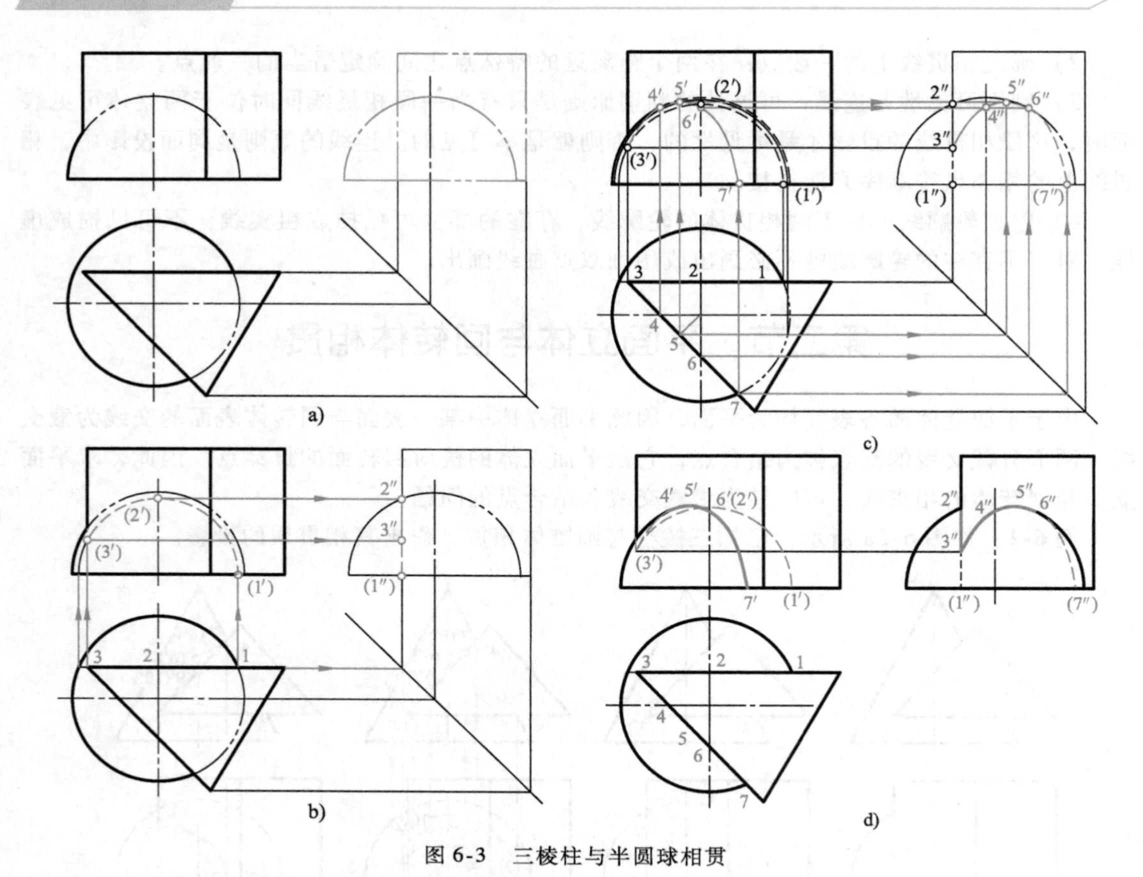

图 6-3　三棱柱与半圆球相贯

的交线正面投影和侧面投影均为椭圆弧。

作图：

1）作出三棱柱与半球的侧面投影：如图 6-3a 所示。

2）作正面投影中的圆弧：如图 6-3b 所示，根据水平投影定出半径，作出正面投影圆弧（1′）、（2′）、（3′），侧面投影（1″）、2″、3″。

3）作正面投影和侧面投影中的椭圆弧：如图 6-3c 所示，根据水平投影中的特殊点 4、5、6、7，用纬圆法作出正面投影 4′、5′、6′、7′和侧面投影 4″、5″、6″、（7″）。

4）判别可见性连线：如图 6-3d 所示，正面投影中的圆弧（1′）（2′）（3′）均不可见，连成虚线，椭圆弧中 3′4′不可见连成虚线，4′5′6′7′可见连成粗实线；侧面投影中的椭圆弧 3″4″5″6″可见，连成粗实线，6″（7″）不可见，连成虚线。

5）整理轮廓线：水平投影中，1、7 之间圆球的轮廓线不存在，不必作出；正面投影中，点 4′左侧圆球的轮廓存在并可见，用粗实线圆弧表示；点 4′右侧圆球轮廓不存在，不必作出；侧面投影中，2″6″之间的圆球轮廓不存在，不必作出。

第三节　两回转体相贯

两回转体相贯时，相贯线的形状一般为封闭的空间曲线。特殊情况下是平面曲线或直线。根据相贯线的几何性质不同，可采用以下几种作图方法。

一、积聚性法

积聚性法用于两圆柱正交，投影积聚为圆的情况。

例 6-3　如图 6-4a、b 所示，求两圆柱垂直相贯的相贯线。

分析：当两圆柱直径不等相贯时，相贯线是围绕小圆柱的空间曲线。又由于大圆柱的侧面投影积聚为圆，小圆柱的水平投影积聚为圆，因而相贯线的侧面投影和水平投影都与圆重合。可在已知的圆上定出相贯线上的点，根据点的两投影作出第三投影。

作图。过程如图 6-4c、d、e 所示。

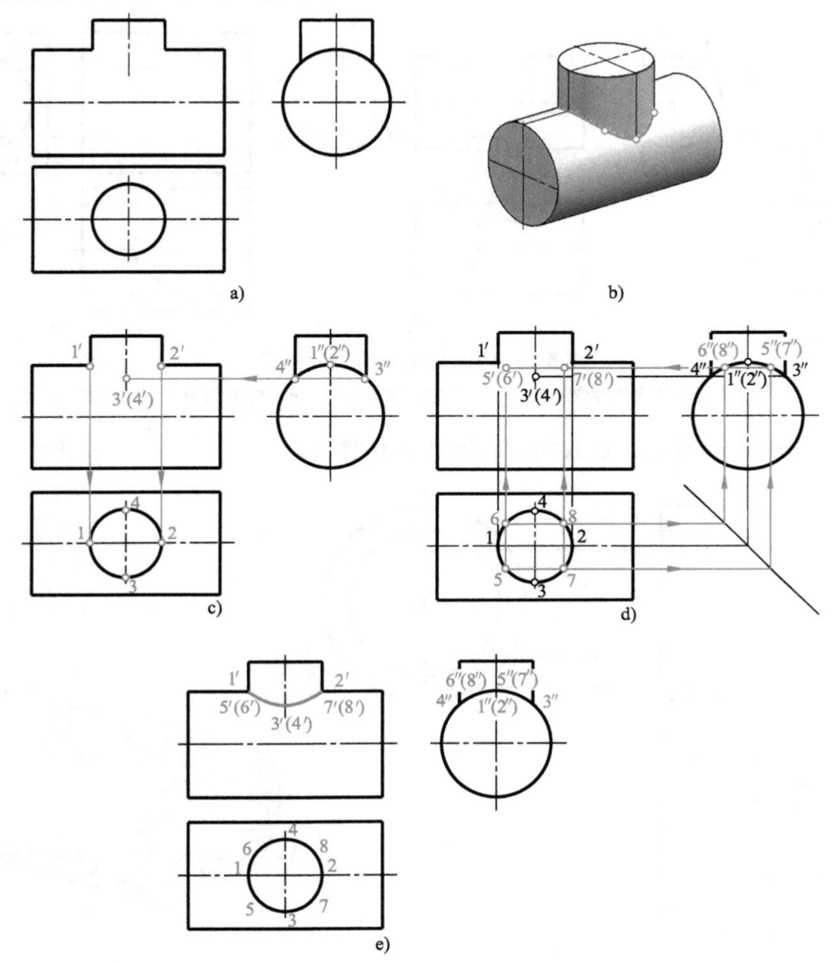

图 6-4　两圆柱相贯

在机械零件中经常遇到，圆柱与圆柱相贯或在圆柱上作孔。下面介绍此时的各种相贯线的形状及投影规律。

圆柱如果有孔时，该立体有内表面和外表面之分，所以圆柱轴线垂直相贯分三种情况：

1）如图 6-5a 所示，两圆柱外表面相贯（柱与柱）。

2）如图 6-5b 所示，外表面与内表面相贯（柱与孔）。

3）如图 6-5c 所示，内表面与内表面相贯（孔与孔）。

从上面相贯线的形状与投影规律来看，三者之间没有任何差别。所以，在作图时，为了便于分析，一般可以把圆柱孔看成圆柱作相贯线。

提示　从图 6-5 中的正面投影可以看出，两圆柱正交时相贯线的弯曲方向，总是向着直径较大的圆柱轴线。

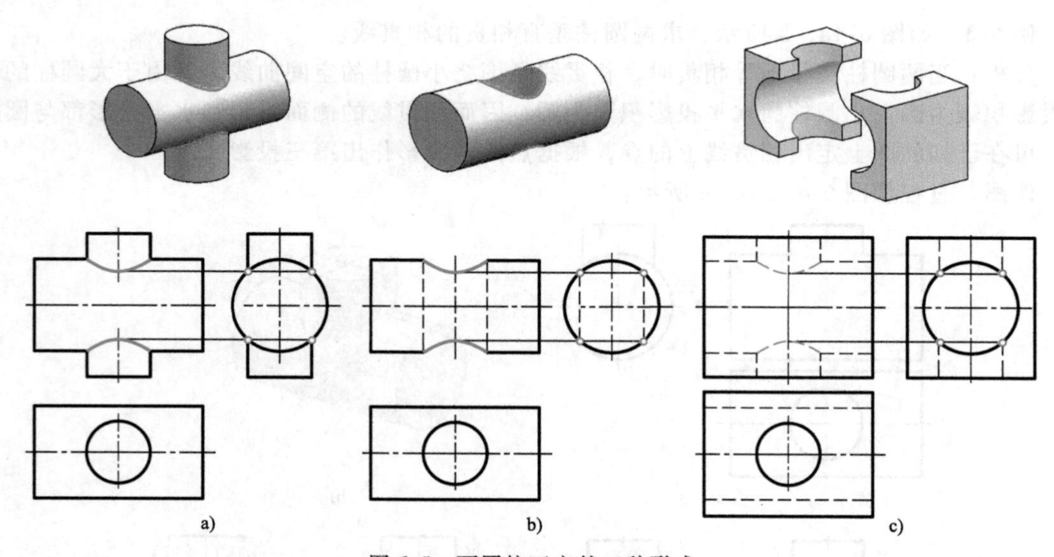

图 6-5　两圆柱正交的三种形式
a）两圆柱外表面相贯　b）外表面与内表面相贯　c）内表面与内表面相贯

例 6-4　如图 6-6a 所示，求双向穿孔圆柱的相贯线。

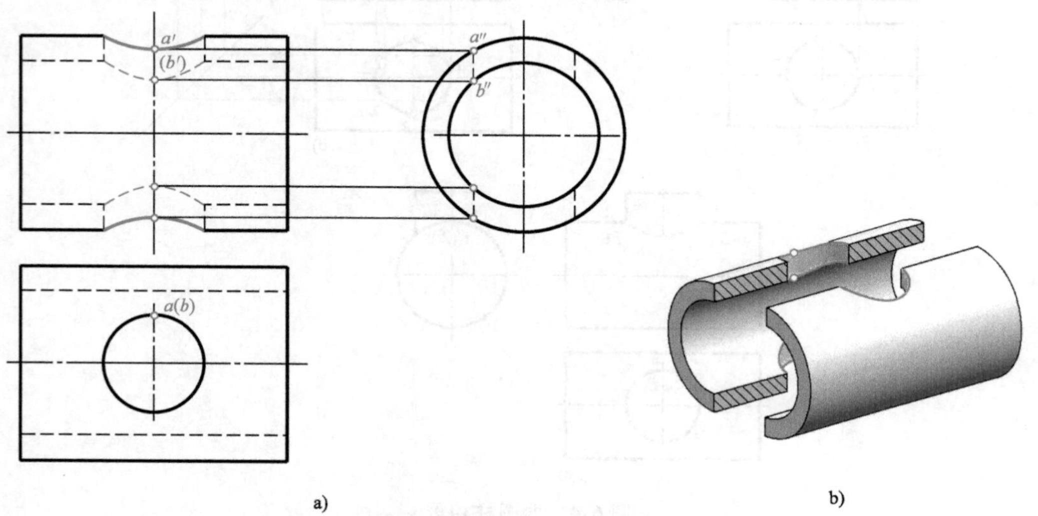

图 6-6　双向穿孔圆柱的相贯线

分析：双向穿孔圆柱的表面分内、外圆柱面，相贯线分别为外圆柱面与内圆柱面的交线，内圆柱面与内圆柱面的交线，其实质是圆柱面与圆柱面相贯的相贯线。

作图：本题求作相贯线的方法与上例完全相同，只是分别作出孔与柱、孔与孔的交线，孔与孔的相贯线不可见，应用虚线表示，请读者自行分析求解。

二、辅助平面法

以平面为辅助截面，同时与两相贯体相交，求共有点的方法称为辅助平面法。当两相贯体的相贯线不能用积聚法直接作出时，则需要选择该方法求解。

1. 辅助平面法原理

辅助平面法的基本原理是三面共点。如图 6-7a 所示，圆柱与圆锥相贯，设想用一个辅助平面 P 与两回转体同时相交，则辅助平面 P 与圆柱面的截交线为两条直线，与圆锥面的截交线是圆，直线与圆的交点Ⅰ、Ⅱ、Ⅲ、Ⅳ为三面的共有点，即是两立体表面相贯线上的点。

图 6-7b 和 6-7c 中的共有点，请读者自行分析。

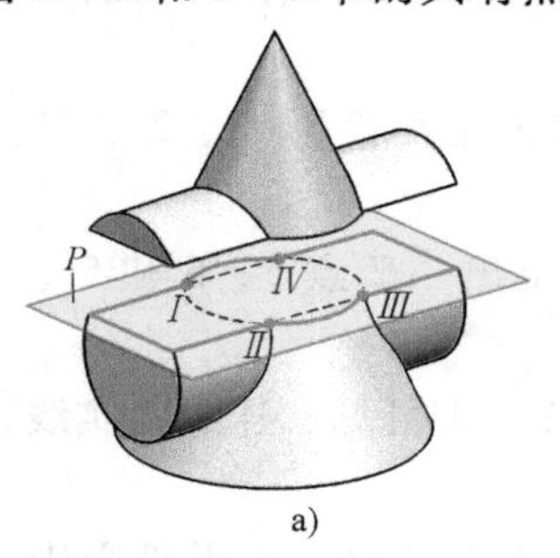

a)

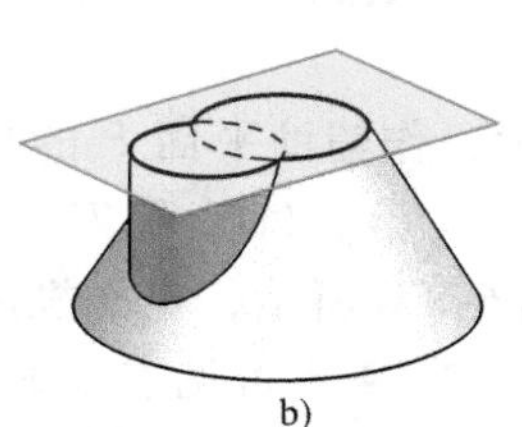

b)

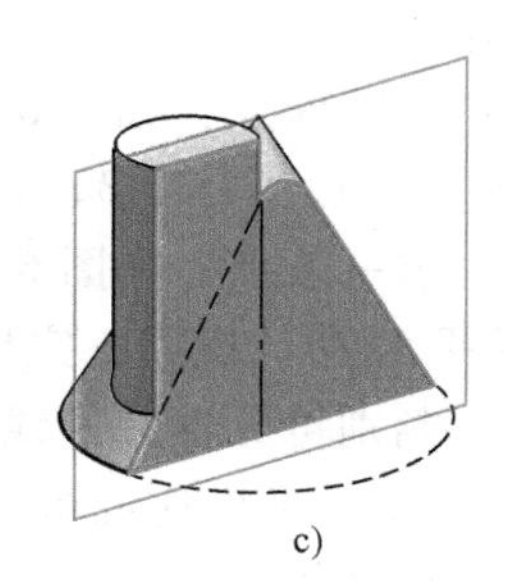

c)

图 6-7　三面共点

2. 辅助平面的选择原则

1）辅助平面应与两相贯体同时相交。

2）辅助平面应为特殊位置平面（投影积聚为直线）。

3）辅助平面与两相贯体的截交线投影应为直线或圆。

例 6-5　如图 6-8a 所示，求圆柱体与圆锥体轴线正交相贯的相贯线。

分析：如图 6-8a 所示，圆柱与圆锥的左侧相贯，且轴线正交。圆柱的侧面投影积聚为圆，其相贯线的侧面投影与该圆重合（已知）。

如图 6-8b 所示，作辅助平面 P 与圆锥轴线垂直并与圆柱轴线平行，与圆锥的截交线为

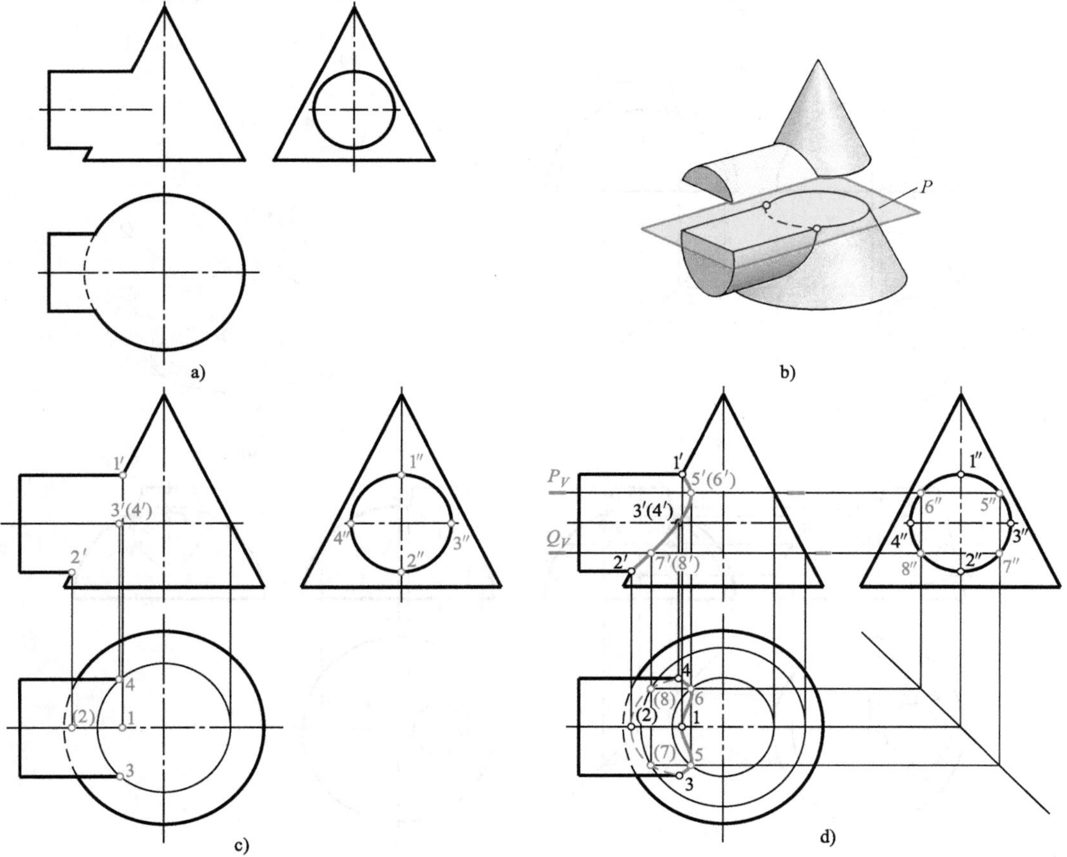

图 6-8　圆柱与圆锥相贯

水平圆，与圆柱截交线为直线，其圆与直线的交点即为相贯线上的一对点。

用此方法作几个辅助平面，即可求出几对共有点，最后各点依次连线，即为所求。

作图：

1）求特殊点：如图6-8c所示，根据点1″、2″、3″、4″定出正面投影1′、2′、3′、（4′）和水平投影1、（2）、3、4。

2）求一般点：如图6-8d所示，作辅助平面 *P* 的投影，定出一般点5、6和5′、（6′）；作辅助平面 *Q* 的投影，定出一般点（7）、（8）和7′、（8′）。

3）判别可见性并连线：如图6-8 d所示，正面投影1′、2′、3′可见，连成粗实线；水平投影3、1、4可见连成粗实线，3、2、4不可见连成虚线。

4）整理轮廓线：正面投影中，1′2′之间轮廓线不存在，不必画出；水平投影中，圆柱的轮廓线的两端点为特殊点3、4，是实线与虚线的分界点。

例6-6 如图6-9a所示，求圆锥台与半圆球的相贯线。

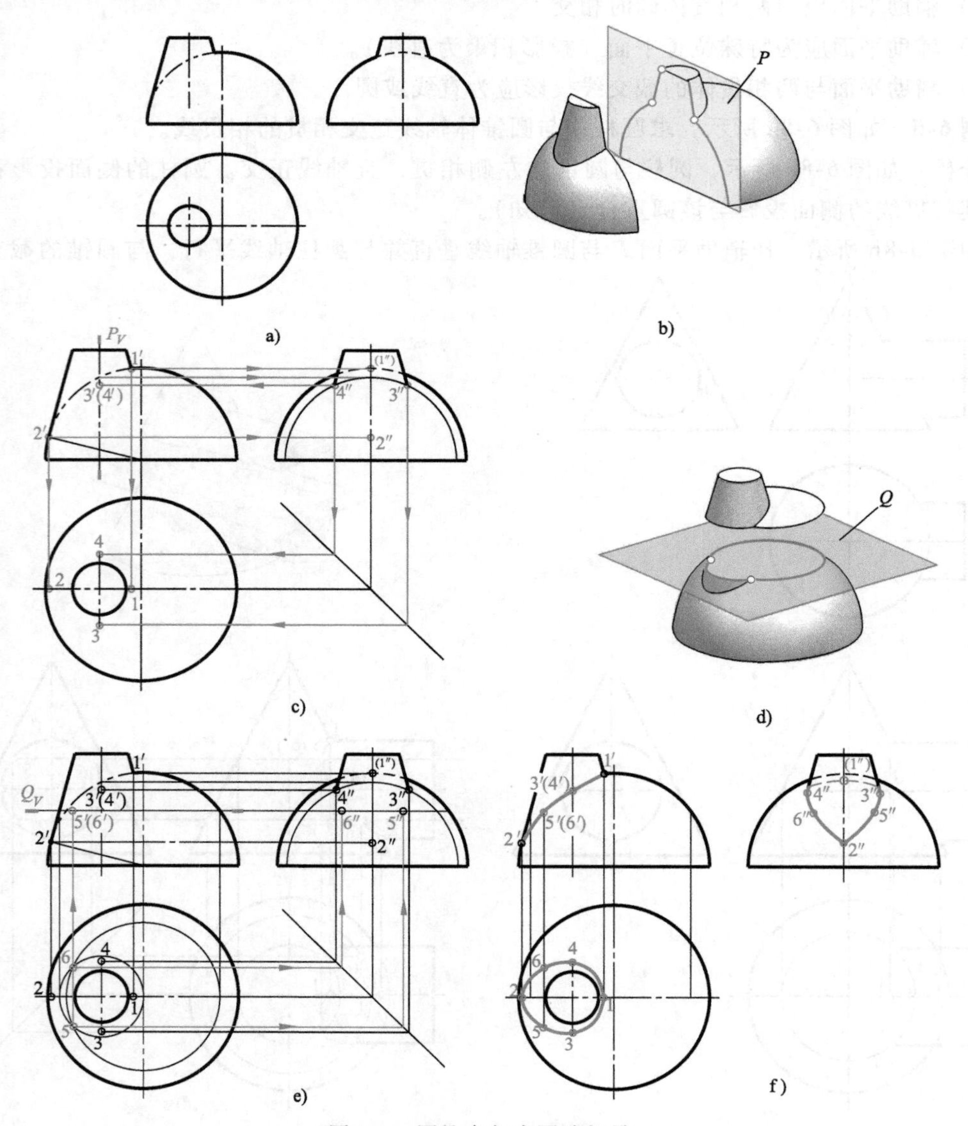

图6-9 圆锥台与半圆球相贯

分析：从投影图可知，两相贯体的三个投影均无积聚性，必须采用辅助平面法求相贯线。如图 6-9b 所示，当辅助平面 P 通过圆锥台的轴线，并且平行于侧面时，其交线分别为直线和圆弧，交点是一对特殊点；如图 6-9d 所示，当辅助平面 Q 垂直于圆锥台轴线并水平截切两立体时，其交线为两个圆弧，交点是一对一般点。

作图：

1）求特殊点：如图 6-9c 所示，根据两回转体的投影特征，可定出正面投影 1′、2′，水平投影 1、2，侧面投影（1″）、2″。作辅助平面 P_V，与半圆球的交线在侧面投影为圆弧；与圆锥台的交线侧面投影为圆锥台轮廓线，得侧面投影 3″、4″，根据投影关系作出正面投影 3′、（4′），水平投影 3、4。

2）求一般点：如图 6-9e 所示，在正面投影中作辅助平面 Q_V，辅助平面与圆锥台的交线水平投影为圆，与半圆球的交线水平投影为圆；作出水平投影的两个圆弧，其交点即为一般点 5、6，进而定出正面投影 5′、（6′）；侧面投影 5″、6″。

3）判别可见性并连线：正面投影中，1′3′5′2′可见，连成粗实线；水平投影各点均可见，连成粗实线；侧面投影 4″6″2″5″3″可见，连成粗实线，3″1″4″不可见，连成虚线。

4）整理轮廓线：正面投影中，半球 1′2′之间轮廓线不存在，不必作出；侧面投影中，半球的轮廓线均存在，但是不可见，连成虚线。

三、相贯线投影的特殊情况

一般情况下，两回转体相贯的交线为空间曲线，但在特殊情况下其相贯线可能是平面曲线或直线。

1. 同轴回转体的相贯线

如图 6-10 所示，当两回转体同轴线时，它们的相贯线都是平面曲线——圆。

1）如图 6-10a 所示，圆柱与圆球同轴相贯，且当轴线铅垂时，相贯线的水平投影反映圆，另两个投影积聚为垂直于轴线的直线。

2）如图 6-10b 所示，圆柱与圆锥同轴相贯，且当轴线铅垂时，相贯线的水平投影反映圆，另两个投影积聚为垂直于轴线的直线。

3）如图 6-10c 所示，圆锥台与圆球同轴相贯，且当轴线平行于正面时，相贯线的水平投影和侧面投影反映椭圆，正面投影积聚为垂直于轴线的直线。

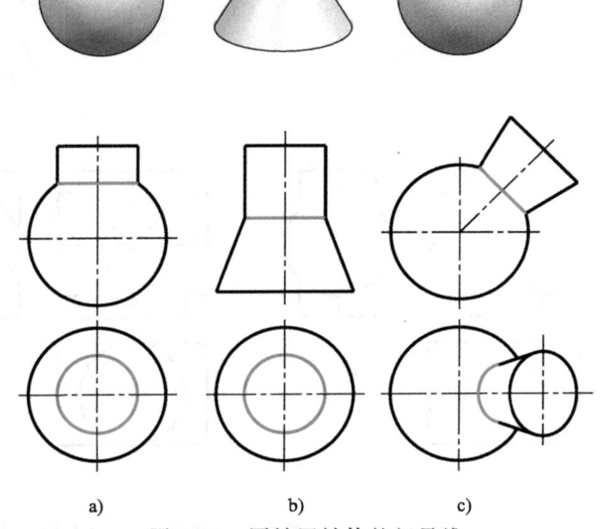

图 6-10　同轴回转体的相贯线

2. 两相贯回转体公切于球

如图 6-11a 所示，当两相贯等直径的圆柱公切于球时，其相贯线为平面椭圆，其正面投影为直线，另两个投影与圆重合。

如图 6-11b 所示，当圆柱与圆锥相贯公切于球时，其相贯线为平面曲线，其正面投影为直线；另两个投影为椭圆。

3. 两相贯的圆柱轴线平行

如图 6-12 所示，当两相贯的圆柱轴

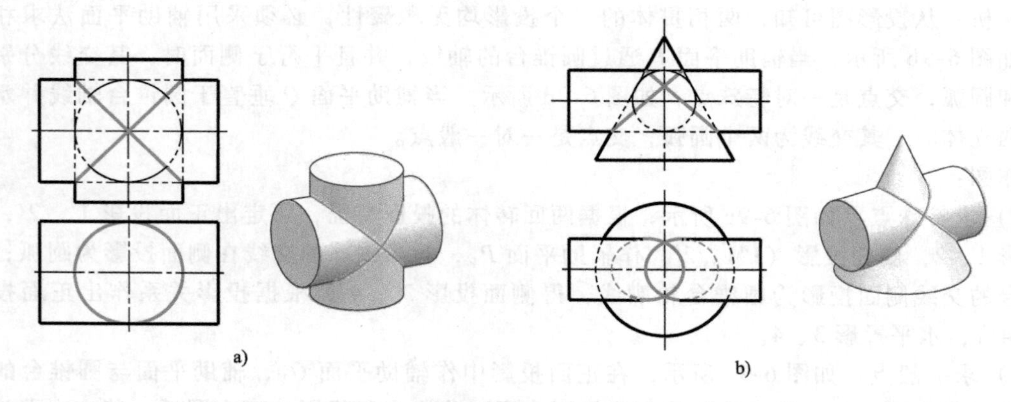

图 6-11　两相贯的回转体公切于球

线平行时，其相贯线为两条平行于轴线的直线段。

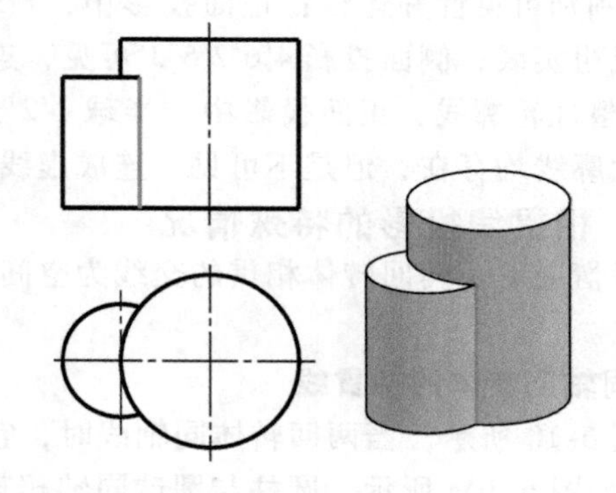

图 6-12　两圆柱轴线平行相贯

四、相贯线的变化趋势

当两回转体相贯时，它们的尺寸变化和相对位置变化都会引起相贯线投影的变化，掌握其投影的变化趋势，对提高空间想象和正确作图会有较大帮助。

1. 两相贯圆柱的位置不变，直径变化时的相贯线

如图 6-13a 所示，两相贯圆柱的相对位置不变，当铅垂圆柱的直径较小时，其相贯线是围绕在铅垂圆柱面上的空间曲线。

如图 6-13b 所示，当两圆柱直径相等时，其相贯线是绕两个圆柱的平面椭圆，正面投影为直线。

如图 6-13c 所示，当铅垂圆柱的直径较大时，其相贯线是围绕在水平圆柱面上的空间曲线。

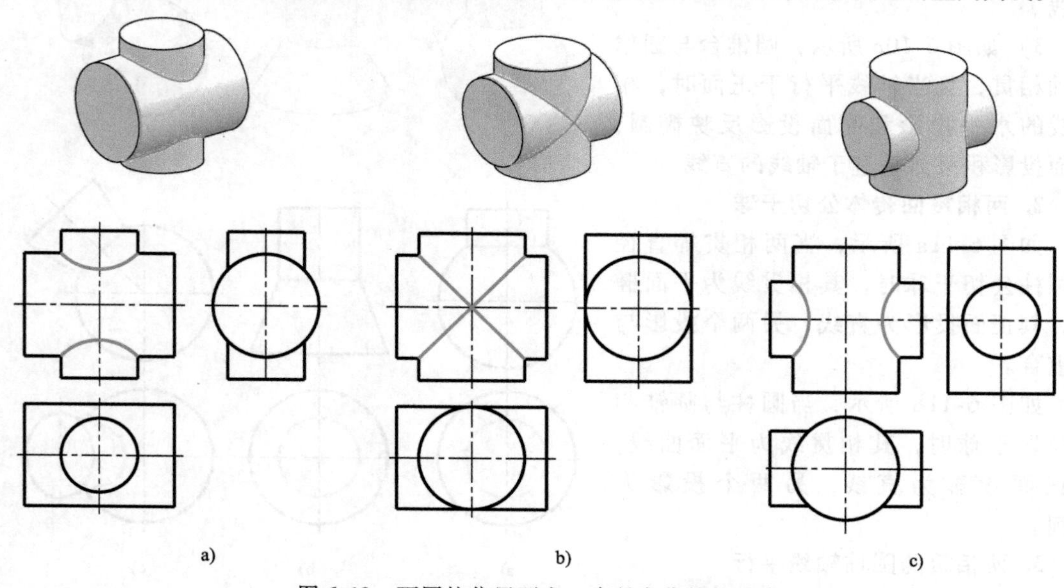

图 6-13　两圆柱位置不变，直径变化的相贯线

2. 两相贯圆柱直径不变，轴线位置变化时的相贯线

如图 6-14a 所示，两圆柱轴线垂直相交时，相贯线前后对称，其相贯线的正面投影是上下两段围绕小圆柱的曲线。

如图 6-14b 所示，当小圆柱轴线向前移，但是仍然全贯时，相贯线是围绕在小圆柱上的空间曲线；但此时相贯线前后不对称，其正面投影前后不重合，前面是实线曲线，后面是虚线曲线。

如图 6-14c 所示，当小圆柱轴线再向前移动，两圆柱互贯，其相贯线更为复杂。

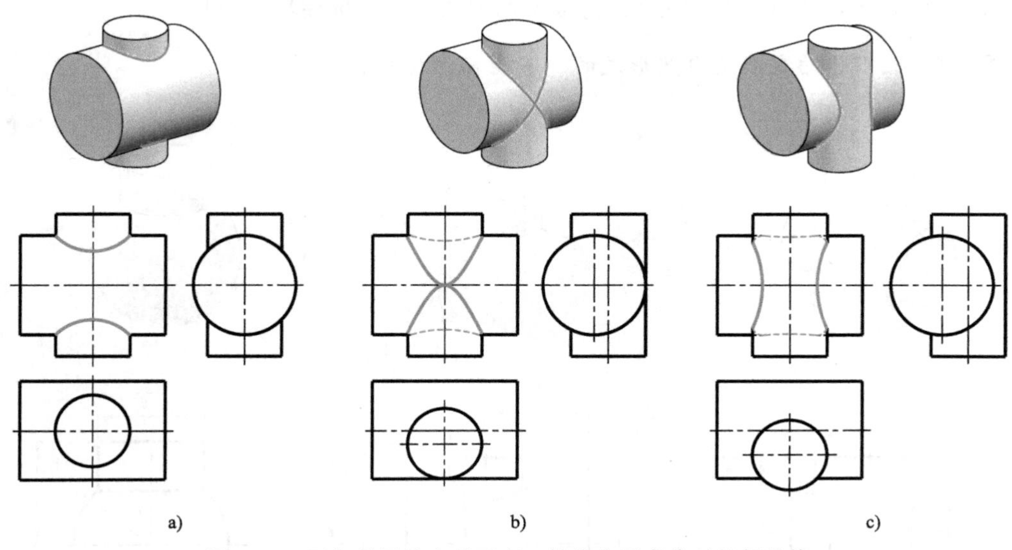

图 6-14　两相贯圆柱直径不变，轴线位置变化时的相贯线

3. 圆柱与圆锥相贯，圆锥不变，圆柱直径变化时的相贯线

如图 6-15a 所示，当圆柱贯穿圆锥时，相贯线前后对称，其相贯线的正面投影是两段围

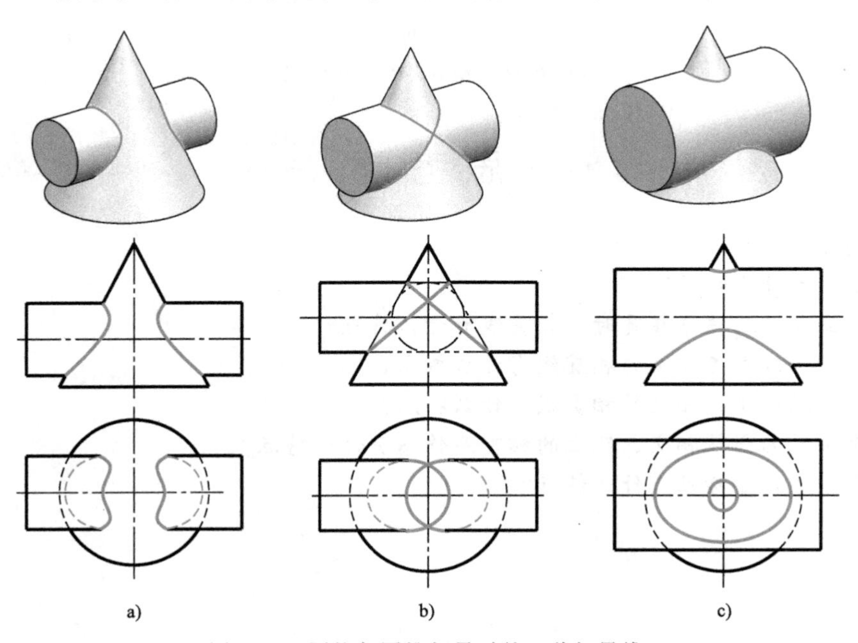

图 6-15　圆柱与圆锥相贯时的三种相贯线

a）圆柱贯穿圆锥　b）公切于球　c）圆锥贯穿圆柱

绕圆柱的曲线。

如图 6-15b 所示，当圆柱直径增大到与圆锥相切时，相贯线是围绕在圆柱与圆锥面上的平面椭圆，其正面投影为直线。

如图 6-15c 所示，当圆锥贯穿圆柱时，其相贯线是围绕在圆锥面上的两条空间曲线。

五、相贯体的尺寸标注

相贯体的尺寸标注要先确定尺寸基准，圆柱基准为轴线和底面。如图 6-16 所示，分别标注回转体的直径尺寸（定形尺寸）；再根据选定的基准，标注出定位尺寸。

注意 相贯体的交线是自然形成的，不能标注尺寸。

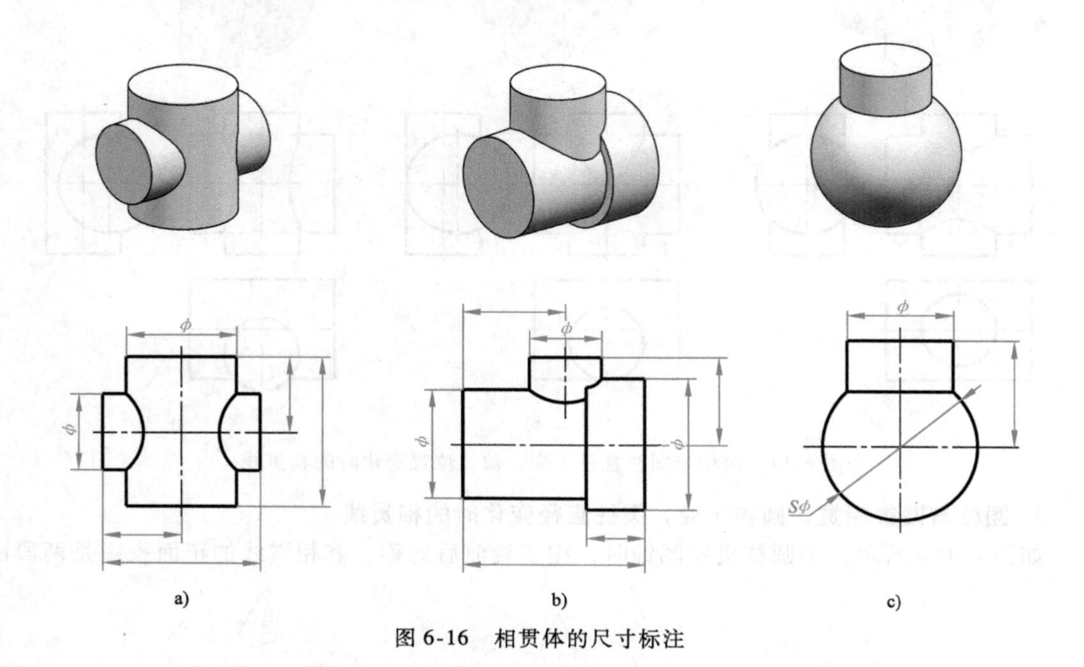

图 6-16 相贯体的尺寸标注

思考题

1. 何谓相贯线？
2. 相贯线有什么特性？
3. 平面立体与回转体相贯时，相贯线有什么特点？
4. 两圆柱轴线垂直相交的相贯线有什么特点？
5. 两圆柱轴线平行相交的相贯线有什么特点？
6. 两个带孔的圆柱相交，孔上的相贯线作图有什么特点？
7. 相贯体的尺寸标注有什么特点？

第七章　轴　测　图

本章教学目标

1. 了解轴测图的基本知识
2. 掌握正等轴测图的绘制方法
3. 掌握斜二等轴测图的绘制方法
4. 了解轴测剖视图的作图方法

三视图表达物体的特点是：多面投影、作图简便、度量性好，但是缺乏立体感，如图 7-1a 所示。轴测图表达物体的特点是：单面投影、直观性好、立体感强，如图 7-1b 所示。因此，一般轴测图作为辅助图样，用于表达工件直观现象的场合。国家标准推荐了三种作图比较简便的标准轴测图，即正等轴测图、正二等轴测图和斜二等轴测图。本章主要介绍正等轴测图和斜二等轴测图。

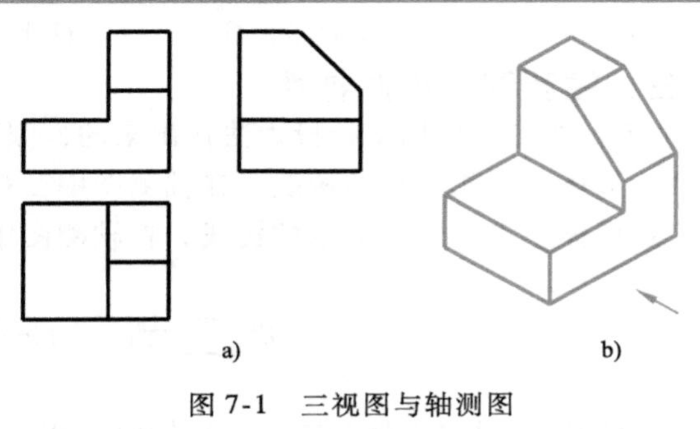

图 7-1　三视图与轴测图
a）三视图　b）轴测图

第一节　轴测图的基本知识

一、轴测图的形成

如图 7-2a 所示，将物体及其直角坐标系一起，用平行投影按选定的投射方向 S，向投影面 P 投射，得到一个同时反映物体长、宽、高形状的单面投影图，用这种方法得到的投影图称为轴测投影图。

在轴测投影中，投影面 P 称为轴测投影面，投射方向称为轴测投射方向。

当投射方向 S 垂直于投影面时，所得图形称为正轴测图。

当投射方向 S 倾斜于投影面时，得到的图形称为斜轴测图。

二、轴测轴、轴间角和轴向伸缩系数

1. 轴测轴

直角坐标轴在轴测投影面上的投影称为轴测投影轴，简称轴测轴，如图 7-2b 中的 O_1X_1、O_1Y_1、O_1Z_1 轴（标准规定轴测轴也可以用 OX、OY、OZ 表示）。

2. 轴间角

轴测轴之间的夹角称为轴间角。

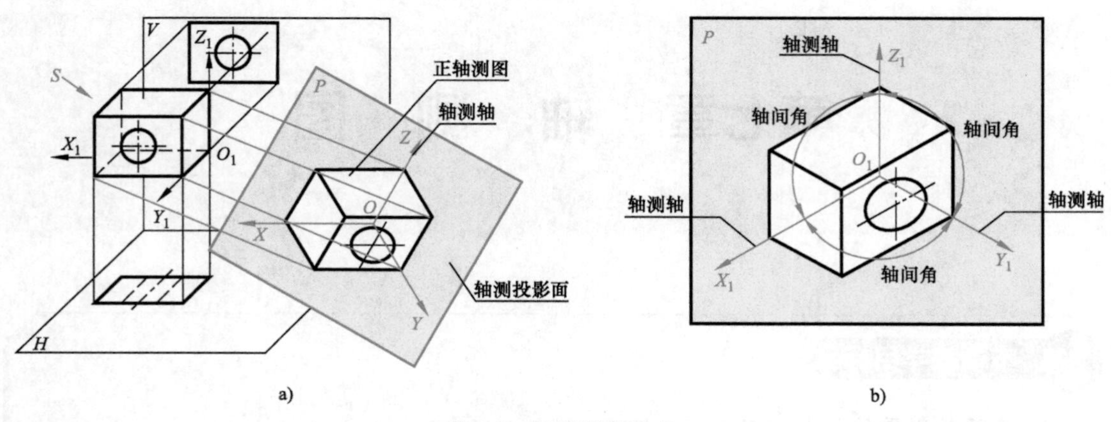

图 7-2　轴测图的形成

3. 轴向伸缩系数

空间三坐标的长度与其轴测投影长度的比值，分别称为各轴的轴向伸缩系数。

O_1X_1 轴、O_1Y_1 轴、O_1Z_1 轴的轴向伸缩系数分别用 p、q、r 表示，即

$$P = O_1X_1/OX \qquad q = O_1Y_1/OY \qquad r = O_1Z_1/OZ$$

三、轴测图的投影特性

由于轴测图是根据平行投影法作出来的，因而它具有平行投影法的基本特性。

1）形体中互相平行的棱线，在轴测图中互相平行。

2）形体中平行于坐标轴的棱线，在轴测图中平行于相应的轴测轴。

第二节　正等轴测图

正等轴测图是将立体的三个坐标轴对轴测投影面的倾斜角度相同位置放置，用正投影法将物体连同其坐标轴一起投射到轴测投影面上，所得到的轴测图，简称正等测。

一、正等轴测图的轴间角和轴向伸缩系数

1. 轴间角

如图 7-3 所示，正等轴测图的轴间角均为 120°，可用丁字尺与三角板配合使用作出。

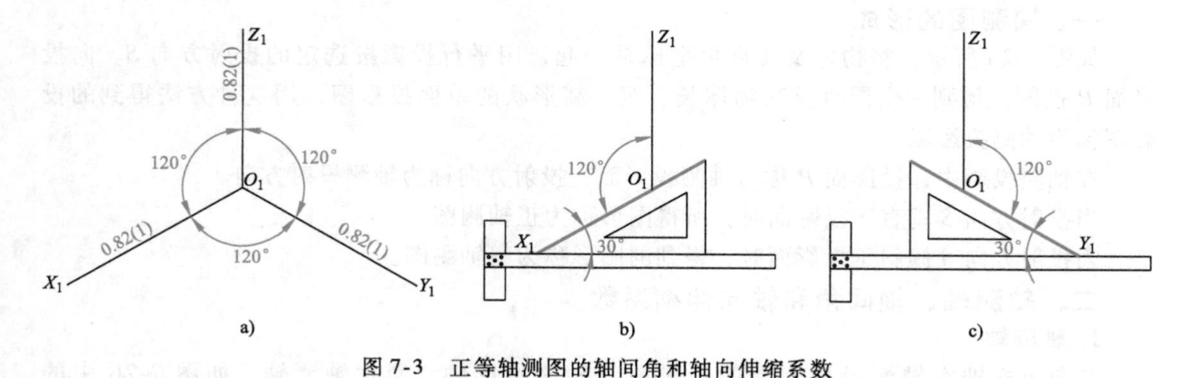

图 7-3　正等轴测图的轴间角和轴向伸缩系数

2. 轴向伸缩系数

正等轴测图的轴向伸缩系数为 $p = q = r = 0.82$，为了作图简便，一般将其简化为 1，即 $p = q = r = 1$。这样在画轴测图时，凡是平行于投影轴的线段，就可以直接按立体上相应的线

段实际长度作轴测图，而不需要换算。

二、正等轴测图的基本作法

1. 根据形体结构的特点选定坐标原点

1）对称形体，坐标原点一般定在上底面或下底面的对称线上。

2）回转体，坐标原点一般定在底面或顶面的圆心上。

3）不对称形体，坐标原点一般定在形体的某一角点上。

总之，坐标原点的位置要定在便于度量尺寸、对作图较为有利的位置。

2. 作三个轴测轴

按120°轴间角作出 X、Y、Z 三个轴测轴。

3. 按点的坐标作出点和直线的轴测图

一般以坐标原点为基准，根据轴测投影的基本性质，逐个作出立体上各棱线或轮廓线的轴测图，通常对不可见的棱线不画或画成虚线。

三、平面立体正等轴测图作法

由于平面立体用其表面的棱线表示，因此，作平面立体轴测图的实质是作出立体表面的棱线及其交点。

例 7-1 如图 7-4a 所示，已知三棱锥的投影图，求作三棱锥的正等轴测图。

分析：三棱锥上有六条棱线，四个顶点。作图时，只要根据各点坐标作出 S、A、B、C 四个顶点的轴测位置，将相应的点连接起来即是三棱锥的正等轴测图。

作图：

1）如图 7-4a 所示，在正面投影和水平投影中定出坐标原点、坐标轴，作出三棱锥上四个顶点的 x、y、z 坐标。

2）如图 7-4b 所示，作出正等轴测轴，分别按各点的坐标在轴测图中确定各点的位置 A、B、C、S。

3）如图 7-4c 所示，擦去多余的作图线，连接可见的棱线 AC、CB、AS、BS、CS；不可见棱线 AB 用虚线表示。

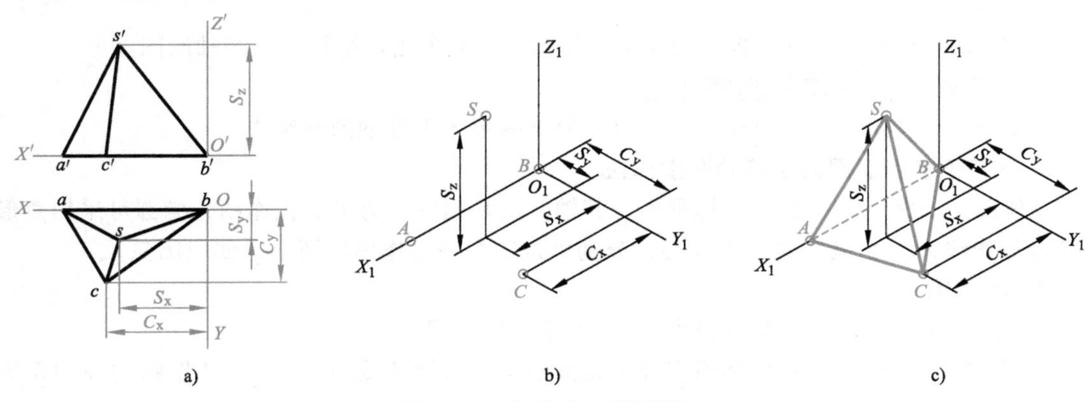

图 7-4 三棱锥的正等测画法

例 7-2 如图 7-5a 所示，已知六棱柱的投影图，作正六棱柱的正等轴测图。

分析：正六棱柱的上、下底面为相同的正六边形，可先作出上底六边形的轴测图，然后定出可见的棱线和下底面上可见的棱线。

作图：

1）如图 7-5a 所示，在投影图中定出坐标原点及坐标轴。在水平投影上定出六棱柱的六个顶点1、2、3、4、5、6和a、b。

2）如图7-5b所示，作出正等轴测轴。按坐标在轴测轴上量取I_1、IV_1和A_1、B_1。

3）如图7-5c所示，分别过点A_1、B_1作轴的平行线，在平行线上量取点II_1、III_1、V_1、VI_1。

4）如图7-5d所示，按点的顺序连线，即为顶面六边形的轴测图。

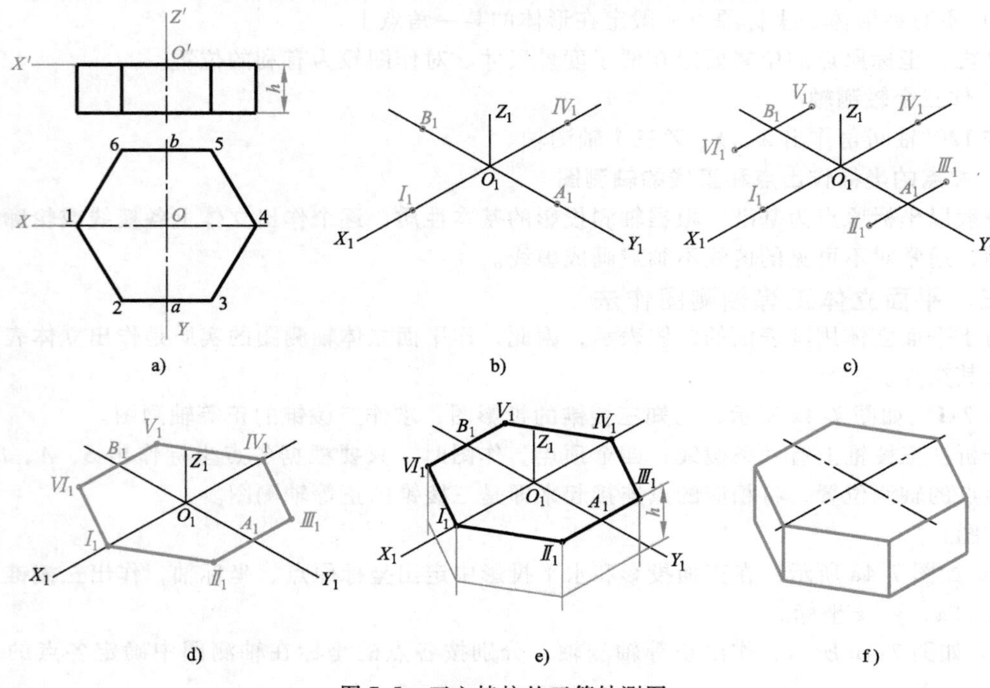

图7-5　正六棱柱的正等轴测图

5）如图7-5e所示，过各点作可见棱线并平行于O_1Z_1轴，根据六棱柱的高度h作出下底面上可见的棱线。

6）如图7-5f所示，擦去多余的作图线并加深，即为正六棱柱的正等轴测图。

四、回转体的正等轴测图作法

要掌握回转体的正等轴测图作法，首先要掌握圆的正等轴测图作法。

1. 平行于坐标面圆的正等轴测图作法

立体面上的圆，若平行于坐标平面，其轴测图是椭圆，为了简化作图，椭圆可采用菱形法（近似作法）定出椭圆的四个圆心，分别以这四个圆心作出椭圆上的四段圆弧。

棱形法作图如下：

1）如图7-6a所示，已知直径为$2R$的水平圆投影图。

2）如图7-6b所示，将坐标原点确定在圆心上，过圆上点a、b、c、d作圆的外切正方形1234。

3）如图7-6c所示，作正等轴测轴。按圆的半径分别在轴上定出四点A_1、B_1、C_1、D_1；过A_1、B_1、C_1、D_1四点分别作轴的平行线得菱形$\text{I}_1\text{II}_1\text{III}_1\text{IV}_1$。

4）如图7-6d所示，连接棱形的长对角线IV_1II_1；连接$A_1\text{III}_1$（或$D_1\text{I}_1$）与IV_1II_1交于点O_1；连接$B_1\text{III}_1$（或$C_1\text{I}_1$）与IV_1II_1交于点O_2；即O_1、O_2、I_1、III_1分别是椭圆的四个圆心。

5）如图7-6e所示，以点O_1为圆心，以O_1A_1为半径作A_1D_1圆弧；以点O_2为圆心，以

O_2C_1 为半径作 B_1C_1 圆弧；以点 I_1 为圆心，以 I_1C_1 半径作 C_1D_1 圆弧；以点 III_1 为圆心，以 A_1III_1 为半径作 A_1B_1 圆弧。

6）如图 7-6f 所示，擦去多余的作图线并加深图线，即为水平圆的正等轴测图。

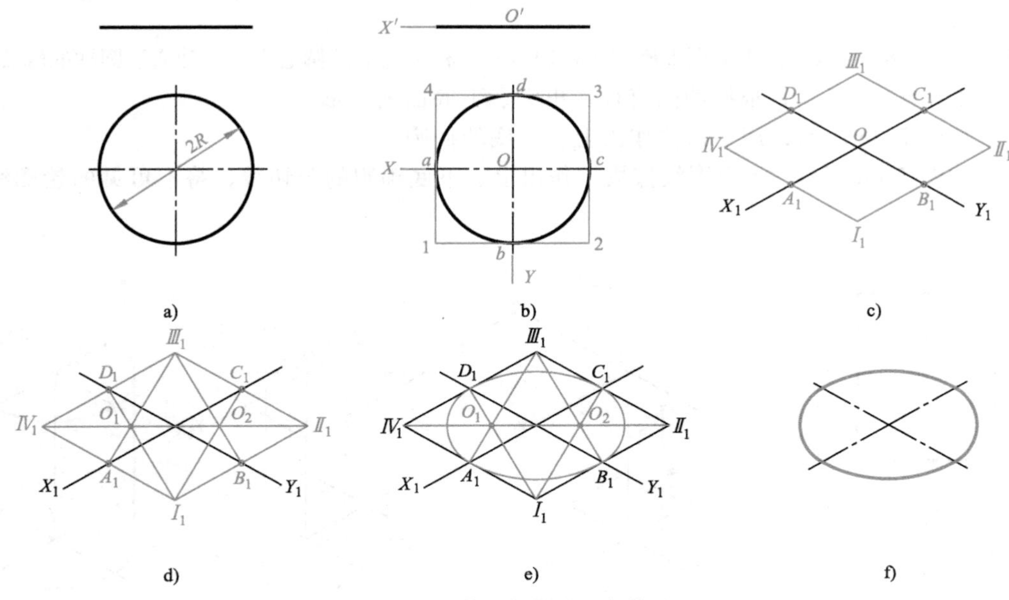

图 7-6　正等测椭圆的近似作法

2. 平行于坐标面圆的正等轴测图特性

平行于其他坐标面的圆，其正等轴测图的作法与此相同。如图 7-7 所示，平行于正平面的圆，其外切正方形的边平行于 X、Z 轴，只要用圆的外切正方形沿轴的方向作出菱形，则椭圆长轴的方向就确定了，从图 7-7 中可以看出：

1）三个平行于坐标面的圆，其正等测图均为形状和大小完全相同的椭圆，但其长、短轴的方向各不相同。

2）椭圆的长轴在菱形的长对角线上；椭圆的短轴在菱形的短对角线上，并与长轴垂直。

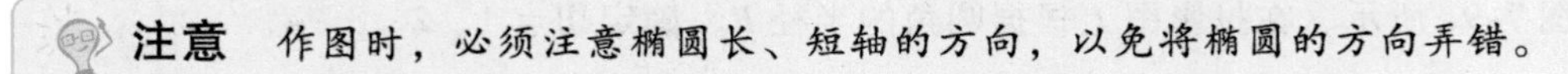

注意　作图时，必须注意椭圆长、短轴的方向，以免将椭圆的方向弄错。

平行于其他坐标面圆的轴测图作法请读者自行练习，从中找出它们之间的区别。

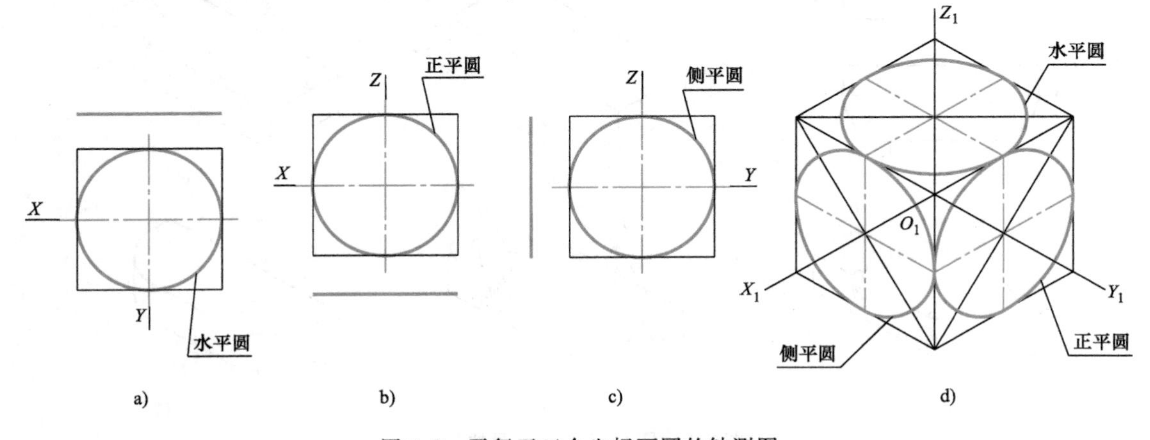

图 7-7　平行于三个坐标面圆的轴测图

例 7-3 如图 7-8a 所示，已知正圆柱的投影图，作出其正等轴测图。

分析：该圆柱的上、下底面为相同的水平圆。按照平行于坐标面圆的正等轴测图作法，根据圆柱的直径和高度可作出上、下底面的椭圆，然后作出上、下两个椭圆的公切线。

作图：

1）如图 7-8a 所示，在投影图上确定坐标原点在圆柱上底面的圆心上；Z 轴通过圆柱的轴线。

2）如图 7-8b 所示，根据圆的直径作出上、下底面的菱形。

3）如图 7-8c 所示，用菱形法作出上、下底的椭圆。

4）如图 7-8d 所示，将作图线擦去，作出上、下底椭圆的公切线，将不可见的轮廓线改成虚线。

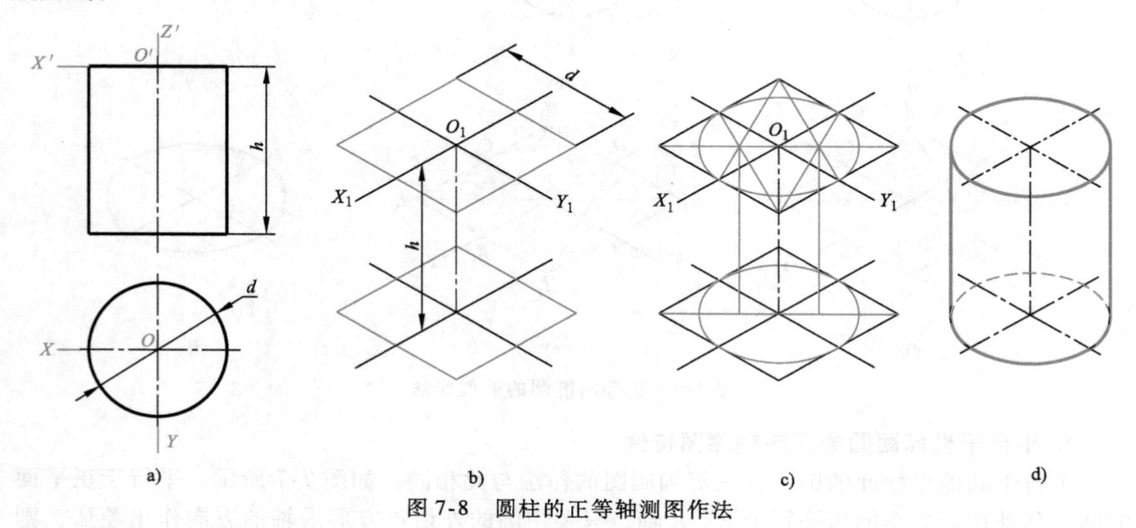

图 7-8　圆柱的正等轴测图作法

例 7-4 如图 7-9a 所示，已知平板的投影图，试作出平板的轴测图。

分析：该形体是长方板前面两角加工成圆柱面，由于一角为 1/4 圆柱，因此其轴测图正好是轴测图椭圆上四段圆弧中的一段。

作图：

1）如图 7-9a 所示，在投影图上根据圆角的半径 R，确定切点 1、2、3、4。

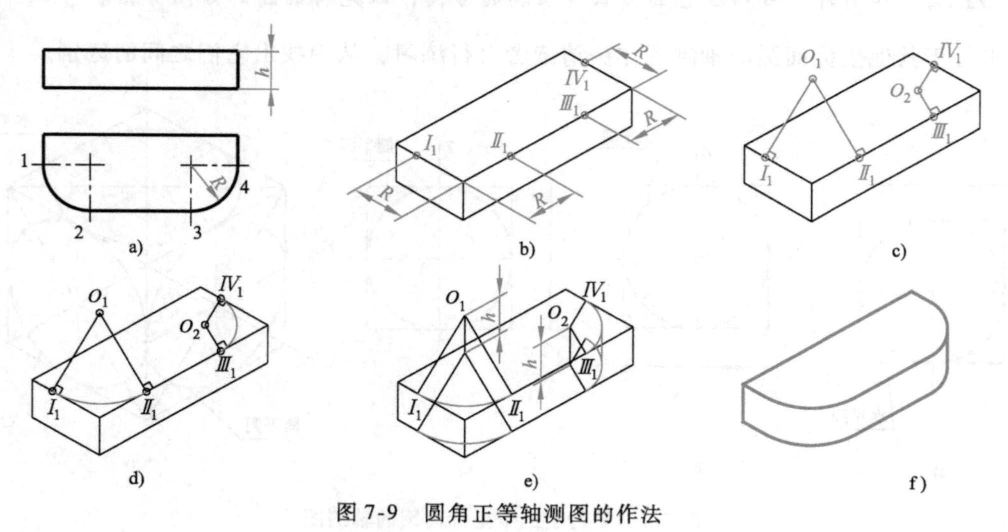

图 7-9　圆角正等轴测图的作法

2）如图 7-9b 所示，作出平板的轴测图，在平板的上面，沿着角的两棱边量取半径 R 得 I_1、II_1 和 III_1、IV_1 四个点。

3）如图 7-9c 所示，分别以点 I_1、II_1 和 III_1、IV_1 作其所在边的垂直线，得交点 O_1、O_2（圆弧的圆心）。

4）如图 7-9d 所示，以点 O_1 为圆心，以 O_1I_1 为半径作圆弧 I_1II_1；以点 O_2 为圆心，以 O_2III_1 为半径作圆弧 III_1IV_1。

5）如图 7-9e 所示，将圆心 O_1、O_2 沿 Z 轴下移 h 距离，定出下底面圆心，并作出与上底圆弧平行的圆弧；作出右端圆弧的公切线。

6）如图 7-9f 所示，擦去作图线，加深轮廓线，即为平板的轴测图。

五、组合体的正等轴测图作法

组合体是由基本体通过切割或叠加形成各种复杂形状的形体。根据组合体的组合方式，作组合体轴测图时，常用切割法、叠加法和综合法作图。

作组合体轴测图时，主要作出切割或叠加时产生的可见交线，下面举例说明组合体轴测图的作图方法与步骤。

例 7-5　如图 7-10a 所示，已知垫块的投影图，试作其轴测图。

分析：由投影图的外轮廓分析，这个组合体是由长方体经切割形成。作图时，采用切割法，先作出长方体，然后垂直正面切去一楔块，在左面从上向下再开一矩形缺口。切割时，一般按投影图的坐标，定出切割的位置，再作切割产生的棱线。

作图：

1）如图 7-10a 所示，在投影图上定出坐标原点和坐标轴，原点定在形体的右后面及底面。定出形体的长、宽、高尺寸（a、b、h）；在主视图中定出切割楔块的位置尺寸（c、d、g）；在俯视图中定出切割矩形缺口的位置尺寸（e、f）。

2）如图 7-10b 所示，作轴测轴，沿轴量取 a、b、h 作出长方体。

3）如图 7-10c 所示，在长方体的前面量取 c、d、g 尺寸，作出前面切割线，沿 Y 轴方向作出切割产生的棱线，擦掉切去左上角的轮廓线。

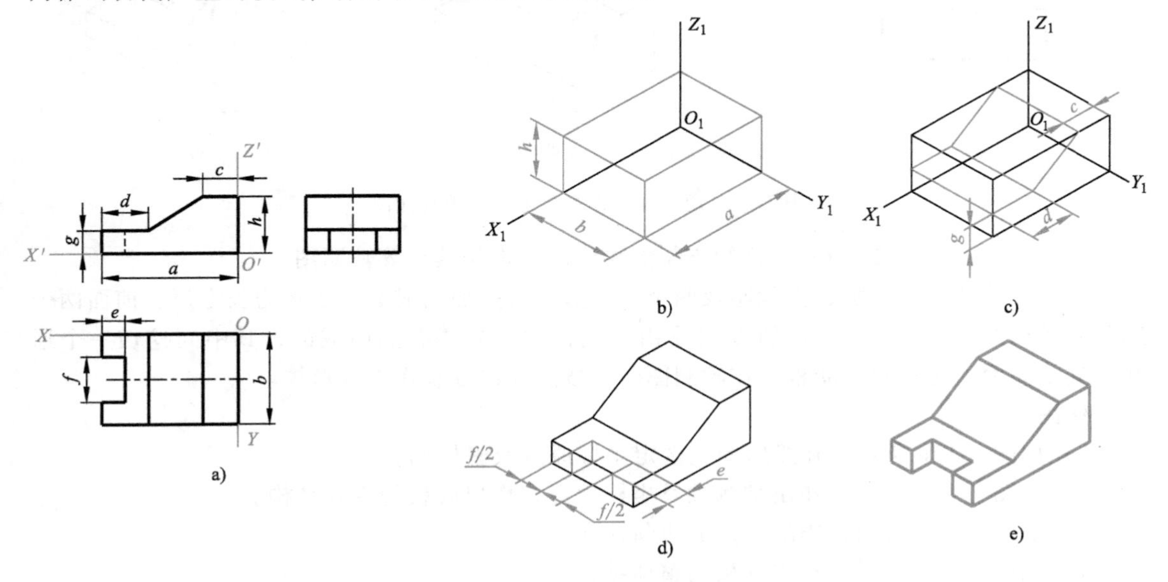

图 7-10　用切割法作组合体的正等轴测图

4）如图 7-10d 所示，在左侧上面的中间处，对称量取 $f/2$ 并作平行于 X_1 轴的图线，在线上量取 e 并作平行于 Y_1 轴的图线。然后向下作出底面的缺口，并作出平行于 Z_1 轴的棱线。

5）如图 7-10e 所示，擦去作图线和切掉的棱线，加深图线完成作图。

例 7-6 如图 7-11a 所示，已知支承的投影图，求作其正等轴测图。

分析：支承是由底板、竖板和三角板叠加组合而成的。根据其形体的特点，可用叠加法作出其轴测图。

作图：

1）如图 7-11a 所示，定坐标原点和坐标轴；定各基本体的尺寸。

2）如图 7-11b 所示，作轴测轴并作出底板的轴测图，后面不可见棱线不作。

3）如图 7-11c 所示，作竖板叠加在底板上面，其位置是与底板后面靠齐，左、右靠齐，当两表面靠齐时，其分界线不存在。

4）如图 7-11d 所示，在中间对称位置用 $g/2$ 定出三角板左面位置；根据尺寸 f 作出三角肋板的左面轮廓，再作出其他可见棱线。

5）如图 7-11e 所示，擦去多余线，加深图线完成作图。

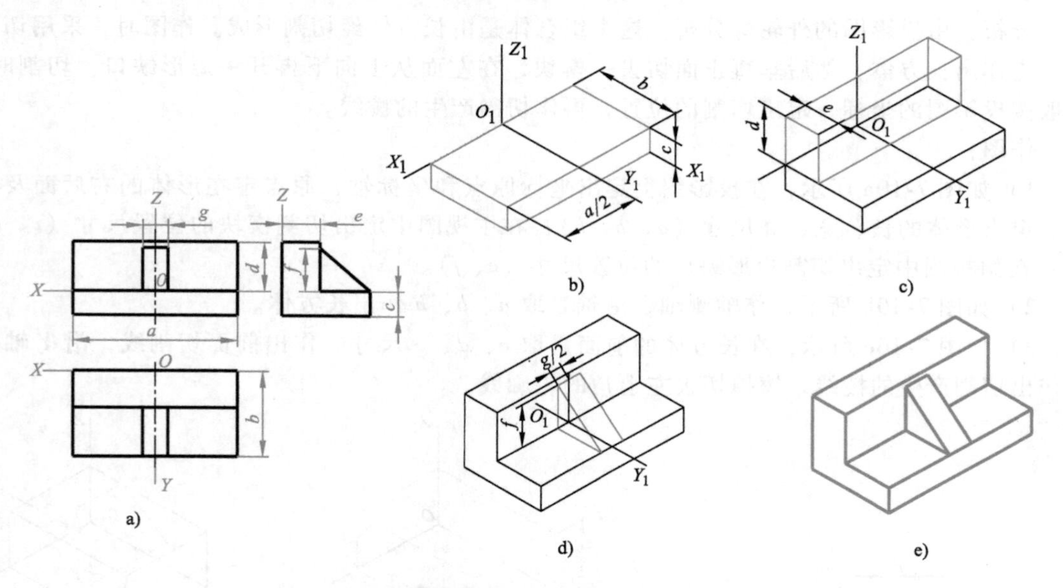

图 7-11 用叠加法作组合体的正等轴测图

例 7-7 如图 7-12a 所示，已知支架的投影图，求作其正等轴测图。

分析：支架是由底板、支承座及两个三角形肋板叠加而成的。底板为长方形，前面两个圆角并挖切两个圆孔；支承座的 U 形是由半圆柱和长方体叠加而成的，其中间挖切一个通孔，支承座两边为三角形肋板。作轴测图时，按叠加法逐步作出各形体。

作图：

1）如图 7-12a 所示，在投影图上选定坐标原点及坐标轴。

2）如图 7-12b 所示，作出轴测轴及坐标原点，作出底板的主要结构。

3）如图 7-12c 所示，作出底板上两圆柱孔。

4）如图 7-12d 所示，作出立板的整体结构。

5）如图 7-12e 所示，作出立板上半部分的圆柱。

6）如图 7-12f 所示，作出立板上前面圆孔的椭圆。

7）如图 7-12g 所示，作出立板后面圆孔可见的椭圆弧。

8）如图 7-12h 所示，作出三角形肋板。

9）如图 7-12i 所示，擦去多余的作图线，加深可见的图线完成作图。

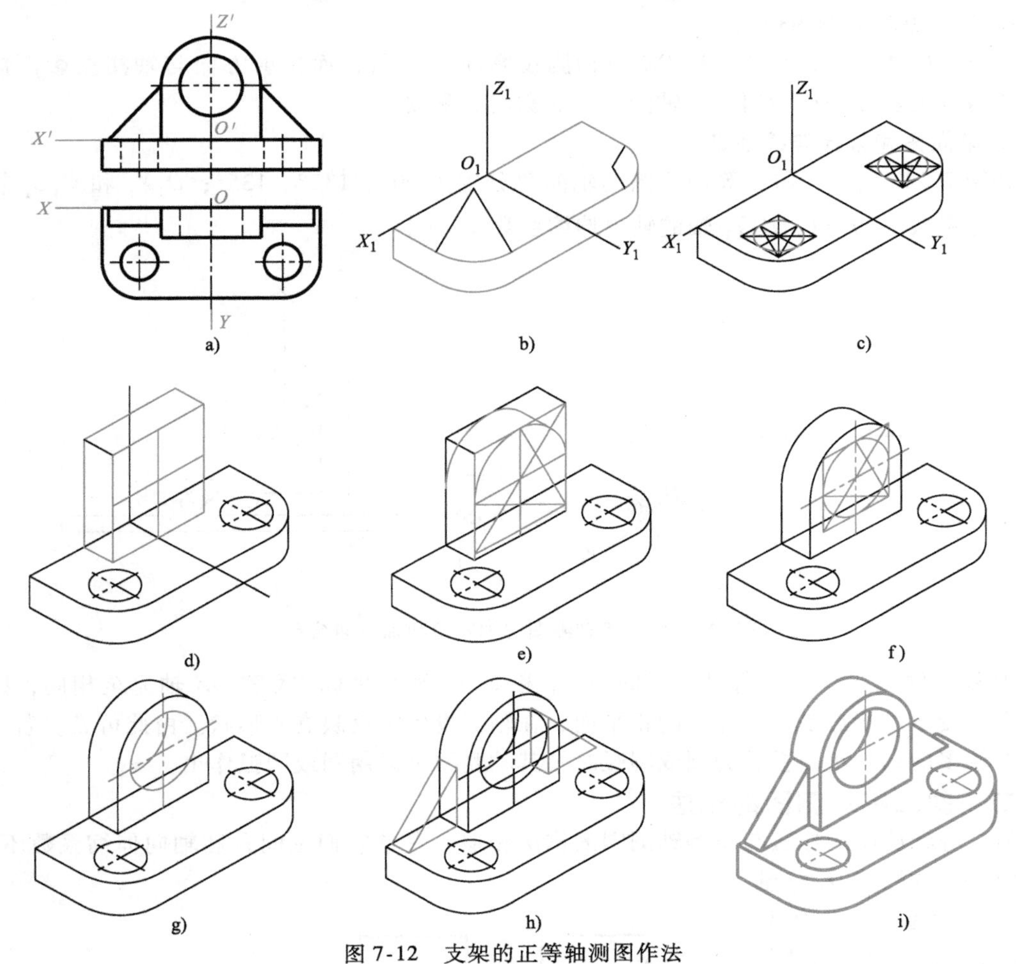

图 7-12 支架的正等轴测图作法

六、作轴测图时的注意事项

1）作轴测图时，坐标原点和轴测轴的确定不是唯一的，要根据立体的形状特征综合考虑。如果形状复杂还可以确定辅助坐标原点和轴测轴。

2）立体表面若有截交线或相贯线时，可在截交线或相贯线上取若干点，用坐标法作出这些点的轴测图，然后按点的顺序依次连线即可。

3）上述介绍的正等轴测图，主要表达了立体的上面、左面、前面的形状。若立体的右面需要表达时，可以将轴测轴 O_1X_1 和 O_1Y_1 互换。（图 7-13），其作图方法不变。

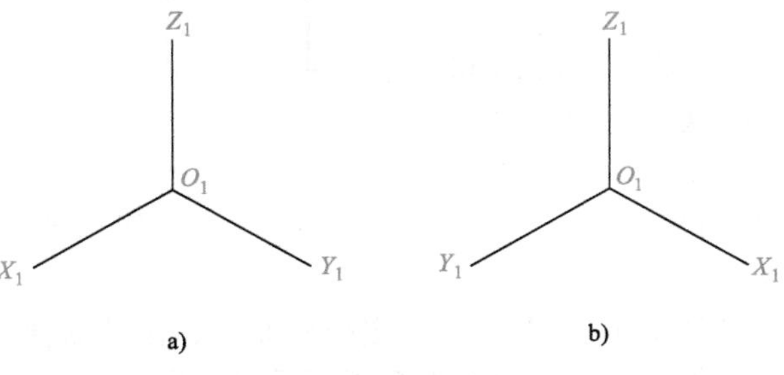

图 7-13 正等轴测轴的方向

第三节　斜二等轴测图

一、斜二等轴测图的形成、轴间角和轴向伸缩系数

1. 斜二等轴测图的形成

当立体的两个坐标轴 OX 和 OZ 与轴测投影面 P 平行，而投射方向与轴测投影面倾斜时，所得到的轴测图称为斜二等轴测图，简称斜二测图。

2. 轴间角和轴向伸缩系数

如图 7-14a 所示，斜二等轴测图的轴间角分别为 90°、135°、135°；O_1X_1 和 O_1Z_1 轴的轴向伸缩系数 $p=r=1$，O_1Y_1 轴的轴向伸缩系数 $q=0.5$。

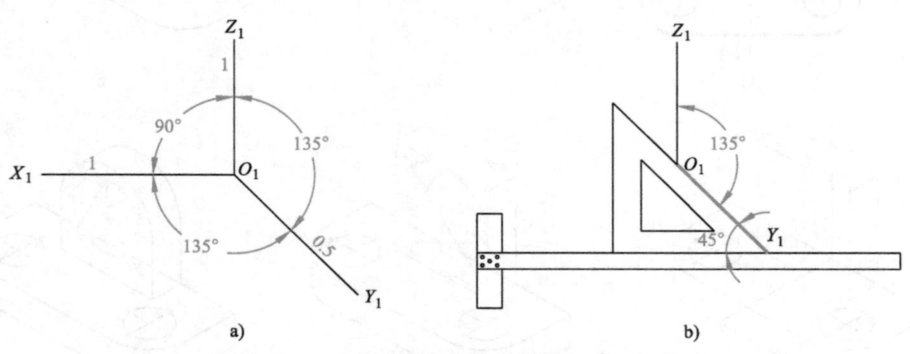

图 7-14　斜二等轴测图的轴间角和轴向伸缩系数

由图 7-14 可知，斜二等轴测图的 O_1X_1 和 O_1Z_1 轴与坐标 OX 和 OZ 轴完全相同，因此斜二等轴测图的特点是：立体上的正平面，在轴测投影中反映真实形状。由此可见，若立体中具有较多的结构正面投影为圆或圆弧时，其轴测图可以用圆或圆弧作出。

二、斜二等轴测图的作法

斜二等轴测图的作法与正等轴测图的作法相似，只是它们轴间角和轴向伸缩系数不同。由于斜二等轴测图 O_1Y_1 轴的轴向伸缩系数 $q=0.5$，所以沿着 O_1Y_1 轴方向的长度应该取相应长度的一半，如图 7-15 所示。

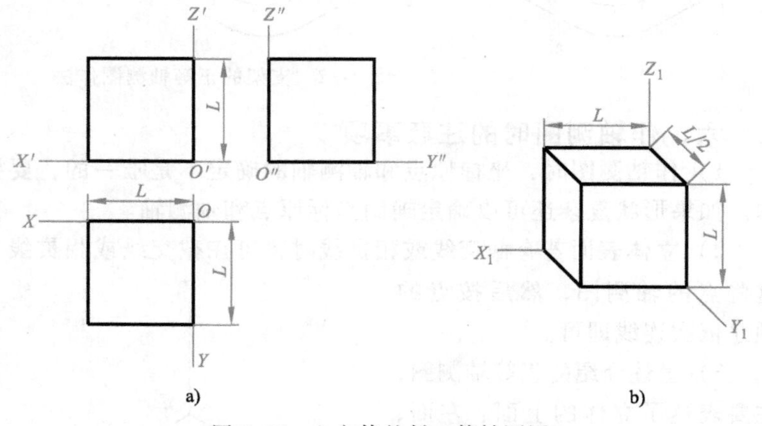

图 7-15　立方体的斜二等轴测图

例 7-8　如图 7-16a 所示，求作支架的斜二等轴测图。

分析：支架的前面和后面平行且平行于正面，因此采用斜二等轴测图表达作图较简便。

作图：

1）如图 7-16a、b 所示，定坐标原点、作轴测轴。

2）如图 7-16c 所示，根据正面投影作出立体前面的形状（即与投影图形状相同）。

3）如图 7-16d 所示，在 O_1Y_1 轴上向后取 $L/2$ 定出后面的圆心，重复上一步的作图方法；作出支架后表面可见部分，作出支架上垂直正面的棱线。

4）如图 7-16e 所示，擦去不可见的轮廓线和作图线，加深图线，完成支架的斜二等轴测图。

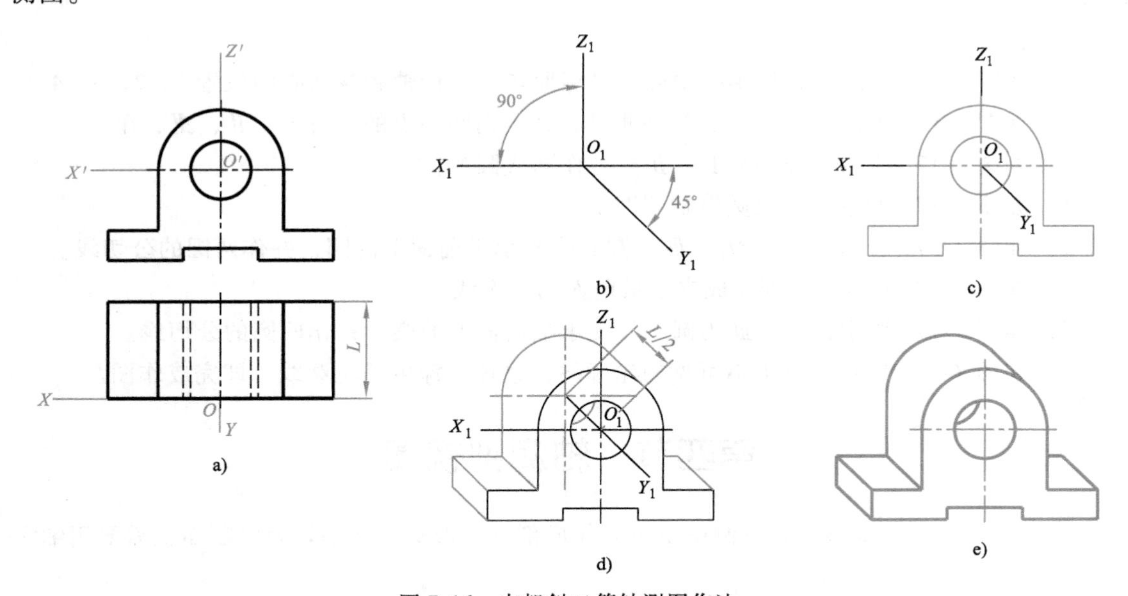

图 7-16　支架斜二等轴测图作法

例 7-9　如图 7-17a 所示，作工件的斜二等轴测图。

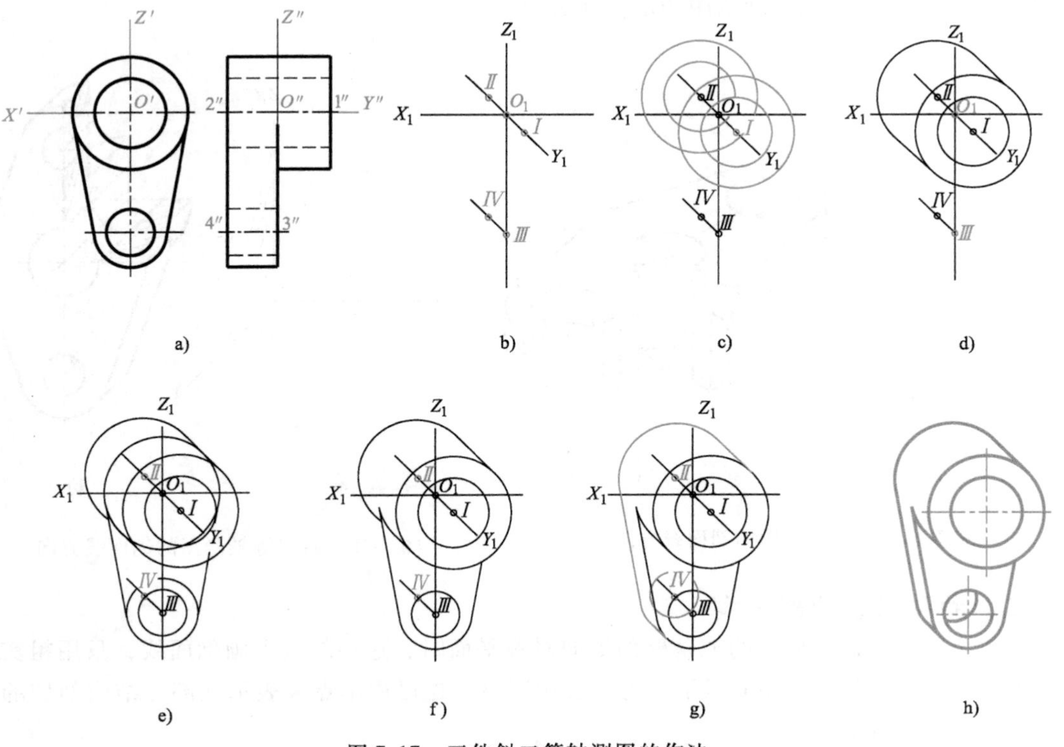

图 7-17　工件斜二等轴测图的作法

分析：工件是由圆筒及支承板两部分组成的，它们的前、后端面都有平行于坐标平面的圆及圆弧，因此选择斜二等轴测图作图比较简便。由图 7-17a 可知，这些圆和圆弧的圆心不共面，因此先定出各圆心的位置 *Ⅰ*、*Ⅱ*、*Ⅲ*、*Ⅳ* 的投影。在轴测图中，按各点的圆心位置作圆或圆弧。

作图：

1）如图 7-17a 所示，在投影图中确定坐标原点、坐标轴和各圆心的位置 1、2、3、4。

2）如图 7-17b 所示，作出斜二等轴测轴，并定出圆心点的位置 *Ⅰ*、*Ⅱ*、*Ⅲ*、*Ⅳ*。

3）如图 7-17c 所示，分别在 *Ⅰ*、*Ⅱ* 点处作圆或圆弧。

4）如图 7-17d 所示，完成圆筒轴测图。

5）如图 7-17e 所示，以点 O_1、*Ⅲ* 为圆心作支承板前面上的圆，并作两圆的公切线。

6）如图 7-17f 所示，整理完成支承板前面的轮廓线。

7）如图 7-17g 所示，以点 *Ⅲ* 为圆心作支承板后面上的圆，并作两圆的公切线。

8）如图 7-17h 所示，擦去不可见的轮廓线，整理加深可见轮廓线，即完成作图。

第四节　轴测剖视图

为了表达工件内部形状，轴测图也可以作成剖开的形式，在剖切处的断面上需要用细实线画出剖面符号。

一、剖面线的方向

不同的轴测图，各坐标面上剖面线的方向不同。图 7-18 所示为正等轴测图的剖面线方向，图 7-19 所示为斜二等轴测图的剖面线方向。

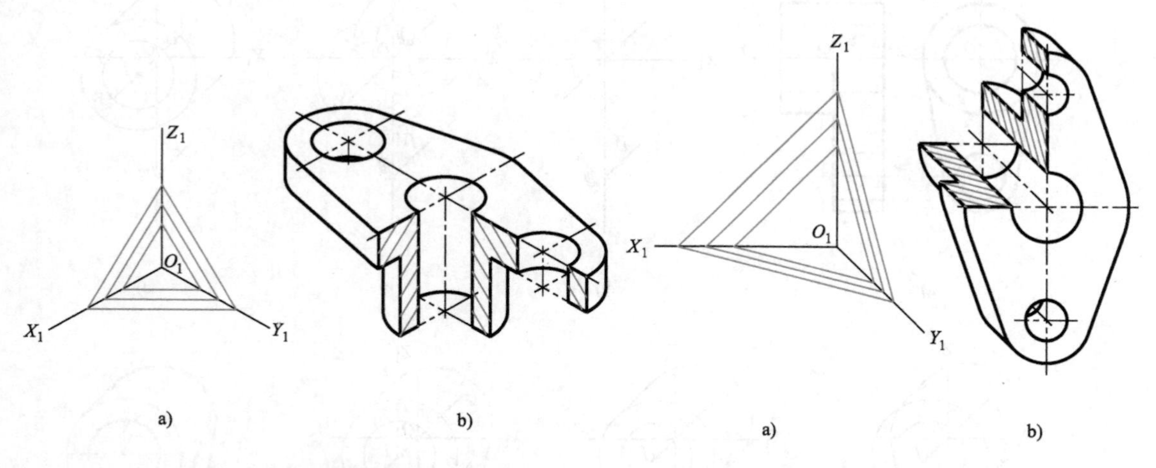

图 7-18　正等轴测图的剖面线方向

图 7-19　斜二等轴测图的剖面线方向

二、肋和薄壁的剖面线

当剖切平面通过零件的肋或薄壁的纵向对称平面时，这些结构不画剖面线，只用粗实线与其他部分分开，如图 7-20a 所示。为了表达明显，也可用细点来表示这部分结构剖切的部分，如图 7-20b 所示。

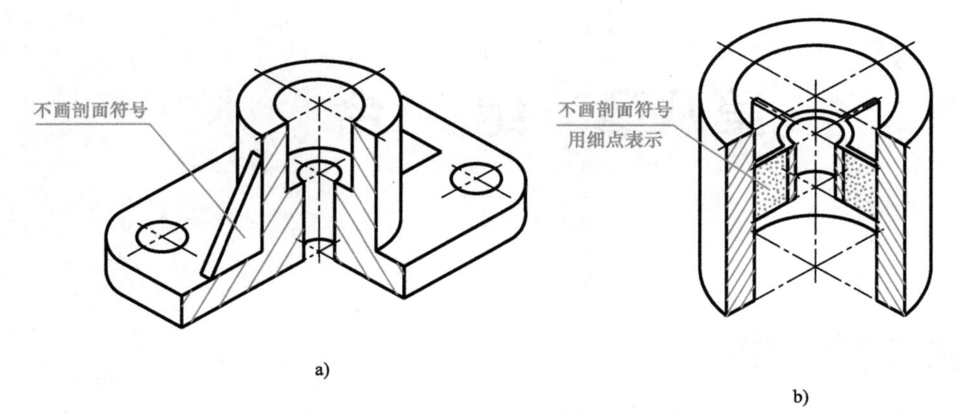

图 7-20　肋和薄壁剖面的表达

思考题

1. 什么是轴测投影图？试述轴测投影图的分类。

2. 轴测投影图有何特点？它与多面正投影图有何区别？

3. 什么是轴向伸缩系数？什么是轴间角？

4. 正等轴测图的轴间角和轴向伸缩系数是多少？

5. 正等轴测图的简化轴向伸缩系数是多少？采用简化轴向伸缩系数后，正等轴测图有何变化？

6. 三个坐标面上圆的正等轴测图的长、短轴方向是否相同？

7. 斜二等轴测图的轴间角和轴向伸缩系数是多少？

8. 斜二等轴测图有何特点？什么情况下采用斜二等轴测图可以简化作图？

第八章 组 合 体

本章教学目标

1. 了解组合体的组合形式
2. 掌握组合体三视图的画法
3. 掌握组合体的尺寸标注方法
4. 能熟练识读组合体视图

任何复杂的零件，从形体的角度分析，都可以认为是由一些基本几何体（柱、锥、球、环等）通过切割和叠加组合而成的，这种由两个或两个以上的基本形体构成的整体称为组合体。

第一节 组合体的组合形式

画图和读图是本课程的两个主要任务，这两个任务的完成都需要对组合体进行形体分析和线面分析。了解组合体中各基本形体的组合形式、各基本体之间的相对位置，以及各基本形体组合时表面之间的关系，对掌握好本章内容非常重要。

一、组合体的构成

组合体有三种组合形式：叠加型、切割型和综合型。

(1) 叠加型　如图 8-1a 所示，它是由圆柱和四棱柱板叠加而成。

(2) 切割型　如图 8-1b 所示，它是由四棱柱切去两个三棱柱，并挖去一个圆柱组合而成。

(3) 综合型　如图 8-1c 所示，该组合体属于既有叠加，又有切割组合而成的综合型。

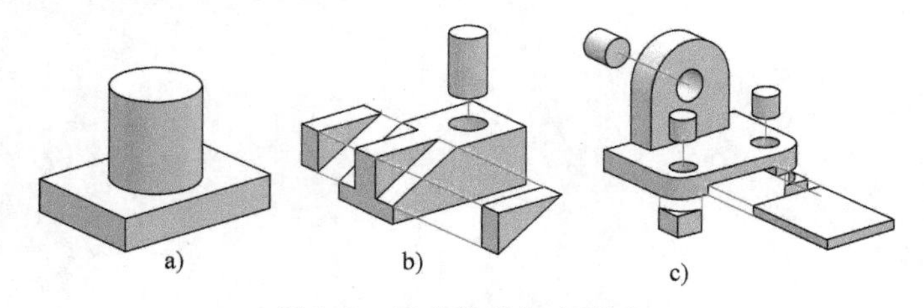

图 8-1　组合体的组合形式
a) 叠加型　b) 切割型　c) 综合型

形体叠加和切割是分析形体的基本方法，有时形体属于叠加或切割可以有不同的分析，一般组合体都属于综合型。

二、组合体相邻表面之间的连接关系

各基本形体组合后，其相邻表面存在下面四种关系：

(1) 共面与不共面　当两相邻两形体表面共面时，则在它们的结合处没有分界线，如图 8-2a 所示。

当两相邻两形体表面不共面时，则在它们的结合处要画出分界线，如图 8-2b 所示。

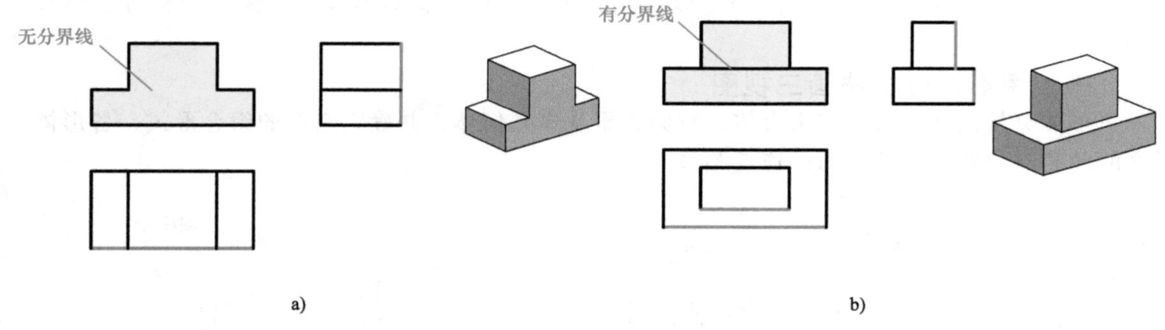

图 8-2　共面与不共面

（2）相切与相交　当相邻两形体表面相切时，其两形体表面光滑过渡，则在相切处不画切线。如图 8-3a 所示，圆柱面与水平板的立面相切处，其主、左视图都不需画出切线。

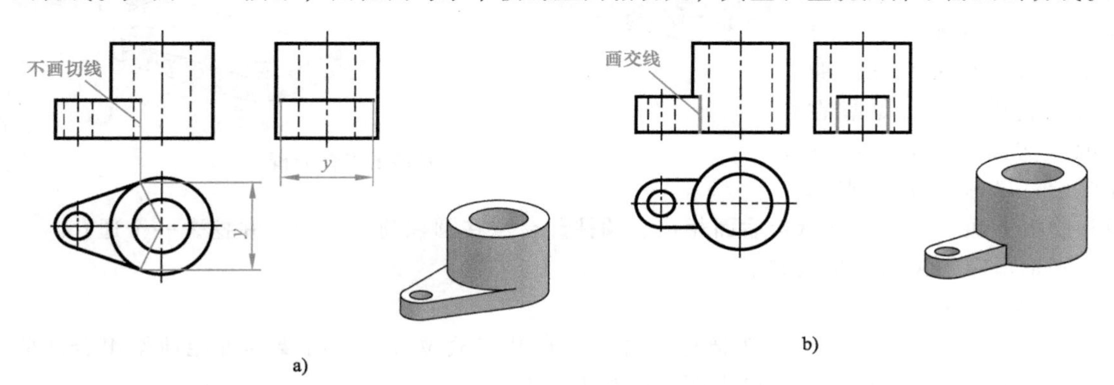

图 8-3　相切与相交

当相邻两形体表面相交时，相交处必须画出交线。如图 8-3b 所示，圆柱面与水平板的立面相交，则在主视图中必须画出其交线。

三、组合体相贯线的简化画法

在组合体出现相贯线时，可采用简化画法，即用圆弧或直线代替非圆曲线。当两圆柱垂直相交且都平行于同一投影面时，相贯线的投影可以采用图 8-4a 所示的方法画出。

当两圆柱直径相差较大时，相贯线的投影比较平直，可用直线代替曲线，如图 8-4b 所示。

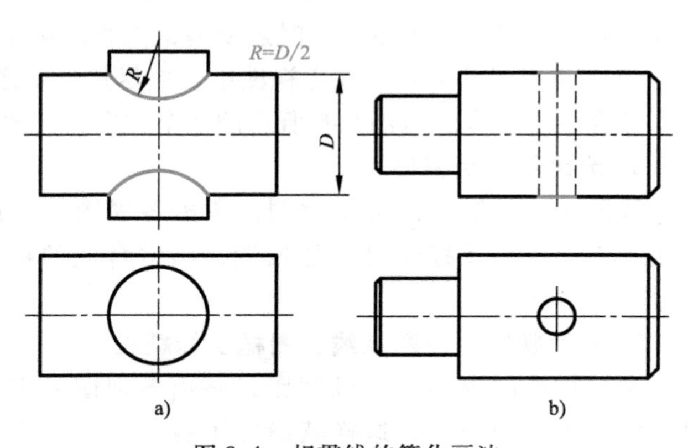

图 8-4　相贯线的简化画法
a）用圆弧代替曲线　b）用直线代替曲线

第二节　组合体三视图的画法

要正确地画出组合体三视图，必须要分析组合体的组合形式，相邻表面的连接关系。根据形体的形状特征，可以采用形体分析法或线面分析法画三视图。形体分析法主要用于以叠加为主的形体；线面分析法主要用于以切割为主的形体，有的形体需要采用两种方法结合画图。

一、用形体分析法画三视图

形体分析法就是假想将组合体分解为若干基本几何体，并确定它们的组合形式，各形体之间的相对位置和相邻表面的连接关系。

例 8-1 以图 8-5a 所示的轴承座为例，说明画组合体三视图的步骤。

轴承座可分解为五个组成部分：圆柱凸台、圆柱筒、支承板、底板、肋板。支承板叠放在底板上，与底板的后面平齐，上方两侧面与圆柱面相切。肋板放在底板上面，紧靠在支承板前面，上方与圆柱筒结合。圆柱筒放在支承板和肋板上面，后面与支承板后面相错。圆柱凸台放在圆柱筒的上面，并挖去一个通孔。

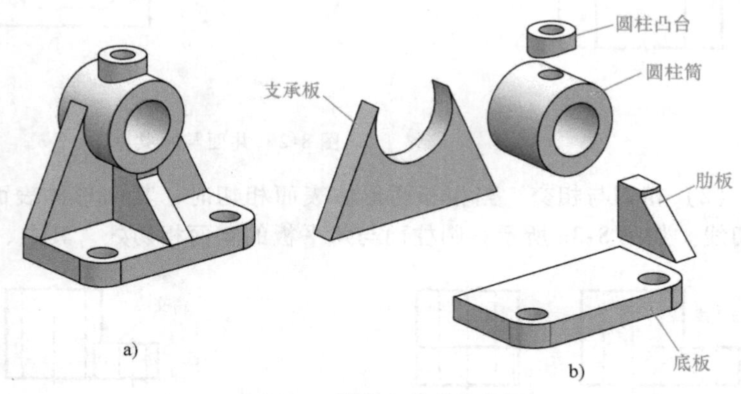

图 8-5 轴承座的形体分析

画轴承座三视图的步骤如下：

1. 选择主视图

（1）形体安放的位置 一般选择组合体的自然安放位置，同时要尽可能地使组合体的主要表面或轴线平行或垂直于投影面，以利于画图。

（2）主视图投影方向的确定 在主视图中要尽量多地反映组合体的形状特征，以及各形体之间的相对位置关系，同时还要考虑主视图确定后的其他视图应尽量减少虚线。

（3）考虑尺寸关系 在主视图中，应尽量反映形体的长度尺寸。

综合以上要求，对图 8-6 所示的四个方向视图比较，选择图 8-6b 作为主视图较好。

2. 选比例、定图幅

画图时，尽量选择 1:1 比例，考虑各视图之间应留出适当的距离及标注尺寸的位置，确定合适的标准图幅。

3. 布置视图，画基准线、图框及标题栏

根据估算的视图大小及间距，画出各视图的定位基准线及主要中心线，这样就确定了各视图在图样上的具体位置。

4. 逐个画出各基本形体的三视图

一般先画出主要的、较大的形体，再画其他部分。每画一个形体时，先从反映真形或有特征的视图开始，再画其他视图。必须强调的是，每个基本形体的三视图应按投影关系对应作图，以保证各基本体之间正确的相对位置与投影关系；同时注意形体表面的连接关

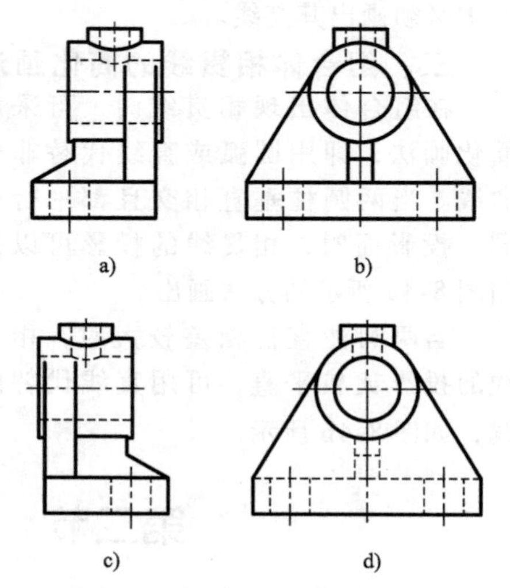

图 8-6 分析主视图的投射方向

系，保证正确作图。

5. 检查、清理图面及加深图线

加深图线时，应对图中的各线进行检查，擦去多余线段，然后按先圆弧后直线的顺序，从上向下依次按线型要求加深图线。

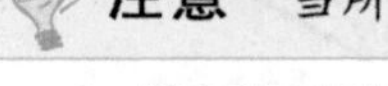

注意 当所加深的图线重合时，一般按“粗实线、虚线、点画线、细实线”的顺序取舍。

6. 填写标题栏

按标题栏的内容，填写栏中的各项内容。

轴承座三视图的画图步骤如图 8-7 所示。

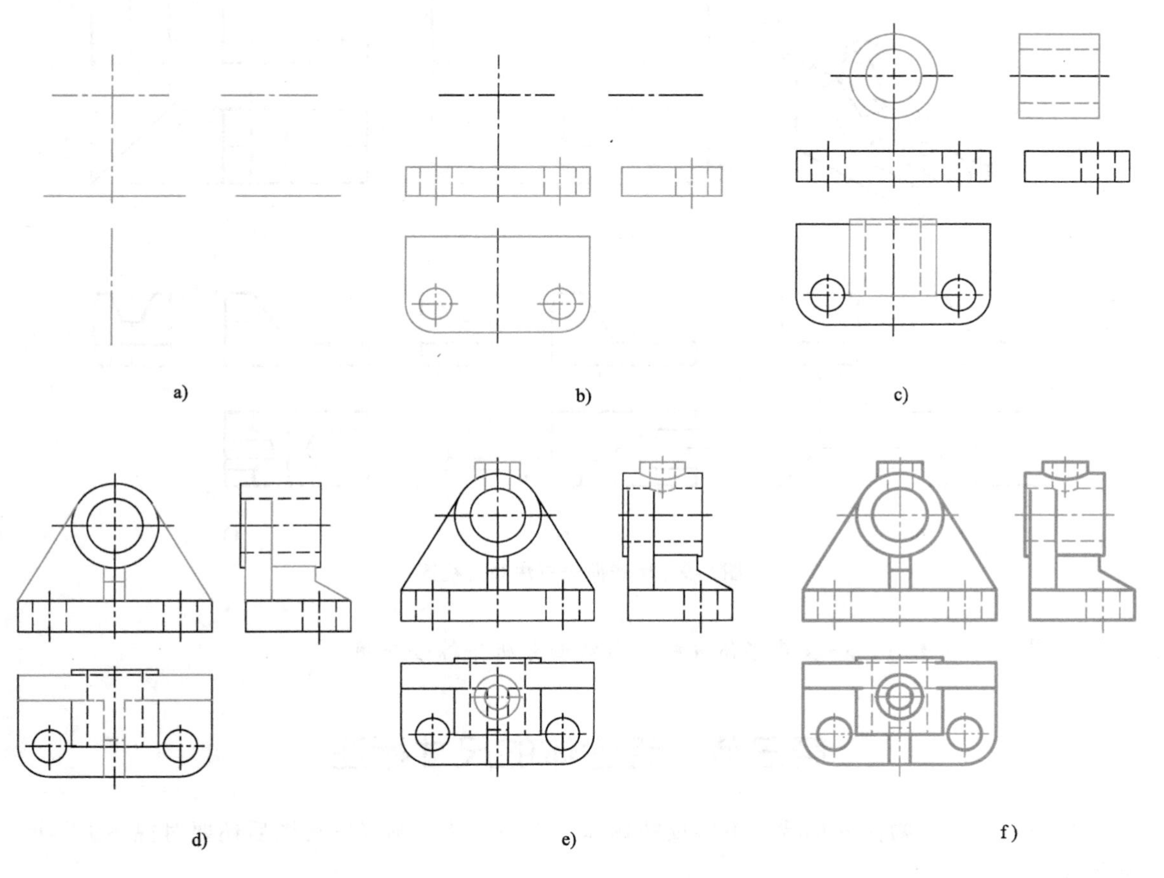

图 8-7 轴承座三视图的画图步骤

a）定基准 b）画底板 c）画轴承 d）画肋板 e）检查 f）加深

二、用线面分析法画三视图

线面分析法主要应用于以切割为主的形体，经过多刀切割后的形体与基本形体有较大区别，各棱、面的投影不易想象。采用线面分析法主要是按形体表面和棱线的投影关系依次画出其三视图。

立体表面倾斜于投影面时，它的投影关系具有类似性，作图或读图时可按点、线的投影画出其类似形，如图 8-8 所示。

例 8-2 画如图 8-9 所示形体的三视图。

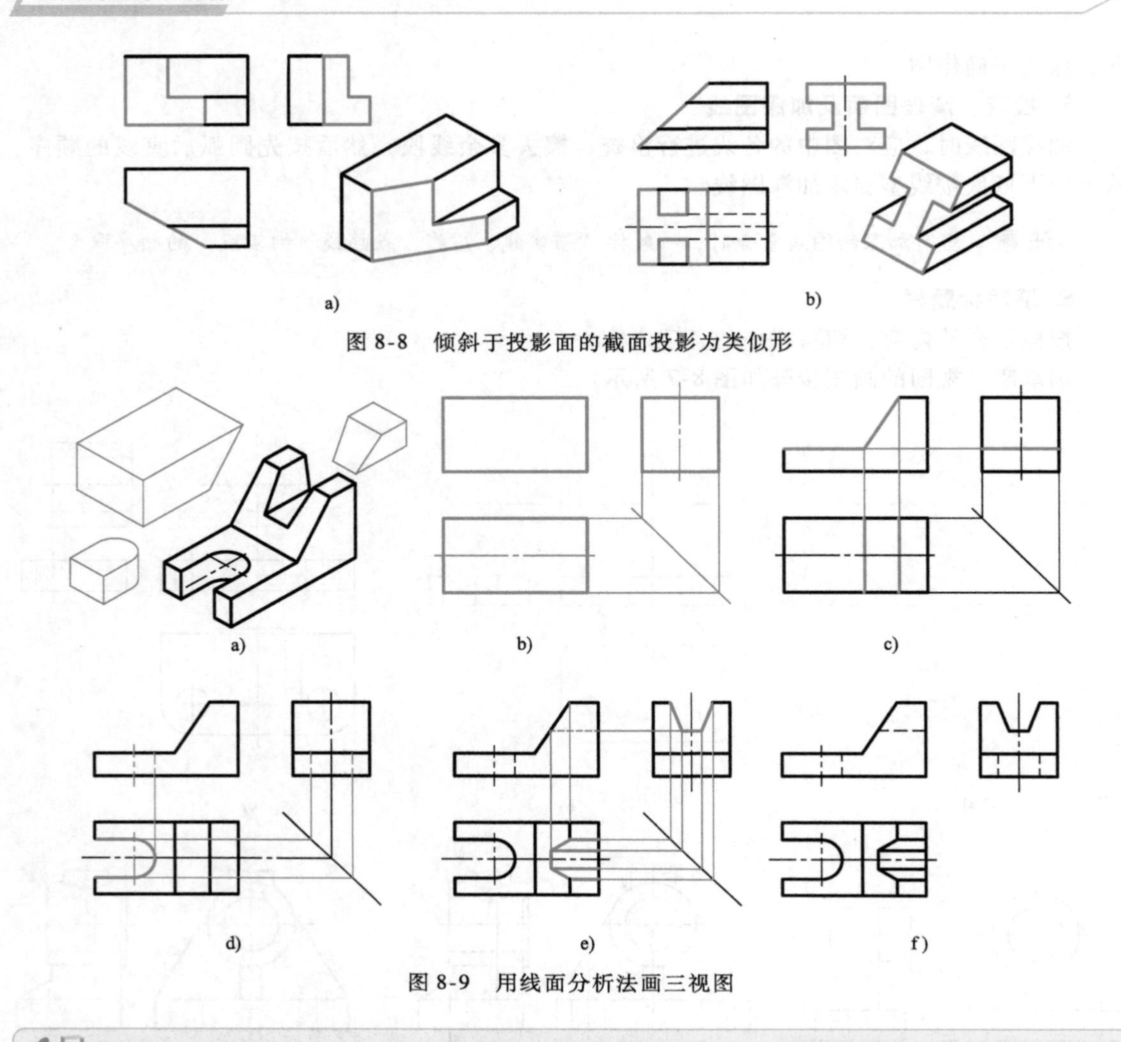

图 8-8　倾斜于投影面的截面投影为类似形

图 8-9　用线面分析法画三视图

提示　画图时，一般是形体分析法与线面分析法综合应用。

第三节　组合体的尺寸标注

视图只能表达物体的形状，不能反映物体的大小，所以画好三视图后还要对视图进行尺寸标注。

组合体尺寸标注的基本要求是：正确、齐全、清晰。正确是指严格遵守国家标准有关规定；齐全是指尺寸不多不少；清晰是指尺寸布置整齐清晰，便于读图和查找尺寸。

一、组合体尺寸基准

标注尺寸的出发点就是尺寸基准。组合体有长、宽、高三个方向的尺寸，因此每个方向至少有一个尺寸基准。对于较复杂的形体，在同一方向上除选定一个主要基准外，根据结构特点，还需要选定一些辅助基准，主要基准与辅助基准之间应有尺寸联系。

确定组合体尺寸基准可以从以下几方面考虑：

1）对称组合体的对称中心线。

2）组合体重要的底面或端面。

3）以回转结构为主的组合体的回转轴线等。

如图 8-10a 所示，组合体左右对称、前后对称，其对称面为长、宽方向的基准；底面为高度方向的基准。

如图 8-10b 所示，组合体前后、左右、上下均不对称，所以选择右端面作为长度方向基准、前面作为宽度方向基准、底面作为高度方向基准。

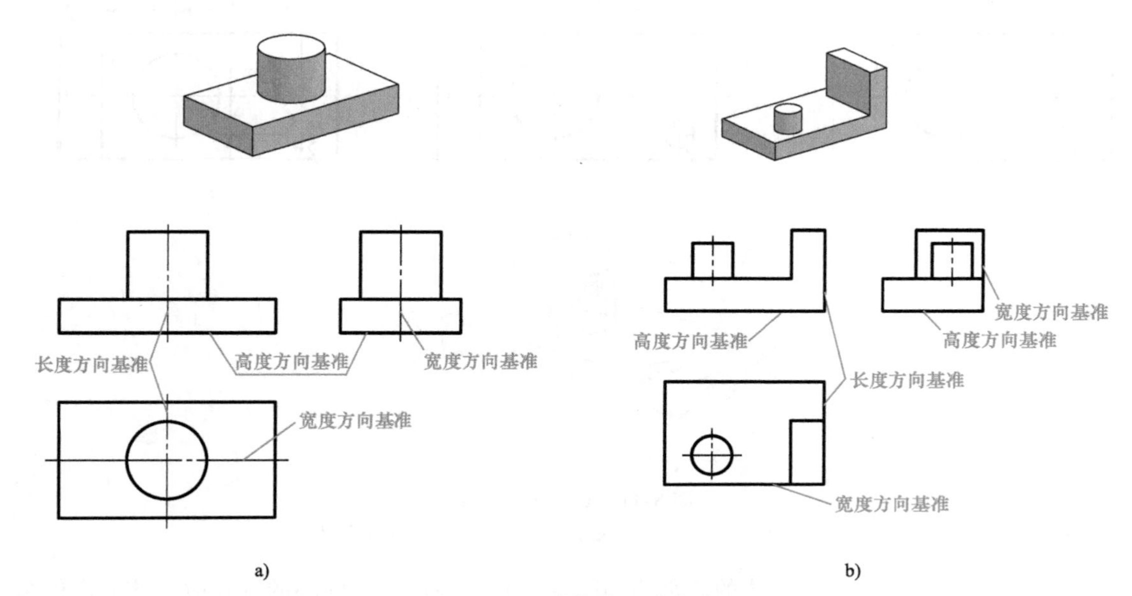

图 8-10　组合体的尺寸基准

二、组合体尺寸分析

组合体尺寸一般分为三类：定形尺寸、定位尺寸、总体尺寸。

1. 定形尺寸

组合体是由基本体叠加或切割而形成的。确定每个形体结构形状或切割形状的尺寸称为定形尺寸。如图 8-11a 所示底板的长、宽、高尺寸，圆孔的直径尺寸，圆柱的直径和高度尺寸。

2. 定位尺寸

确定各形体叠加的相对位置或切割位置的尺寸称为定位尺寸。

标注组合体的定位尺寸时，应先确定组合体的尺寸基准，然后标注基本体基准相对组合体基准的位置尺寸。如图 8-11b 所示圆孔、圆柱的位置尺寸

3. 总体尺寸

根据需要，标注必要的总体尺寸，即组合体的总长、总宽和总高。如图 8-11c 所示，形体的总长度尺寸就是底板的长度尺寸，总宽度尺寸就是底板的宽度尺寸，总高度尺寸为 C。

标注总体尺寸时的注意事项：

1）标注总体尺寸时，应减去一个方向的定形尺寸，以免产生多余尺寸。如图 8-11c 所示，总高度尺寸 C 标注后要去掉圆柱的高度尺寸 B。

2）有的零件，为了满足加工要求，既要标注总体尺寸，又要标注定形尺寸。如图 8-12 所示，底板上四个小圆孔可能与圆角同心，也可能不同心，但无论是否同心，均要注出孔的定位尺寸和圆角的定形尺寸“Rx”，还要标注出总体尺寸。

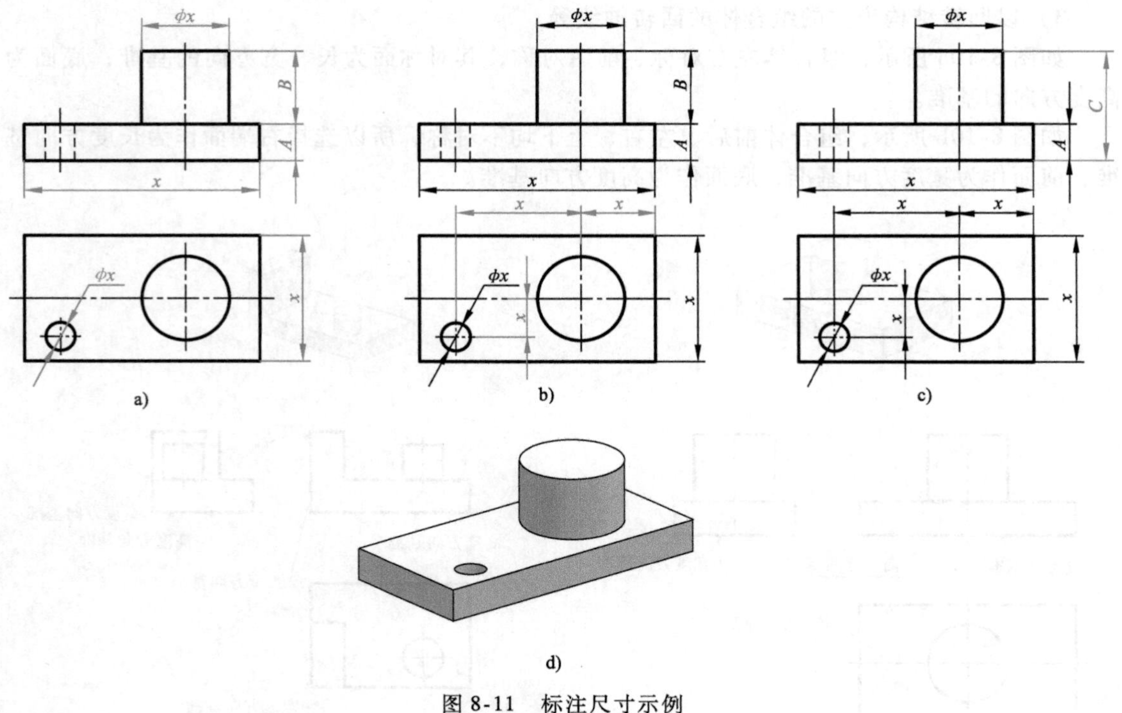

图 8-11 标注尺寸示例

a）定形尺寸 b）定位尺寸 c）总体尺寸 d）立体图

3）如图 8-13 所示，当形体的端部为回转面，且有与回转面同心的圆孔时，该方向的总体尺寸一般不标注。为了加工方便，常需要注出回转面圆心的定位尺寸和回转面的半径（或直径）。

注意 同一个面上相同的孔只标注一个尺寸，并且要标注出数量，如图 8-12a 中的 $4\times\phi x$；相同的圆角不必标注数量，如 $4\times Rx$ 是错误的。

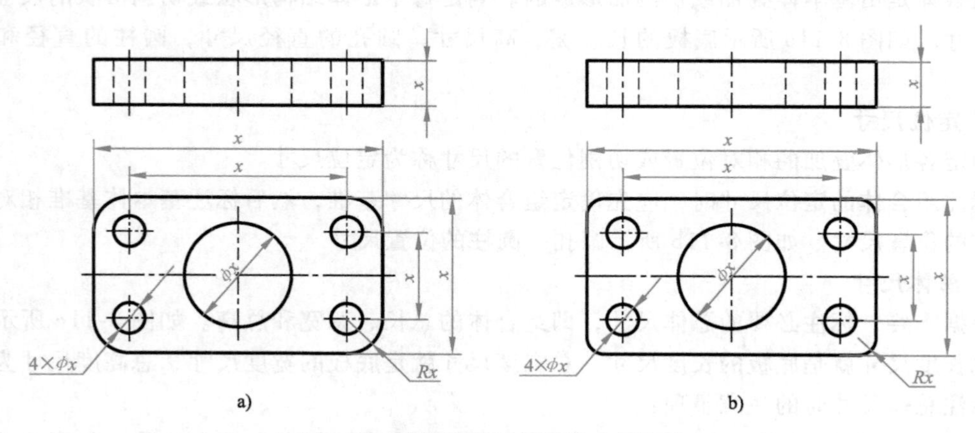

图 8-12 底板圆孔及圆角尺寸标注法

a）圆角与圆孔同心 b）圆角与圆孔不同心

三、尺寸标注要求

尺寸标注要在正确、完整的情况下力求清晰。所谓清晰，即要将尺寸排列适当，便于

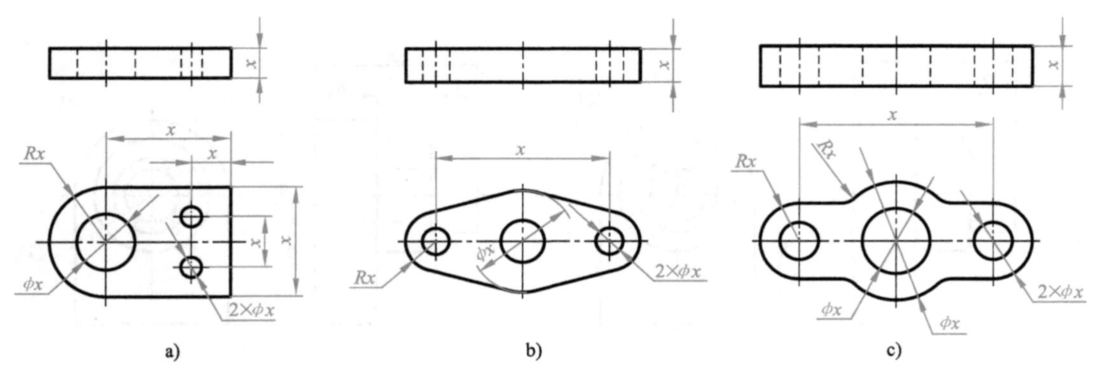

图 8-13 不标注总体尺寸的图例

读图。

1）尺寸应尽量标注在两相关视图之间。同一方向上的连续尺寸，尽量配置在少数几条线上，如图 8-14 所示。

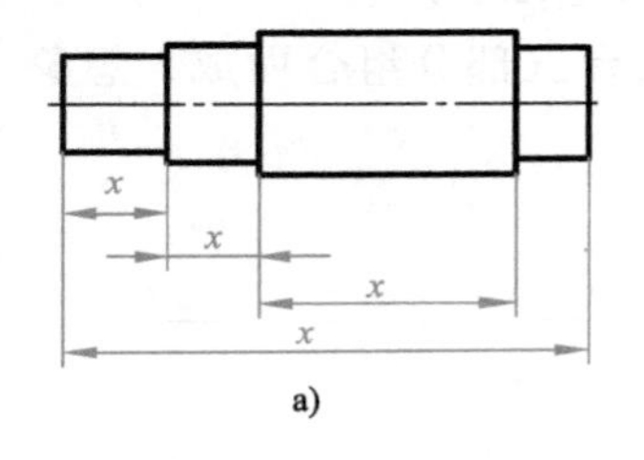

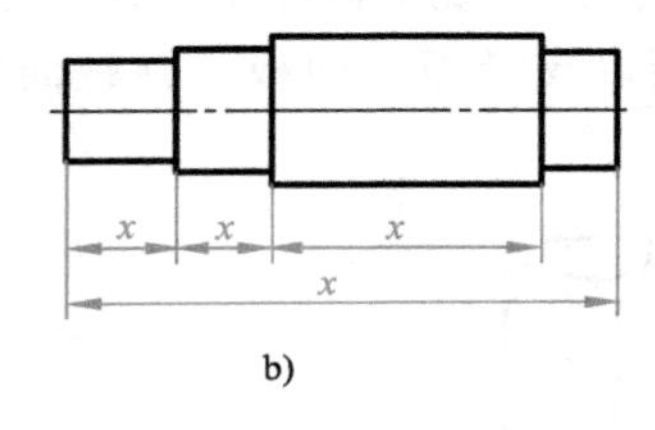

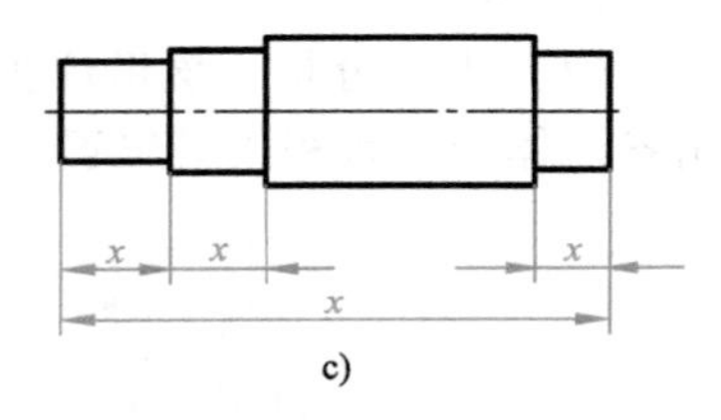

图 8-14 同一方向上的连续尺寸

a）不好 b）好 c）好

2）尺寸要尽可能引出标注在视图外面，内外分布的尺寸，应小尺寸在内，大尺寸在外，各尺寸线的距离相同，且排列整齐，如图 8-14 所示。

3）定形尺寸应标注在反映形体特征明显的视图上。如图 8-15a 所示，将五棱柱的五边形尺寸标注在主视图上，比分开标注（图 8-15b）要好。如图 8-15c 所示，腰形板的俯视图形体特征明显，定形、定位尺寸标注在俯视图上好。

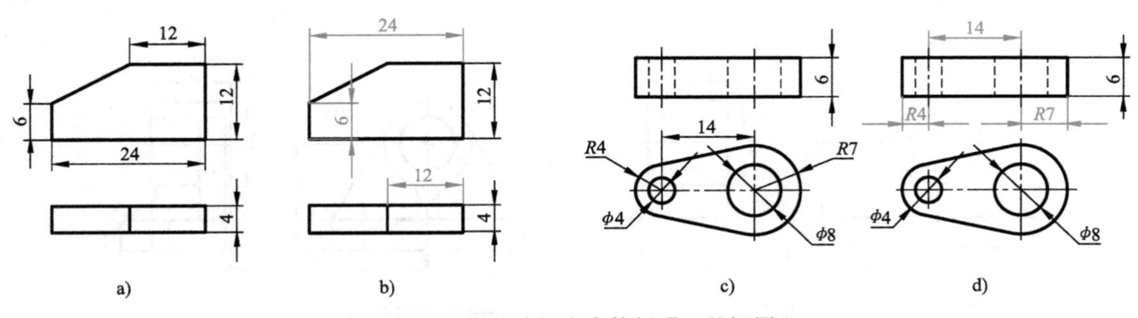

图 8-15 定形尺寸标注在特征明显的视图上

a）好 b）不好 c） 好 d）不好

4）直径尺寸应标注在非圆视图上，圆弧的半径应标注投影为圆的视图上，虚线尽量不标注尺寸。如图 8-16a 所示，圆的直径“ϕ20”“ϕ30”标注在主视图上是正确的，标注在左视图上不好；而“ϕ14”标注在左视图上是为了避免在虚线上标注尺寸；R20 只能标注在投影反映圆弧的左视图上，而不允许标注在主视图上。

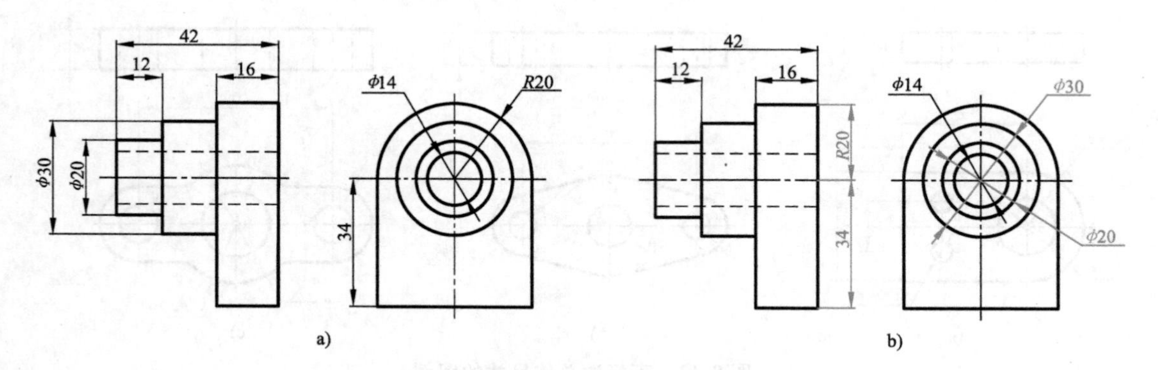

图 8-16　标注直径和圆弧的图例

a）正确　b）错误

四、组合体尺寸标注示例

例 8-3　以图 8-17 所示轴承座为例，说明标注组合体尺寸的方法步骤。

（1）形体分析　该形体由底板、支承板、肋板、圆柱筒和凸台五部分组合而成，想象出各形体的形状和相对位置。

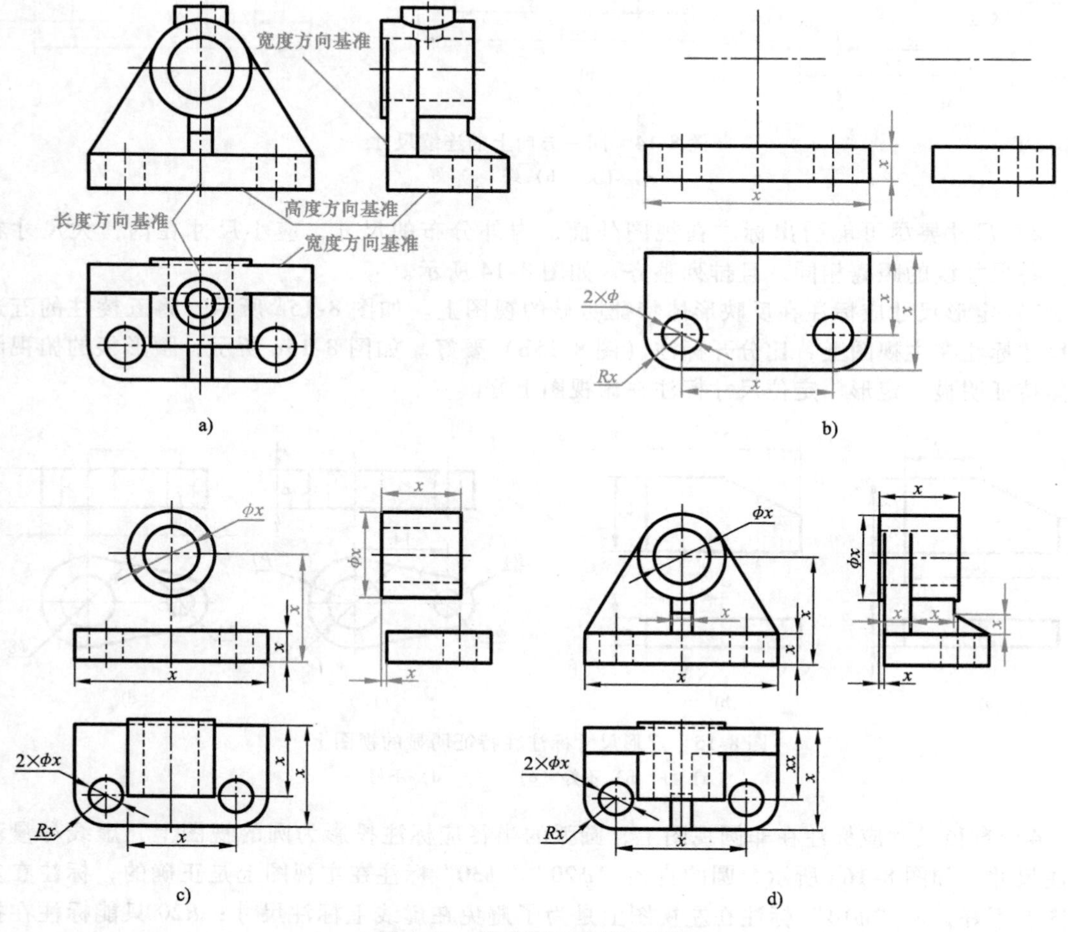

图 8-17　轴承座尺寸标注步骤

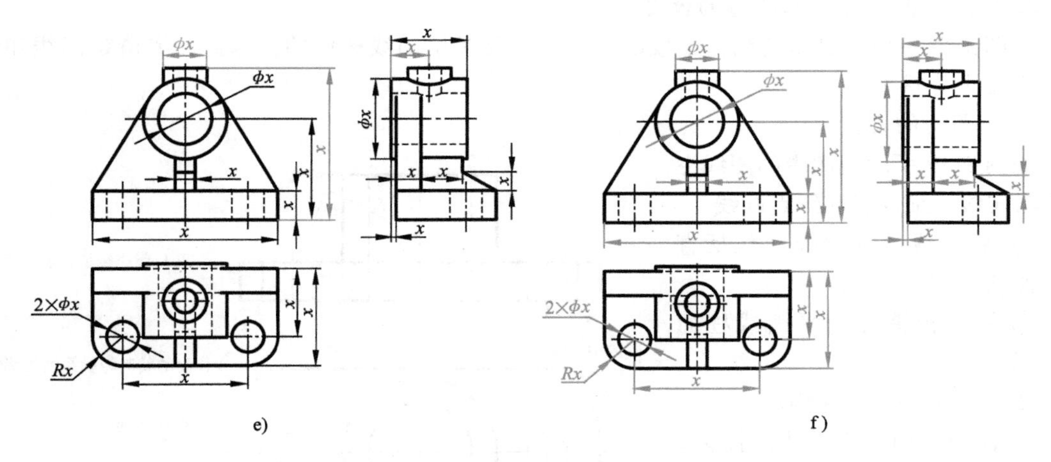

图 8-17　轴承座尺寸标注步骤（续）

（2）确定尺寸基准　轴承座左右对称，可选对称面为长度方向基准；轴承座的底面是安装面，可作为高度方向基准；支承板的后面是大平面，可作为前后方向的基准，如图8-17a所示。

（3）标注各基本体的定形尺寸和总体尺寸　轴承座尺寸标注步骤如图 8-17 所示。

（4）检查和调整　按形体逐个检查有无重复或遗漏，然后进行修正和适当的调整。

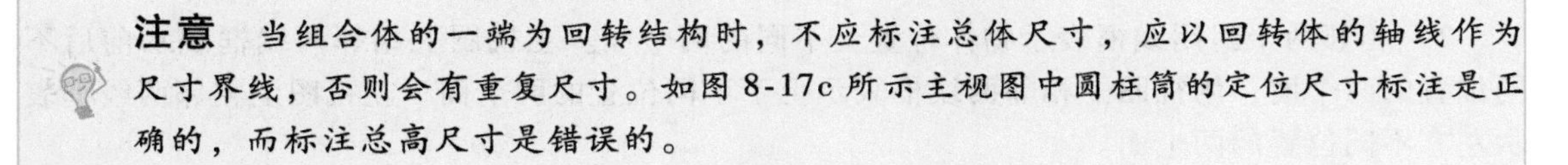
注意　当组合体的一端为回转结构时，不应标注总体尺寸，应以回转体的轴线作为尺寸界线，否则会有重复尺寸。如图 8-17c 所示主视图中圆柱筒的定位尺寸标注是正确的，而标注总高尺寸是错误的。

第四节　读组合体视图

前面介绍的是根据立体图画出其三视图，读图是画图的逆过程，读组合体视图即是根据已知的视图想象出其空间形状。为了提高画图和读图的能力，一般是采用给定两视图，补画出第三视图，作为读图和空间想象能力的训练。

一、读图的基本要领

1. 利用投影规律读图

因为三视图存在“三等”规律，读图时要把这一规律具体化。即通过对投影找出各基本体在视图中的位置，并熟练掌握基本体的投影特性，顺利地想象出它们的形状，完成对组合体的分解过程。

2. 几个视图联系起来读图

一个视图不能确切地表达一个物体的空间形状。读图时，不能只读一个视图，而应该把几个视图联系起来识读。如图 8-18 所示，主视图相同，但根据俯视图可知，它们是不同的形体。只有把两个或三个视图联系起来，才能准确地想象出立体形状。

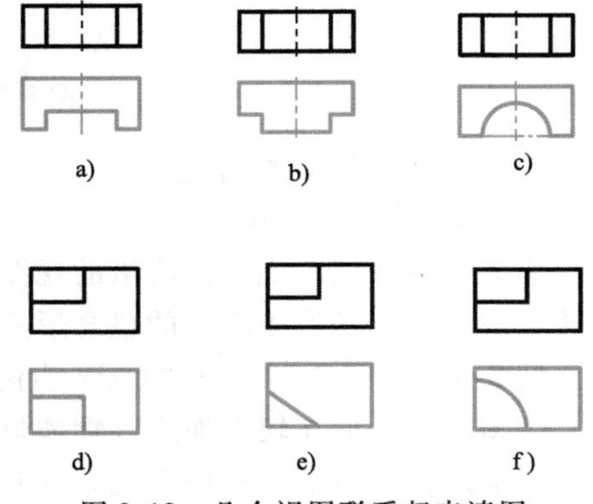

图 8-18　几个视图联系起来读图

3. 理解视图中图线和线框的含义

视图是由一个个封闭的线框组成的，而线框又是由图线构成的。因此，弄清楚图线和线框的含义十分重要。

（1）图线的含义

如图8-19所示视图中的图线主要有粗实线、细虚线和细点画线。

1）粗实线和细虚线（包括直线和曲线）可以表示：

① 具有积聚性的平面或柱面的投影。

② 面与面交线的投影。

③ 曲面转向轮廓素线的投影。

2）细点画线可以表示

① 回转体的轴线。

② 对称中心线。

③ 圆的对称中心线。

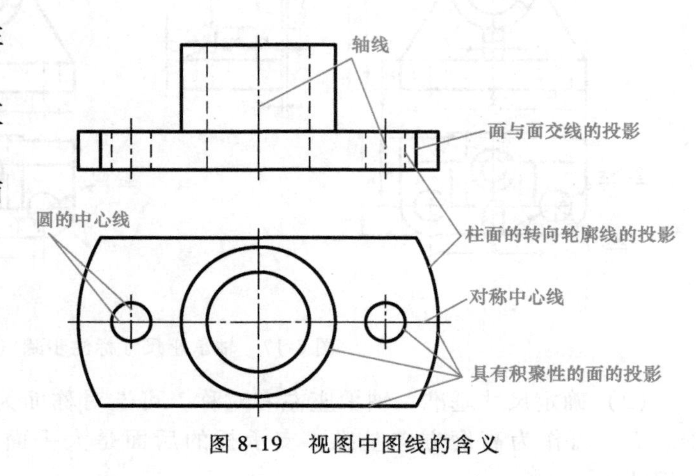

图 8-19　视图中图线的含义

（2）线框的含义

如图8-20所示视图中的图线主要有粗实线、细虚线和细点画线。

1）一个封闭线框表示物体的一个平面、曲面、组合面或孔洞。

2）相邻两个封闭线框表示物体位置上不同的两个面。主视图上相邻两线框表示前后不同位置的两个面；俯视图上相邻两线框表示上下不同位置的两个面；左视图上相邻两线框表示左右不同位置的两个面。

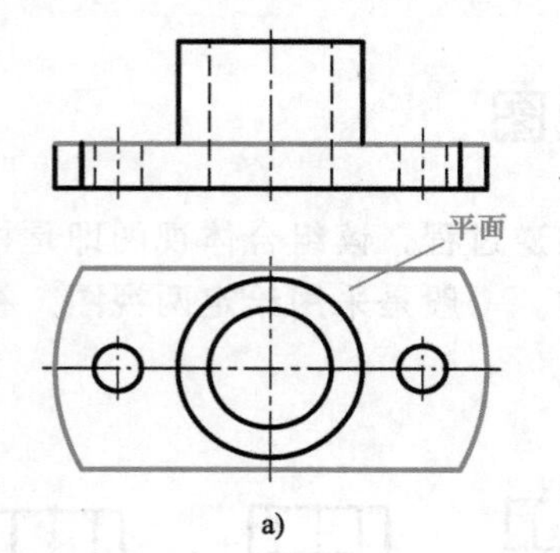

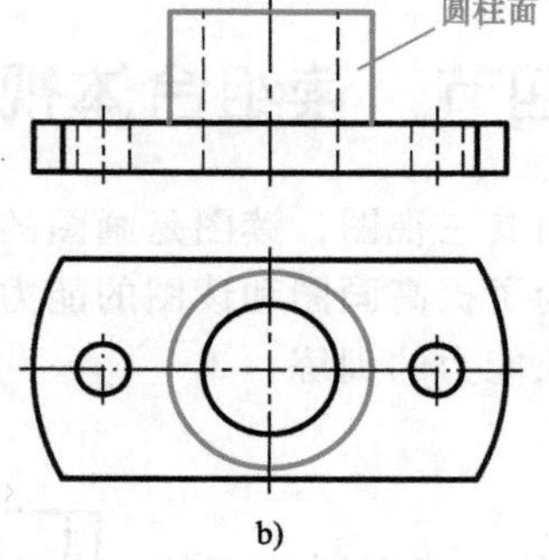

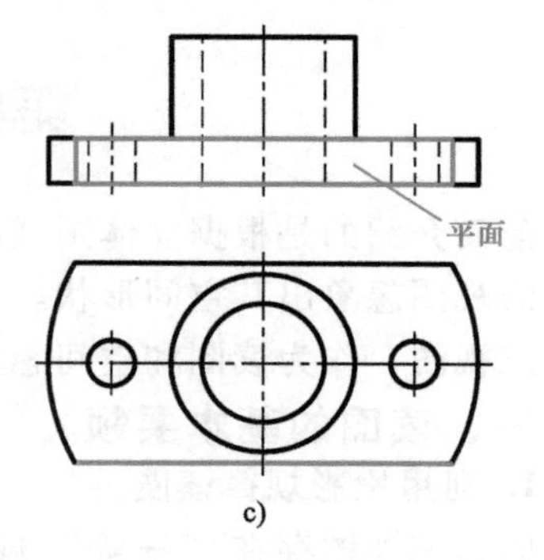

图 8-20　视图中线框的含义

二、读图的基本方法

1. 形体分析法读图

形体分析法读图是根据所给的视图，按照三视图的投影规律，从视图上逐个识别出基本形体，进而确定各形体之间的组合形式及相对位置，然后综合起来想象出组合体的形状。

例8-4　以图8-21所示的支架为例，说明用形体分析法读图的方法和步骤。

读图时，一般在较多地反映物体形状特征的视图上（多数情况是主视图），按线框划分出各基本形体的范围，按投影关系在其他视图上找到相应的投影，想象出形体的形状，再按各形体的相对位置，想象出组合体的完整空间形状。

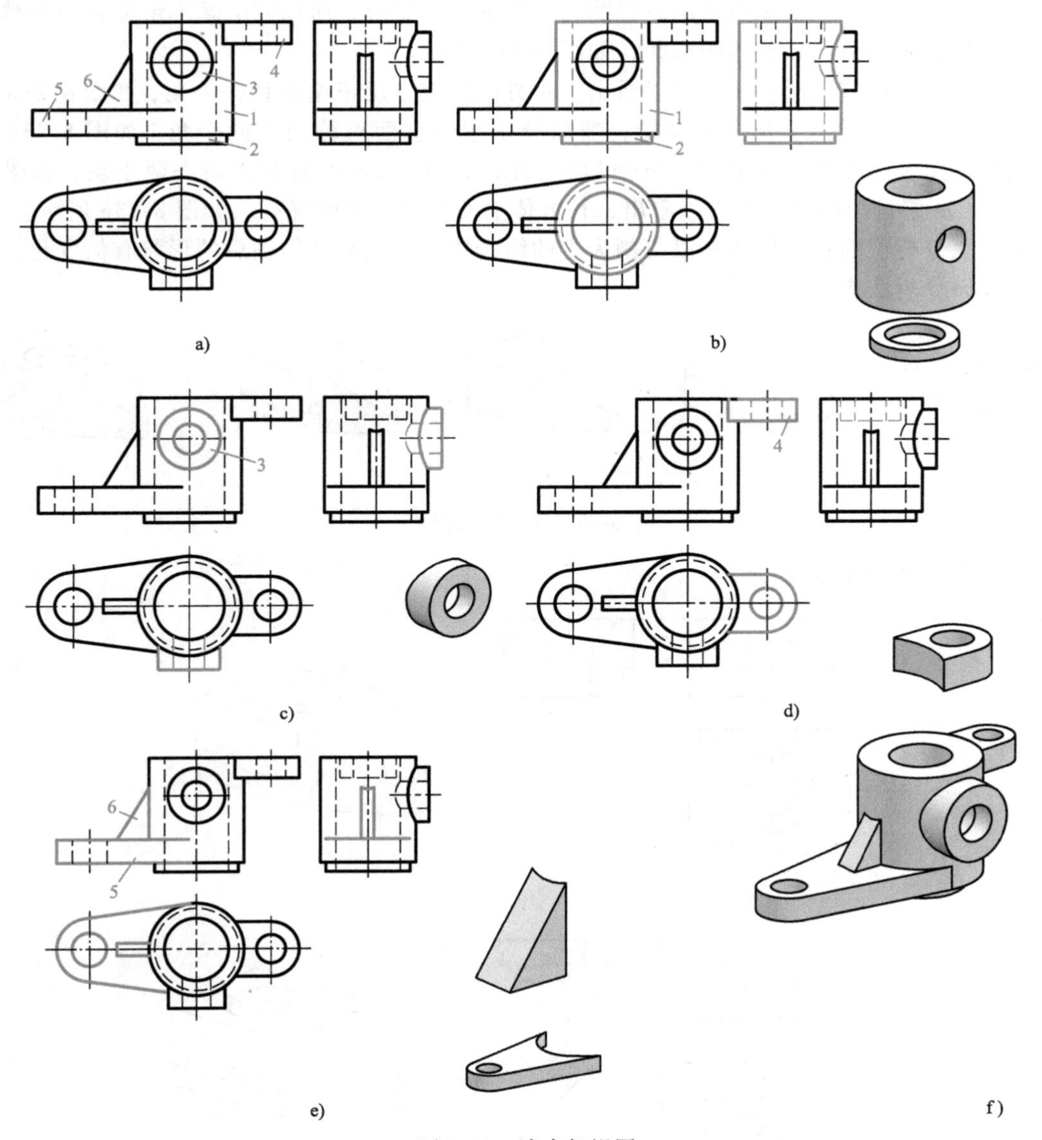

图 8-21　读支架视图

2. 线面分析法读图

线面分析法读图主要用于以切割为主形成的形体。首先根据给定的视图分析出原形体的形状、切割的方式以及切割后的形状变化。由于切割后产生表面形状比较复杂，为了便于分析，一般用分析图线和线框投影特性的方法，故称为线面分析法。

例 8-5　以图 8-22 所示的压块三视图为例，说明用线面分析法读图的具体过程。

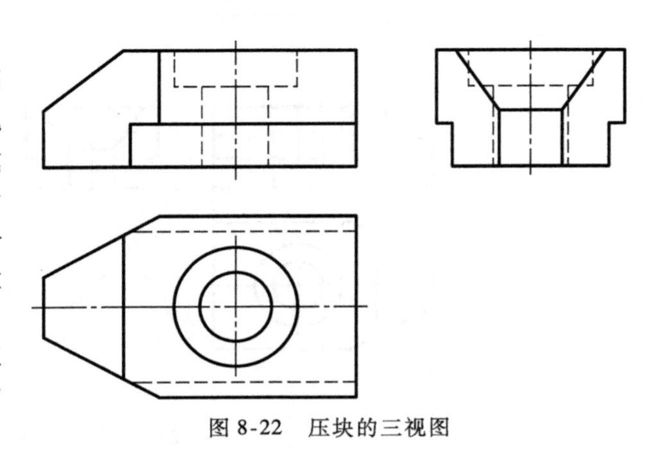

图 8-22　压块的三视图

先分析整体形状：由于压块的三视图轮廓基本上是矩形，所以它的基本形体是一个被切割的长方体，先想象出长方体的形状，如图 8-23a 所示。

进一步分析细节：从主视图可以看出，长方体左上方用正垂面切去一角，如图 8-23b 所示。从俯视图可以看出，长方体左端，前后分别用铅垂面对称切去两个角，如图 8-23c 所示。从左视图可以看出，长方体下方前后分别用水平面和正平面对称切去两小块，如图 8-23d 所示。从俯视图和主视图可以看出，长方体上面挖有一个阶梯孔，如图 8-23e 所示。

从以上分析说明：该压块是以切割为主的组合体。但是它被切割后的形状有何变化，还需要用线面分析法进一步分析。

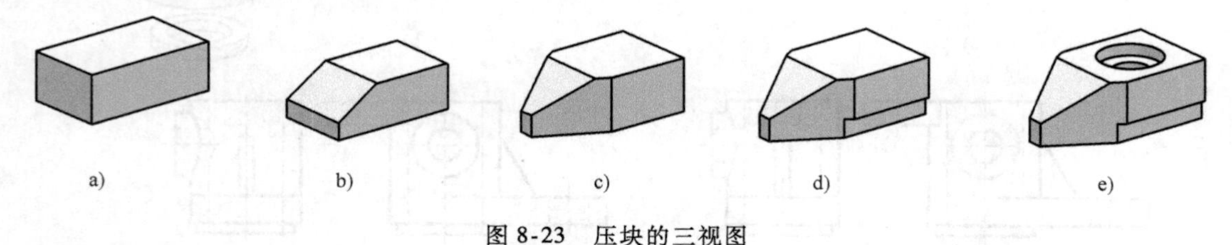

图 8-23　压块的三视图

分析方法如图 8-24 所示。

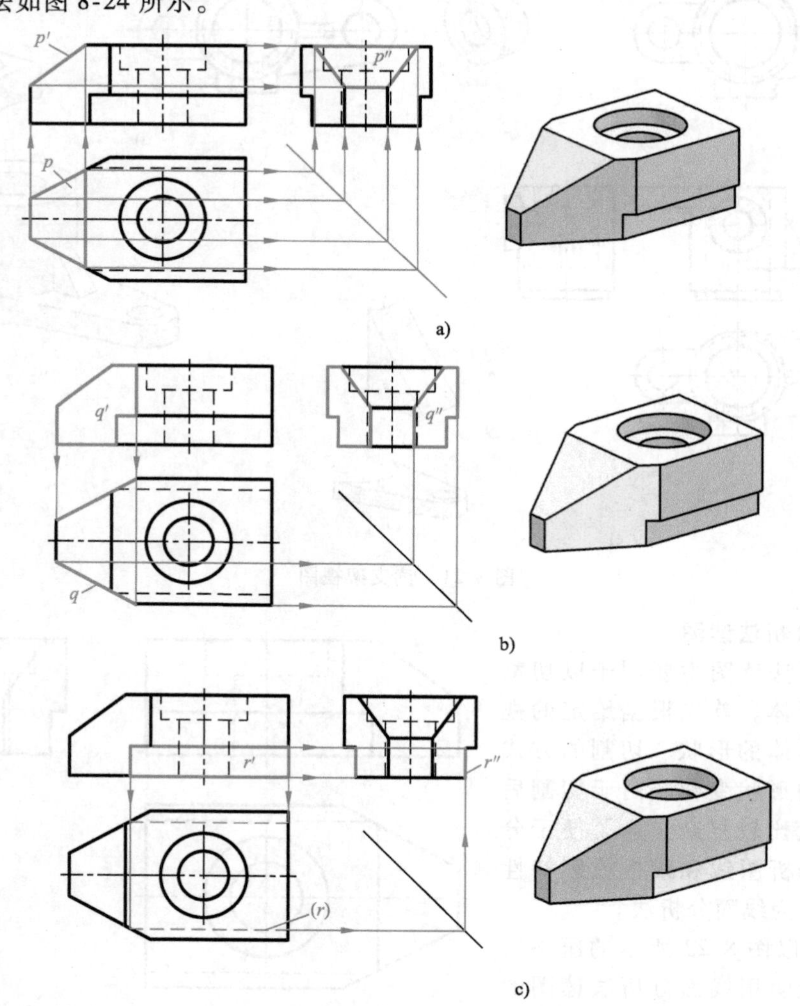

图 8-24　压块的读图过程

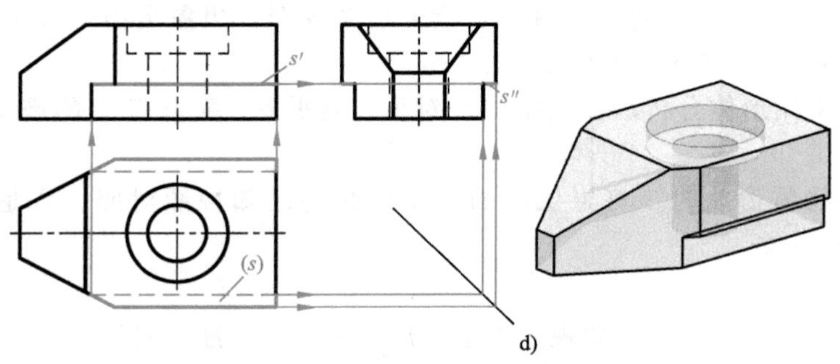

图 8-24　压块的读图过程（续）

1）如图 8-24a 所示，先从俯视图左端的梯形线框 p 出发，在主视图中找出与它对应的投影 p'是一条斜线，根据投影关系找出它的左视图 p''，由此可知形体左上角的 P 面，是垂直于正面的梯形平面。

2）如图 8-24b 所示，再从正面投影的七边形线框 q'出发，在水平投影中找出与它对应的投影 q 是两对称的斜线，根据投影关系找出它的侧面投影 q''为两类似的七边形。由此可知形体左端前后两 Q 面是铅垂面。

3）如图 8-24c 所示，从主视图上的线框 r'出发，对应出水平投影 r 和侧面投影 r''，是两条平行于轴的直线，由此可知 R 面是正平面。

4）如图 8-24d 所示，从俯视图的四边形 s 出发，对应出正面投影 s'和侧面投影 s''，是两条平行于轴的直线，由此可知 S 面是前后两个水平面。

其余表面比较简单，不需要作进一步分析。这样我们从形体分析的角度和线面分析的角度，彻底弄清了压块的三视图中的线、面投影关系，进而想象出压块的空间形状。

提示　一般情况下，读组合体视图通常是两种方法并用，以形体分析法为主，线面分析法为辅。所以，组合体的读图过程应该是：认识视图抓特征，分析形体对投影，综合起来想整体，线面分析攻难点。

三、根据两视图补画第三视图

由已知两视图补画第三视图是读图与画图的一种综合训练，是提高阅读、绘制视图能力和培养空间想象能力的一个重要手段。

由已知两视图补画第三视图时，首先应根据已知视图按前述方法，将视图读懂，即把物体的空间形状想象出来；然后按各组成部分的形状和它们的相互位置，根据投影规律逐个地画出第三视图；最后补画出完整的视图。

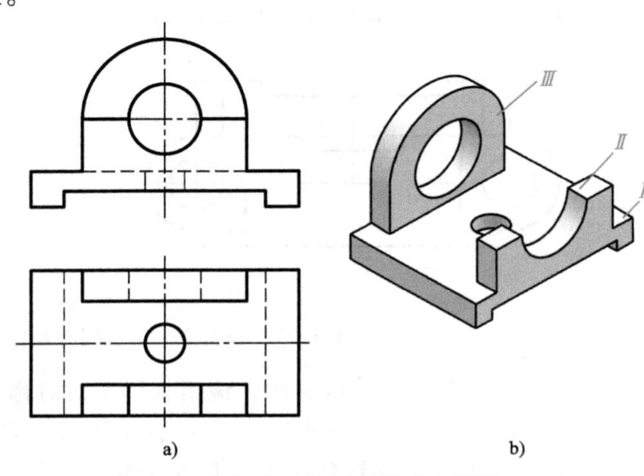

图 8-25　根据主、俯视图补画左视图（一）

例 8-6　根据图 8-25a 所示的主、俯视图，想象出物体的形状，并补画出左视图。

分析：

1）采用形体分析法，从主视

图入手，主、俯视图根据“长对正”规律，读懂已知视图，想象出物体形状。联系俯视图，把整体分解为三部分，如图 8-25b 所示。

2）作图时，采用形体分析法，根据“长对正、高平齐、宽相等”的规律，分别画出各基本体的左视图。

3）分析想象物体形状时，将想象出的物体形状与已知视图对照，看是否符合给定视图，若不符合重新想象。

作图：

1）如图 8-26a 所示，在主、俯视图上定出形体 *I*、*II*、*III* 的投影。

2）如图 8-26b 所示，画底板 *I* 的左视图。

3）如图 8-26c 所示，画立板 *III* 的左视图。

4）如图 8-26d 所示，画立板 *II* 的左视图。

5）如图 8-26e 所示，检查、整理、加深图线。

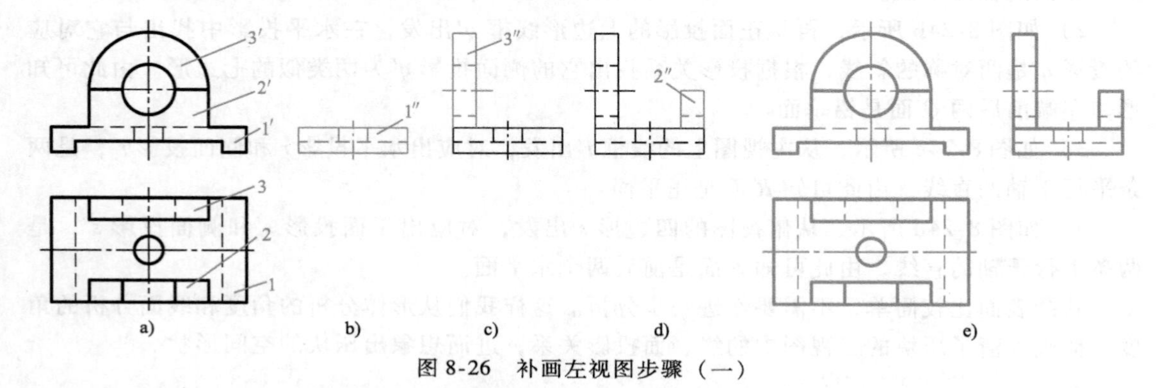

图 8-26　补画左视图步骤（一）

例 8-7　根据图 8-27a 所示的主、俯视图，想象出物体的形状，并补画出左视图。

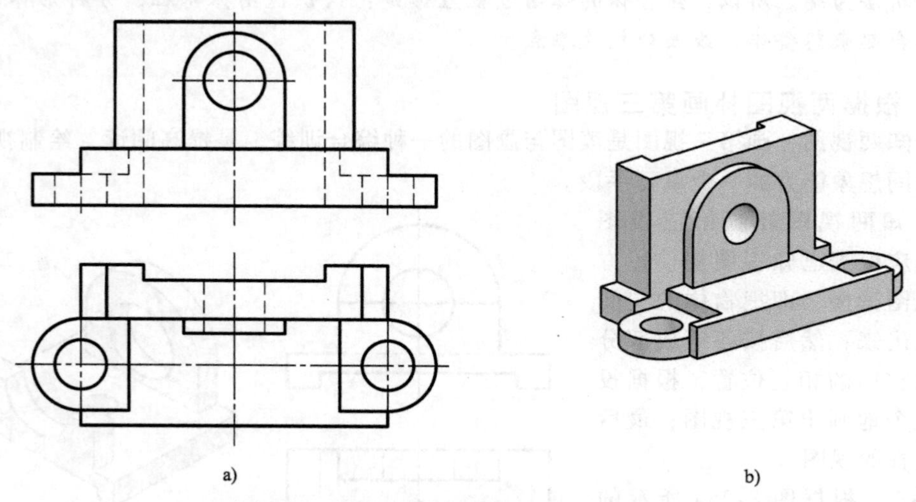

图 8-27　根据主、俯视图补画左视图（二）

分析：从主、俯视图可以看出，该组合体左右对称。由四个基本形体组成：长方形底板和长方形立板后面靠齐、上下叠加，并且后面切槽，立板前面靠一个 *U* 形板，底板左右切方槽并叠加半圆柱形成一个 *U* 形面，上面有同轴圆孔。

作图：

1）如图 8-28a 所示，画水平板。

2）如图 8-28b 所示，画立板及前面的 *U* 形板。

3）如图 8-28c 所示，画底板左右结构。

4）如图 8-28d 所示，检查、加深、整理轮廓线。

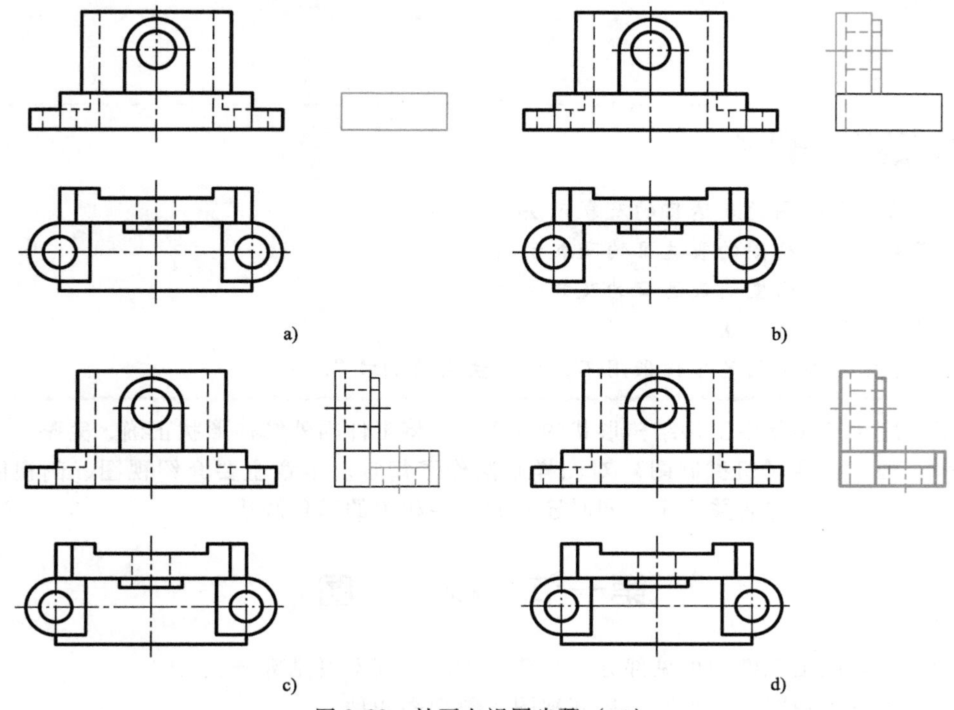

图 8-28 补画左视图步骤（二）

思考题

1. 组合体的组合形式有哪几种？各基本形体相邻表面之间的连接关系有哪几种？
2. 什么是形体分析法？什么特征的形体用形体分析法画图和读图？
3. 什么是线面分析法？什么特征的形体用线面分析法画图和读图？
4. 视图中的图线表示什么？视图中的线框表示什么？
5. 画组合体三视图时，如何选择主视图？
6. 标注组合体尺寸的基本要求是什么？
7. 标注尺寸应注意哪些问题？
8. 读图应掌握哪些基本要领？
9. 如何正确补画第三视图？

第九章 图样画法

本章教学目标

1. 了解各种视图的表达目的及表示法
2. 了解各种剖视图的表达目的及表示法
3. 了解各种断面图的表达目的及表示法
4. 了解其他表达方法
5. 基本掌握对不同的零件采用不同的方法表达的技能

为了适应生产实际中工件结构形状的多样化，将工件内外结构形状正确、完整、清晰地表达出来，国家标准《机械制图》对图样画法作了规定。本章主要介绍视图、剖视图和断面图的分类和画法中的有关规定，同时还介绍一些相关的简化画法。

第一节 视 图

视图一般只画出工件的可见部分，必要时才画出其不可见部分。

视图分为基本视图、向视图、局部视图、斜视图四种。

一、基本视图

工件向基本投影面投射所得到的视图称基本视图。

国家标准《机械制图》中规定，采用正六面体的六个面作为基本投影面。如图9-1a所示，将工件放在六面体中，由前、后、左、右、上、下六个方向，分别向六个基本投影面投射，得到六个基本视图，如图9-1b所示。

六个基本视图的名称是：主视图、俯视图、左视图、后视图、仰视图、右视图。基本投

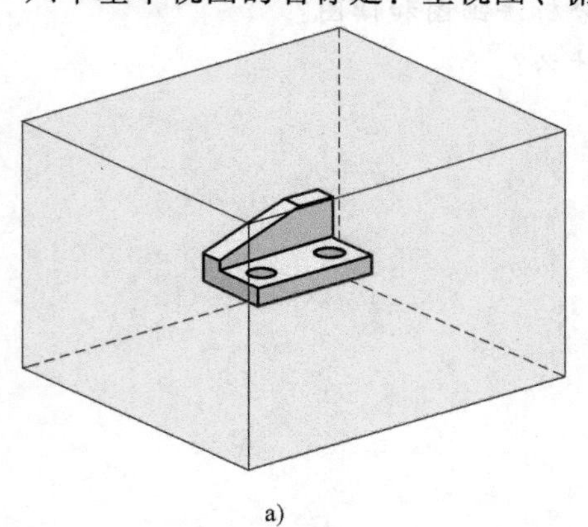

a)

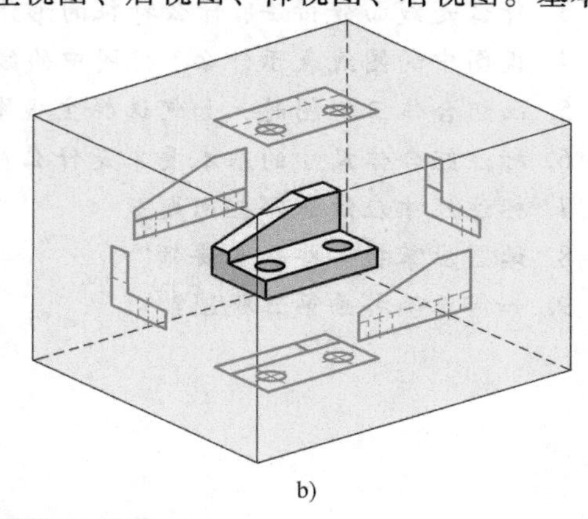

b)

图9-1 六个基本投影面及视图

影面的展开如图 9-2 所示。

六个基本投影面展开后，当六个基本视图按如图 9-3 所示配置时，不需标注视图的名称。

六个基本视图仍然保持：“长对正、高平齐、宽相等”的投影规律。基本视图在实际应用时，主要表达工件的外部形状，应根据工件的结构形状特点、复杂程度，选择必要的视图数量。

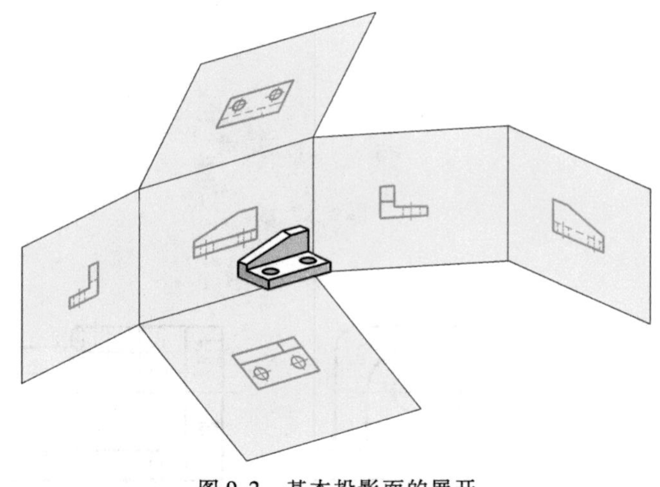

图 9-2　基本投影面的展开

例 9-1　图 9-4a、b 所示为一阀体的结构形状，确定其表达方法。

结构分析：

阀体的主要结构为四部分，左侧为方形立板，并有四个孔；右侧为 U 形柱，并有圆孔内腔；下面为方形底板，并有四个圆角和圆孔；上面为 U 形板并有两个圆孔。

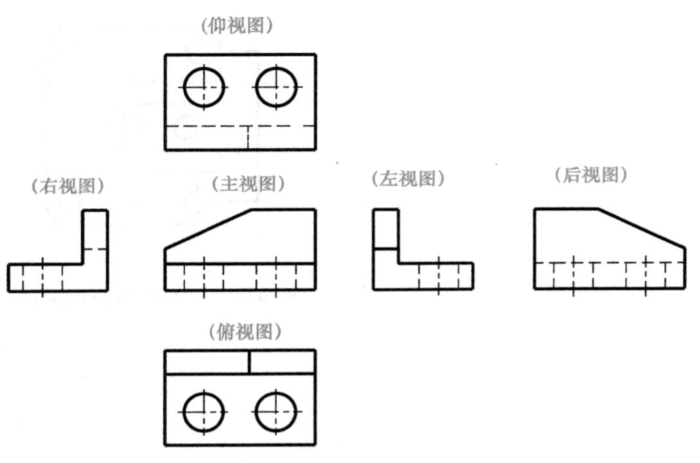

图 9-3　基本视图的配置

表达分析：

由于阀体的左、右两端面形状不同，如选用主、俯、左三视图表达，则阀体右端面结构形状必须在左视图中用虚线表达。如果增加一个右视图，就可以清晰地表达阀体右端面的结构形状了。如图 9-4c 所示，用四个基本视图表达阀体比较好。左视图表达左侧方形板的形状，右视图表达右侧 U 形柱的形状，俯视图表达底板和 U 形板的形状，主视图表达各基本形体的相对位置及左侧板和底板的厚度。

提示　各种表达方法的目的是将零件的结构形状表达清楚，因此对已经表达清楚的结构，一般虚线就可以不画了。如图 9-4 所示左、右视图中对孔的轮廓虚线可以不画。

例 9-2　图 9-5a、b 所示为一支架的结构形状，确定其表达方法。

结构分析：

支架由三部分构成，支架的左部分由圆柱和长圆柱组成，支架的右部分由腰形柱构成，其右部有 8 字形孔腔结构。

表达分析：

图 9-5c 所示为用主、左、右三个基本视图表达，较好地表达了各组成部分的形状。主视图反映了零件内、外结构的长度方向尺寸及相对位置，左视图表达了该零件左端圆形凸台中间长圆形柱、右端腰形柱以及圆孔的形状，右视图主要表达了右侧 8 字形孔腔的形状，三个基本视图表达如图 9-5d 所示。

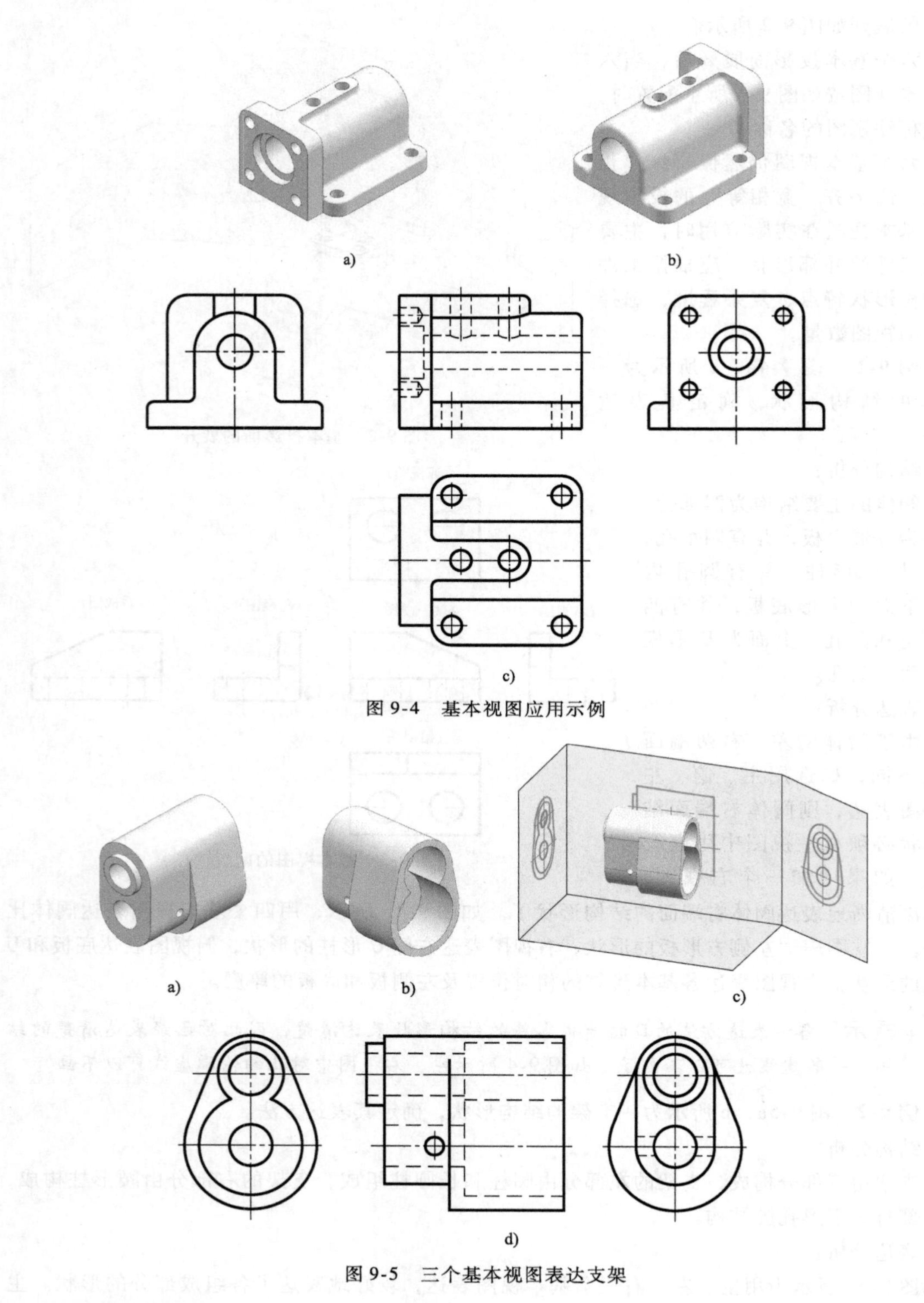
a)　b)

c)

图 9-4　基本视图应用示例

a)　b)　c)

d)

图 9-5　三个基本视图表达支架

二、向视图

向视图是可以自由配置的视图，如图 9-6 所示。主视图、俯视图和后视图是基本视图配置，在视图上方分别标注大写拉丁字母 *A*、*B* 的两个视图均为向视图。在主视图的右侧标有箭头（表示投射方向）和字母 A，表示 A 向视图是右视图；在主视图下方标有字母 B，表示 B 向视图是仰视图。

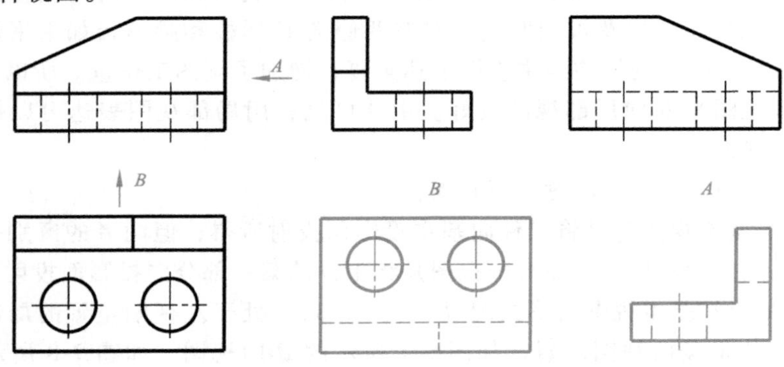

图 9-6　向视图

在实际应用向视图时，要注意以下几点：

1）向视图是基本视图的一种表达形式，其主要差别在于视图的配置不同。由于基本视图除了主视图以外，其他视图都围绕主视图确定关系，所以省略了标注。而向视图的配置是随意的，就必须明确标注才不致产生误解。

2）向视图的视图名称“×”为大写字母 A、B、C……，无论是在箭头上方的字母，还是视图上方的字母，均应与正常的读图方向一致，以便于识别。

3）由于向视图是基本视图的另一种表达形式，所以表达投射方向的箭头应尽可能配置在主视图上，以便于所获视图与基本视图一致。

三、局部视图

局部视图是将物体的某一部分向基本投影面投射所得到的视图。

例 9-3　如图 9-7a 所示支座的结构形状，确定表达方法。

结构分析：

支座由方形底板、圆柱筒、左侧 U 形柱和右侧腰形板构成。

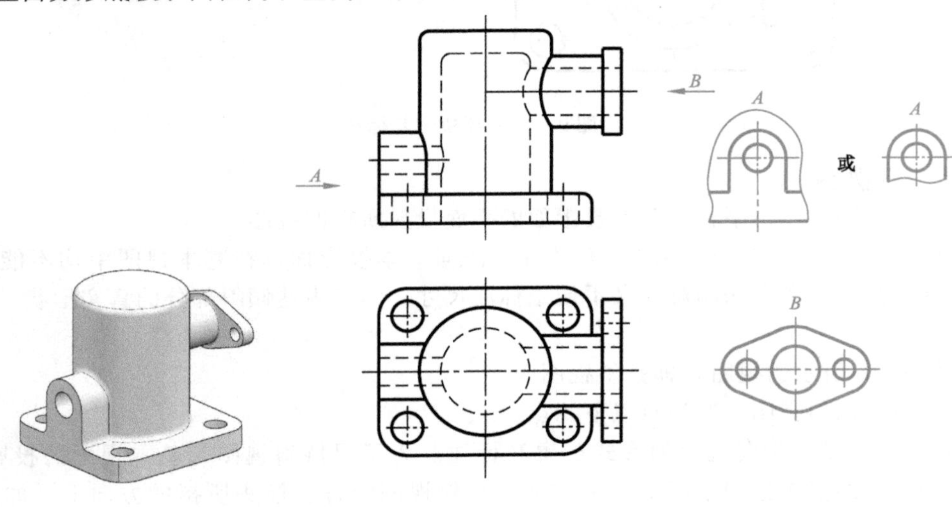

图 9-7　用两个基本视图和两个局部视图表达支座

表达分析：

如图 9-7b 所示，支座采用主俯两个基本视图、表达了底板和圆柱筒的结构形状、左右两侧 U 形柱和腰形板的位置以及板的厚度。左右两侧的 U 形柱和腰形板如果采用左、右视图表达，工件底板和圆柱筒的结构与主视图表达重复，增加了画图工作量。所以，对左、右结构采用 *A* 向局部视图和 *B* 向局部视图较好。由此可见，用局部视图表达可以做到重点突出，清晰明了，作图方便。

在实际应用局部视图时，要注意以下几点：

1）局部视图与基本视图都是将工件向基本投影面投射所得，但两者的区别是：基本视图要求将整个工件向投影面投射，而局部视图是将工件的某一部分向投影面投射。

2）局部视图如果按基本视图的形式配置。（图 9-8），处于左视图位置的局部视图可省略标注。局部视图如果按向视图配置，如图 9-7 所示的 *B* 向视图，如图 9-8 所示的 *A* 向视图，必须标注。

3）局部视图一般用波浪线或双折线表示断裂部分的边界，如图 9-7、图 9-8 所示的视图 *A*。当表示的局部结构轮廓线呈完整的封闭图形时，波浪线可以省略不画，如图 9-7 所示的视图 *B* 和图 9-8 中左视图位置的图形。

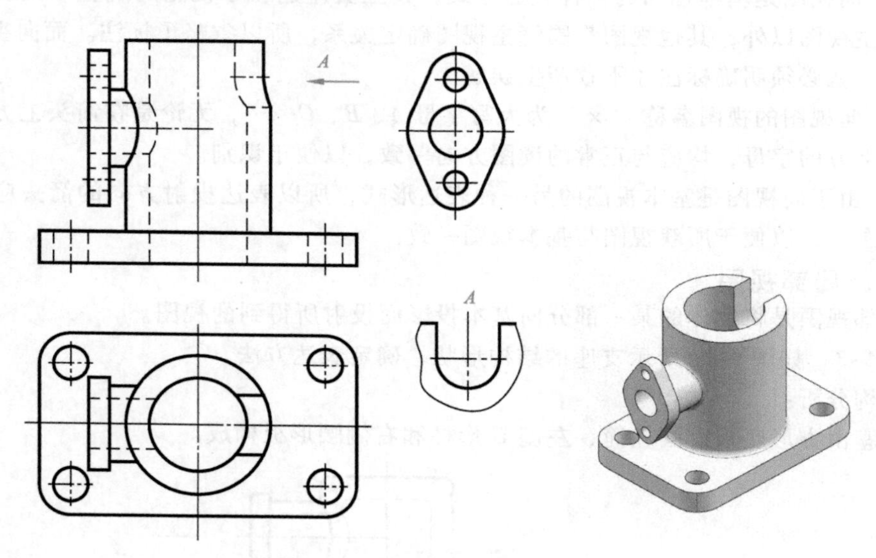

图 9-8　局部视图及标注

四、斜视图

斜视图是物体向不平行于基本投影面的平面投射所得的视图。

有的工件部分结构是倾斜的，不平行于任何基本投影面，在基本视图中均不能反映真形，既给绘图和看图带来困难，又不便于标注尺寸。为了表达倾斜部分的真实形状，可采用斜视图。

如图 9-9b 所示的视图 *A* 即是斜视图。

在实际应用斜视图时要注意以下几点：

1）一般斜视图按向视图的形式配置和标注。为了保持斜视图与基本视图的投影关系，一般用带字母的箭头指明投影部位和方向，将斜视图配置在箭头所指的方向上，如图 9-9b 所示的 *A* 向视图。

2）无论箭头和图形怎样倾斜，字母一律水平书写。

3）必要时，允许将斜视图旋转配置。此时，斜视图的名称要加注旋转符号，并且大写拉丁字母要放在靠近旋转符号的箭头端。旋转符号的旋转方向应与图形的旋转方向相同。

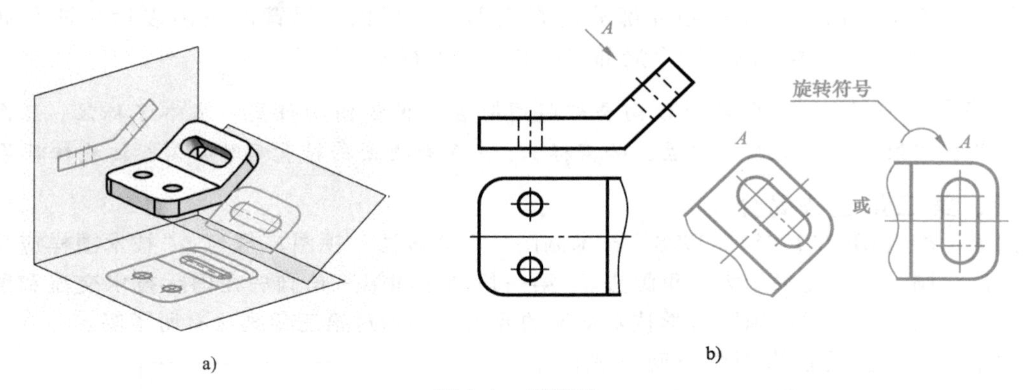

图 9-9　斜视图

4）通常，斜视图用来表达工件倾斜面的真实形状，所以投影不反映真实形状的部分，一般不必画出，而是用波浪线断开，如图 9-9 所示的俯视图。

例 9-4　如图 9-10a 所示为一摇臂零件，确定表达方法。

结构分析：

该零件的臂和臂上的圆柱部分是倾斜的，所以俯、左视图不反映圆柱部分的真形，表达不清晰。

表达分析：

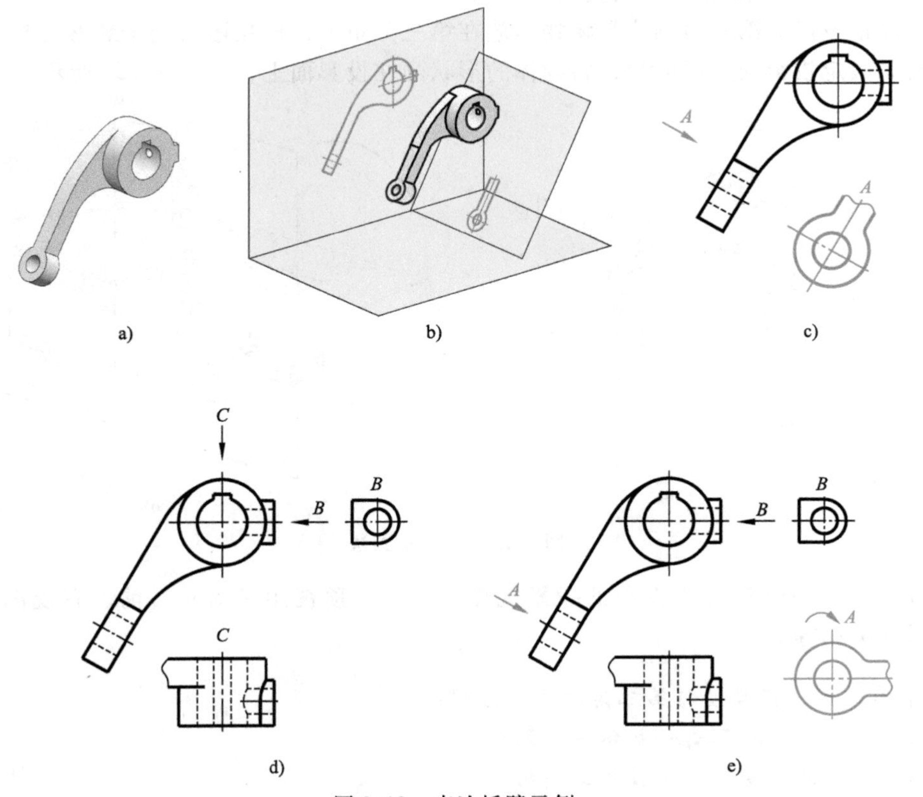

图 9-10　表达摇臂示例

为了使每一部分的结构都能够反映真实形状，如图 9-10c 所示将摇臂的倾斜部分用 *A* 向斜视图表达，反映了该部分的真实形状。如图 9-10d 所示用 *B* 向局部视图表达 U 形台的真实形状；用 *C* 向局部视图表达圆柱部分的真实形状。所以，摇臂的正确表达应该是如图 9-10e所示，即一个基本视图、两个局部视图和一个斜视图。

注意 如图 9-10e 所示的 *C* 向局部视图配置在俯视图的位置，省略了标注；*B* 向局部视图配置在左视图的位置，必需标注；*A* 向斜视图旋转表示时必需标注旋转符号。

五、第三角画法简介

国家标准《GB/T 17451—1998 技术制图 图样画法 视图》规定：“技术图样应采用正投影法绘制，并优先采用第一角画法。”第一角画法和第三角画法在国际技术交流和贸易中都可以采用，为了适应国际科学技术交流的要求，必须对第三角画法有所了解。

两个互相垂直的投影面将空间分成四个分角（四个象限），如图 9-11 所示。将物体置于第一分角内进行投射，画出表达物体形状的图形称为第一角画法。将物体置于第三分角内进行投射，画出表达物体形状的图形称为第三角画法。中国、英国、法国、德国等国家都采用第一角画法。美国、日本、加拿大、澳大利亚等国家采用第三角画法。

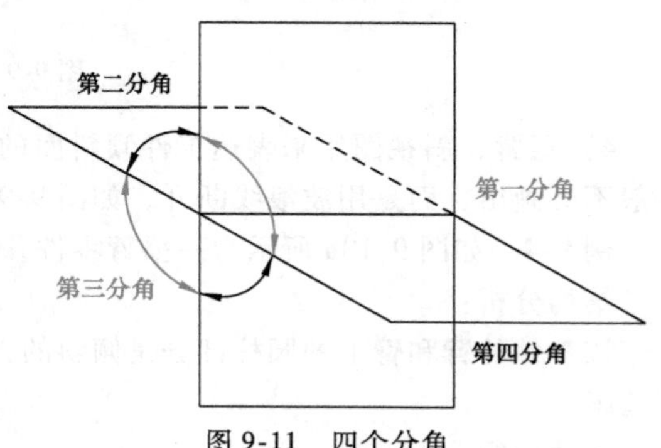

图 9-11 四个分角

第一角画法是将物体放在第一分角内，使物体处于观察者与投影面之间进行投射而得到的多面正投影。第三角画法是将物体放在第三分角中，使投影面处于观察者与物体之间进行投射，假定投影面是透明的，将物体的形状画在投影面上，如图 9-12a 所示。

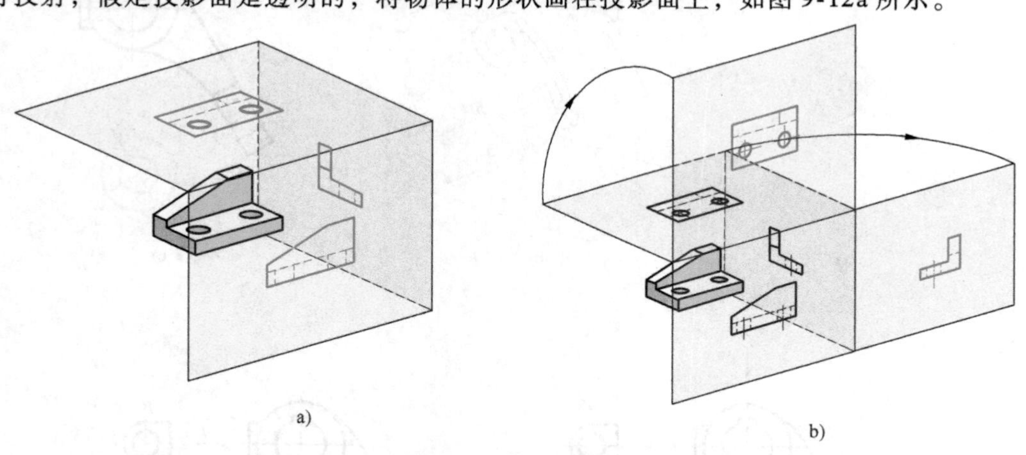

图 9-12 第三角画法

各视图之间仍然符合正投影的投影规律，即前、顶视图长对正，前、右视图高平齐，顶、右视图宽相等。

提示 第一角画法与第三角画法的区别：

第一角画法：观察者—物体—投影面；

第三角画法：观察者—投影面—物体。

投影面展开时，正立投影面不动，水平面和侧立面分别绕 OX 轴和 OY 轴旋转90°，如图9-12b 所示。

在观察物体时规定：由前向后投射，所得到的视图称为前视图；由上向下投射，所得到的视图称为顶视图；由右向左投射，所得到的视图称为右视图。

提示　第一角画法与第三角画法各视图与主视图的配置关系：

第一角画法	第三角画法
俯视图在主视图的下方；	顶视图在前视图的上方；
左视图在主视图的右方；	左视图在前视图的左方；
右视图在主视图的左方；	右视图在前视图的右方；
仰视图在主视图的上方；	仰视图在前视图的下方；
后视图在左视图的右方。	后视图在右视图的右方。

为了尽快读懂第三角画法的视图，读者可以从图9-13所示的第一角画法与第三角画法的六个基本视图做比较，从中找出两者之间的区别和规律。由比较可见，第一角画法中的主视图、后视图与第三角画法中的前视图、后视图相同；第一角画法中的左、右视图的位置对调，即是第三角画法中的左、右视图；第一角画法中的俯、仰视图对调，即是第三角画法中的顶、仰视图。

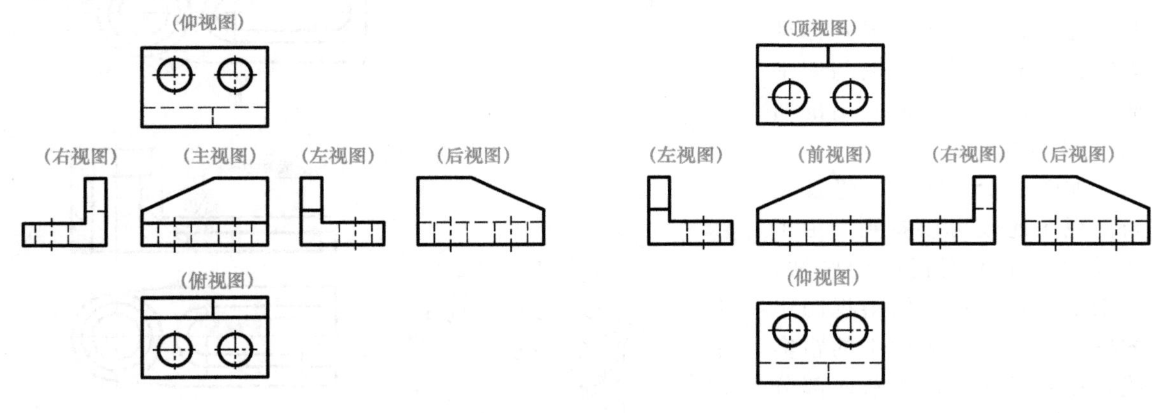

图9-13　第一角画法与第三角画法的配置区别

采用第三角画法时，必须在图样的标题栏中画出第三角画法的识别符号，如图9-14所示。

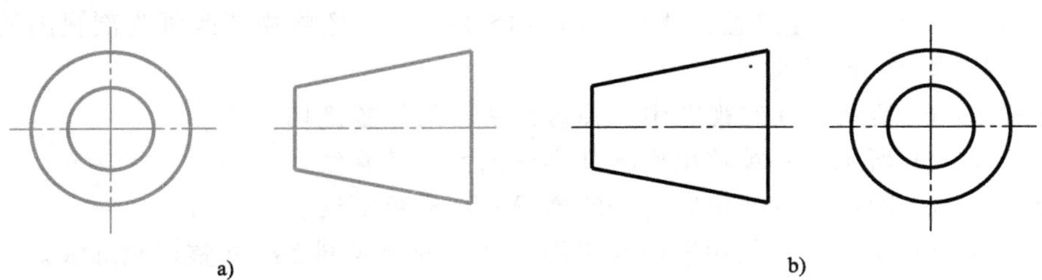

图9-14　第三角画法和第一角画法的识别符号

a）第三角画法　b）第一角画法

第二节 剖 视 图

当工件的内部结构比较复杂时，视图中就会出现很多虚线，这些虚线与实线混合在一起，会影响图形的清晰性，不利于读图和标注尺寸。为了清楚地表达物体的内部形状，国家标准规定了剖视图的画法。

一、剖视图的形成和画法

1. 剖视图的形成

假想用剖切平面在工件适当的位置剖开工件，将处于观察者和剖切平面之间的部分移去，余下部分向投影面投射所得的图形，称为剖视图（简称剖视）。

如图 9-15b 所示，工件的内部结构在视图中用虚线表示，如果虚线较多视图表达就不清楚。为了将工件内部的孔和槽表达清楚，使这些结构的轮廓线用实线表达，如图9-15c 所示，假想用一个平行正面且通过工件对称中心平面的剖切平面将工件剖开，移去观察者和剖切平面之间的部分，然后再将工件其余部分向正立投影面投射，所得的图形就是剖视图。为了表达清楚，国家标准规定，在剖视图中，把剖切平面与工件接触的断面画出剖面线（图中的斜线）。

如图 9-15d 所示，将视图与剖视图比较可以看到，由于主视图采用了剖视图的画法，原来不可见的孔、槽由视图中的虚线变成了剖视图中的粗实线。在剖视图中，将断面部分用剖面符号表示，使物体内部的空与实的关系层次分明，更加清晰。

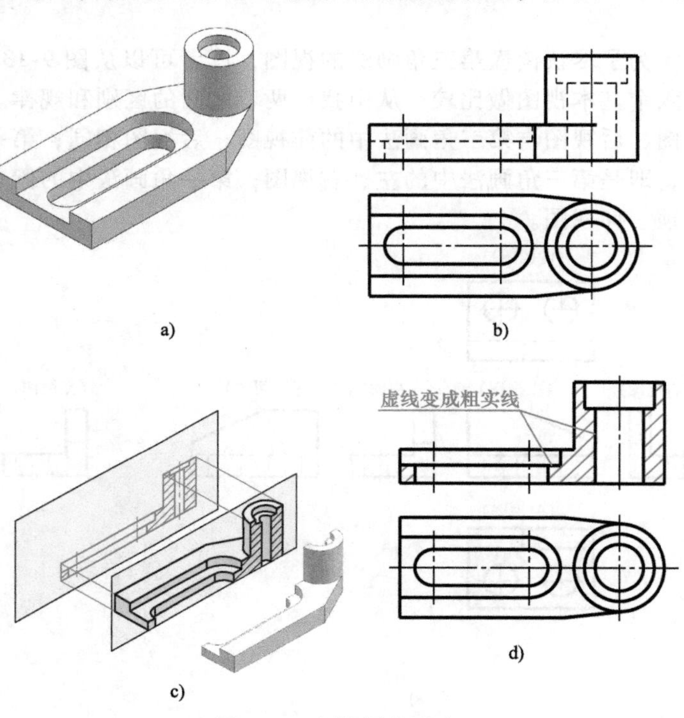

图 9-15 剖视图的形成

2. 剖视图的画法

画剖视图时，应首先选择最合适的剖切位置，以便充分表达工件的内部结构形状。

由于对视图的画法已经熟悉，这里以图 9-15 为例，介绍将视图改画为剖视图的方法。

画图步骤如图 9-16 所示：

1）如图 9-16a 所示，在俯视图中选择对称平面的位置剖切。

2）如图 9-16b 所示，去掉移出底板和圆柱前面的轮廓线。

3）如图 9-16c 所示，将剖切后内部的虚线改画成粗实线。

4）如图 9-16d 所示，将剖切平面与工件接触部分画成剖面线并整理轮廓线。

3. 画剖视图应注意的问题

1）一般剖切平面应平行或垂直于基本投影面，并且要通过内部结构的对称平面、孔的轴线。

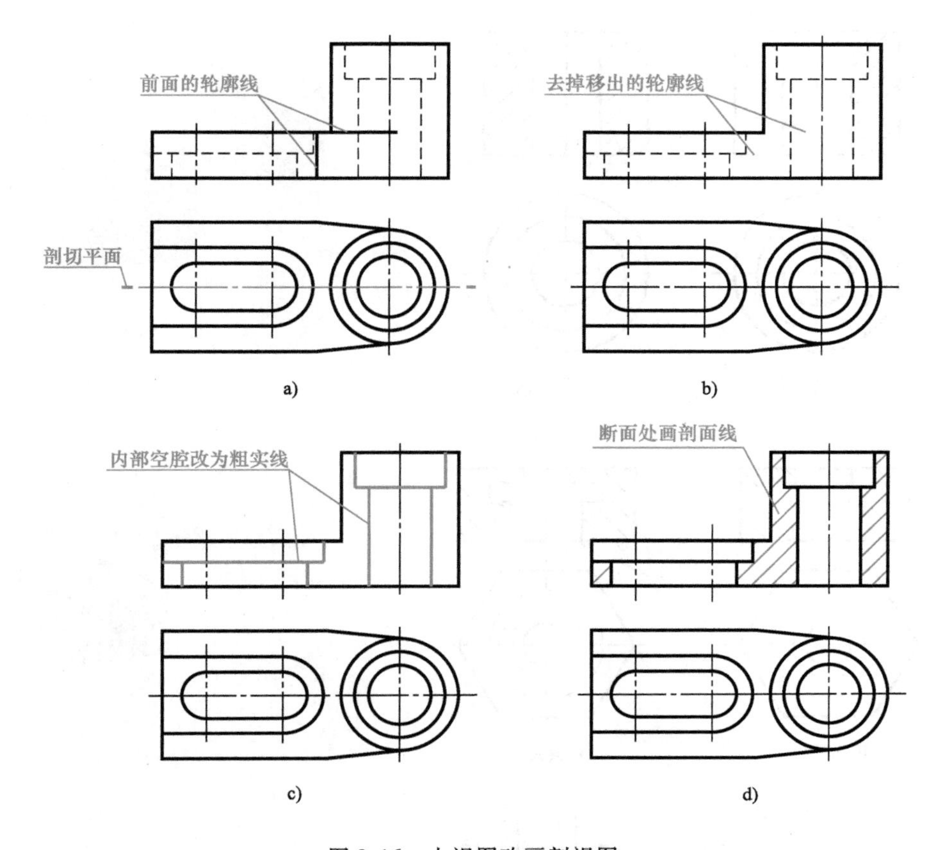

图 9-16　由视图改画剖视图

2）剖视图是假想切开工件画出的，所以其他视图必须按原来整体形状画出，如图 9-16 所示的俯视图。

3）剖视图中的剖面线如图 9-17 所示，采用与主要轮廓线成 45°角的互相平行的细实线绘制。

注意　同一工件的剖面线方向要相同，间隔要相等。剖面线的间隔应视图形的大小确定。

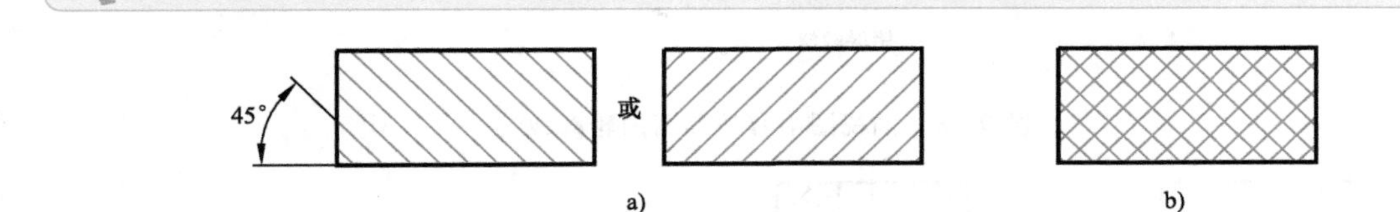

图 9-17　通用剖面线画法

a）金属材料剖面符号　b）非金属材料剖面符号

4）画剖视图时，工件的剖切平面后方的轮廓线应全部画出，不得漏画。如图 9-18 所示是初学者容易漏画的轮廓线的几种情况。

5）在剖视图中，只要不影响工件结构的完整表达，一般看不见的轮廓可以不画。但是，当虚线不画，会影响其结构形状时，虚线就必须画出。如图 9-19 所示，如果主视图中的虚线不画，则不能表达该结构的位置和形状，此时虚线必须画出。

二、剖视图的标注

1）用粗短线表示剖切平面的位置，用箭头表示投射方向，在箭头附近标注字母。

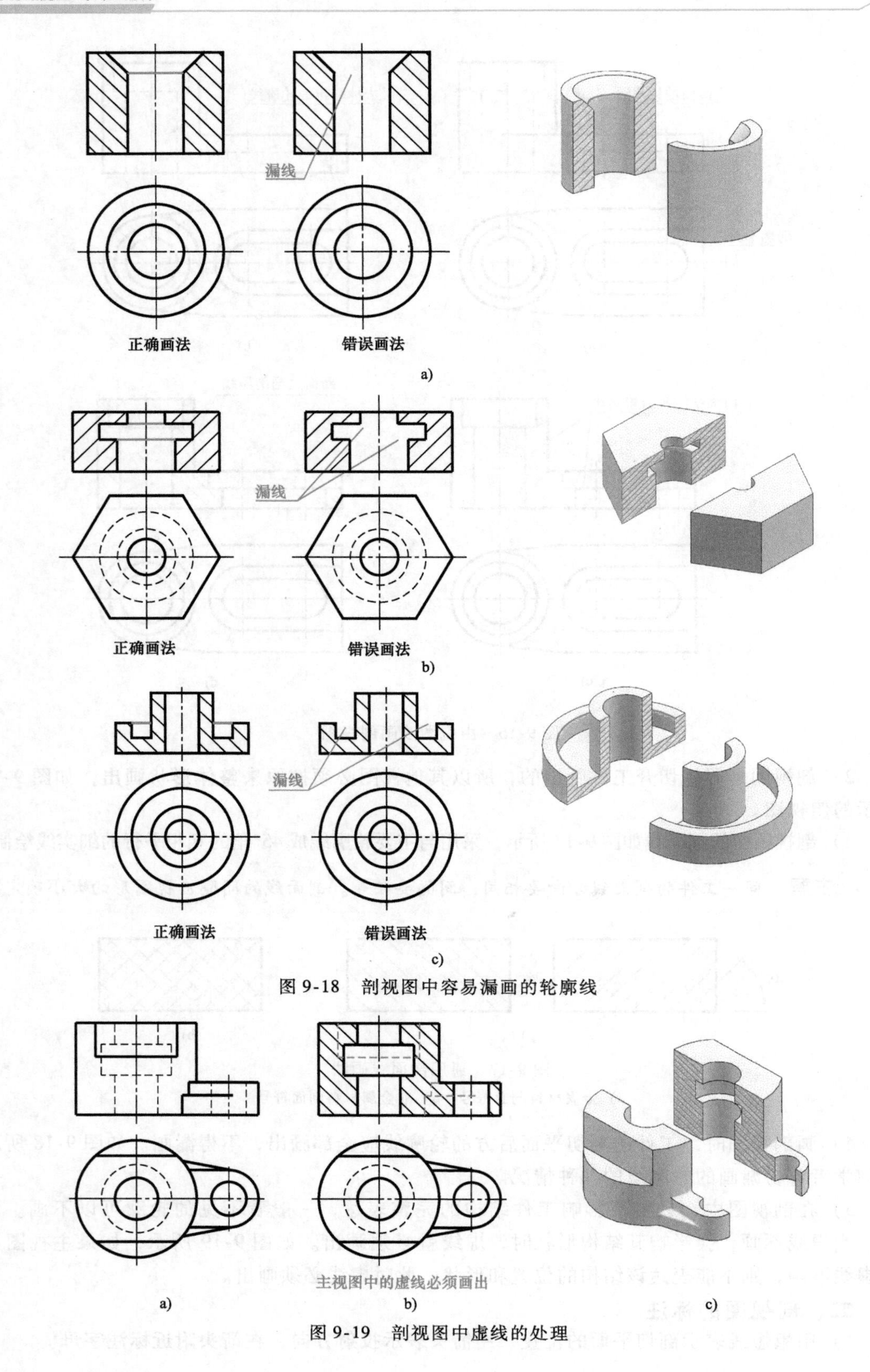

图 9-18　剖视图中容易漏画的轮廓线

图 9-19　剖视图中虚线的处理

2）在剖视图上方，需要标注出相应的名称“×—×”。

3）当剖切平面通过工件的对称平面，剖视图按基本视图配置，中间没有其他视图隔开时，允许省略标注。

三、剖视图的种类

按剖开工件的范围大小，可将剖视图分为全剖视图、半剖视图和局部剖视图三大类。

1. 全剖视图

用一个或多个剖切平面完全地将工件剖开所得的剖视图称为全剖视图，简称全剖。

（1）用单一剖切平面剖切　用一个平行或垂直于基本投影面的剖切平面剖开工件后得到的剖视图，如图 9-20 所示。

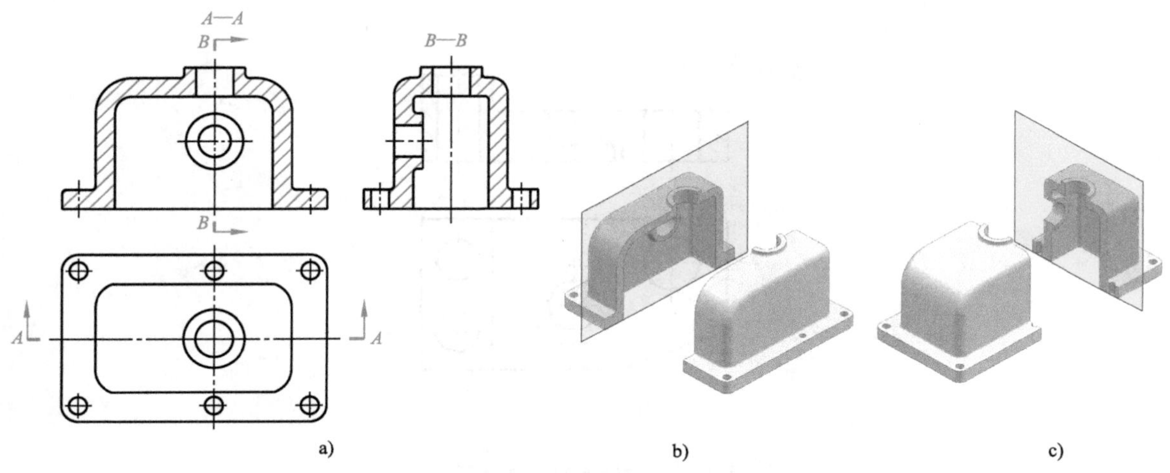

图 9-20　全剖视图示例（一）

图 9-20a 所示的 *A—A* 剖视图是通过工件的对称面，平行于正立投影面剖切所得，主要表达工件的内腔形状及壁厚、内部凸台的形状及位置。*B—B* 剖视图是通过工件各孔的轴线，并平行于侧面剖切所得，主要表达壁厚、凸台及各孔的结构形状。通常剖切平面通过工件的对称中心平面，剖视图按投影位置配置时，可以标注省略。例如图中 *A—A* 剖视图可以省略标注，*B—B* 剖视图不可省略标注。

（2）用几个互相平行的剖切平面剖切　用两个或多个互相平行的剖切平面剖开工件后画出的剖视图，如图 9-21 所示。从剖视图本身看不出是几个平面剖切的，需从剖切位置的标注去分析，根据该图的标注可以看出是由三个互相平行的剖切平面剖切而成。

采用这种剖切方法时，应注意以下几个问题：

1）如图 9-21a 所示，必须用剖切平面的位置符号表示出各剖切平面的起点、终点和转折位置。在起点、终点和转折的地方标注相同的字母（当转折的地方有限，又不会引起误解时，允许省略转折处字母），在剖视图的上方标注相应的视图名称（相同的字母）。

2）如图 9-21c 所示，剖切平面的转折处不应与视图中的轮廓线重合，并尽量避免相交。在剖视图中，两个剖切平面转折处的投影不应该画出。

3）在剖视图中，应避免出现不完整的结构要素。

（3）用几个相交的剖切面剖切　用几个相交的剖切面（其交线垂直于某一投影面）剖开工件后所得的剖视图，如图 9-22 所示。

采用这种剖切方法时应注意以下几个问题：

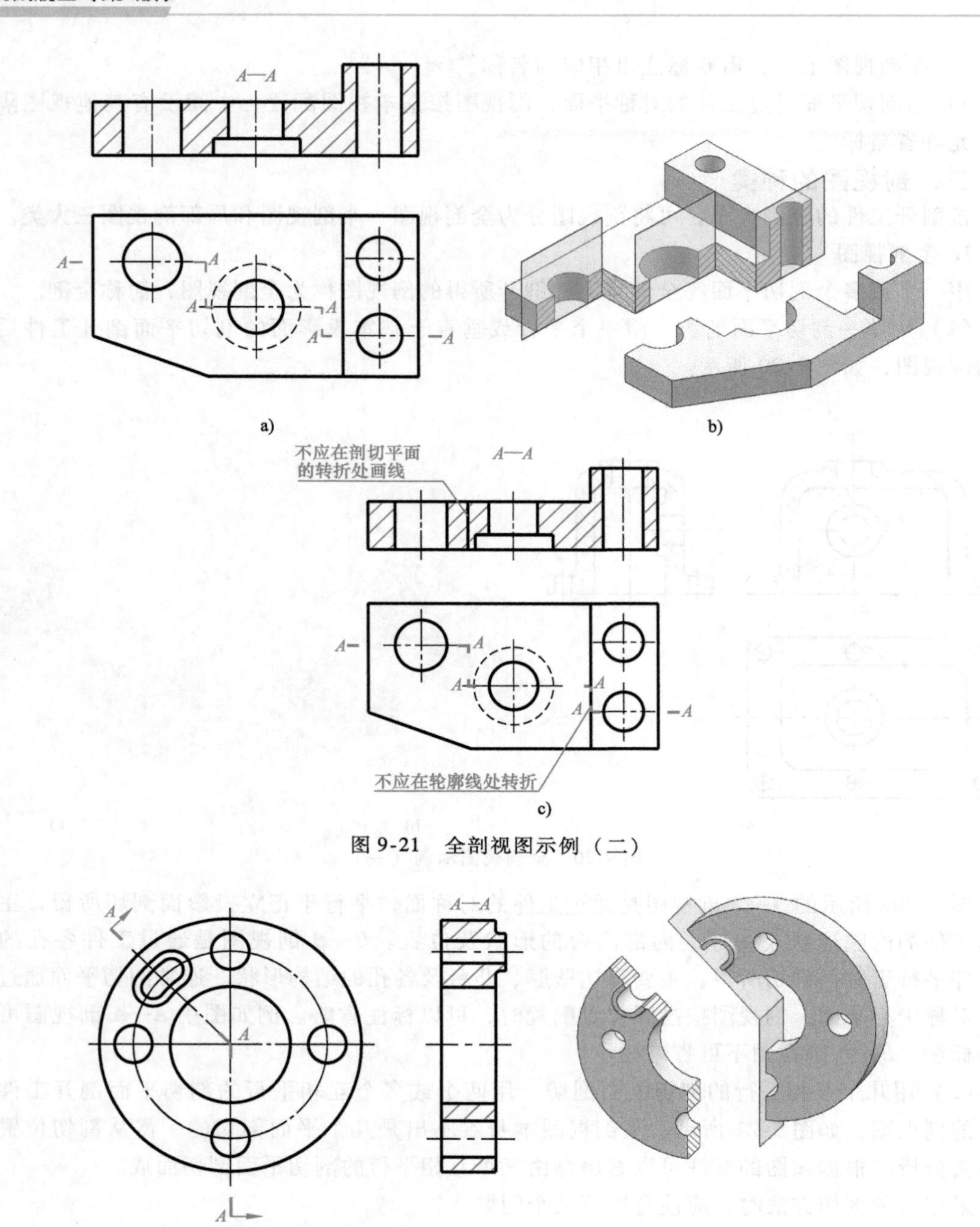

图 9-21　全剖视图示例（二）

图 9-22　全剖视图示例（三）

1）两相交剖切平面的交线应该是工件的回转轴线，且垂直于某一个基本投影面。

2）剖切后，倾斜于投影面的部分应旋转到与基本投影面平行，再画出剖视图。

3）这种方法表达必须标注剖切位置、箭头和字母。

上述三类剖切平面，实质上是指绘制物体的剖视图时可供选择的几种剖切方法，既可单独应用，也可综合起来使用。

2. 半剖视图

为了将工件的内外结构形状在一个视图上表达出来，当物体具有对称平面时，可假想将工件只剖一半，以对称中心线为界，一半画成剖视图，另一半画成视图，这种表达方法称为半剖视图，如图 9-23c 所示。

如图 9-23a 所示，该工件内外结构均左右对称，用主、俯两个基本视图表达工件，内部结构用虚线表示，不够理想；图 9-23b 所示为用全剖视图表达工件，外部圆柱凸台的形状和位置被剖去，主视图没有表达出来，不正确；图 9-23c 所示左半部分用视图表达，右半部分用剖视图表达，较理想。

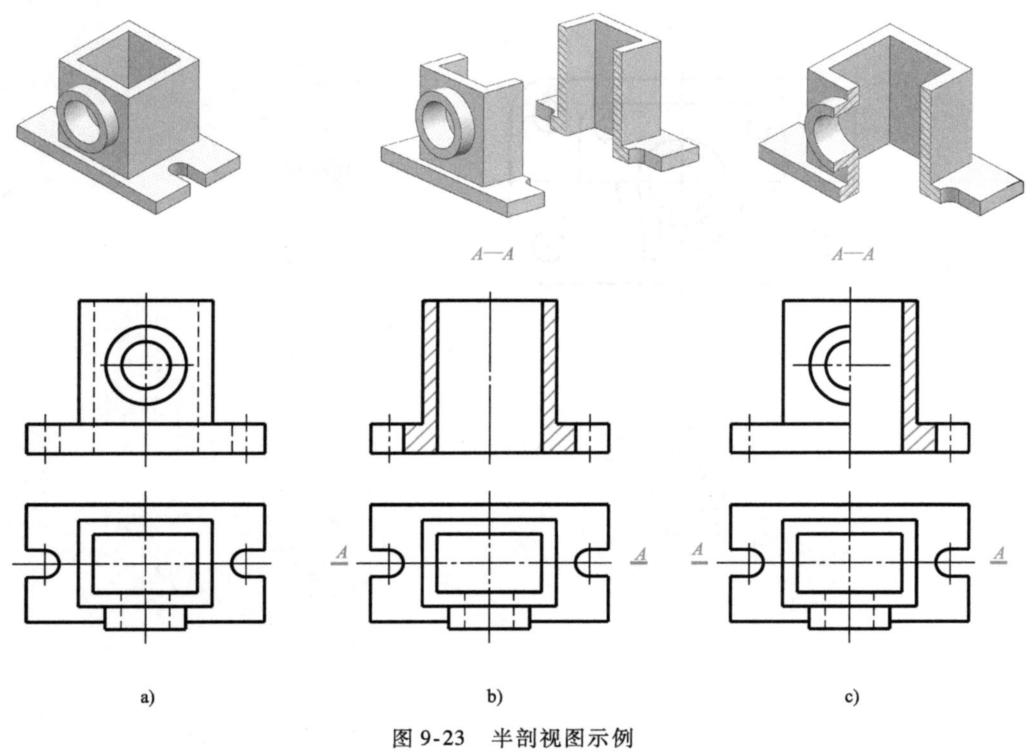

图 9-23　半剖视图示例
a）视图　b）全剖视图　c）半剖视图

注意　物体形状必须是对称的，才能采用半剖视图。

半剖视图的优点是，在一个视图上既可以表达工件的内部形状，又可以表达工件的外部形状。因此在读图时，可利用半个剖视图对称地想象出整个工件的内部形状，利用半个视图对称地想象出整个工件的外部形状。

画半剖视图时应注意以下几个问题：

1）在半剖视图中，半个视图与半个剖视图的分界线应该是单点画线而不是粗实线。

2）在半剖视图中，画成视图的那一半表示外部结构，故表示内部的虚线不必画出。

3）半剖视图的标注要求与全剖视图完全相同。

4）半剖视图的标注的省略与全剖视图的标注相同。如图 9-24 所示，主视图半剖的剖切平面 P 在对称中心平面上，所以省略标注。俯视图半剖的剖切平面 Q 不在对称中心平面上，则必须标注，如“A—A”。

3. 局部剖视图

用剖切平面局部地剖开物体所画的剖视图，称为局部剖视图，如图 9-25 所示。

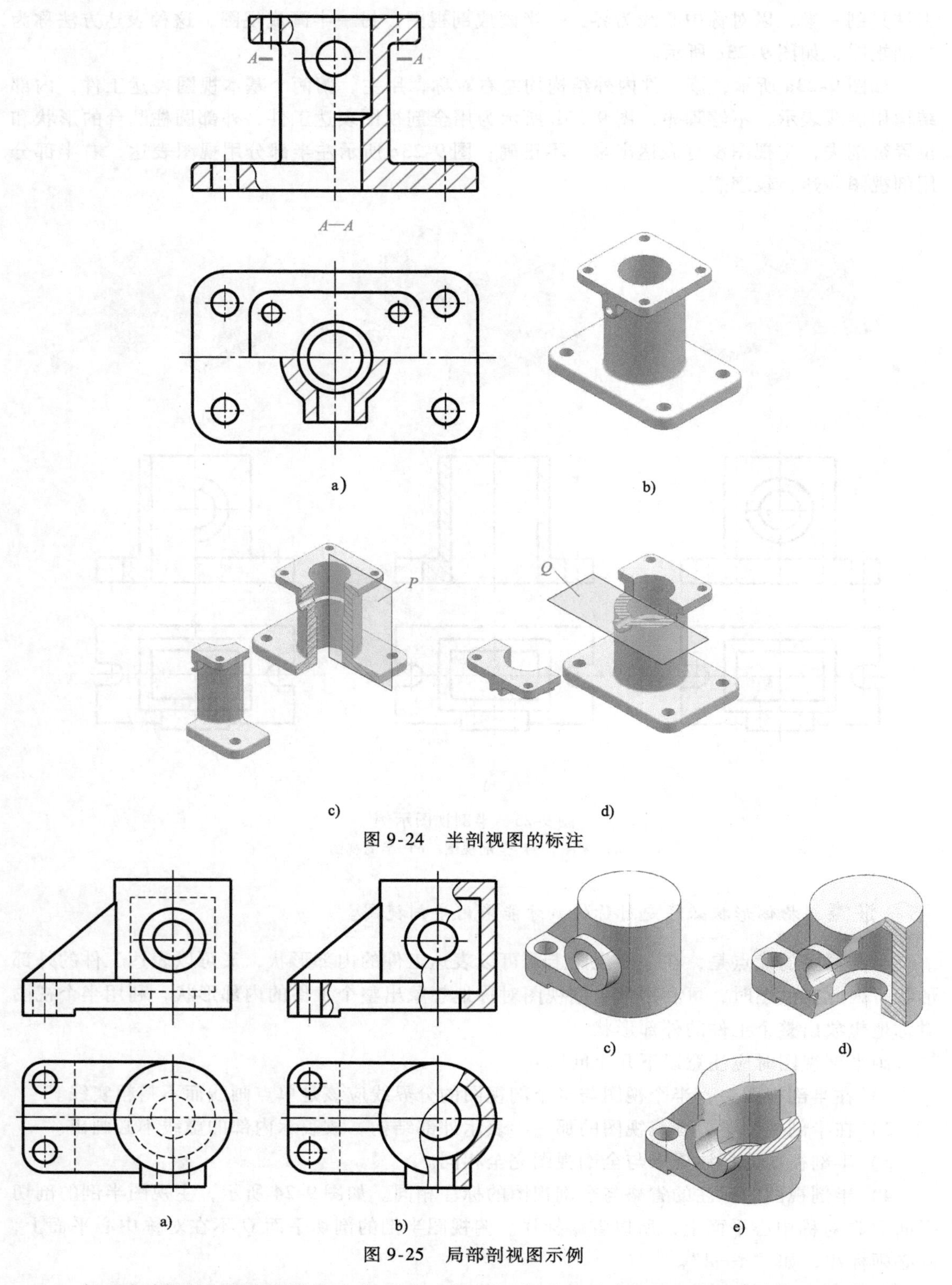

图 9-24　半剖视图的标注

图 9-25　局部剖视图示例

一般局部剖视图以波浪线或双折线作为被剖开部分与未剖切部分的分界线，并且不能与其他图线重合。局部剖视图在表达清晰的情况下，一般省略标注。

（1）画局部剖视图的一般方法

1）画局部剖视图之前，要分析该结构的形状特征，确定在视图中需要保留多少外部形状和内部形状。

2）在视图上先画波浪线，作为视图与剖视图的分界线。

3）在反映工件外形部分只画工件的可见轮廓线，一般不画虚线。在反映工件内形部分将内形轮廓线用粗实线画出，再画出剖面线。

（2）局部剖视图中波浪线的画法

1）波浪线应徒手画成细实线。

2）波浪线可视为工件的断裂面的投影，因此，只有工件实体部分才形成断裂面，在相应的图形上画出波浪线。当工件外形有孔或空洞等结构时，波浪线应当在该地方截止，不能穿空而过，更不要超出视图的轮廓线，如图 9-26 所示。

3）波浪线不要与图形中的轮廓线重合，也不要画在轮廓线的延长线上。

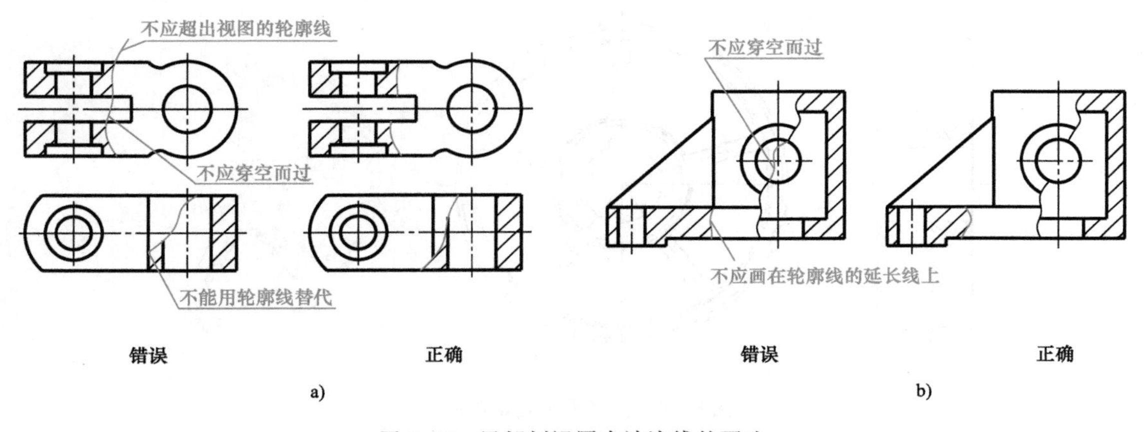

图 9-26 局部剖视图中波浪线的画法

注意 局部剖视图是一种较为灵活的表达方法，其剖切位置和剖切范围可根据需要选取。正确选择局部剖视图可使表达简练、清晰。但是在同一图样中，不宜采用过多的局部剖视，以免图形过于零碎。

四、剖视图中肋板和辐板的画法

国家标准规定，画各种剖视图时，对于工件上的肋板、辐板及薄壁等。若按纵向通过这些结构的对称剖切面剖切时（即纵向剖切），这些结构都不画剖面符号，而用粗实线将它们与邻接部分分开。

如图 9-27 所示的轴承架，当左视图采用全剖时，剖切平面通过中间肋板的纵向对称平面，所以在肋板的范围内不画剖面符号。肋板与上部的圆筒、后部的支承板、下部的底板之间的分界处均用粗实线绘出。而对于俯视图的 *A—A* 剖视图，因为剖切平面垂直于肋板和支承板（即横向剖切），所以仍要画出剖面线符号。由此可见，这种表达方法能更清楚地反映肋板的形状和薄厚。

如图 9-28 所示，手轮的左视图反映轮辐的位置和数量，主视图为全剖视图。当剖切平面通过轮辐的基本轴线时（即纵向剖切），剖视图中的轮辐部分不画剖面符号，且不论轮辐数量是奇数还是偶数，剖视图都要画成对称的。

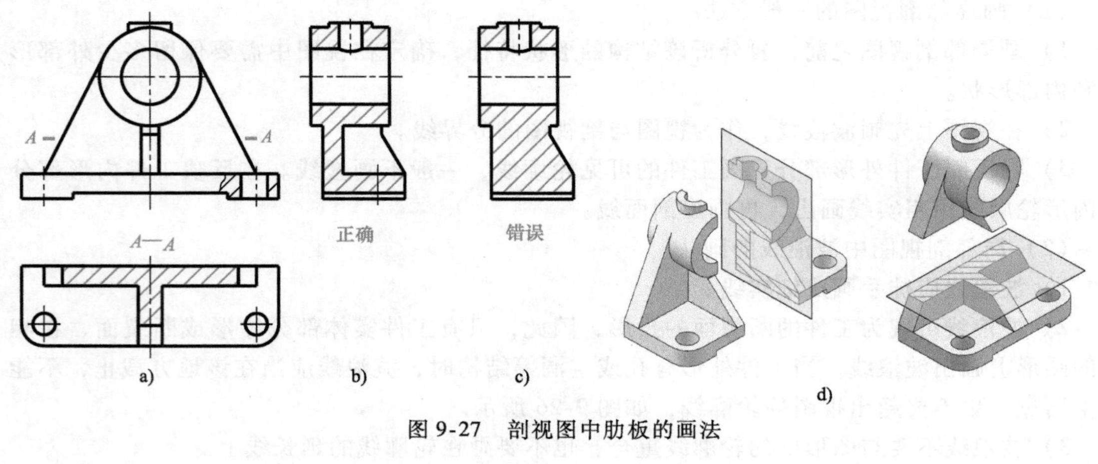

图 9-27　剖视图中肋板的画法

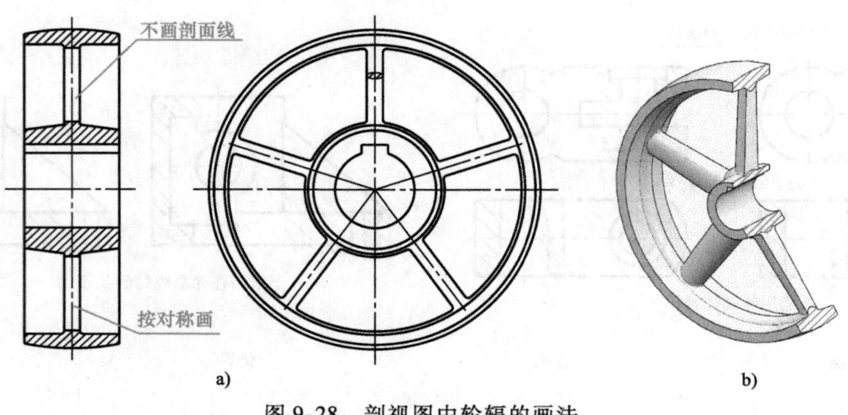

图 9-28　剖视图中轮辐的画法

第三节　断　面　图

假想用剖切平面将物体某处切断，仅画出剖切平面与物体接触部分的图形，称为断面图。

在实际生产中，往往用断面图来表达工件（如吊钩、手柄、拨叉及工件上各种肋板等）的断面形状，如图 9-29 所示。

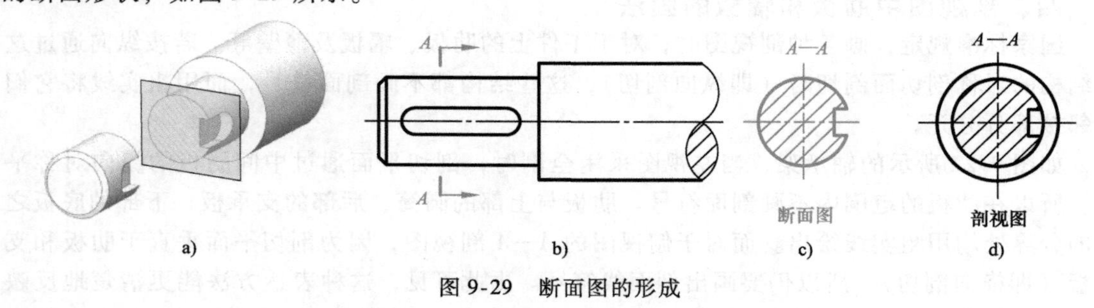

图 9-29　断面图的形成

提示　断面图与剖视图的区别：断面图只画工件被剖切后的断面形状（图 9-29c），而剖视图除了画出断面形状之外，还必须画出工件上位于剖切平面后的形状（图 9-29d）。

断面图分为移出断面图和重合断面图：

一、移出断面图

将断面图画在视图外面称为移出断面图。

1. 移出断面图的画法

1）移出断面图的图形画在视图之外，轮廓线用粗实线绘制，一般配置在剖切位置的延长线上，也可配置在其他合适的位置，如图 9-30 所示 。

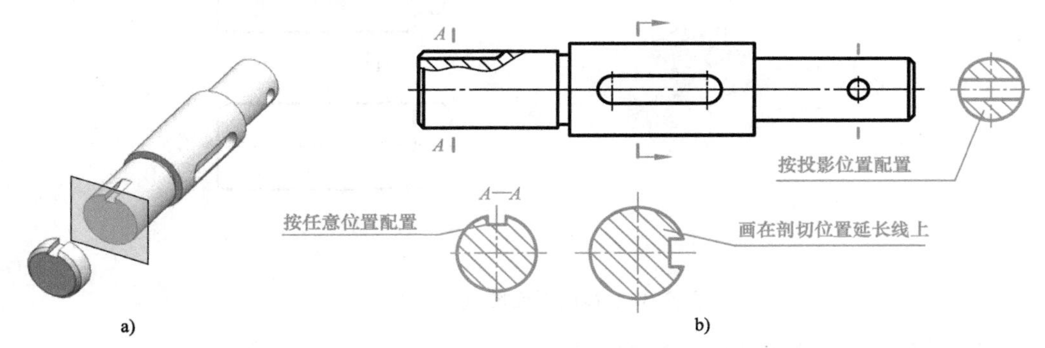

图 9-30　移出断面图（一）

2）当断面图的图形对称时，也可画在视图中断处，如图 9-31 所示 。

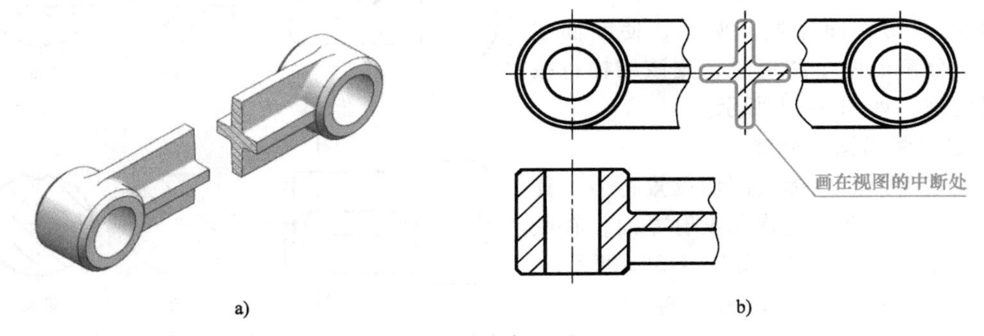

图 9-31　移出断面图（二）

3）剖切平面应与被剖切部分的主要轮廓线垂直，如图 9-32a、b 所示。由两个或多个相交的剖切平面剖切得到的移出断面图，中间一般应断开，如图 9-32c、d 所示。

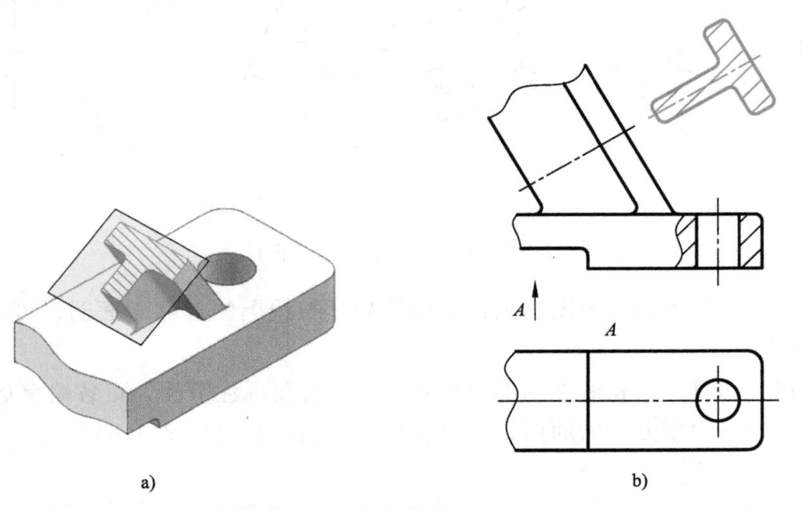

图 9-32　移出断面图（三）

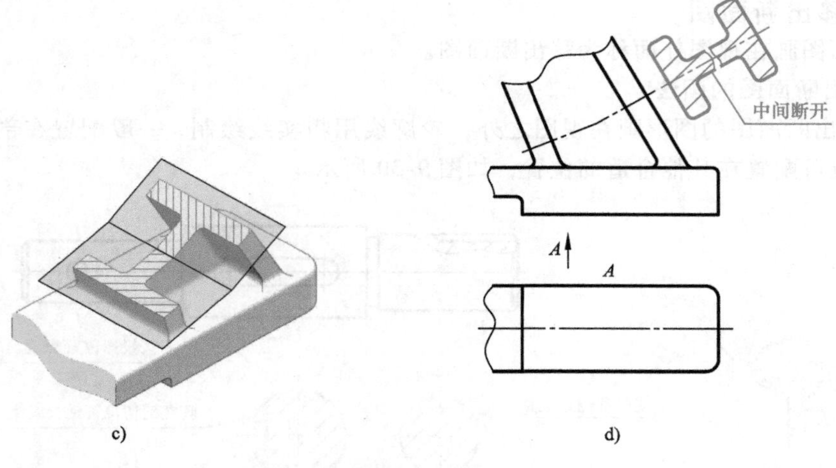

图 9-32　移出断面图（三）（续）

4）当剖切平面通过回转体形成的孔或凹坑的轴线时，这些结构的断面图应按剖视图的规则绘制，如图 9-33 所示。

5）因剖切平面通过非圆孔，使断面图变成完全分离的两个图形时，则该结构也按剖视图处理，如图 9-34 所示。

2. 移出断面图的标注

一般移出断面应标注剖切位置符号、箭头和字母，表示剖切位置和投射方向，在断面图上方标注"*X—X*"，如图 9-35a 所示。

在下列情况下，可以省略标注（图 9-35b）：

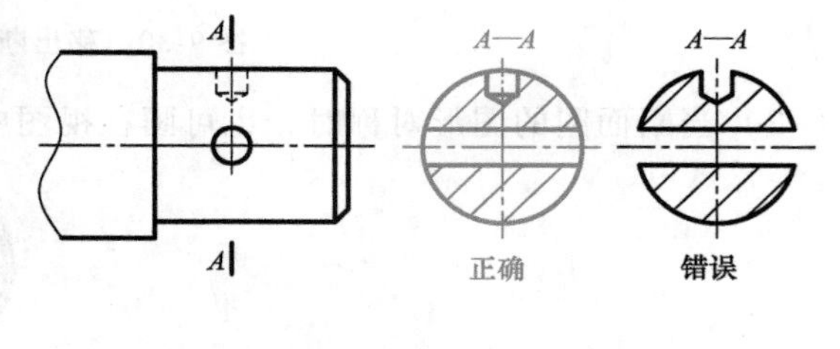

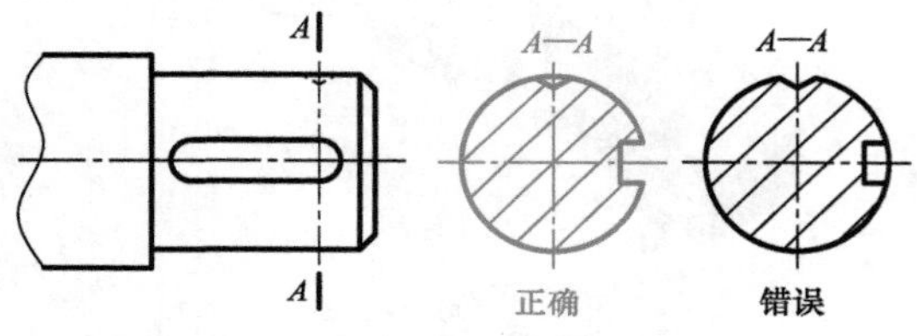

图 9-33　移出断面图（四）

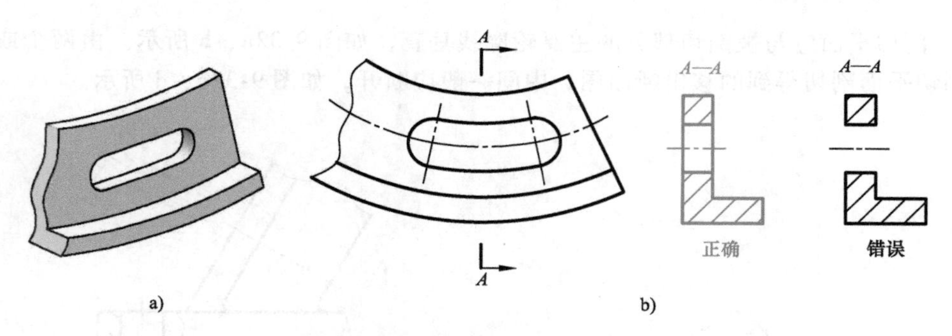

图 9-34　移出断面图（五）

1）按投影关系配置的断面图、画在剖切符号延长线上的对称断面图，可省略字母和表示投射方向的箭头。

2）配置在剖切符号延长线上的不对称断面图，需要标注箭头，可省略字母。

3）配置在视图中断处的断面图，可以省略所有的标注（图 9-31b）。

二、重合断面图

将断面图的图形画在视图之内称为重合断面图。一般当视图中图线不多，将断面图画在

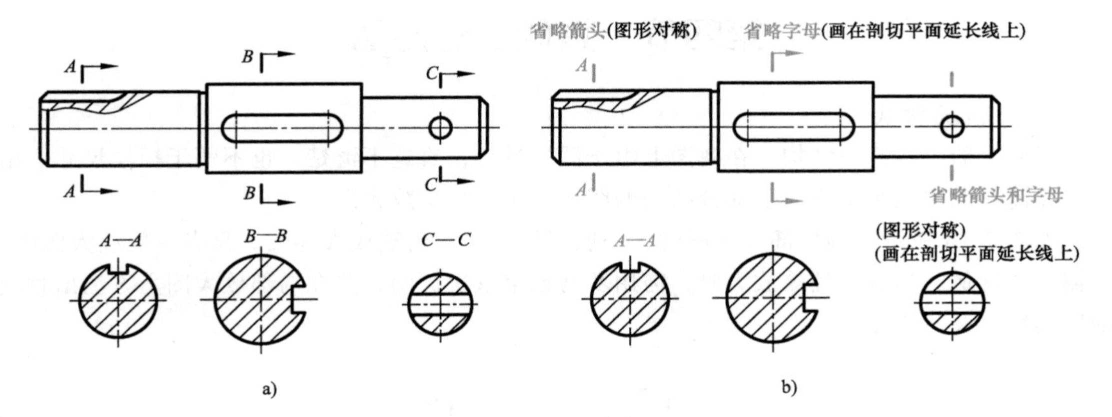

图 9-35　移出断面图的标注

视图内不会影响其清晰程度时，可采用重合断面图。

1. 重合断面图的画法

1）重合断面图的轮廓线用细实线绘制，以便与视图中的轮廓线相区别。

2）一般重合断面图画在剖切位置处，如图 9-36 所示。

3）当视图的轮廓线与断面图的轮廓线重叠时，视图轮廓线要完整画出，不得间断，如图 9-37 所示。

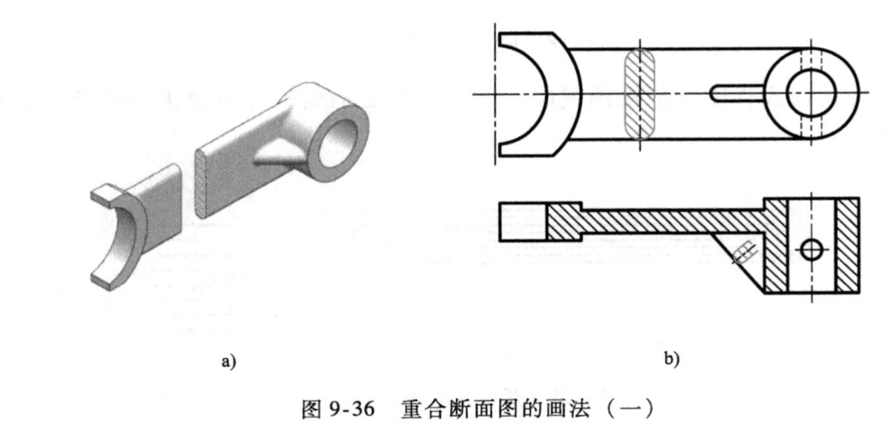

图 9-36　重合断面图的画法（一）

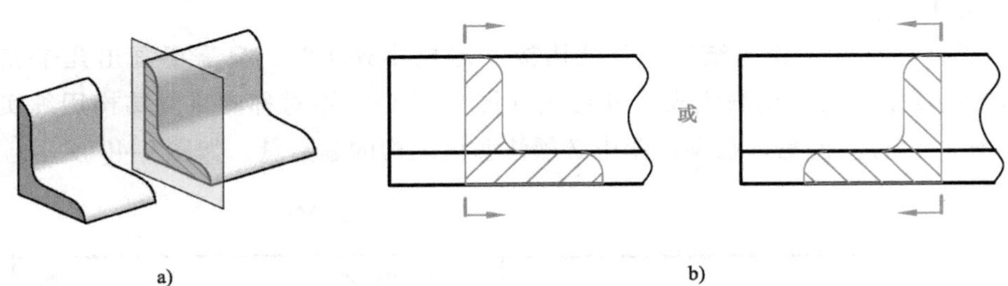

图 9-37　重合断面图的画法（二）

2. 重合断面图的标注

1）当重合断面图的图形对称时，省略所有标注，如图 9-36 所示。

2）当重合断面图的图形不对称时，需要标注箭头，表示投射方向，如图 9-37 所示。

第四节　其他表达方法

一、局部放大图

工件上的一些细小结构，在视图上由于图形过小，表达不清楚，也不便于标注尺寸。用大于原图形的比例画出物体上部分结构的图形，称为局部放大图。

如图 9-38 所示，画局部放大图时，一般用细实线圈出被放大部位。只有一处放大图时，只需标注比例。当有多处被放大时，需用罗马数字依次标明，并在局部放大图上方注出相应的罗马数字及所用比例。

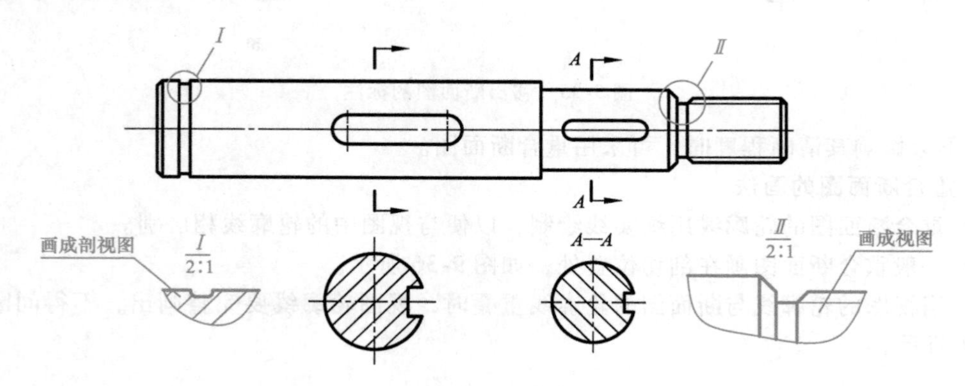

图 9-38　局部放大图（一）

局部放大图可画成视图、剖视图或断面图，视需要而定，与被放大部位原来的画法无关，如图 9-39 所示。

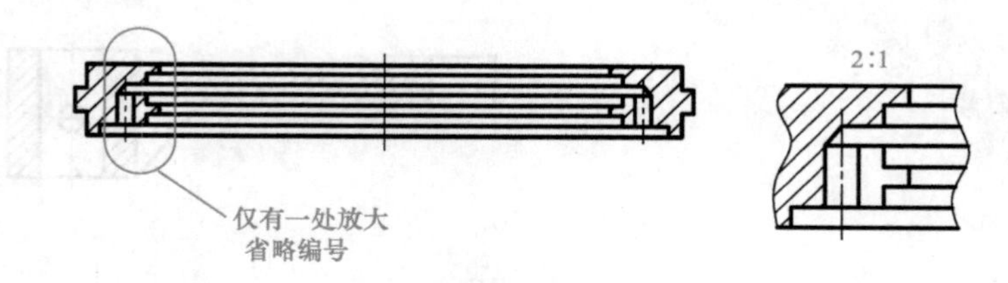

图 9-39　局部放大图（二）

二、简化画法

1）当工件具有若干相同结构，其结构按一定规律分布时，只需要画出几个完整的结构，对称的重复结构用细点画线表示其位置（图 9-40a），不对称的重复结构用细实线画出其范围（图 9-40b）。但是，在零件图中必须注明该结构的总数量，如图 9-40 所示。

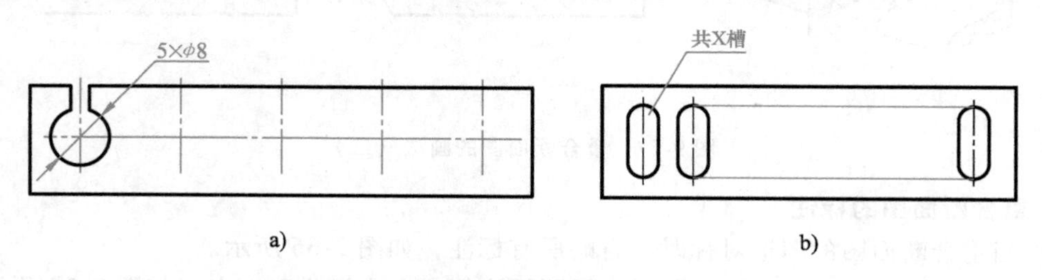

图 9-40　相同要素的简化画法

2）在同一平面内，有若干直径相同而且按一定规律分布的孔，可以只画出一个或几个，其余部分只需要画出中心线表示其中心位置，且在零件图的标注中注明孔的数量，如图 9-41 所示。

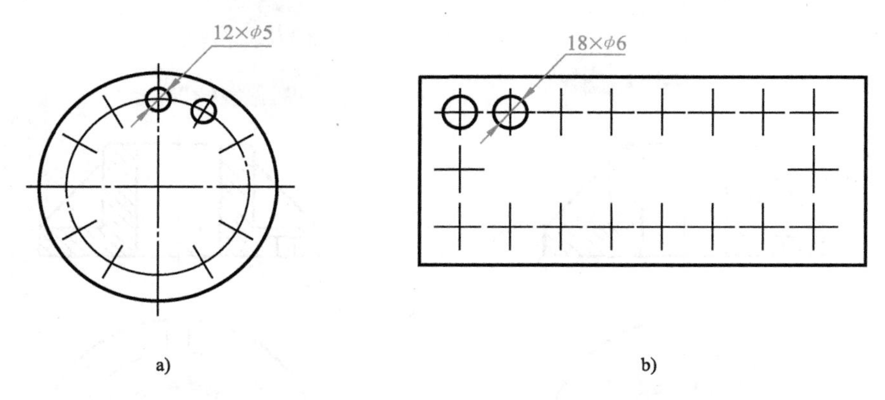

图 9-41　按规律分布的孔

3）为了节省绘图时间和图幅，对称的结构或零件的视图可以只画一半或 1/4。并在对称中心线的两端画出两条与其垂直的平行细实线（对称符号），如图 9-42 所示。也可以画一多半，用波浪线断开。

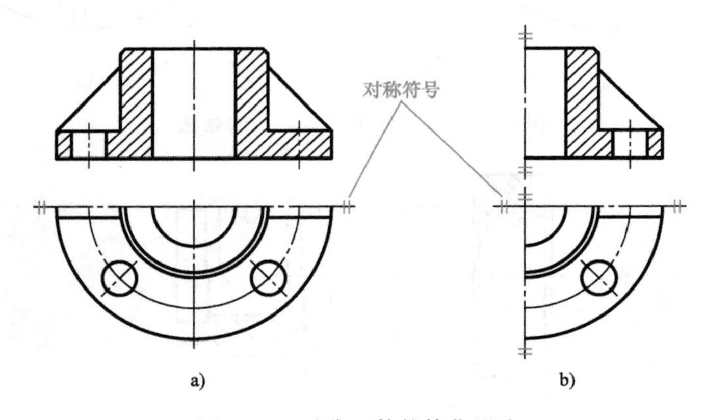

图 9-42　对称工件的简化画法

4）如图 9-43 所示，当工件回转面上均匀分布的肋板、轮辐不对称时，要按对称画出（图 9-43a）。当孔的结构不处于剖切平面上时，可以假想将这些结构旋转到剖切平面上画出（图 9-43b）。

5）工件上的滚花等网状结构，一般只在轮廓附近示意地用粗实线表示出一部分，如图 9-44 所示为网纹滚花和直纹滚花。

6）回转体零件上的平面在图形中不能充分表达时，可以只用两条相交的细实线表示这些平面，如图 9-45 所示。

三、其他表示法

1）相邻的辅助工件用细双点画线画出，且不得覆盖为主的工件，而可以被为主的工件遮挡。（图 9-46a）；相邻辅助工件的断面不画剖面线，如图 9-46b 所示。

2）一个工件上有两个或两以上图形相同的视图时，可只画一个视图，并用箭头、字母和数字表示其投射方向和位置，如图 9-47 所示为两个方向所得的视图相同。

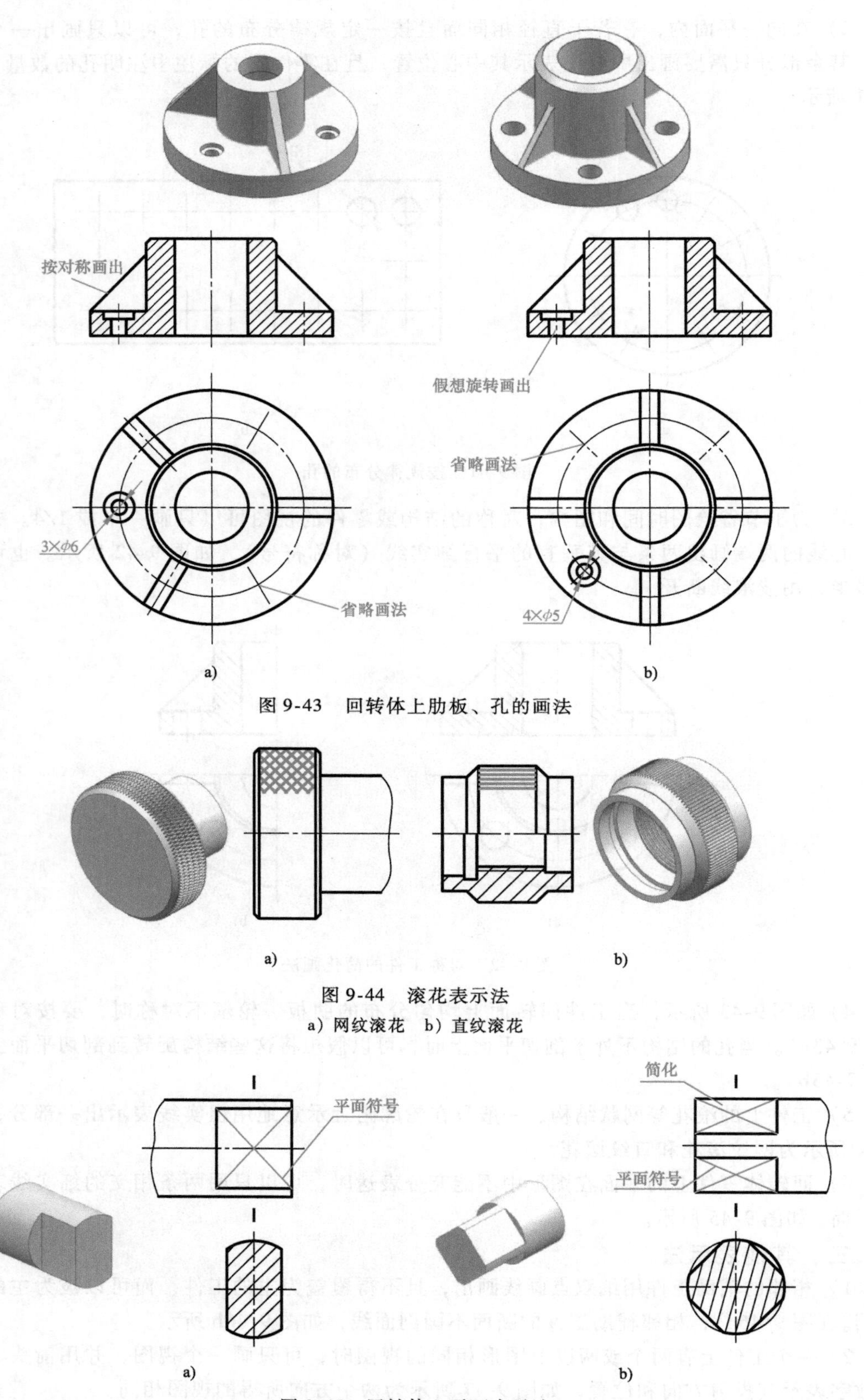

图 9-43 回转体上肋板、孔的画法

图 9-44 滚花表示法
a）网纹滚花 b）直纹滚花

图 9-45 回转体上平面表示法

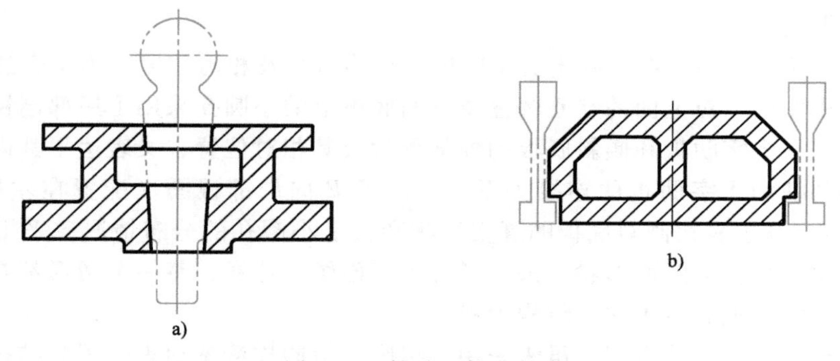

图 9-46　辅助工件表示法

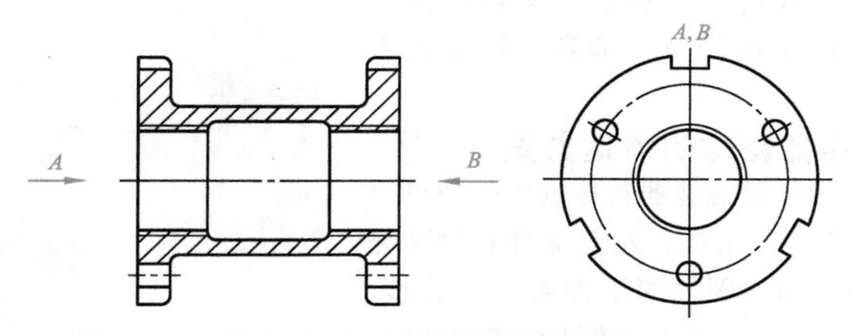

图 9-47　两方向视图相同表示法

第五节　表达方法应用举例

前面介绍了工件的各种表达方法，即视图、剖视图和断面图等的画法，在画图时要根据不同工件的具体情况正确、灵活、综合地选择使用。一个工件往往可以用几种不同的表达方案。视图选择得好与坏，首先看其所画的图形是否把工件的结构形状表达完整、正确和清楚，其次是否做到画图简单、读图方便。下面以支架和箱体的表达为例加以说明。

一、支架的表达方案

如图 9-48a 所示的支架零件，该零件主要由三部分组成：上面圆柱筒、中间十字肋板和

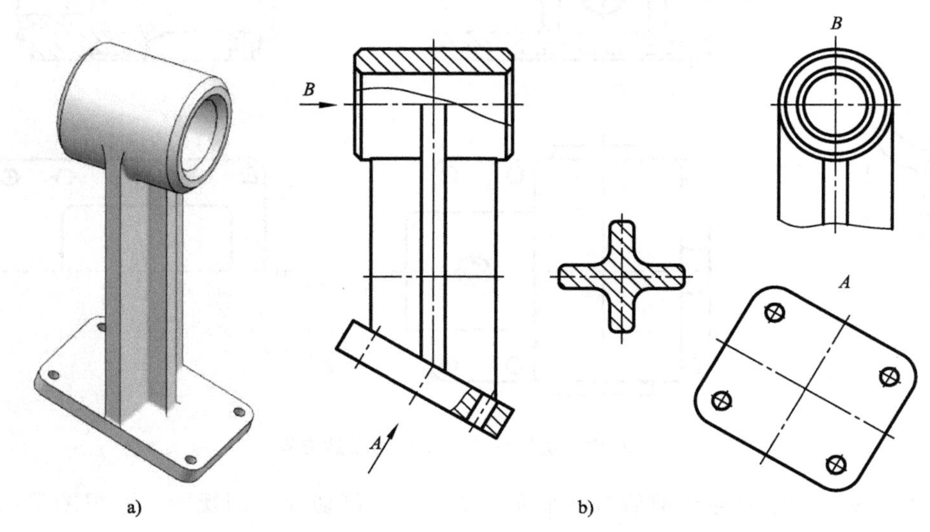

图 9-48　支架的表达方案

下面倾斜的矩形底板。

如图9-48b所示，主视图反映出支架的组成结构特征及相对位置。为了表达其内、外结构形状，在主视图中，对上面的空心圆柱及下面底板上的小圆孔采用了局部剖视图，这样既表达了水平圆柱、十字肋板和倾斜底板的外部形状及其相对位置，又表达了其内部情况。

为了表达圆柱和十字肋板的连接关系，采用了*B*向局部视图（配置在左视图位置上，可以省略标注）；为了表达倾斜底板的真实形状和板上小圆孔的分布情况，采用了*A*向斜视图；为了表达十字肋板的断面形状，采用了移出断面图。这样，每一个图形都有各自的表达重点，既完整、清晰地表达了它的结构形状。

综合分析该支架的表达方案，虽未采用三视图，但同样清楚地表达了其结构。要根据工件的结构特点，灵活地应用各种表达方法，经分析、选择、对比，确定出简练、清晰、较好的表达方案。

二、蜗轮减速器箱体的表达方案

从图9-49所示的蜗轮减速器箱体的立体图可以看出，整个箱体由几部分组成：左上部分是拱形壳体，壳体右侧是圆柱筒，圆柱筒下面是支承肋板，最下面是底板。为了完整、清晰地表达出箱体的内、外结构形状，选择箭头方向作为主视图的投影方向。箱体采用了如图9-50所示的表达方案。

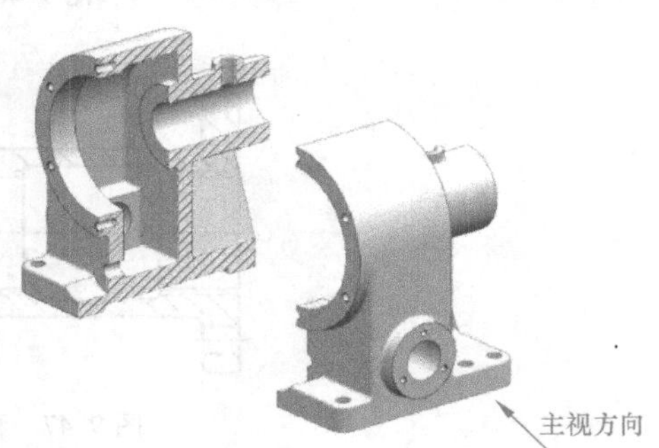

图9-49　蜗轮减速器箱体

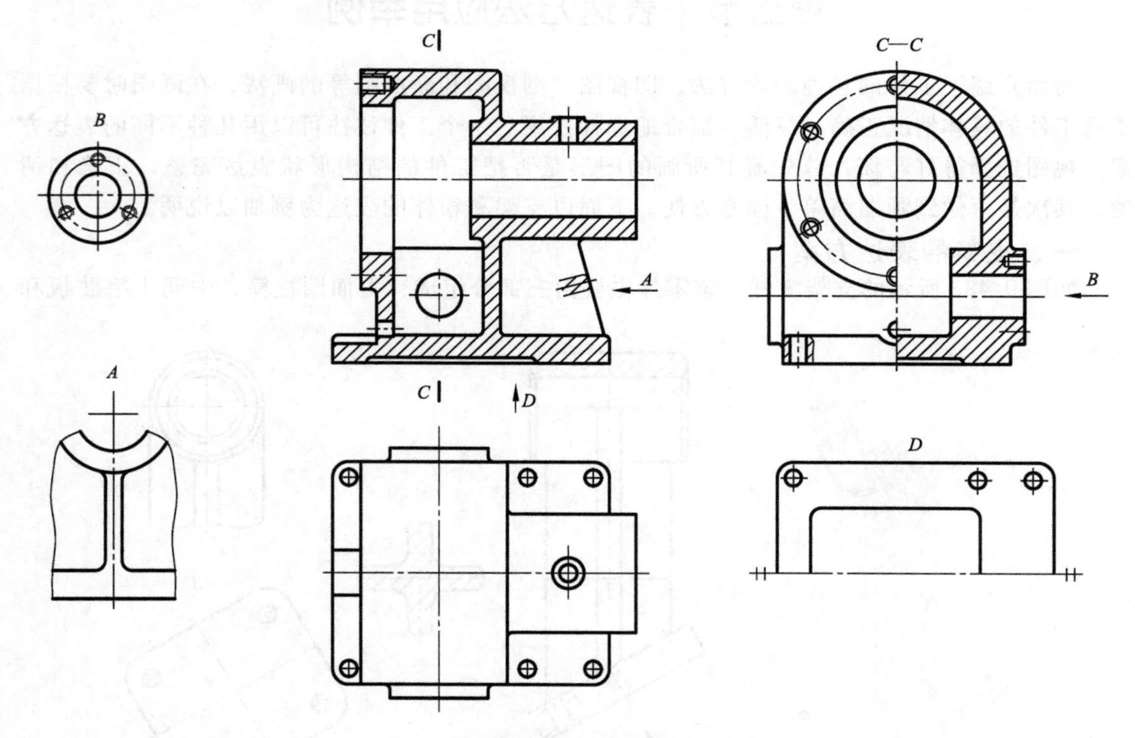

图9-50　蜗轮减速器箱体的表达方案

1）主视图采用通过箱体前后对称平面剖切的单一剖切面全剖视图，左视图采用了半剖视图和局部剖视图。

主、左视图主要表达了箱体壳体部分的拱门形状的外形，与外形类似的内腔形状，壳体左侧的圆柱形凸缘及凸缘上分布的六个小孔的位置及孔深，凸缘下方的出油孔，壳体内腔前后部位突出的方形凸台及凸台中间的圆柱形轴孔，底板上的通孔、底板左端的圆弧形凹槽及底板下面凹槽的深度。

2）俯视图采用了基本视图，主要表达几部分结构之间的相对位置。壳体右侧的圆柱筒及其上面的圆柱形凸台，凸台上面小孔的位置。

3）*A* 向局部视图表达了支承肋板与上、下结构之间的连接关系。

4）*B* 向局部视图表达了前后凸台的形状及其上面孔的分布情况。

5）*D* 向局部视图表达了底板下面凹槽的形状及其长、宽尺寸和底板上六个孔的位置。

思考题

1. 视图有哪几种？
2. 基本视图与向视图有何区别？
3. 剖视图有哪几种？
4. 全剖视图与半剖视图有何区别？
5. 半剖视图与全剖视图的标注有何区别？
6. 剖视图中的剖面线应注意哪些问题？
7. 移出断面图与重合断面图有何区别？
8. 移出断面图的标注何时可以省略？
9. 第一角画法与第三角画法有何区别？
10. 斜视图与斜剖视图有何区别？两者的标注有何区别？

第十章　标准件与常用件

本章教学目标

1. 了解螺纹的表示法及螺纹紧固件的装配画法
2. 了解键和销的装配画法
3. 了解齿轮轮齿部分的表示方法
4. 了解轴承和弹簧的表示方法

机械零件中有些零件的结构、表示方法都已标准化，如螺纹、螺纹紧固件、键、销、轴承等，这些零件属于标准件。有些零件的部分结构已经标准化，如齿轮、弹簧等，这些零件属于常用件。本章主要介绍标准件和常用件的表示法。

第一节　螺纹及螺纹紧固件

一、螺纹

1. 螺纹的加工

许多零件上都需要加工螺纹，在工件外表面加工的螺纹称外螺纹；在工件孔中加工的螺纹称内螺纹。

常用的螺纹加工方法如下：

1）在车床上加工外螺纹：如图 10-1a 所示，左端的自定心卡盘夹住工件并旋转，刀具轴向移动，刀尖即做螺旋线运动，工件表面加工出外螺纹。

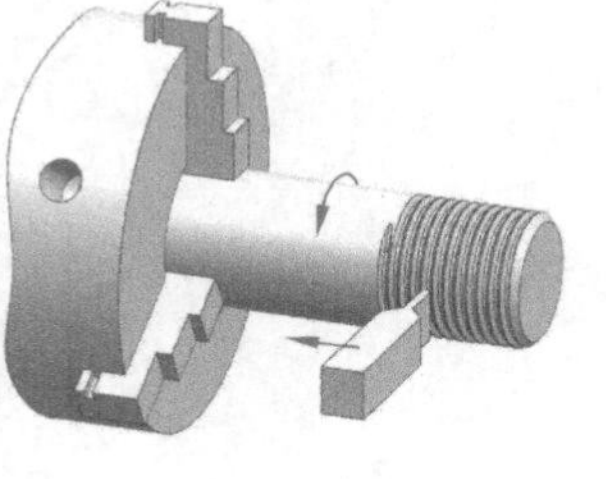

a)

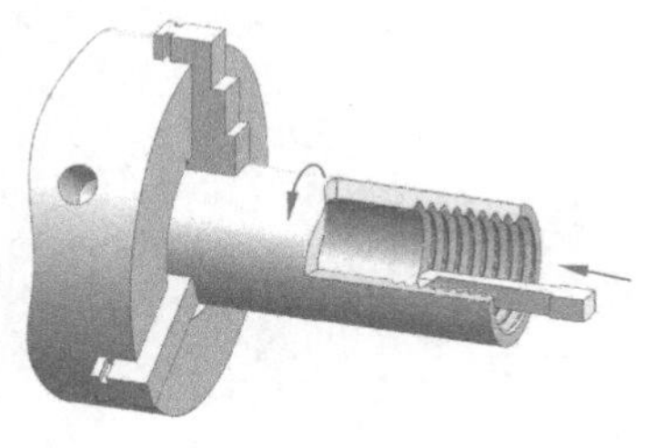

b)

图 10-1　在车床上加工螺纹

a）加工外螺纹　b）加工内螺纹

2）在车床上加工内螺纹：如图 10-1b 所示，原理与外螺纹相同，只是刀具在孔内轴向移动，在工件孔表面加工出内螺纹。

3）滚压螺纹：如图 10-2a 所示，刀具上有沟槽，刀具挤压工件，在工件表面滚压出外螺纹。

4）丝锥攻螺纹：如图 10-2b 所示，先用钻头在工件上钻一个孔，再用丝锥攻制内螺纹。用相同的原理，采用板牙刀具可以套外螺纹。

2. 螺纹要素

螺纹的结构、形式和尺寸都取决于螺纹的要素，只有下列要素都相同的内、外螺纹才能旋合在一起成对的使用。

（1）牙型　通过螺纹轴线的剖面上，螺纹的轮廓形状称螺纹牙型。常用的螺纹牙型有三角形、梯形、锯齿形等，如图 10-3 所示。

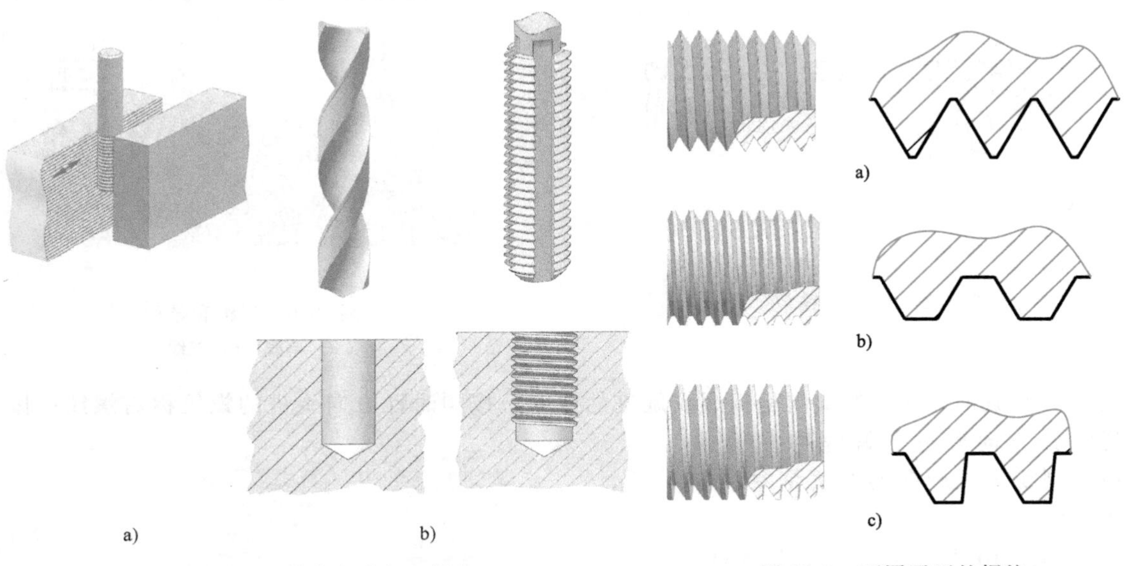

图 10-2　用其他方法加工螺纹
a）滚压加工螺纹　b）用丝锥攻制螺纹

图 10-3　不同牙型的螺纹
a）三角形　b）梯形　c）锯齿形

（2）直径　螺纹的直径有大径、中径和小径。外螺纹牙顶或内螺纹牙底相切的假想圆柱或圆锥的直径称螺纹大径；外螺纹牙底或内螺纹牙顶相切的假想圆柱或圆锥的直径称螺纹小径；中径是一个假想圆柱或圆锥的直径，该圆柱或圆锥的母线通过牙型上沟槽和凸起宽度相等的地方，如图 10-4 所示。

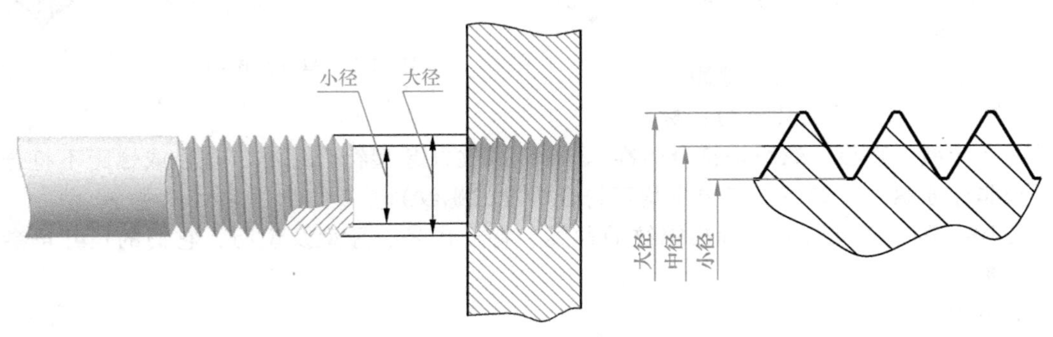

图 10-4　螺纹的直径

（3）公称直径　公称直径是代表螺纹尺寸的直径，指内、外螺纹大径的公称尺寸。

（4）螺纹线数　螺纹有单线和多线之分，用 n 表示。当圆柱表面上只有一条螺旋线时，称为单线螺纹；如果同时有两条以上的螺旋线时，称为多线螺纹（双线、三线等），如图 10-5 所示。

（5）螺距和导程　螺距是指相邻两牙在中径上对应两点之间的轴向距离，用 P 表示。导程是指同一条螺旋线上相邻两牙在中径上对应两点之间的轴向距离，如图 10-6 所示。

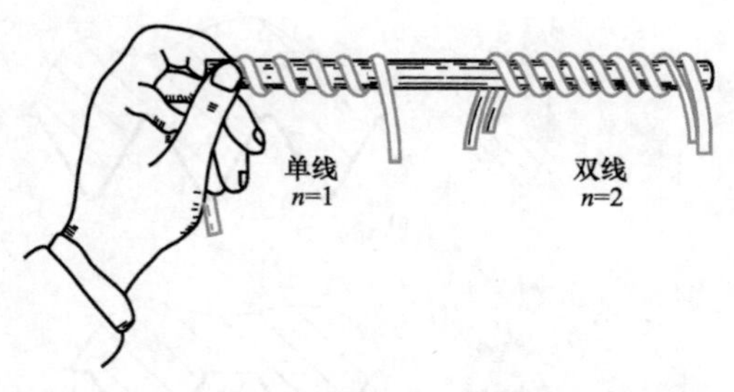

图 10-5　螺纹的线数

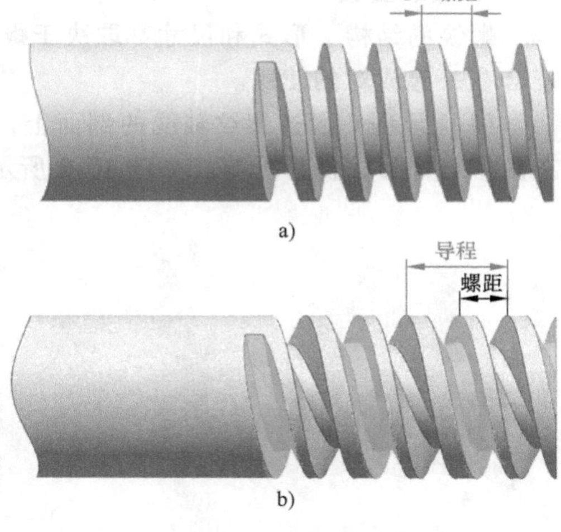

图 10-6　螺距和导程
a）单线　b）双线

（6）旋向　螺纹的旋向是指螺纹旋进的方向。按顺时针方向旋进的螺纹称右螺纹；按逆时针方向旋进的螺纹称左旋螺纹。判断螺纹旋向的方法是左、右手法则。

如图 10-7 所示，用手握螺杆，四指为螺旋线的方向，拇指为螺纹旋进的方向。用左手握出的螺纹称左旋螺纹；用右手握出的螺纹称右旋螺纹。

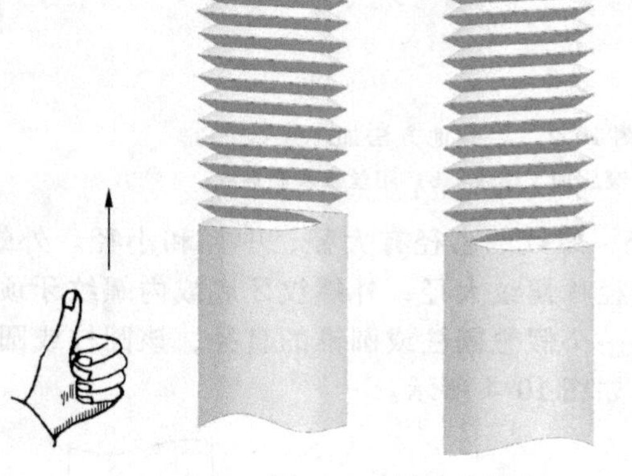

图 10-7　螺纹的旋向

3. 螺纹的种类

螺纹的种类按用途分为：联接螺纹和传动螺纹。

按螺纹的牙型、直径、螺距是否符合国家标准，螺纹又分为：标准螺纹（牙型、直径、螺距均符合标准）、特殊螺纹（牙型符合标准，直径或螺距不符合标准）和非标准螺纹（螺纹的三要素均不符合标准的螺纹）。

表 10-1 列出了几种常用标准螺纹的种类、特征代号、牙型及说明，它们的尺寸可参看有关标准。

4. 螺纹表示法

螺纹的真实投影比较复杂，为了简化作图，国家标准 GB/T 4459. 1—1995 规定了螺纹的规定表示法。

螺纹的表示法主要画螺纹的大、小径和螺纹终止线。

（1）外螺纹的规定画法（图 10-8）　在非圆视图中，螺纹大径用粗实线表示；螺纹小径用细实线表示；螺纹终止线用粗实线示。

反映圆视图中，螺纹大径用粗实线圆表示；螺纹小径用 3/4 细实线圆表示，其位置不作规定。

表 10-1　常用标准螺纹

螺纹种类				标准编号	特征代号	牙型放大图	说　明
联接螺纹	普通螺纹	粗牙 细牙		GB/T 197—2003	M	60°	牙型为等边三角形，牙型角为 60°，牙顶、牙底均削平。粗牙普通螺纹用于一般机件的联接，细牙普通螺纹的螺距比粗牙的小，用于联接细小、精密及薄壁零件
	管螺纹	55°密封管螺纹	圆锥内螺纹	GB/T 7306—2000	Rc	55°	牙型角为 55°，牙顶、牙底为圆弧。适用于水管、油管、煤气管等薄壁零件上
			圆锥外螺纹		R_1、R_2		
			圆柱内螺纹		Rp		
		55°非密封管螺纹		GB/T 7307—2001	G		
传动螺纹	梯形螺纹			GB/T 5796—2005	Tr	30°	牙型为梯形，牙型角为 30°。用于承受两个方向轴向力的传动，如车床丝杠
	锯齿形螺纹			GB/T 13576—2008	B	30° 3°	牙型为锯齿形，牙型角为 33°，用于承受单向轴向力的传动。如千斤顶丝杠

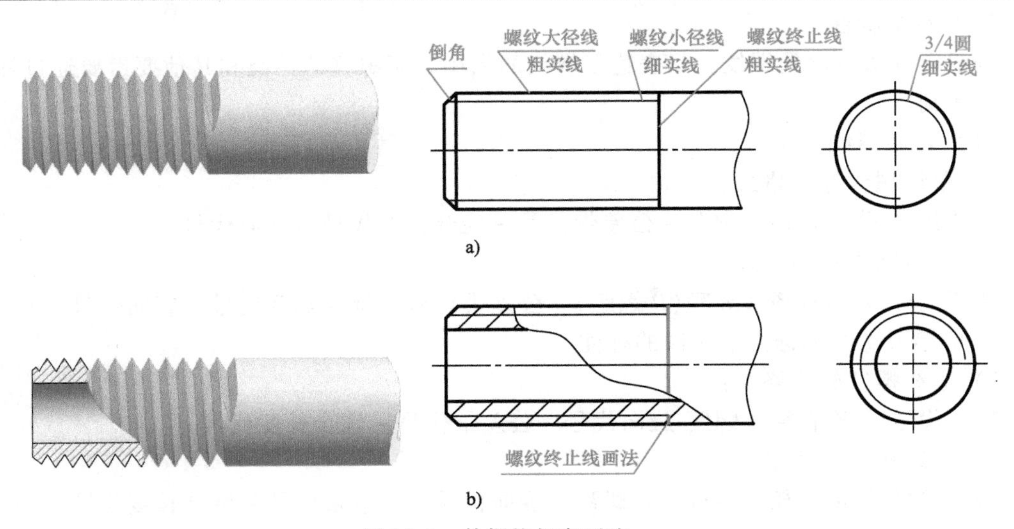

图 10-8　外螺纹规定画法

(2) 内螺纹规定画法（图 10-9）　在非圆视图中，螺纹大径用细实线表示；螺纹小径用粗实线表示；螺纹终止线用粗实线表示。

反映圆视图中，螺纹小径画粗实线圆表示；螺纹大径用 3/4 细实线圆表示，其位置不作规定。

注意　螺纹的小径，不论是粗实线还是细实线表示，一般按 0.85 倍的大径画出。在反映圆的视图中，螺纹端部的倒角圆省略不画。

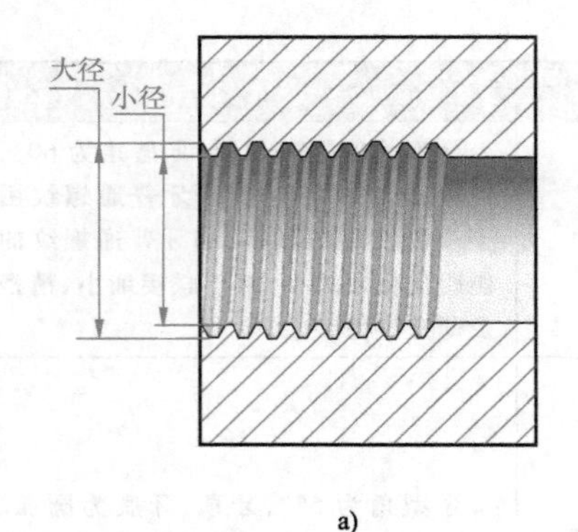

a)

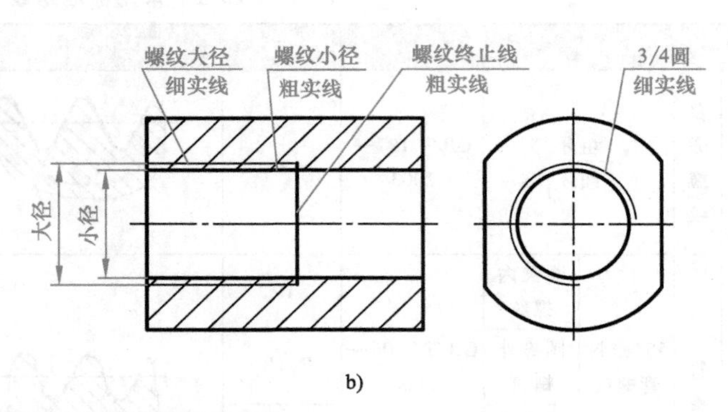

b)

图 10-9　内螺纹规定画法

（3）内、外螺纹的旋合画法（图 10-10）内、外螺纹旋合时，一般采用剖视图。规定在剖视图中，实心轴杆按不剖绘制。

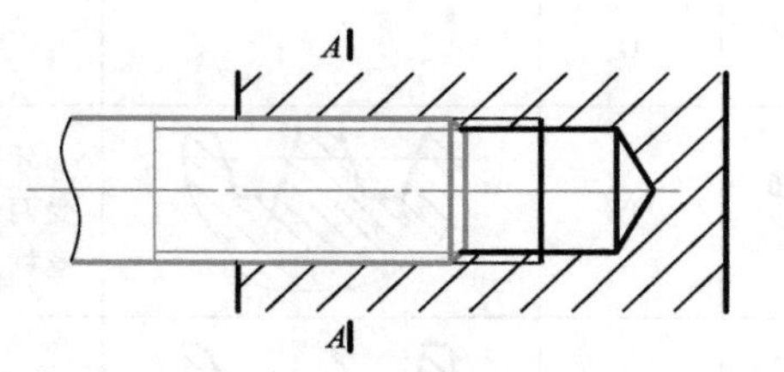

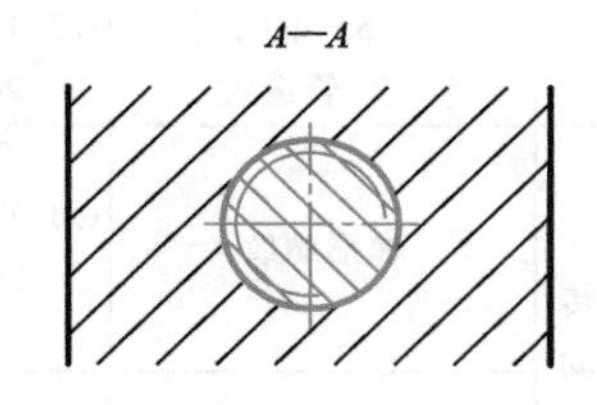

图 10-10　内、外螺纹旋合画法

如图 10-10 所示，旋合部分按外螺纹规定绘制，未旋合部分按各自的规定绘制。画图时，表示内、外螺纹的粗、细实线必须对齐。

5. 螺纹的标注

按规定画法画出的螺纹，只表达了螺纹的大小，而螺纹的种类和其他要素要通过标注才能加以区别。

（1）普通螺纹

1）单线螺纹标注格式：

特征代号 公称直径×螺距－公差带代号－旋合长度代号－旋向代号

2）多线螺纹标注格式：

特征代号 公称直径×导程(P 螺距)－公差带代号－旋合长度代号－旋向代号

（2）梯形螺纹和锯齿形螺纹的标注

1）单线螺纹标注格式：

特征代号 公称直径×螺距 旋向代号－公差带代号－旋合长度代号

2）多线螺纹标注格式：

特征代号 公称直径×导程（P 螺距）旋向代号－公差带代号－旋合长度代号

提示

1）特征代号表示牙型：普通螺纹的特征代号为“M”，梯形螺纹的特征代号为“Tr”，锯齿形螺纹的特征代号为“B”。

2）公称直径：指内螺纹和外螺纹的大径。

3）螺距：普通螺纹每一公称直径对应有粗牙螺距和细牙螺距，见附表 A-1。由于粗牙螺距只有一种，而细牙螺距则有多种。所以，粗牙螺纹不标注螺距，而细牙螺纹必须注出螺距才能确定。

提示

4）旋向：左旋螺纹标注“LH”，右旋螺纹省略标注。

5）螺纹公差带代号：普通螺纹公差带代号包括中径公差带代号和顶径公差带代号两部分。

顶径是指外螺纹的大径或内螺纹的小径。若中径公差带代号和顶径公差带代号相同，只需标注一个公差带代号。

若中径公差带代号和顶径公差带代号不相同，则应分别标注，中径公差带代号在前，顶径公差带代号在后。梯形螺纹和锯齿形螺纹只标注中径公差带代号。

6）螺纹旋合长度代号：螺纹旋合长度代号有长、中和短三种，分别用代号 L、N 和 S 表示。中等旋合长度应用较广泛，所以标注时可省略不标注“N”。

例 10-1　普通螺纹标注示例，如图 10-11 所示。

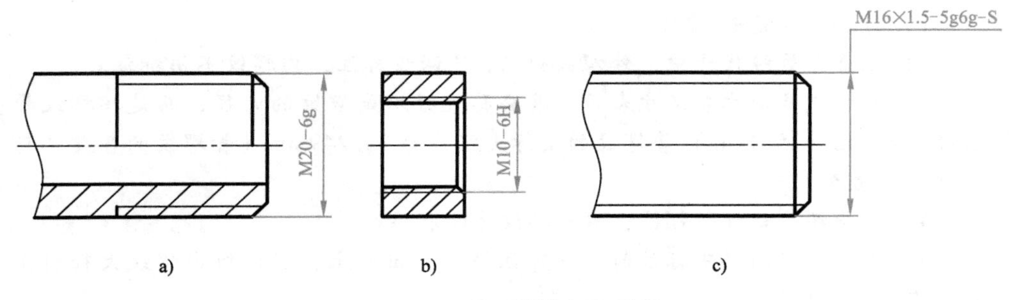

图 10-11　普通螺纹标注示例

图 10-11a 所示 M20-6g 表示粗牙普通外螺纹，公称直径 20mm，右旋，中径和顶径公差带代号相同，为 6g，中等旋合长度。

图 10-11b 所示 M10-6H 表示粗牙普通内螺纹，公称直径 10mm，右旋，中径和顶径公差带代号 6H。

图 10-11c 所示 M16 ×1.5-5g6g-S 表示细牙普通外螺纹，公称直径 16mm，螺距 1.5mm，中径和顶径公差带代号 5g6g，短旋合长度。

例 10-2　梯形螺纹标注示例，如图 10-12 所示。

图 10-12a 所示 Tr32 ×6LH-7e 表示单线梯形外螺纹，公称直径 32mm，螺距 6mm，左旋，中径公差带代号 7e（梯形螺纹只标注中径公差带代号），中等旋合长度。

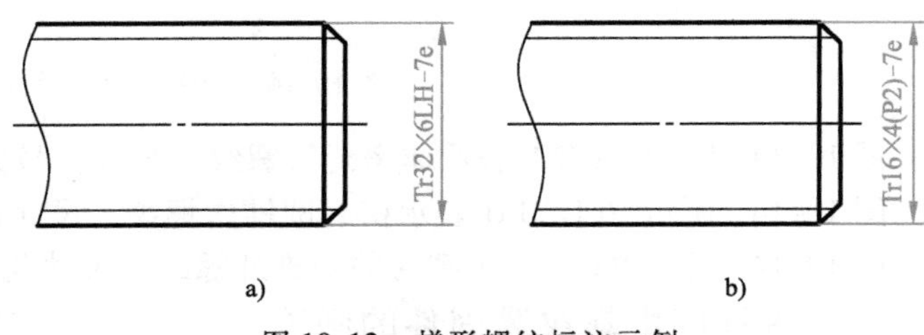

图 10-12　梯形螺纹标注示例

图 10-12b 所示 Tr16 ×4（P2）-7e 表示双线梯形外螺纹，公称直径 16mm，导程 4mm，螺距 2mm，线数为 2，右旋，中径公差代号 7e，中等旋合长度。

例 10-3　螺纹副标注示例

需要时，在装配图中可标注出螺纹副的标记，是将相互联接的内外螺纹的标记组合成一个标记，举例如下：

梯形内螺纹标记为：Tr24×10（P5）LH-8H-L

梯形外螺纹标记为：Tr24×10（P5）LH-8e-L

则螺纹副的标记应为：Tr24×10（P5）LH-8H/8e-L

螺纹副的标记在装配图上标注时，可直接标注在大径的尺寸线上或其引出线上，如图10-13所示。

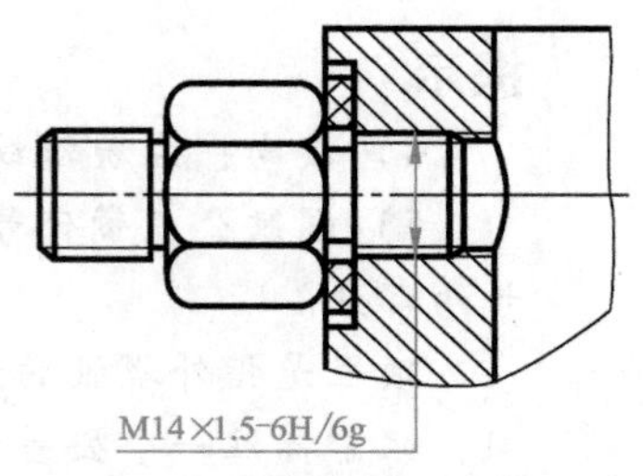

图10-13　螺纹副标注示例

（3）管螺纹的标注　管螺纹分为非密封管螺纹与密封管螺纹两种。

1）非密封管螺纹的标注格式：

螺纹特征代号 尺寸代号 公差等级代号-旋向代号

2）密封管螺纹的标注格式：

螺纹特征代号 尺寸代号-旋向代号

提示

1）特征代号见表10-1。

2）在公差等级代号中，外螺纹分A、B两级标注，内螺纹不用标注。

3）尺寸代号用寸制尺寸表示。其公称直径不是螺纹的大径，而是指螺纹管子的通径。如1in（25.4mm）管螺纹的实际大径应为33.249mm（管螺纹的各要素可在附表A-2中查到）。

4）左旋螺纹标注“LH”，右旋螺纹省略标注。

5）管螺纹在图样中标注时，一律注写在引出线上，引出线由螺纹大径引出或由对称中心处引出。

例10-4　管螺纹标注示例，如图10-14所示。

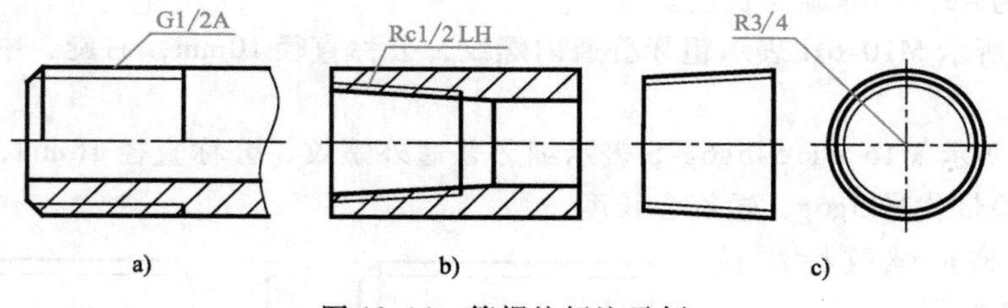

图10-14　管螺纹标注示例

图10-14a所示G1/2A表示非密封管螺纹，尺寸代号为1/2，A级公差，右旋（省略）。

图10-14b所示Rc1/2LH表示密封圆锥内螺纹，尺寸代号为1/2，左旋。

图10-14c所示R3/4表示密封的圆锥外螺纹，尺寸代号为3/4，右旋（省略）。

二、装配图中螺纹紧固件的画法

1. 螺纹紧固件的作用及常用螺纹联接

利用螺纹的旋紧作用将两个或两个以上的零件联接在一起的有关零件称螺纹紧固件。

螺纹紧固件是标准件，常用的螺纹紧固件有螺栓、螺柱、螺钉、螺母、垫圈等，如图10-15所示。

常用的螺纹紧固件联接有三种：螺栓联接、螺柱联接和螺钉联接，如图10-16所示。

2. 装配图规定画法

在装配图中，当剖切平面通过螺杆的轴线时，对于螺栓、螺柱、螺母及垫圈等均按未剖

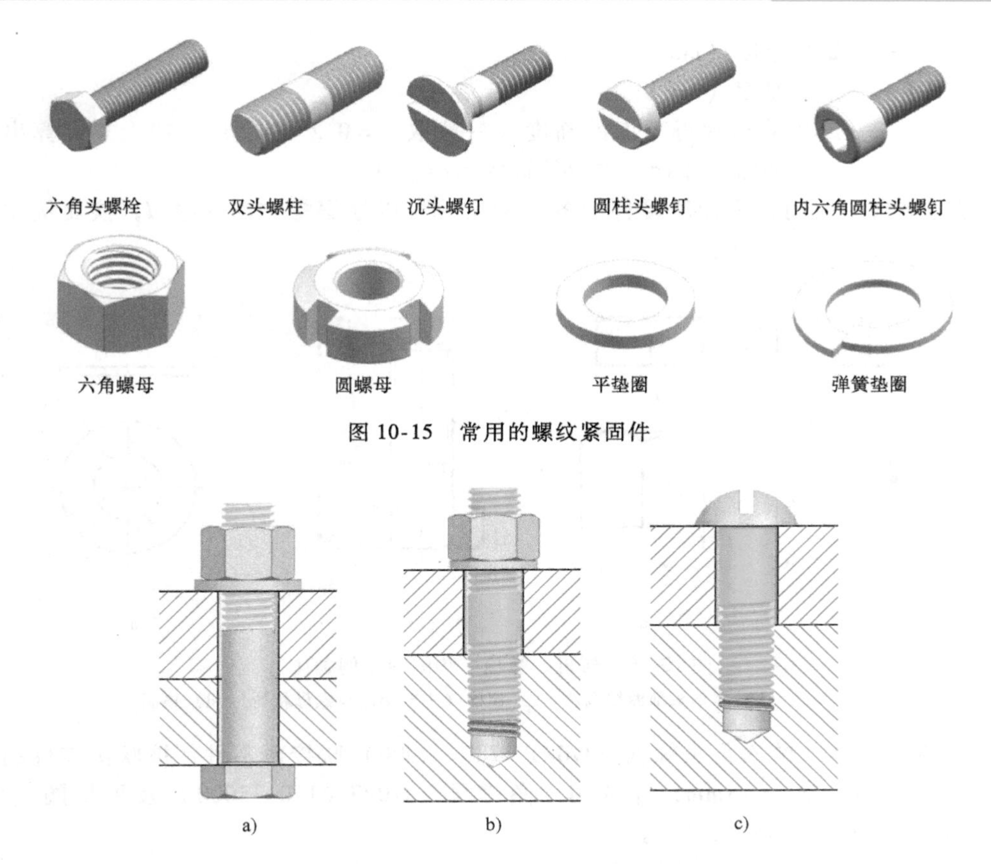

图 10-15　常用的螺纹紧固件

图 10-16　常用的三种螺纹联接

a）螺栓联接　b）螺柱联接　c）螺钉联接

切绘制，倒角和螺纹孔的钻孔深度等工艺结构基本按实际表示，如图 10-17 所示。

（1）螺栓联接　用螺栓联接时，将螺栓杆穿过被联接件的通孔，在有螺纹的一端套上垫圈，并用螺母拧紧，即为螺栓联接。

如图 10-18 所示，螺栓的公称长度 l 是由各件的尺寸之和确定的。

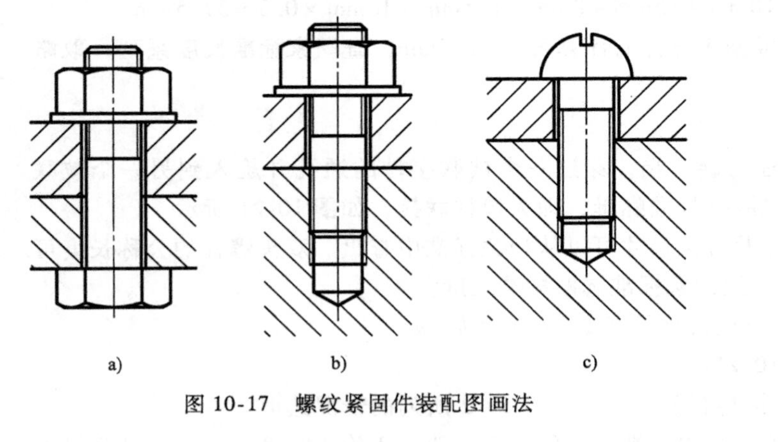

图 10-17　螺纹紧固件装配图画法

图 10-18　螺栓公称长度的计算

$$l=\delta_1+\delta_2+h+m+a$$

式中　δ_1、δ_2——被联接件的厚度（mm）；

m——螺母厚度（mm）；

h——垫圈厚度（mm）；

a——螺栓伸出螺母顶面的高度（一般取 $a=0.2\sim0.3d$）。按上式计算出的长度，还需要在标准中取接近的标准长度。

为了省去查表时间，螺栓联接件的各结构尺寸可以根据螺纹的大径 d，按比例关系算出，比例画法如图 10-19 所示。

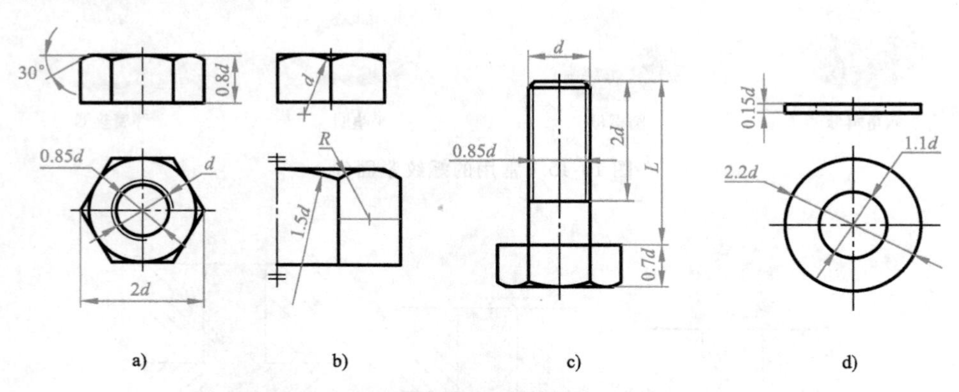

图 10-19　螺母、螺栓、垫圈的比例画法

a）螺母　b）螺母头部曲线画法　c）螺栓（头部画法与螺母相同）　d）垫圈

例 10-5　用 M10 的六角头螺栓（GB/T 5780—2000）联接两零件，被联接零件的厚度分别为 $\delta_1=10\text{mm}$，$\delta_2=15\text{mm}$，并选用六角螺母（GB/T 6170—2000）及平垫圈（GB/T 97.1—2002），画出该螺栓联接图。

作图：步骤如图 10-20 所示。

1）按 $1.1d$ 确定被联接件孔的直径。

$$孔径=1.1\times10\text{mm}=11\text{mm}$$

2）按比例算出螺母、螺栓、垫圈各部分尺寸。

得出：螺母厚度 $m=10\text{mm}\times0.8=8\text{mm}$，垫圈厚度 $h=10\text{mm}\times0.15=1.5\text{mm}$。

3）确定螺栓公称长度 $l=\delta_1+\delta_2+m+h+a$

$$=10\text{mm}+15\text{mm}+8\text{mm}+1.5\text{mm}+10\text{mm}\times0.3=37.5\text{mm}$$

计算时，一般 a 取 $0.3d$。根据螺栓杆的计算长度 37.5mm，查国家标准长度系列，取略长于 37.5mm 的标准值 40mm。

4）检查加深图线。

（2）螺柱联接　将双头螺柱的旋入端，穿过一个被联接件的通孔并旋入到另一个被联接件的螺纹孔内，紧固端加上垫圈并拧紧螺母，即为螺柱联接，如图 10-21 所示。

双头螺柱的形式、公称直径及有关尺寸可以从相关标准中查出。双头螺柱的公称长度可按图 10-21a 中所示计算，然后对照国家标准选取标准长度。

$$螺柱公称长度\ l\geqslant\delta+m+h+a$$

双头螺柱的比例画法如图 10-21b 所示。

旋入端 b_m 值与被联接件的材料有关，一般按表 10-2 所列的情况选取。

通常双头螺柱旋入在螺纹不通孔中，螺纹孔的深度一般大于旋入深度。为了保证联接可靠，旋入端 b_m 应全部旋入螺孔内，所以螺纹终止线应与被联接件的表面重合，如图 10-22 所示。作图时，钻孔深度 $=b_m+d$，螺孔深度 $=b_m+0.5d$。

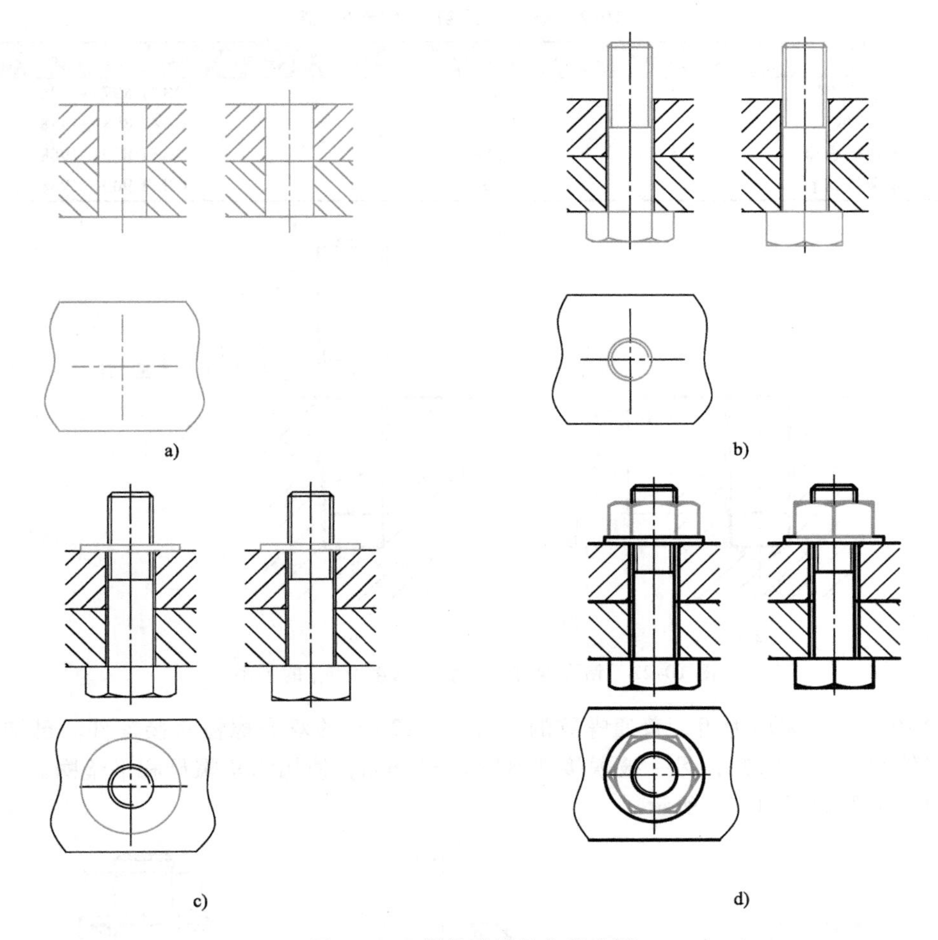

图 10-20　螺栓联接的作图步骤

a）画被联接件的孔　b）画螺栓　c）画垫圈　d）画螺母

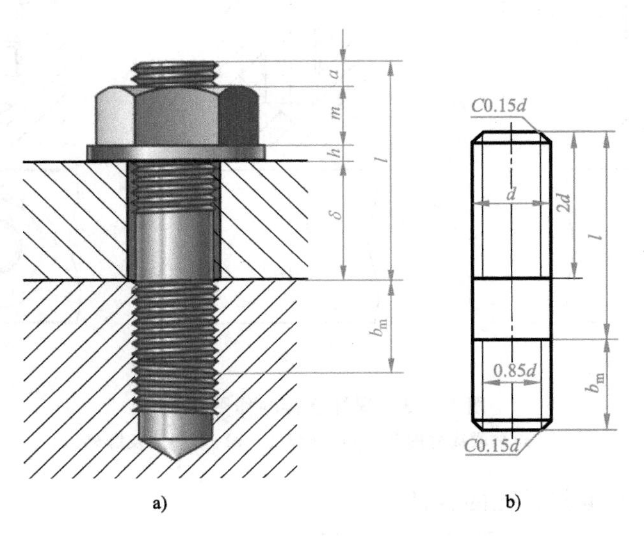

图 10-21　螺柱联接

a）螺柱公称长度的计算　b）螺柱比例画法

表 10-2　螺柱、螺钉旋入端 b_m 值

材　料	b_m	标　准
青铜、钢	d	GB/T 897—1988
铸铁	$1.25d$	GB/T 898—1988
铝及铝合金	$1.5d$	GB/T 899—1988
非金属材料	$2d$	GB/T 900—1988

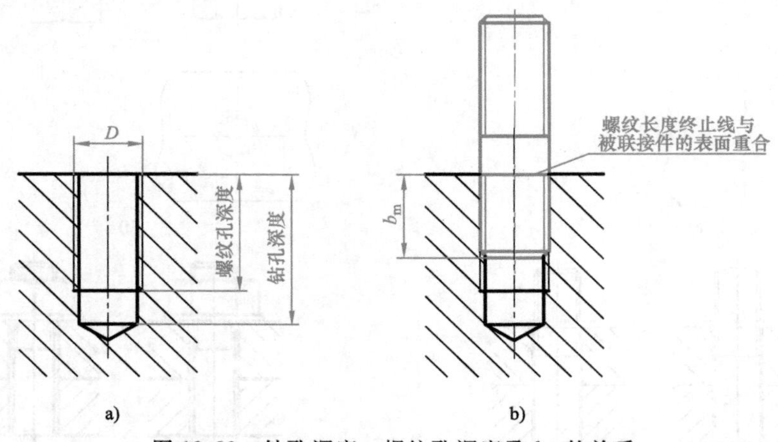

图 10-22　钻孔深度、螺纹孔深度及 b_m 的关系

例 10-6　用两端均为粗牙普通螺纹的 A 型 $d=12$mm 的双头螺柱联接零件。已知带螺孔的被联接件的材料为铸铁，另一被联接件厚度 $\delta=10$mm，使用六角螺母和平垫圈。

作图：步骤如图 10-23 所示。

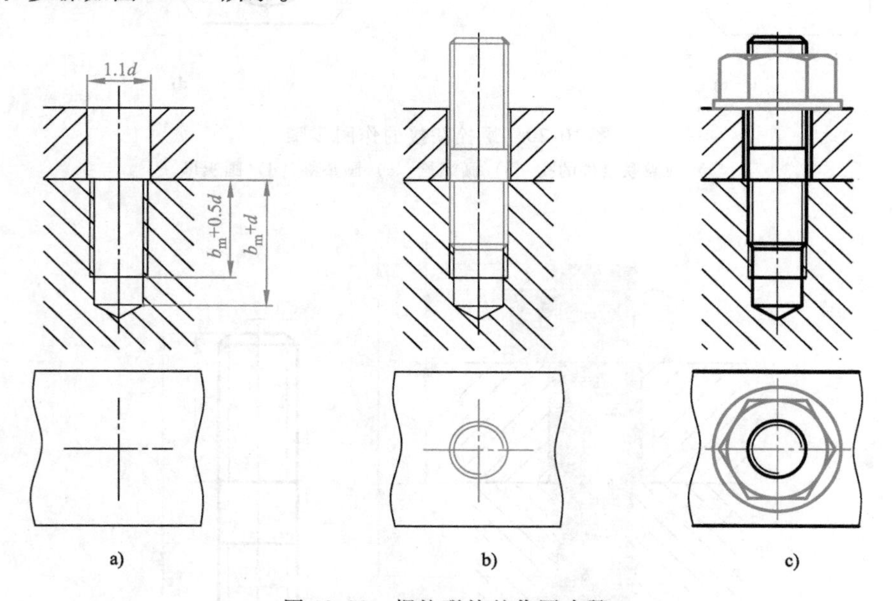

图 10-23　螺柱联接的作图步骤

a）画被联接件的孔　b）画螺柱　c）画垫圈及螺母

1）按 $1.1d$ 确定被联接件孔的直径

$$孔径=1.1\times12\text{mm}=13.2\text{mm}$$

2）按比例算出螺母、螺柱、垫圈各部分尺寸。

得出：螺母厚度 $m = 12\text{mm} \times 0.8 = 9.6\text{mm}$，垫圈厚度 $h = 12\text{mm} \times 0.15 = 1.8\text{mm}$。

3）确定螺柱公称长度及旋入端长度

$$
\begin{aligned}
l &= \delta + m + h + a \\
&= 10\text{mm} + 9.6\text{mm} + 1.8\text{mm} + 12\text{mm} \times 0.3 \\
&= 25\text{mm}
\end{aligned}
$$

根据螺柱的计算长度为 25mm，查国标长度系列，取略长于 25mm 的标准值 30mm。根据材料为铸铁，查表 10-2 得旋入端长度 $b_m = 1.25d$。

4）检查加深图线。

（3）螺钉联接　螺钉联接是将螺钉穿过一个被联接件的通孔而直接拧入另一个被联接件的螺孔中的联接。其形式与螺柱联接相似，区别是螺钉联接用于联接强度要求不高的情况，如图 10-24 所示。

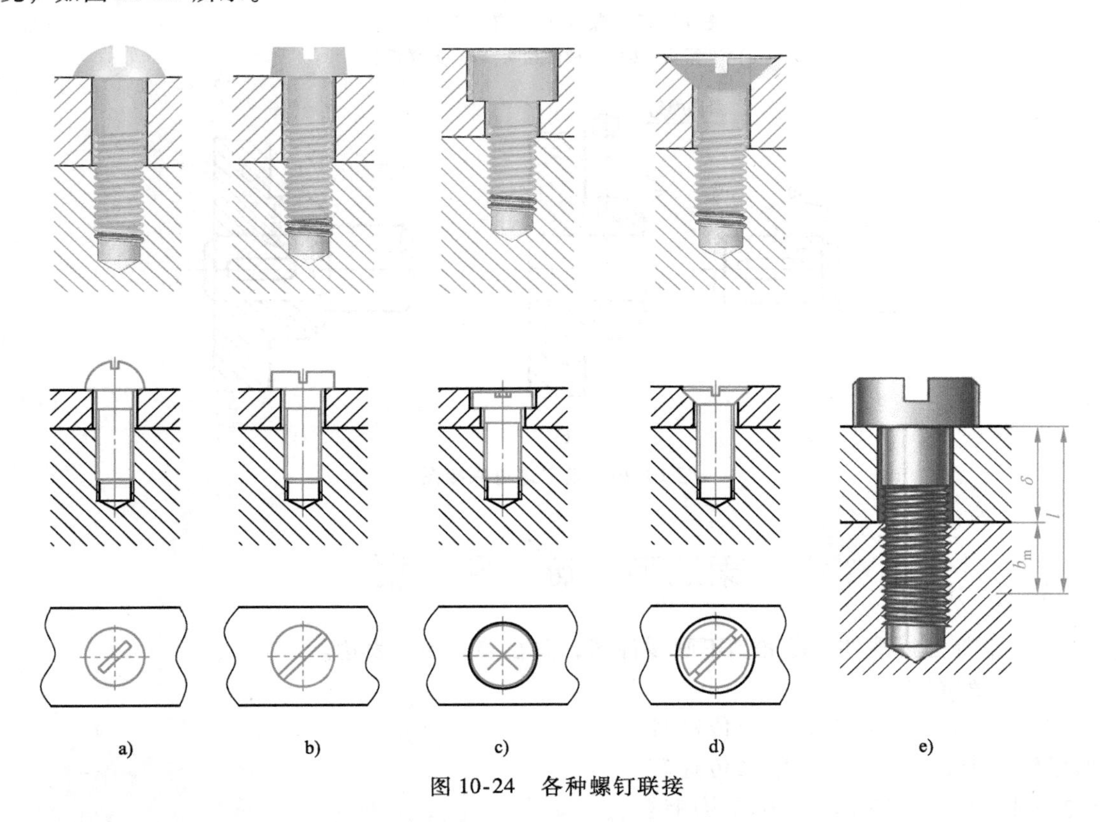

图 10-24　各种螺钉联接

如图 10-24e 所示，螺钉的公称长度可按下式确定

$$螺钉公称长度\ l \geqslant \delta + b_m$$

b_m 为螺钉旋入端的长度，确定方法与双头螺柱相同，见表 10-2。

螺钉头部的尺寸可查阅标准得出，也可按比例画法近似画出。

图 10-25 所示为半圆头、开槽圆柱头、开槽沉头螺钉的头部比例画法。

提示　画螺钉头部槽时要注意：规定槽在投影为圆的视图上画成与中心线倾斜成 45°方向。当槽宽不足 2mm 时，可将其涂黑表示。

除了联接螺钉以外，还有一种螺钉称为紧定螺钉，紧定螺钉用于固定两个零件的相对位置，使它们不产生相对运动，如图 10-26 所示。

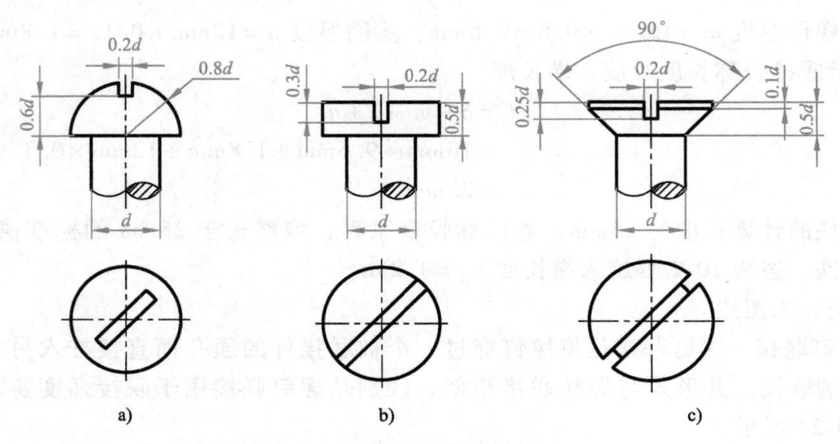

图 10-25 螺钉头部的比例画法

a）半圆头 b）开槽圆柱头 c）开槽沉头

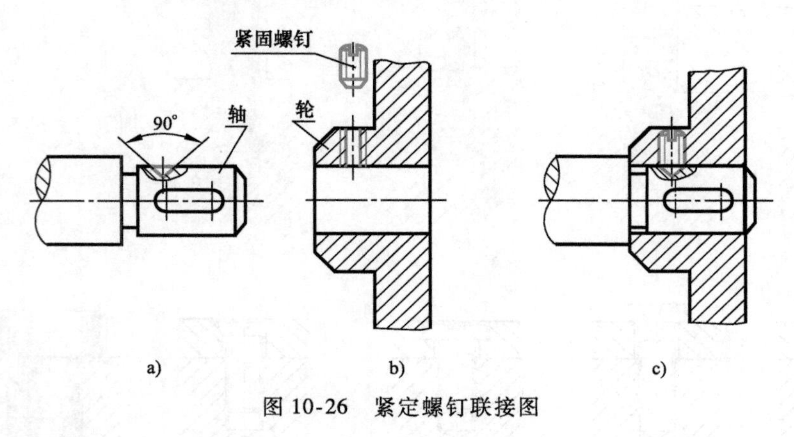

图 10-26 紧定螺钉联接图

第二节 键 和 销

键、销都是标准件。键和销不画零件图，只在装配图中表达。

一、键联接

键是用来联接轴和轴上的传动件（如齿轮、带轮等），它是用来传递转矩的一种零件。如图 10-27 所示为用键联接的一种形式。

图 10-27 键联接

a）普通平键联接 b）半圆键联接

其工艺是先在轴和轮毂上加工出键槽，装配时，将键装入轴的槽内，然后将轮毂上的键槽对准轴上的键，把轮子装到轴上。传动时，轴和轮通过键联接便可一起转动。

键是标准件，不画零件图，一般在零件图上表示键槽的尺寸。在装配图中，有键联接的地方，需要画出键联接的装配形式。轴上键槽和毂上键槽的尺寸是通过查阅有关资料确定的。

常用的键有普通平键、半圆键和楔键。

1. 普通平键

普通平键分三种形式：圆头普通平键（A 型）、平头普通平键（B 型）、单圆头普通平键（C 型）。普通平键的形式、尺寸及标记如图 10-28 所示，其中以 A 型键应用最多，故标记中字母 A 可省略。

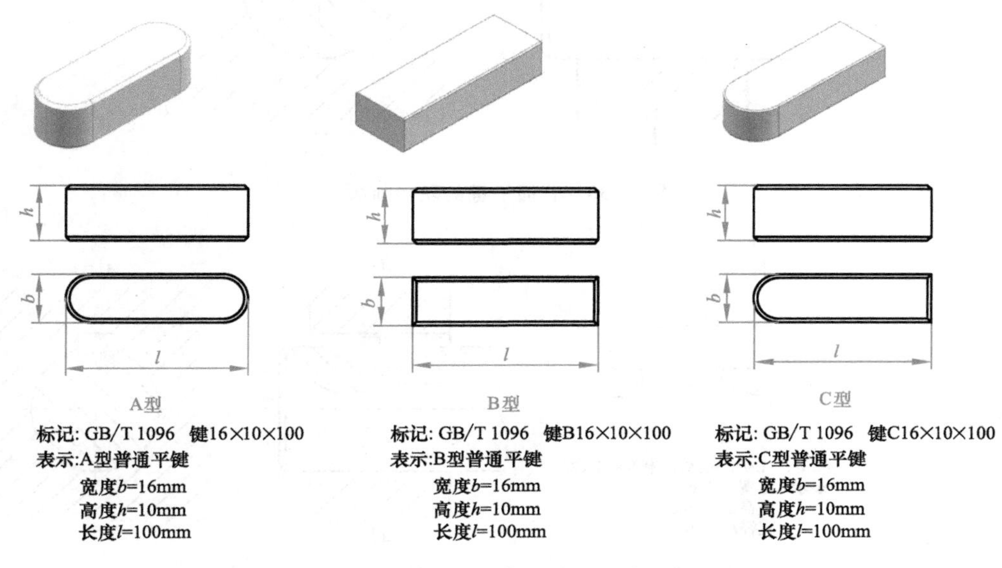

图 10-28　普通平键的形式、尺寸及标记

轴上键槽和毂上键槽的画法及尺寸标注，如图 10-29 所示。

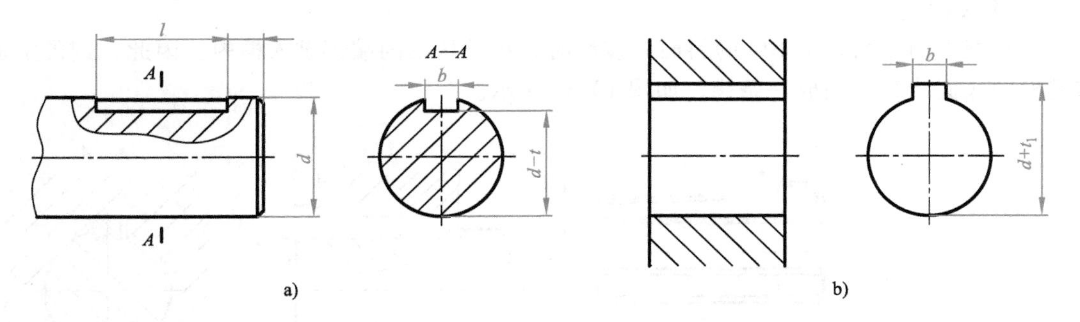

图 10-29　键槽的画法及标注

对普通平键槽的画法和标注说明：

1）一般轴上键槽在移出断面图上表达键槽宽和键槽深，在该图上标注槽宽 b 和槽深 $d-t$ 尺寸，如图 10-29a 所示。

2）一般毂上的键槽在局部视图上表达键槽宽和键槽深，在该图上标注槽宽 b 和槽深 $d+t_1$ 尺寸，如图 10-29b 所示。

普通平键的联接画法如图 10-30 所示。

2. 半圆键

半圆键安装在轴上的半圆形键槽内，具有自动调位的优点，常用于轻载和锥形轴的联接。半圆键的联接画法如图 10-31c 所示。

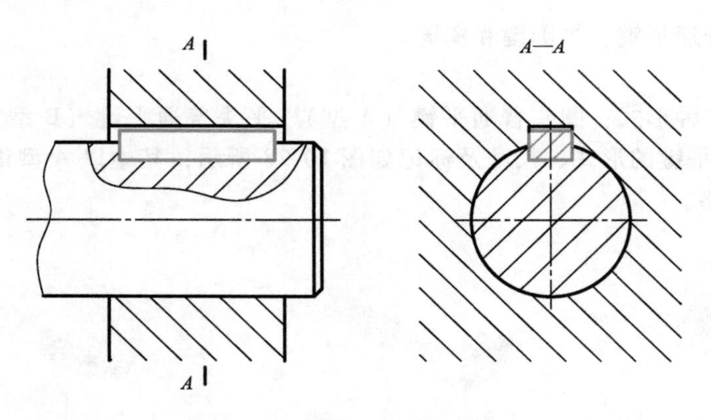

图 10-30　普通平键的联接画法

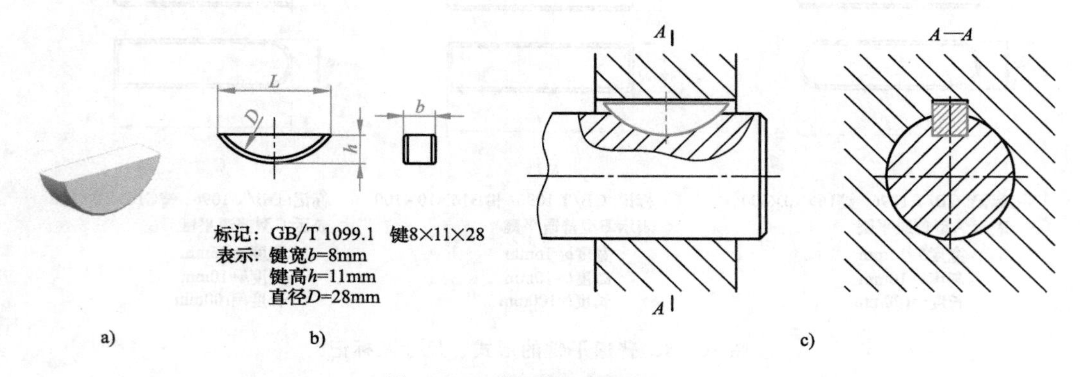

图 10-31　半圆键的联接画法

3. 钩头楔键

钩头楔键的上面是 1∶100 的斜面，装配时，将键从轴的端部敲入槽内。因此，键的上面与键槽的底面接触，画成一条线，如图 10-32 所示。

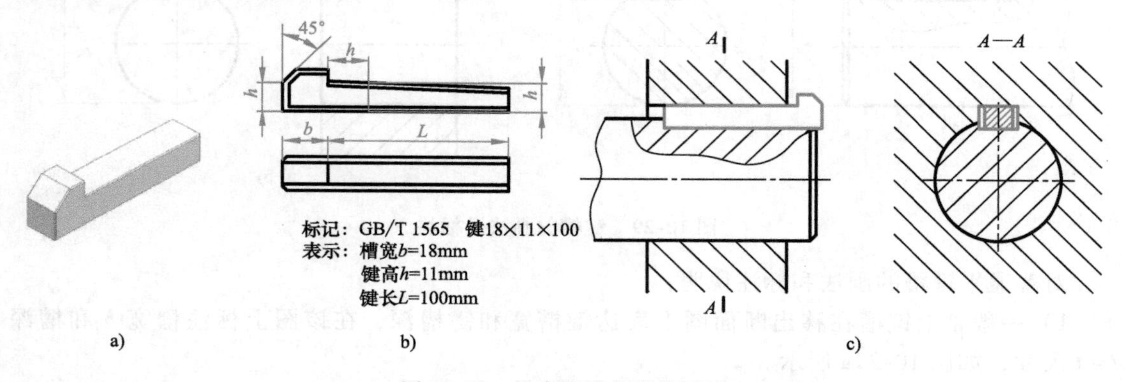

图 10-32　钩头楔键的联接画法

二、销联接

销也是标准件，通常用于零件间的定位或联接。

常用的销有圆柱销、圆锥销、开口销。开口销与带孔螺栓和槽形螺母一起使用，将它穿过槽形螺母的槽口和带孔螺栓的孔，并将销的尾部叉开，可防止螺纹联接松脱。

销联接的画法如图 10-33 所示。

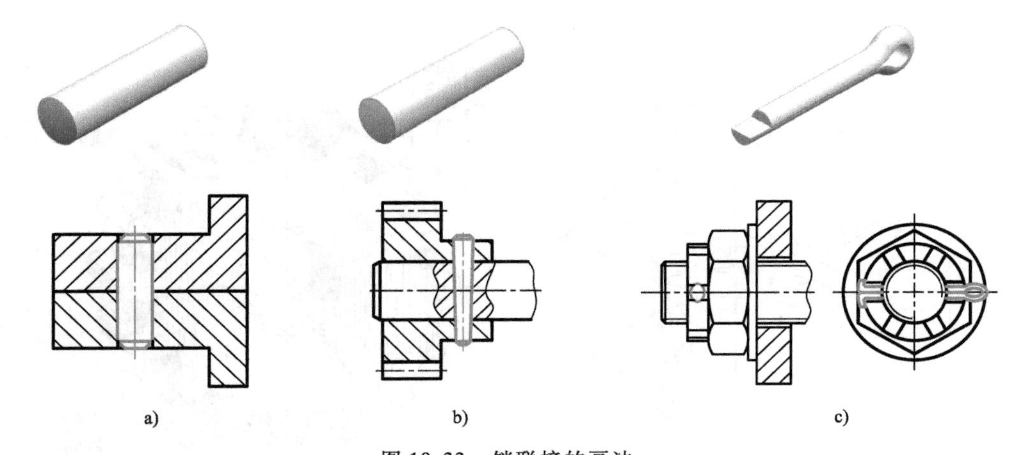

图 10-33　销联接的画法

a）圆柱销联接　b）圆锥销联接　c）开口销联接

第三节　齿　　轮

齿轮是机器中应用非常广泛的一种传动零件，利用一对齿轮可以将一根轴的转动传递给另一根轴，同时，还可以改变旋转速度和旋转方向。

齿轮的轮齿部分已标准化，称为常用件。如图 10-34 所示，按照两轴的相对位置，齿轮传动分为：圆柱齿轮传动、锥齿轮传动和蜗杆传动。

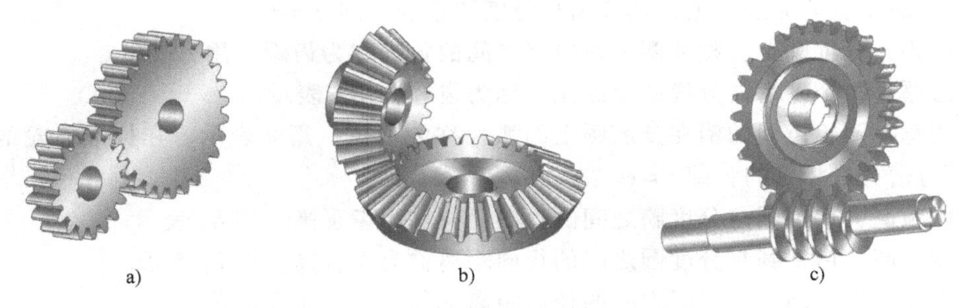

图 10-34　齿轮传动形式

a）圆柱齿轮传动　b）锥齿轮传动　c）蜗杆传动

圆柱齿轮的轮齿分布在柱面上，用于传递两平行轴之间的运动。按轮齿与轴线的方向，分直齿圆柱齿轮、斜齿圆柱齿轮、人字齿圆柱齿轮。

锥齿轮的轮齿分布在锥面上，用于传递两相交轴之间的运动。按轮齿与轴线的方向，分直齿锥齿轮、斜齿锥齿轮、弧齿锥齿轮。

蜗杆传动用于两交错轴之间的运动。且该传动有较大的传动比。

一、圆柱齿轮

圆柱齿轮应用较广泛，现以直齿圆柱齿轮为例说明圆柱齿轮轮齿部分的名称术语、代号、主要参数及规定画法。

1. 直齿圆柱齿轮各部分的名称术语及代号

如图 10-35 所示，有关名称、代号介绍如下：

1）齿顶圆：通过轮齿顶部的圆，其直径用 d_a 表示。

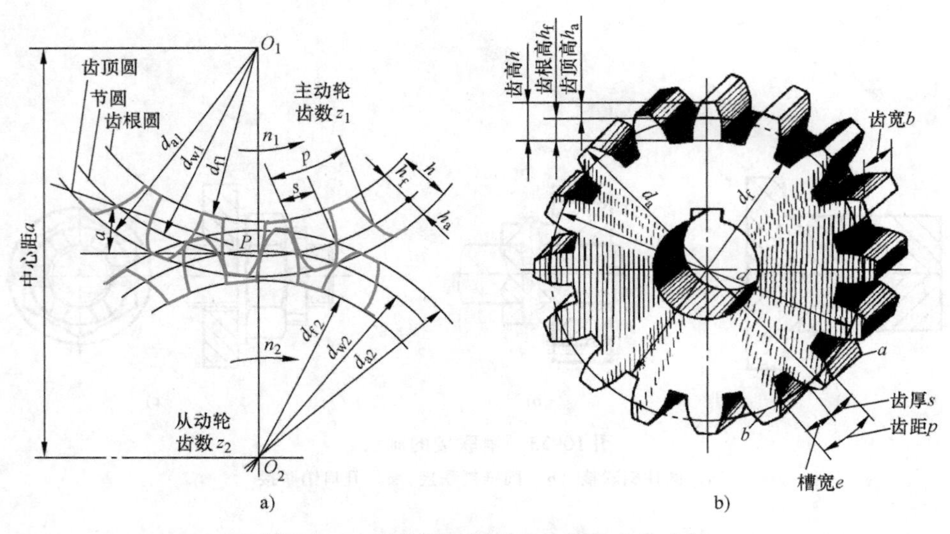

图 10-35　直齿圆柱齿轮轮齿部分名称术语

2）齿根圆：通过轮齿根部的圆，其直径用 d_f 表示。

3）节圆与分度圆：两齿轮啮合时，轮齿的接触点将两轮的中心连线，O_1O_2 分为 O_1P、O_2P 两段，分别以 O_1P、O_2P 为半径画圆，此圆称为两齿轮的节圆，其直径用 d_w 表示。设计加工齿轮时，为了进行尺寸计算和方便分齿而设定的一个基准圆称为分度圆，其直径用 d 表示。

一对正确安装的标准齿轮，其节圆与分度圆重合，即 $d=d_w$。

4）齿距：分度圆上，相邻两齿对应点之间的弧长称为齿距，用 p 表示。

5）齿厚：每个轮齿在分度圆上的弧长称为齿厚，用 s 表示。

6）槽宽：两轮齿间的槽在分度圆上的弧长称为槽宽，用 e 表示。在标准齿轮的分度圆上，齿厚与槽宽是相等的，即 $s=e$。

7）齿顶高：齿顶圆与分度圆之间的径向距离称为齿顶高，用 h_a 表示。

8）齿根高：齿根圆与分度圆之间的径向距离称为齿根高，用 h_f 表示。

9）齿高：齿顶圆与齿根圆之间的径向距离称为齿高，用 h 表示。

10）中心距：两啮合齿轮中心之间的距离称为中心距，用 a 表示。

11）齿宽：轮齿的宽度，用 b 表示。

2. 直齿圆柱齿轮的主要参数

1）齿数：轮齿的个数，用 z 表示。

2）模数：模数是已经标准化了的一系列数值，用 m 表示。模数主要用于齿轮的设计与制造，其标准值见表 10-3。

表 10-3　标准模数（GB/T 1357—2008）　　（单位：mm）

第Ⅰ系列	1,1.25,1.5,2,2.5,3,4,5,6,8,10,12,16,20,25,32,40,50
第Ⅱ系列	1.125,1.375,1.75,2.25,2.75,3.5,4.5,5.5,(6.5),7,9,11,14,18,22,28,35,45

注：在选用模数时，应优先选用第Ⅰ系列，括号内模数尽可能不用。

3. 标准直齿圆柱齿轮的尺寸计算

1）分度圆直径：$d=mz$

2）齿顶高：$h_a = m$

3）齿根高：$h_f = 1.25m$

4）齿高：$h = 2.25m$

5）齿顶圆直径：$d_a = d + 2h_a = mz + 2m$

6）齿根圆直径：$d_f = d - 2h_f = mz - 2.5m$

7）中心距：$a = (d_1 + d_2)/2$

4. 圆柱齿轮的表示法

国家标准只对齿轮的轮齿部分作了规定画法，其余结构按齿轮轮廓的真实投影绘制（齿轮结构由设计决定）。

（1）直齿圆柱齿轮的画法　直齿圆柱齿轮的主视图一般采用全剖视图表示。渐开线齿轮的轮齿部分规定画法如图10-36所示。

1）齿顶圆和齿顶线用粗实线绘制。

2）分度圆和分度线用细点画线绘制。

3）齿根圆用细实线绘制，也可省略不画。剖视图中的齿根线用粗实线绘制。

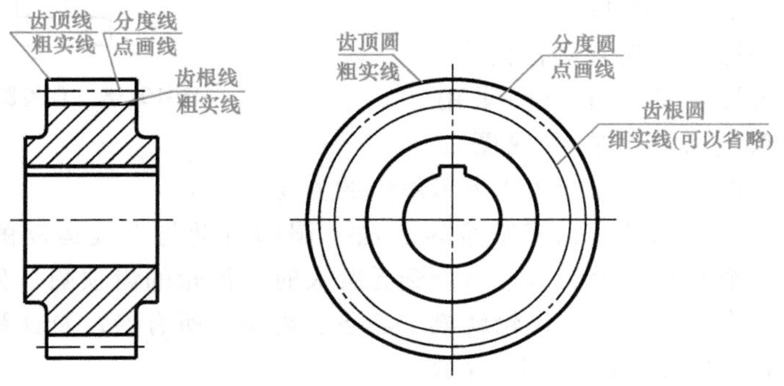

图 10-36　渐开线齿轮的轮齿部分规定画法

在剖视图中剖切平面通过齿轮的轴线时，轮齿一律按不剖处理。所以，图10-36的主视图中，齿顶线和齿根线（两条粗实线）之间的空白区域表示的是轮齿的高度。

（2）斜齿、人字齿圆柱齿轮的画法　斜齿、人字齿圆柱齿轮画法与直齿圆柱齿轮相同。当齿轮特征需要表示时，一般采用半剖视图表示，并在视图部分可用三条与齿线方向相同的细实线画出，如图10-37所示。

注意　左视图中的齿根圆省略没画。

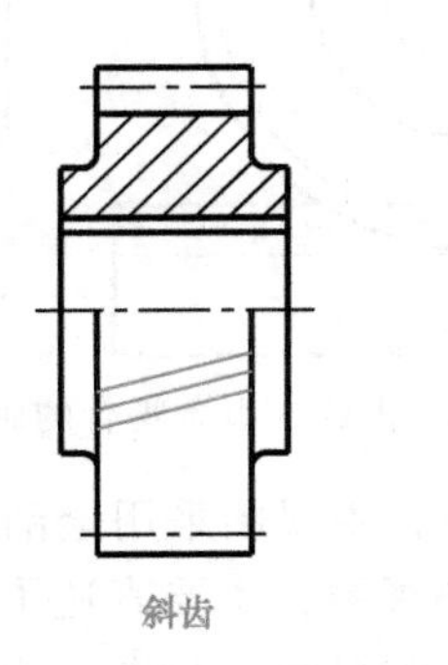

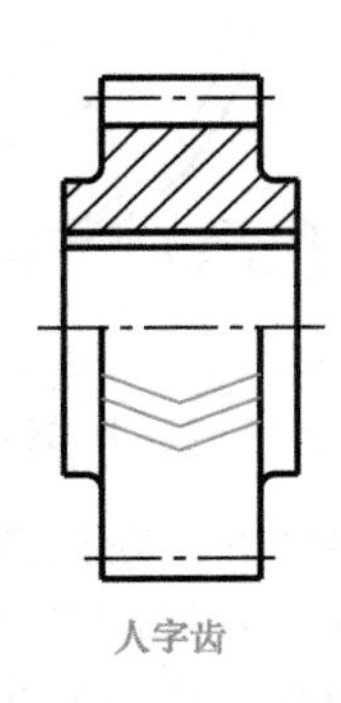

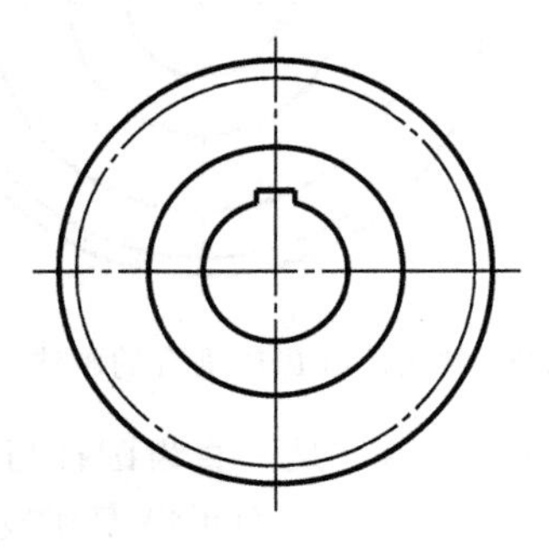

图 10-37　斜齿、人字齿圆柱齿轮画法

（3）两齿轮啮合的表示法　一般两齿轮的啮合画法在装配图中表示。常用的表达方法是全剖视图或局部剖视图。如图10-38所示，直齿圆柱齿轮啮合画法的主、左视图，其中主视图采用全剖视图。

当剖切平面通过两齿轮的轴线剖切时，两齿轮啮合区内共画五条线：两节线重合为一条线，画点画线；两条齿根线，画粗实线；两条齿顶线，一条可见画成粗实线，一条不可见画成虚线（一般从动轮视为不可见，画虚线或省略不画）。

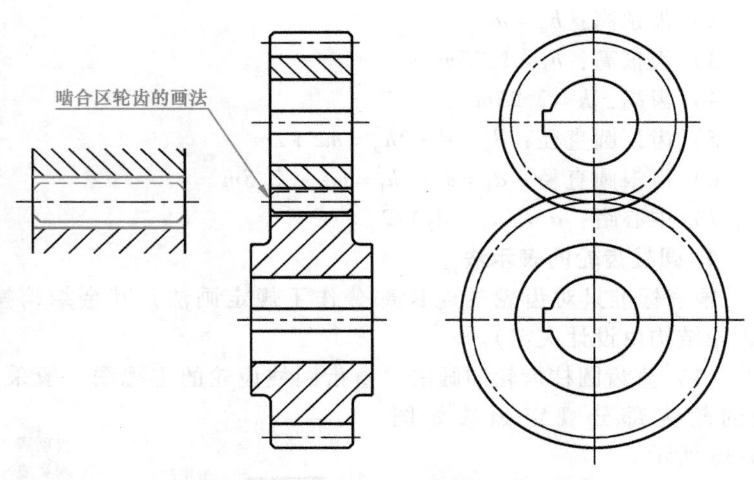

图 10-38　直齿圆柱齿轮啮合的画法

如图 10-39 所示，斜齿圆柱齿轮啮合画法的主、左视图，其中主视图采用局部剖视图，在主视图的外形部分用三条细实线表示斜齿的方向。

（4）齿轮、齿条啮合表示法　圆周运动与直线运动的转换一般采用齿轮、齿条传动。当一个圆柱齿轮的直径增加到无穷大时，齿轮的齿顶圆、分度圆、齿根圆和齿廓的曲线都变成了直线，于是，齿轮就成了齿条。齿条的所有参数及计算都与圆柱齿轮相同。齿轮、齿条啮合的画法如图 10-40 所示。

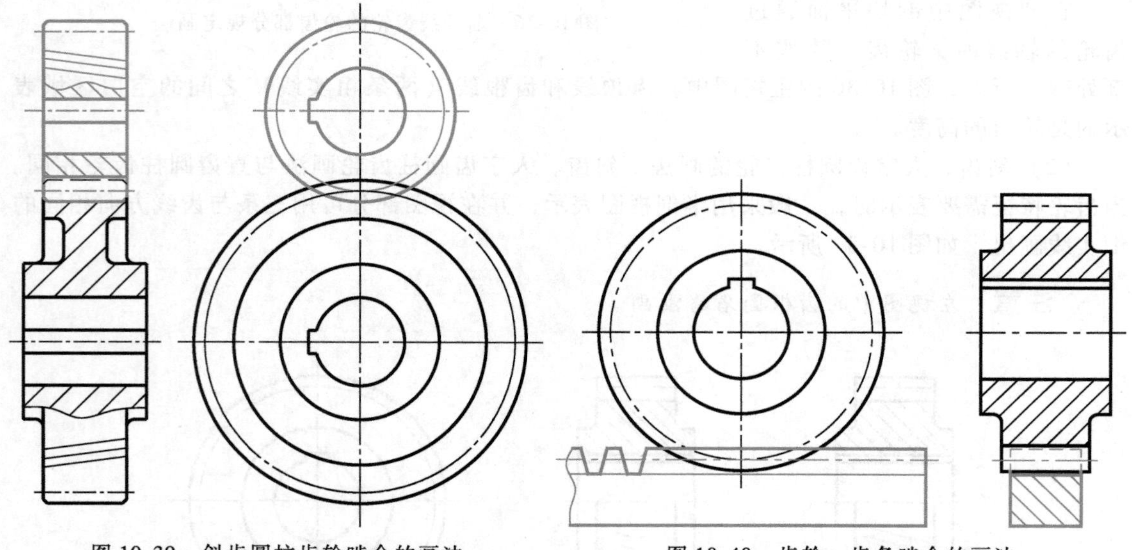

图 10-39　斜齿圆柱齿轮啮合的画法　　图 10-40　齿轮、齿条啮合的画法

如图 10-41 所示，是一直齿圆柱齿轮的零件图。在该图中，主视图采用全剖视图，表达了齿轮的结构、尺寸、表面粗糙度和技术要求。左视图是局部视图，主要表达了孔及键槽的尺寸。此外，齿轮零件图规定在图样的右上角处，应附有齿轮的模数、齿数、检验要求等主要参数，以便于制造。

二、锥齿轮

如图 10-42 所示，锥齿轮的轮齿位于圆锥面上，所以轮齿的宽度、高度都沿着齿的方向逐渐变化，模数、直径也逐渐变化。为了便于设计和制造，国家标准规定，锥齿轮的大端作

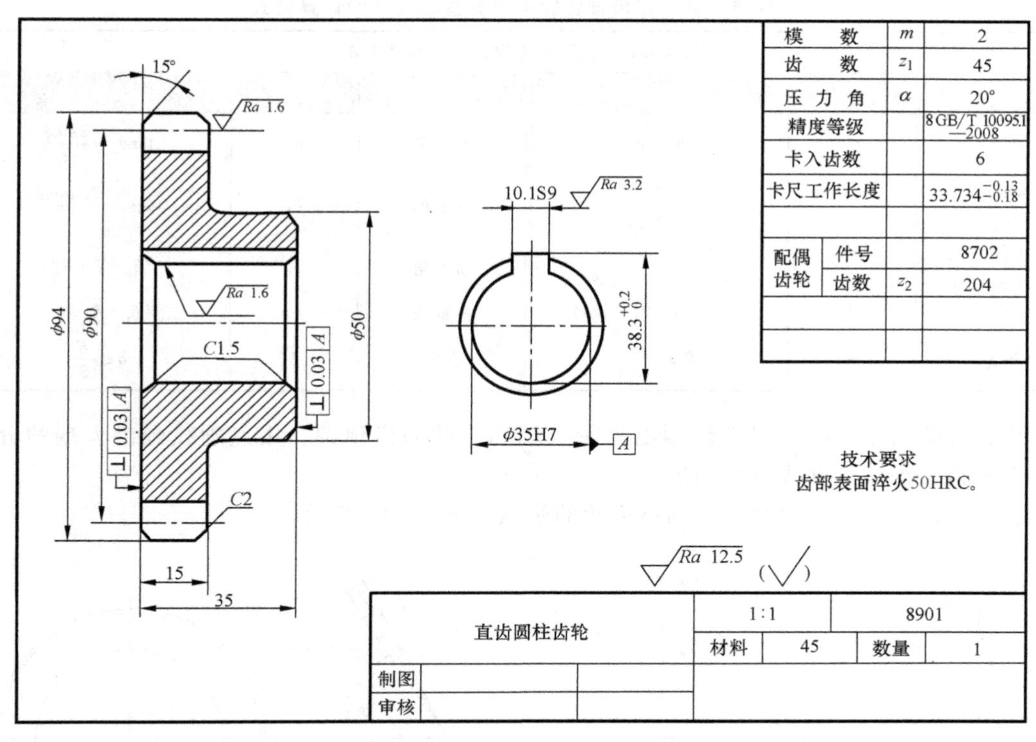

图 10-41　直齿圆柱齿轮零件图

为齿轮的标准模数，模数数值见表 10-4。其他各部分尺寸都是根据大端模数来决定的，见表 10-5。

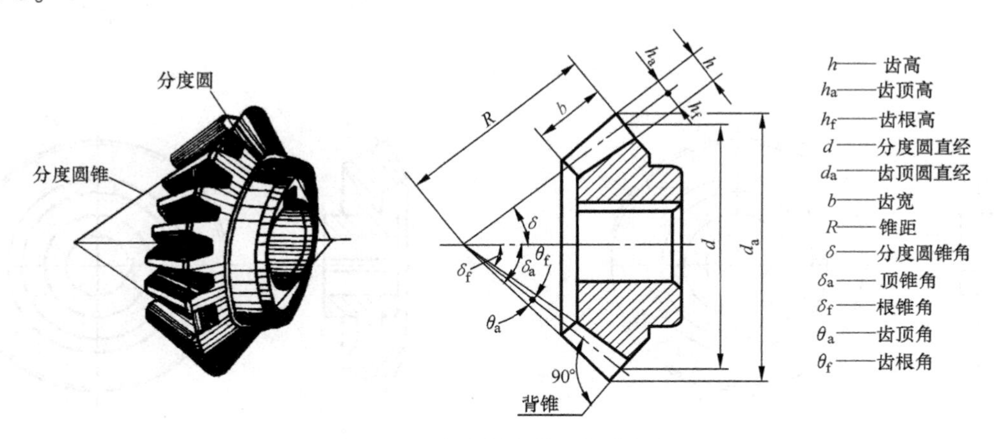

图 10-42　直齿锥齿轮各部分名称

表 10-4　锥齿轮模数（GB/T 12368—1990）　　　　（单位：mm）

0.1,0.12,0.15,0.2,0.25,0.3,0.35,0.4,0.5,0.6,0.7,0.8,0.9,1,1.125,1.1375,1.5,1.75,2,2.25,2.5,2.75,3,3.25,3.5,3.75,4,4.5,5,5.5,6,6.5,7,8,9,10,11,12,14,16,18,20,22,25,28,30,32,36,40,45,50

1. 单个锥齿轮的表示法

如图 10-42 所示，非圆视图作为主视图，通常画成全剖视图。轮齿部分按不剖绘制，分度线用点画线表示；齿顶线和齿根线用粗实线表示。

表 10-5　标准直齿锥齿轮各部分基本尺寸的计算公式

基本参数：模数 m、齿数 z、分度圆锥角 δ					
名称	符号	计算公式	名称	符号	计算公式
齿顶高	h_a	$h_a=m$	齿顶角	θ_a	$\tan\theta_a=\frac{2\sin\delta}{z}$
齿根高	h_f	$h_f=1.2m$	齿根角	θ_f	$\tan\theta_f=\frac{2.4\sin\delta}{z}$
齿高	h	$h=2.2m$			
分度圆直径	d	$d=mz$	顶锥角	δ_a	$\delta_a=\delta+\theta_a$
齿顶圆直径	d_a	$d_a=m(z+2\cos\delta)$			
齿根圆直径	d_f	$d_f=m(z-2.4\cos\delta)$	根锥角	δ_f	$\delta_f=\delta-\theta_f$
锥距	R	$R=\frac{mz}{2\sin\delta}$	齿宽	b	$b\leqslant\frac{R}{3}$

投影为圆的左视图用粗实线画出齿轮大端和小端的齿顶圆，用点画线画出大端的分度圆，齿根圆及小端分度线不必画出。

已知锥齿轮各部分尺寸，绘制锥齿轮的步骤如图 10-43 所示。

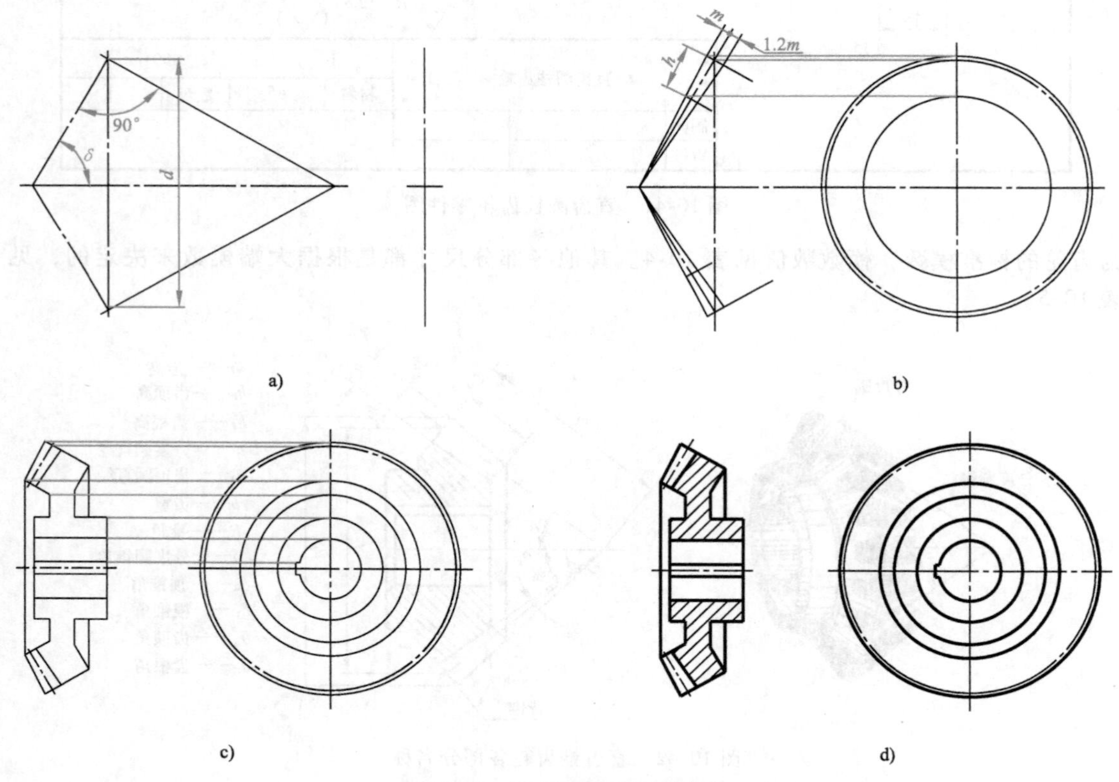

图 10-43　直齿锥齿轮画图步骤

1）如图 10-43a 所示，画锥齿轮的轴线，根据锥角和分度圆直径画出分度线和背锥面（背锥垂直于分度线）。

2）如图 10-43b 所示，主视图根据齿顶高和齿根高，画出齿顶线、齿根线。左视图画出分度圆面积、大端齿顶圆和小端齿顶圆。

3）如图 10-43c 所示，画出锥齿轮其他结构的投影轮廓。

4）如图 10-43d 所示，擦去作图线，画出剖面线，加深图线，完成全图。

2. 锥齿轮啮合表示法

一般锥齿轮啮合在装配图中表示。一对锥齿轮的啮合画法如图10-44所示。主视图画成全剖视图，通常两齿轮的轴线垂直相交，其啮合画法与圆柱齿轮啮合画法基本相同。左视图画外形，投影重叠部分不可见处，可不必画出。

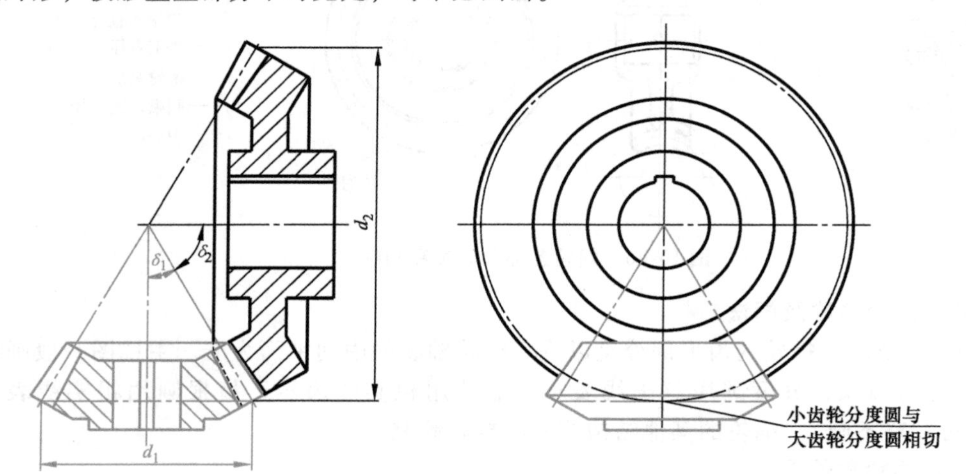

图10-44　锥齿轮的啮合画法

三、蜗杆和蜗轮

如图10-45所示，蜗杆实质上是一个圆柱斜齿轮，只是头数很少，其头数相当于螺纹的线数，一般制成单头或双头。

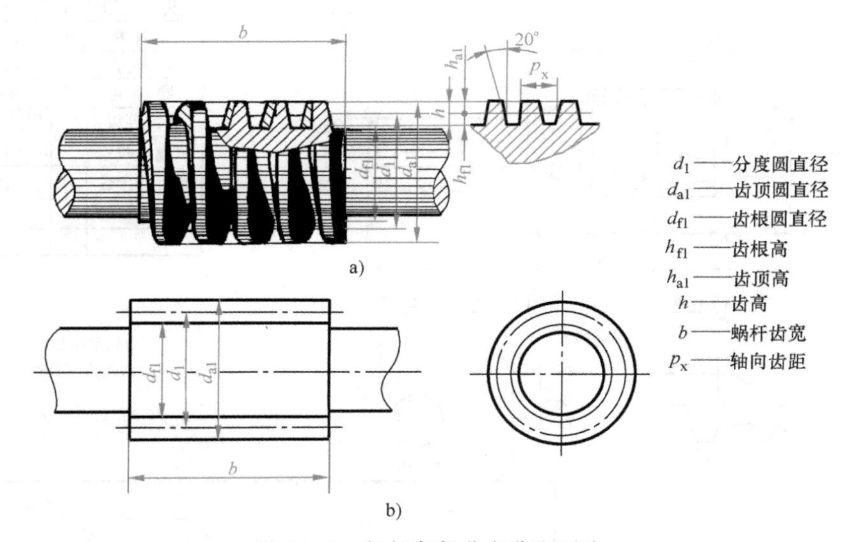

图10-45　蜗杆各部分名称和画法

如图10-46所示，蜗轮实质上也是一个圆柱斜齿轮，所不同的是，为了增加它与蜗杆的接触面积，将蜗轮外表面制作成环面形状。

1. 蜗杆各部分名称及画法

蜗杆齿形部分的尺寸以轴向剖面上的尺寸为准。一般主视图不作剖视，分度圆、分度线用点画线表示；齿顶圆、齿顶线用粗实线表示；齿根线、齿根圆用细实线表示（齿根圆也可省略不画）。

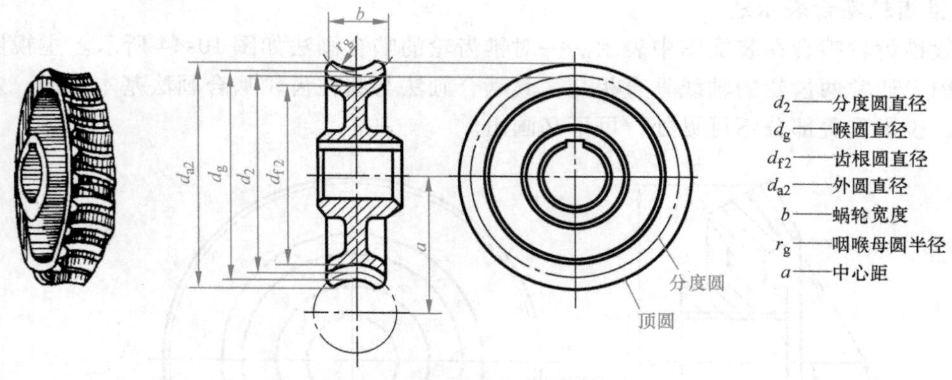

图 10-46 蜗轮各部分名称和画法

2. 蜗轮各部分名称及画法

如图 10-46 所示，蜗轮的齿形部分是以垂直蜗轮轴线的中间平面为准。主视图一般画成全剖，其轮齿为圆弧，分度圆用点画线表示；喉圆用粗实线表示；齿根圆用粗实线表示（左视图中可省略不画）。蜗轮的其他结构按实际投影绘制。

3. 蜗杆、蜗轮零件图

图 10-47 所示为蜗杆零件图，图 10-48 所示为蜗轮零件图。蜗杆、蜗轮零件图的右上角必须有一个表示其主要参数和精度的表格，用于蜗杆和蜗轮的制造和检验。

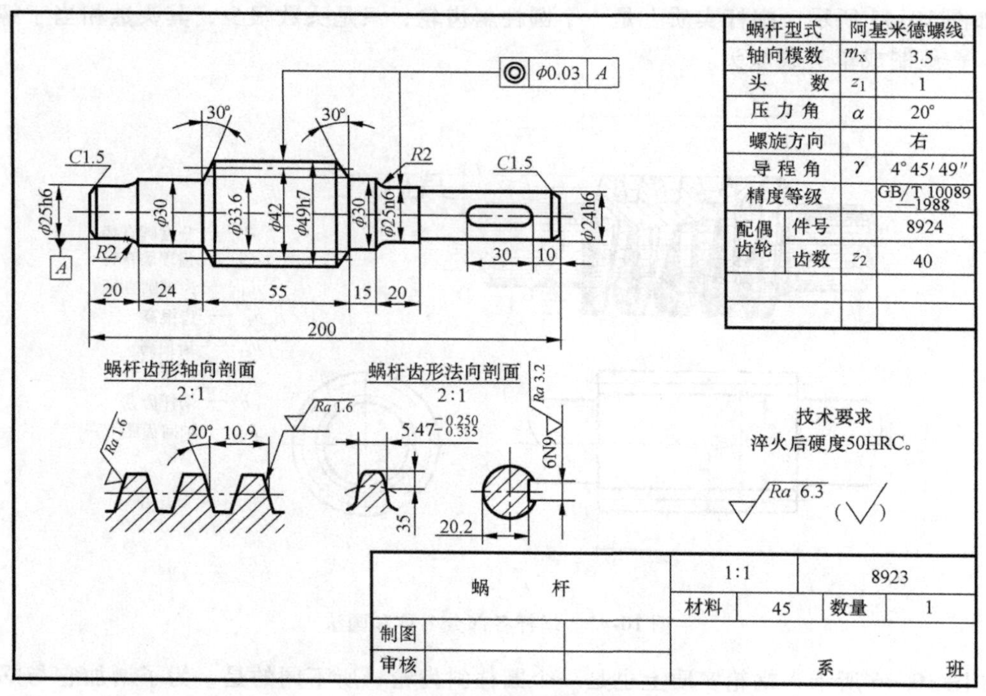

图 10-47 蜗杆零件图

4. 蜗杆、蜗轮啮合画法

一般蜗杆、蜗轮的啮合画法在装配图中表达。蜗杆与蜗轮的啮合画法如图 10-49 所示。在蜗杆投影为圆的视图中，无论视图还是剖视图，蜗杆与蜗轮啮合部分只画蜗杆不画蜗轮。在蜗轮投影为圆的视图中，蜗杆的节圆与蜗轮的节圆应相切，其啮合区一般采用局部剖视图。

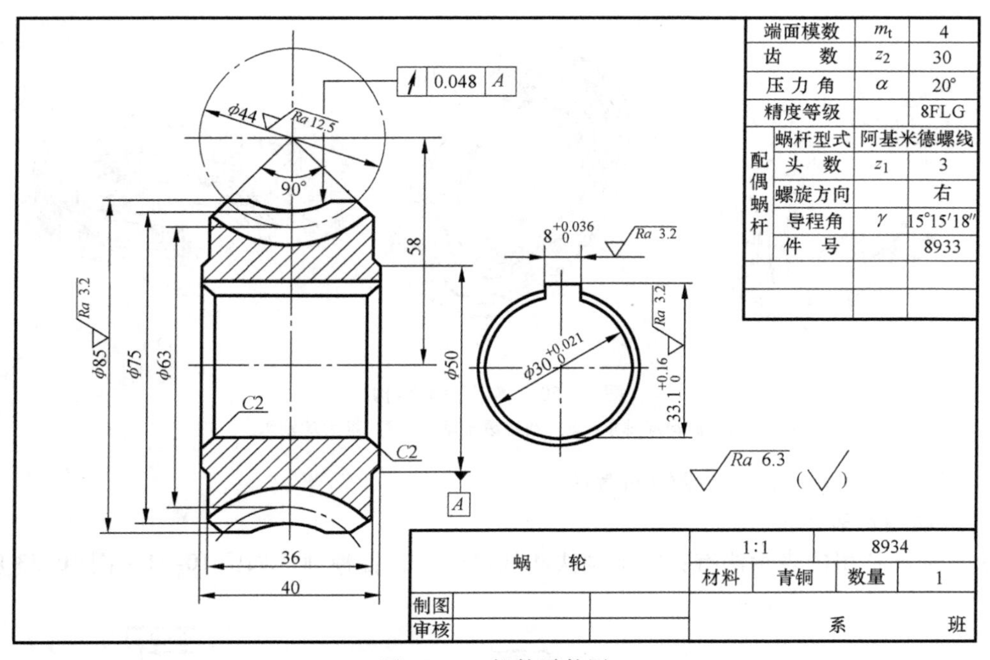

图 10-48　蜗轮零件图

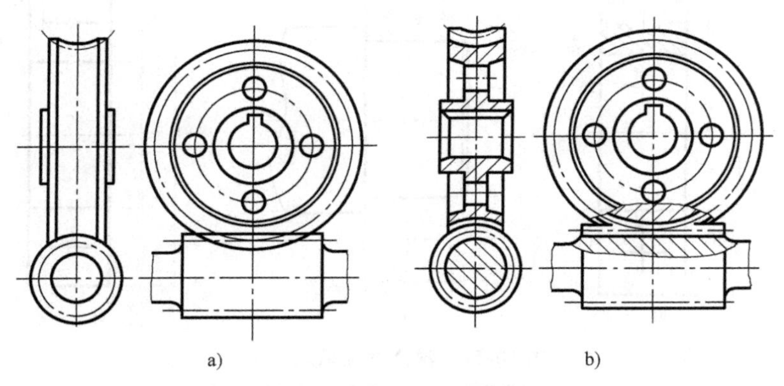

图 10-49　蜗杆与蜗轮的啮合画法

a）外形画法　b）剖视画法

第四节　轴承和弹簧

一、滚动轴承

在机器中，滚动轴承是用来支承轴的标准件。它具有摩擦阻力小，效率高，结构紧凑，维护简单等优点。它的规格、形式很多，可根据使用要求，经设计查阅有关标准选用。

1. 滚动轴承的结构

如图 10-50 所示，一般滚动轴承的结构由内圈、外圈、滚动体和保持架组成。

2. 滚动轴承的种类

滚动轴承的种类很多，一般按其承载力的方向分为三类：

1）深沟球轴承：主要用于承受径向载荷。

2）圆锥滚子轴承：主要承受轴向和径向载荷。

图 10-50　滚动轴承结构

a）深沟球轴承　b）圆锥滚子轴承　c）推力球轴承

3）推力球轴承：主要承受轴向载荷。

3. 滚动轴承表示法

滚动轴承常用的表示法有：特征画法和规定画法，各种画法如图 10-51 ~ 图 10-53 所示。

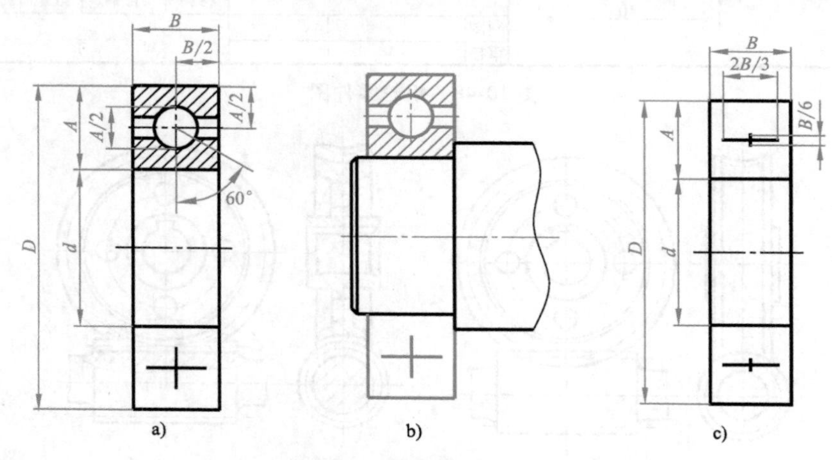

图 10-51　深沟球轴承表示法

a）规定画法　b）装配画法　c）特征画法

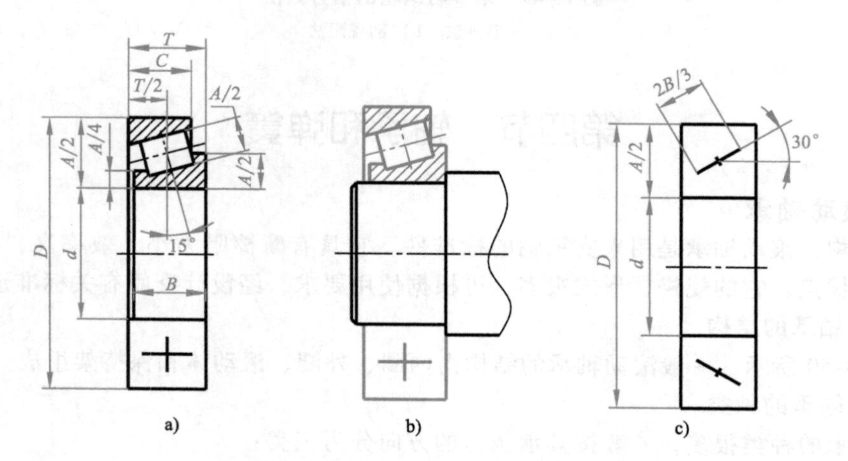

图 10-52　圆锥滚子轴承表示法

a）规定画法　b）装配画法　c）特征画法

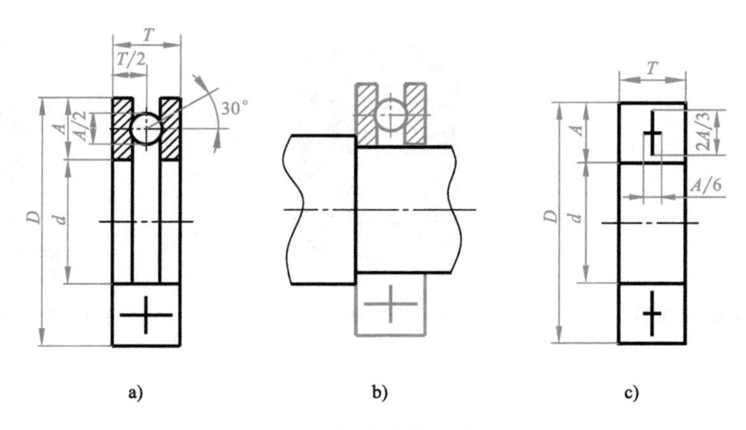

图 10-53 推力球轴承表示法
a）规定画法 b）装配画法 c）特征画法

画图的基本尺寸是由轴承代号查阅轴承标准确定的。

4. 滚动轴承的代号

一般滚动轴承的代号常用基本代号表示。基本代号由类型代号、尺寸代号、内径代号组成。

滚动轴承的标记示例：

（1）轴承 6212 GB/T 276—1994

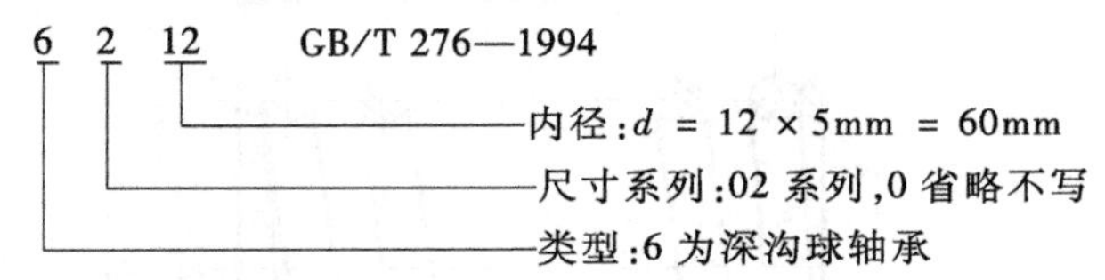

（2）轴承 30205 GB/T 297—1994

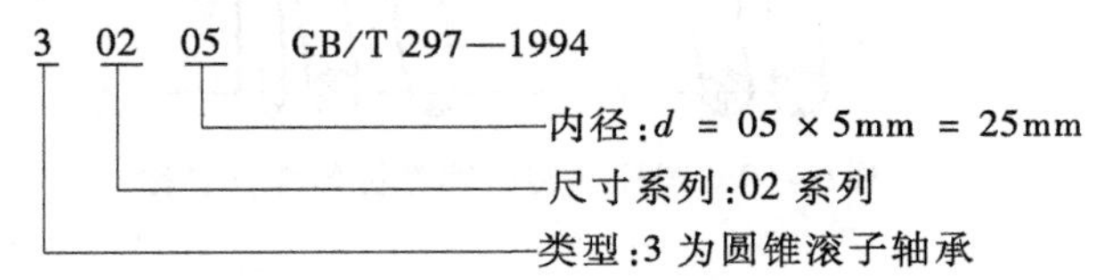

（3）轴承 51210 GB/T 301—1995

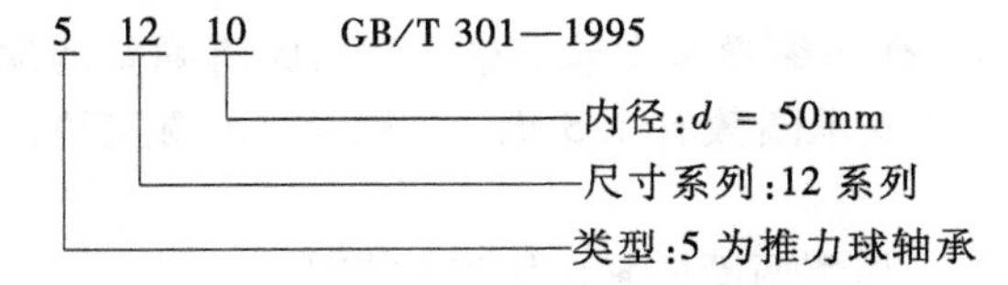

二、弹簧

弹簧是机器、车辆、仪表及电器中的常用零件，其作用一般为减振、夹紧和测力等。

弹簧的种类很多，常用的几种弹簧如图 10-54 ~ 图 10-58 所示。本节只介绍圆柱螺旋压缩弹簧的画法。

1. 圆柱螺旋压缩弹簧各部分名称

如图 10-59 所示，圆柱螺旋压缩弹簧各部分名称如下：

1）弹簧丝直径 d。

2）弹簧内径 D_1。

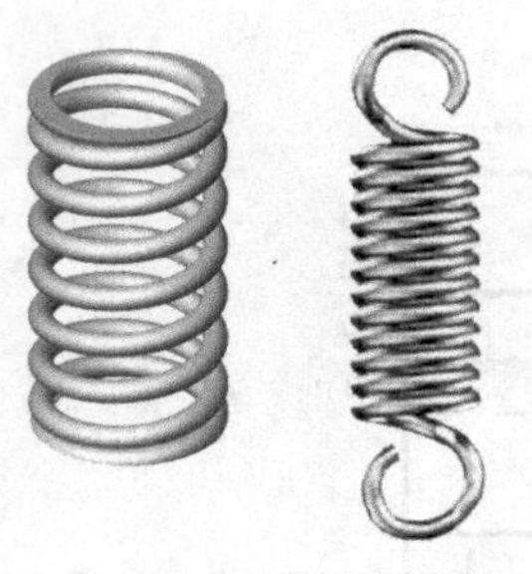

图 10-54　圆柱螺旋弹簧

图 10-55　碟形弹簧

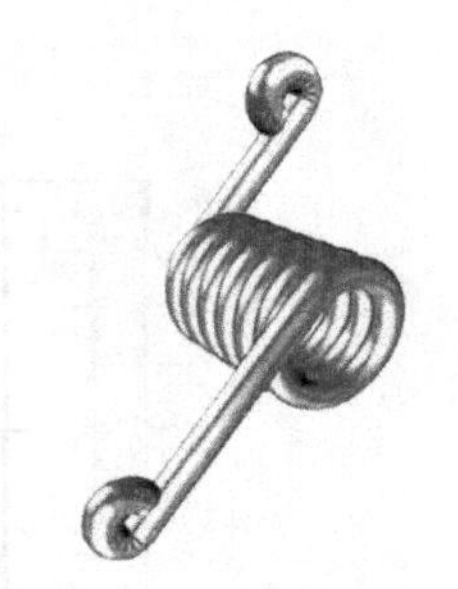

图 10-56　圆锥螺旋弹簧

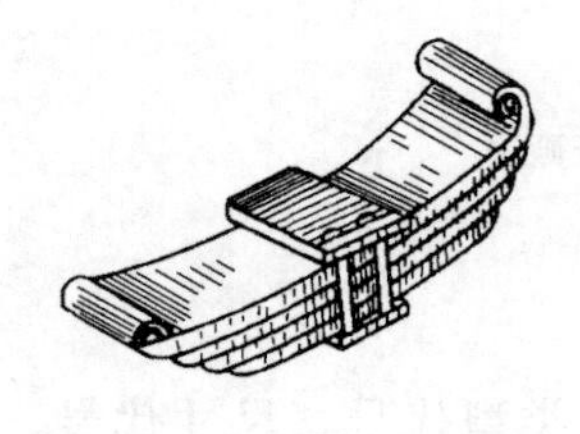

图 10-57　板弹簧

图 10-58　平面涡卷弹簧

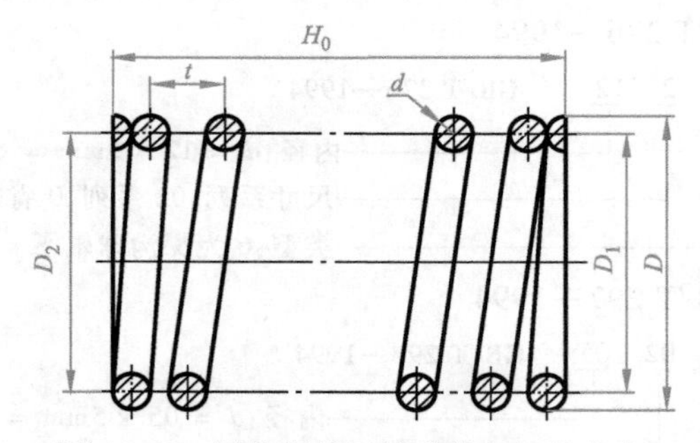

图 10-59　圆柱螺旋压缩弹簧各部分名称

3）弹簧外径 D。

4）弹簧中径 D_2。

5）支承圈数 n_2：是为了使压缩弹簧支承平稳，制造时将弹簧两端磨平，这部分只起支承作用，故称支承圈数。一般支承圈数有 1.5 圈、2 圈、2.5 圈三种，其中较常用的支承数为 2.5 圈。

6）节距 t：除支承圈外，相邻两圈的轴向距离称节距。

7）有效圈数 n：除了支承圈数以外，节距相等的圈数称有效圈数。

8）总圈数 n_1：是支承圈数与有效圈数之和。$n_1 = n + n_2 = n + 1.5$（或 2 或 2.5）

9）自由高度 H_0：弹簧不受外力时的高度称自由高度。$H_0 = nt + (n_2 - 0.5)d$

10）旋向分“左旋”和“右旋”两种。

2. 螺旋弹簧的画法

为了简化作图，国家标准规定了螺旋弹簧的视图、剖视图及示意图的画法，如图 10-60 所示。

圆柱螺旋压缩弹簧的装配画法如图 10-61 所示。

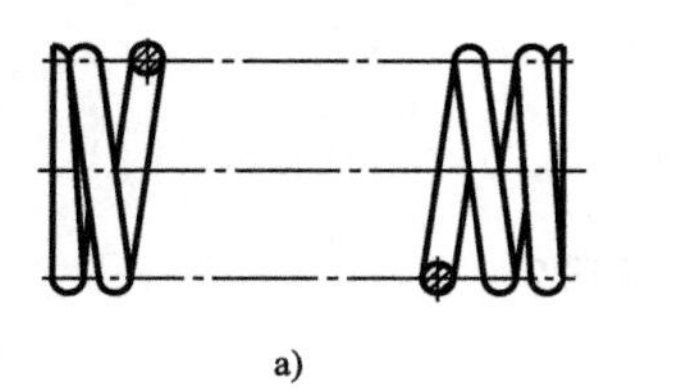

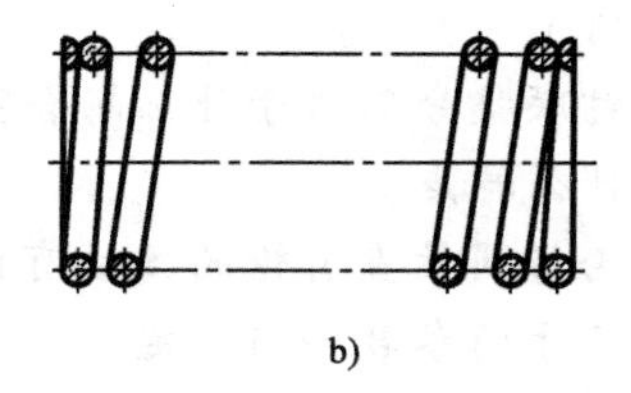

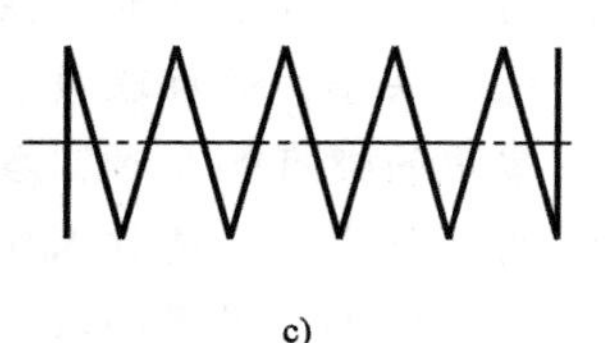

a)　　b)　　c)

图 10-60　圆柱螺旋压缩弹簧的画法

a）视图　b）剖视图　c）示意图

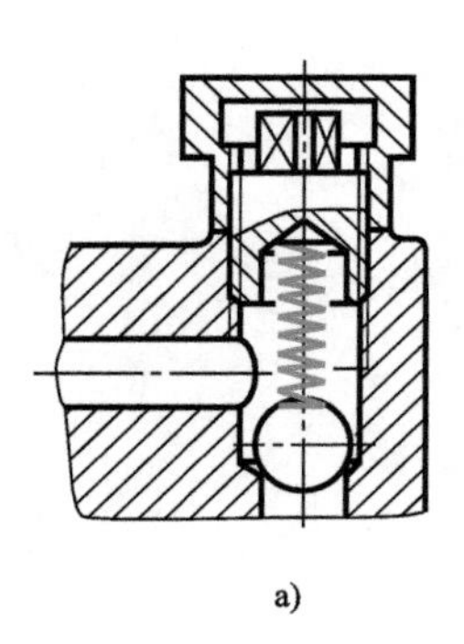

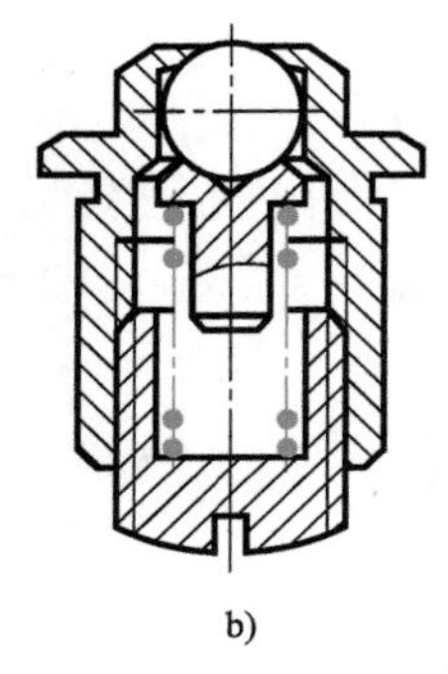

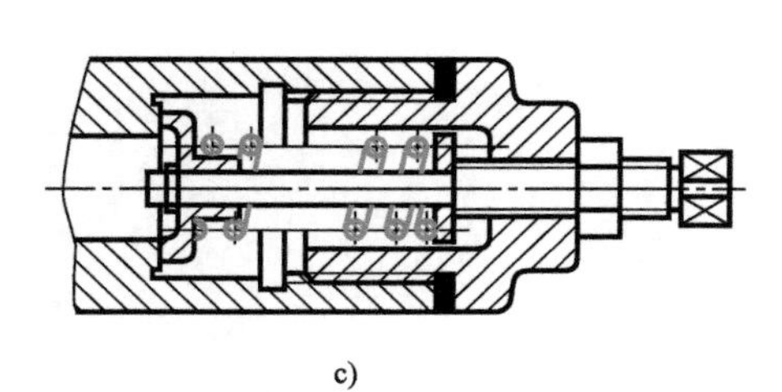

a)　　b)　　c)

图 10-61　圆柱螺旋压缩弹簧装配画法

例 10-7　已知圆柱螺旋弹簧的簧丝直径 $d=5\text{mm}$，弹簧中径 $D_2=35\text{mm}$，节距 $t=10\text{mm}$，有效圈数 $n=8$，支承圈数 $n_2=2.5$，右旋，试画出此弹簧。

1）计算出弹簧自由高度 H_0

$$H_0=nt+(n_2-0.5)d=8\times10\text{mm}+(2.5-0.5)\times5\text{mm}=90\text{mm}$$

2）作图步骤如图 10-62 所示。

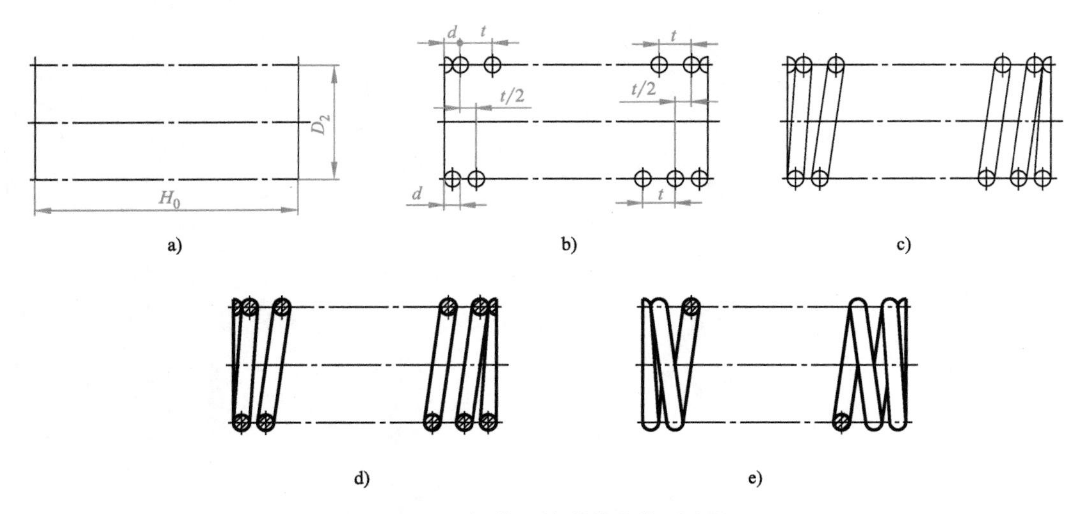

a)　　b)　　c)

d)　　e)

图 10-62　螺旋压缩弹簧的作图步骤

思考题

1. 内螺纹与外螺纹如何区分？

2. 内螺纹与外螺纹的画法有何不同？
3. 螺栓联接、螺柱联接、螺钉联接分别用于什么场合？
4. 常用的键有哪几种？各有什么特点？
5. 圆柱斜齿轮、圆柱人字齿轮与圆柱直齿轮的画法有何不同？
6. 滚动轴承的规定画法中各尺寸的参数如何确定？
7. 滚动轴承代号的含义什么？

第十一章　零　件　图

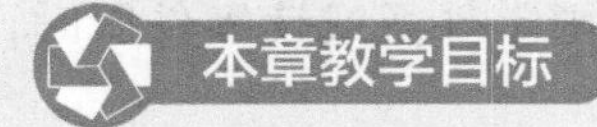

本章教学目标

1. 了解零件图的内容
2. 了解零件的结构分析方法
3. 了解零件图的尺寸标注方法
4. 了解零件的技术要求
5. 能识读简单或中等难度的零件图
6. 了解零件测绘的方法步骤

零件图是制造和检验零件的依据。识读机械零件图是工程中必备的基础知识和技能。机械零件按其结构分为轴套、轮盘、叉架和箱座四大类，零件图中包括工件的结构表达、尺寸和精度要求、表面粗糙度和几何公差要求、材料及热处理要求等内容。本章主要介绍零件图涉及的有关知识和读零件图方法。

第一节　零件图的内容

图 11-1 所示为泵盖零件图，一张完整的零件图应包括如下内容：

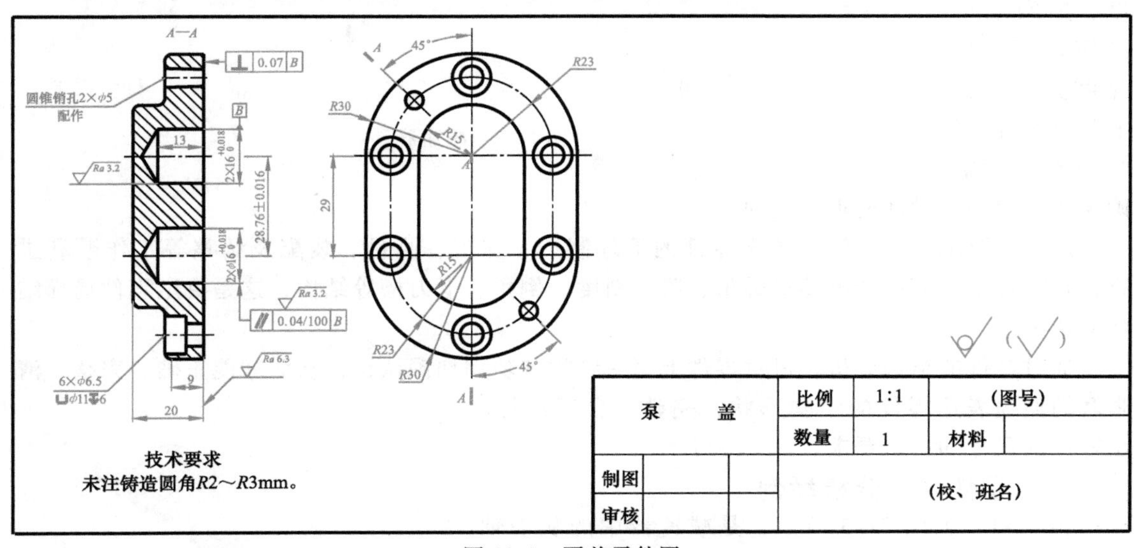

图 11-1　泵盖零件图

（1）一组图形　用必要的视图、剖视图、断面图及其他表达方法将零件的内、外结构形状正确、完整、清晰地表达出来。

（2）全部尺寸　正确、完整、清晰、合理地标注制造零件所需要的全部尺寸，表示零件及其结构的大小。

（3）技术要求　用符号标注或文字说明零件在制造和检验时应达到的一些要求。

（4）标题栏　填写零件的名称、材料、数量、图号、比例以及设计人员的签名等。

第二节　零件的结构分析

零件的结构形状与组合体的形状有很大区别，其主要区别之一，就是零件图上的结构是由设计要求与工艺要求决定的，其结构都有一定的功用。因此，在画零件图或读零件图时，还要进行结构分析。

一、零件的结构分析方法

从设计要求出发，零件在机器或部件中起如下作用：支承、容纳、传动、配合、联接、安装、定位、密封和防松等。这是决定零件主要结构的依据。

如图 11-2 所示，减速器箱座起容纳作用；齿轮起传递转矩和动力的作用；轴承起支承轴的作用；轴承端盖起密封作用；销起定位作用；键、螺栓、螺母、垫圈起联接作用等。由此可见，零件上每个结构形状都不是随意确定的，而是由设计要求决定的。

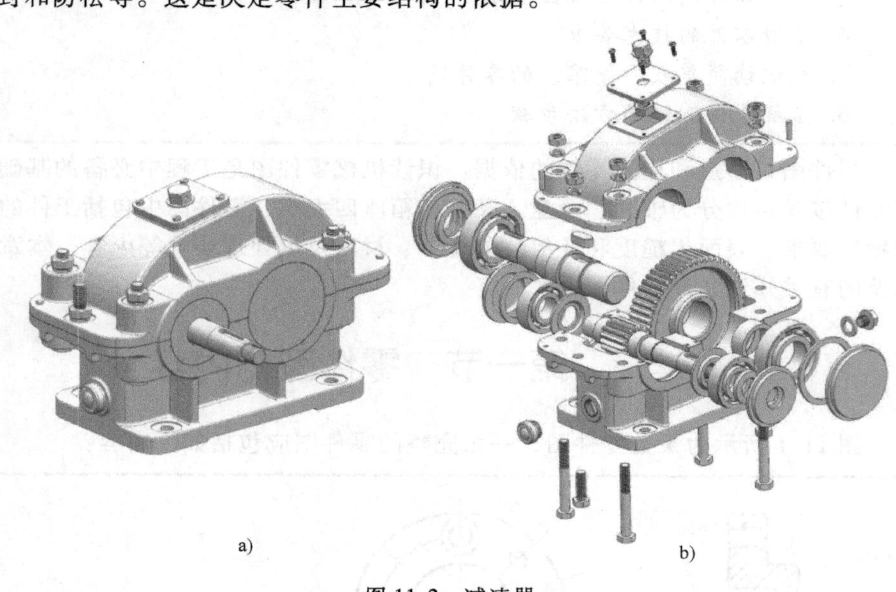

图 11-2　减速器

从工艺要求出发，为了便于零件的毛坯制造、加工、测量、装配及调整等工作顺利进行，在零件上还应设计出铸造圆角、脱模斜度、倒角、退刀槽等结构，这是决定零件局部结构的依据。

通过零件的结构分析，可对零件上每一结构的功用加深认识，从而才能正确、完整、清晰和简便地表达零件的结构形状，完整、合理地标注出零件的尺寸和技术要求。

二、零件结构分析举例

例 11-1　如图 11-3 所示，是减速器中的从动轴，它的主要功用是装在轴承孔中，支承齿轮传递转矩或动力，并与外部设备联接。为了满足设计要求和工艺要求，它的结构形状形成过程见表 11-1。

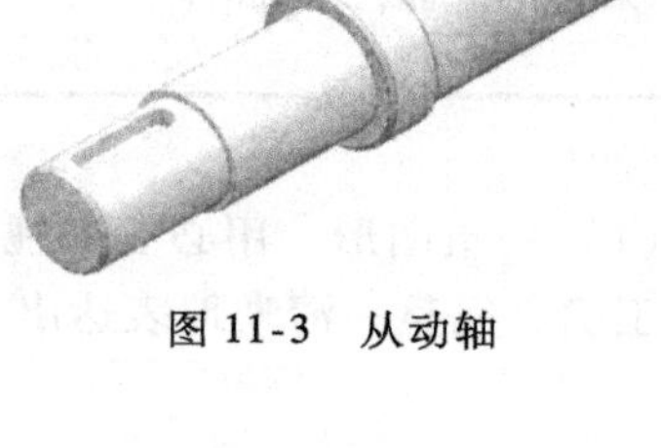

图 11-3　从动轴

表 11-1　从动轴的结构形状形成过程

结构形状形成过程	主要考虑的问题
	为了伸出外部与其他机器相联,制出一轴颈
	为了用轴承支承又在右端做出一轴颈
	为了固定齿轮的轴向位置,增加一个稍大的凸肩
	为了支承齿轮和用轴承支承轴,轴右端做成轴颈
	为了与齿轮联接,右端轴颈做一个槽;为了与外部设备联接,左端轴颈也做一个键槽;为了装配方便,保护装配表面,多处做出倒角、退刀槽

例 11-2　如图 11-4 所示为一个减速器底座，它的主要功用是容纳支承轴、齿轮及润滑油，并与减速器盖联接。它的结构形状形成过程见表 11-2。

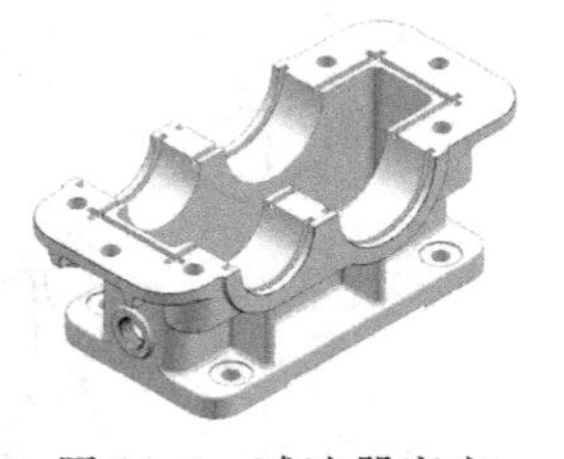

图 11-4　减速器底座

三、零件上常用的工艺结构

零件上的工艺结构，是通过不同的加工方法得到的。机械制造的基本加工方法有：铸造、锻造、切削加工、焊接、冲压等。下面仅对铸造工艺和切削加工工艺对零件的结构要求加以介绍。

表 11-2　减速器底座的结构形状形成过程

结构形状形成过程	主要考虑的问题
	为了容纳齿轮和润滑油,底座做成中空形状

（续）

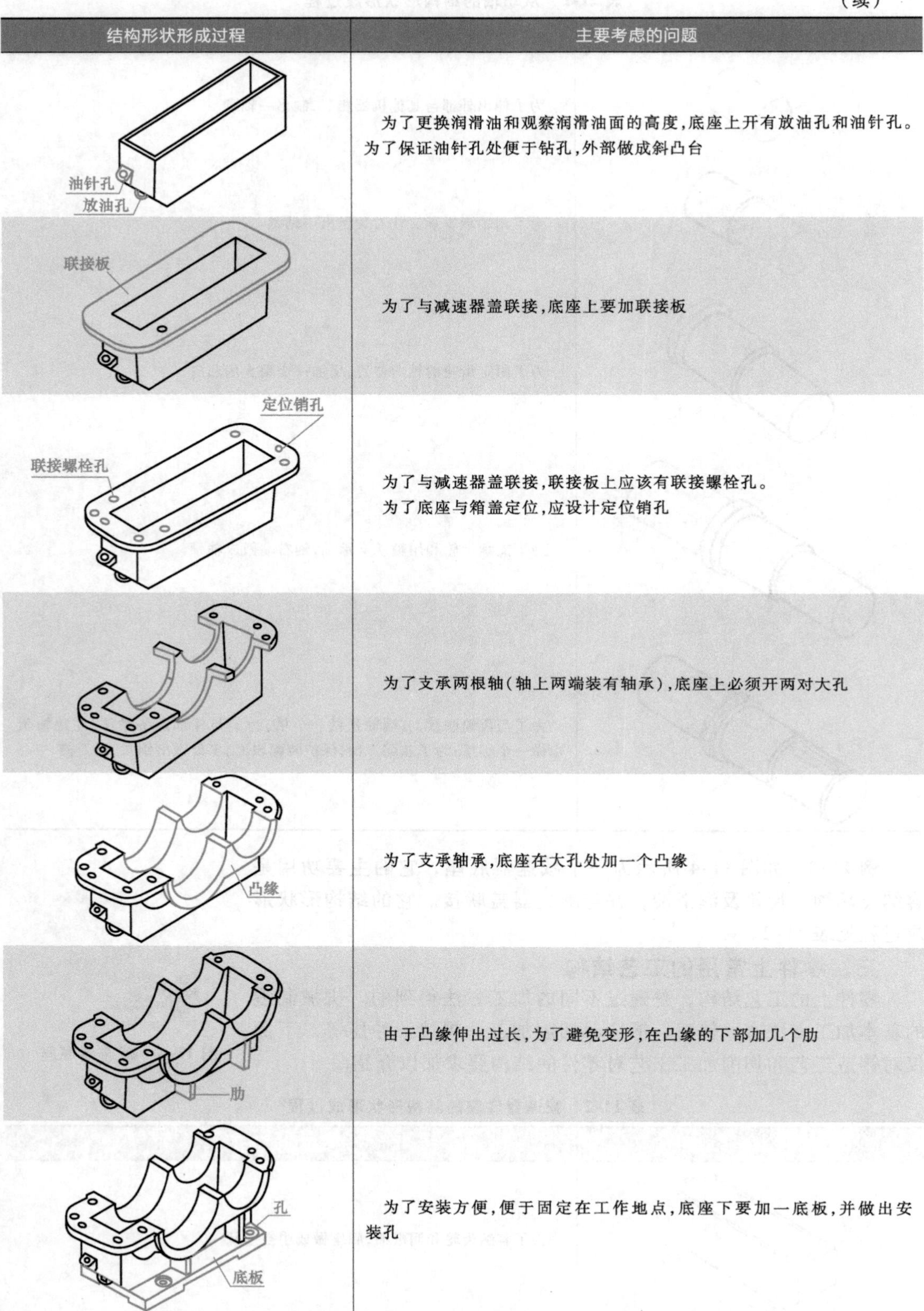

结构形状形成过程	主要考虑的问题
	为了更换润滑油和观察润滑油面的高度，底座上开有放油孔和油针孔。为了保证油针孔处便于钻孔，外部做成斜凸台
	为了与减速器盖联接，底座上要加联接板
	为了与减速器盖联接，联接板上应该有联接螺栓孔。为了底座与箱盖定位，应设计定位销孔
	为了支承两根轴（轴上两端装有轴承），底座上必须开两对大孔
	为了支承轴承，底座在大孔处加一个凸缘
	由于凸缘伸出过长，为了避免变形，在凸缘的下部加几个肋
	为了安装方便，便于固定在工作地点，底座下要加一底板，并做出安装孔

（续）

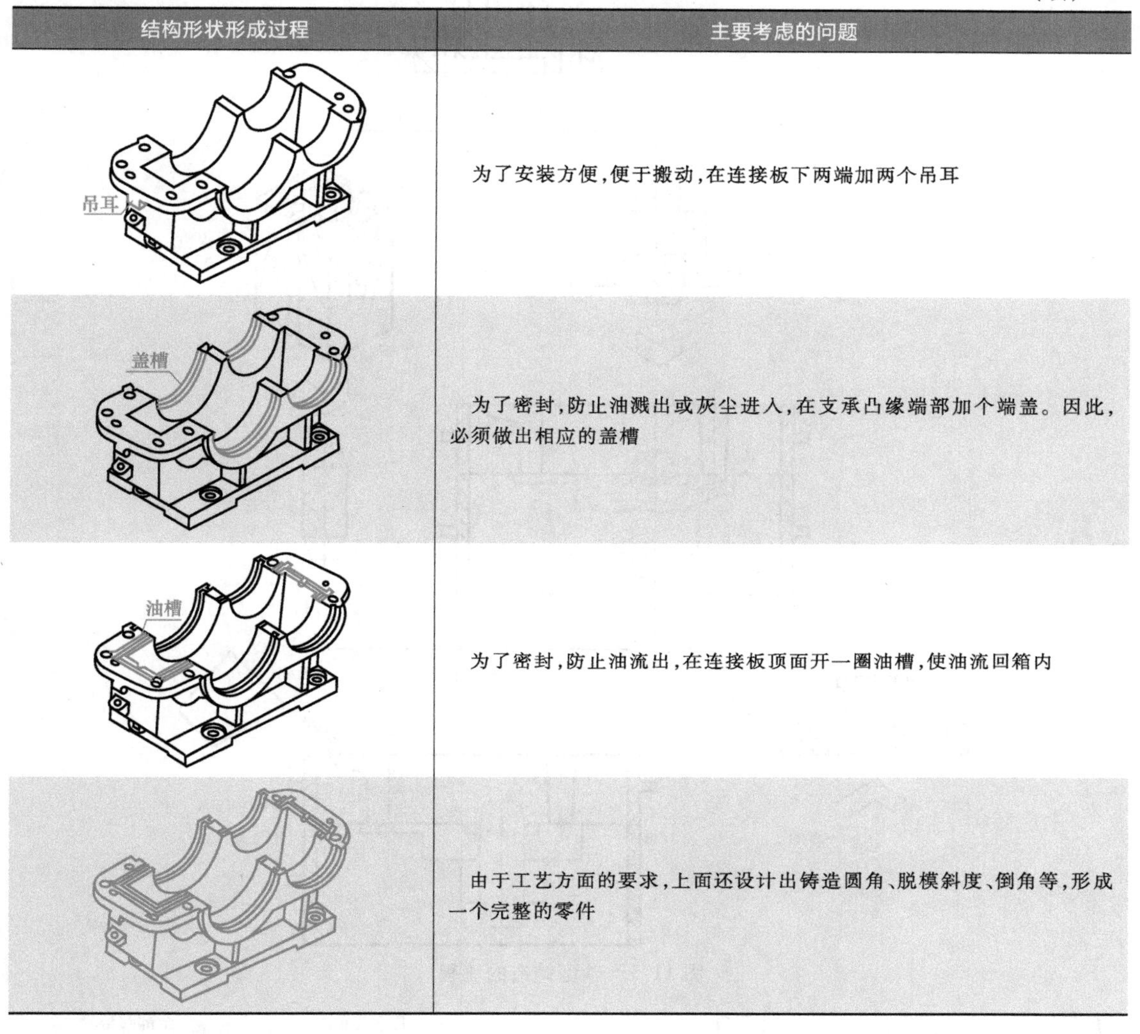

结构形状形成过程	主要考虑的问题
吊耳	为了安装方便，便于搬动，在连接板下两端加两个吊耳
盖槽	为了密封，防止油溅出或灰尘进入，在支承凸缘端部加个端盖。因此，必须做出相应的盖槽
油槽	为了密封，防止油流出，在连接板顶面开一圈油槽，使油流回箱内
	由于工艺方面的要求，上面还设计出铸造圆角、脱模斜度、倒角等，形成一个完整的零件

1. 零件上的铸造结构

（1）铸造过程　将熔化的金属浇入具有与零件形状相适应的铸型空腔内，使其冷却凝固后获得铸件的加工方法称为铸造。大部分机械零件都是先铸造成毛坯件，再对某工作表面进行切削加工，从而得到符合设计要求和工艺要求的机械零件。

传统的砂型铸造的流程如图 11-5 所示，即根据零件图由模样工做木模，若零件有空腔，还需要做型芯箱；造型工将木模放在砂型箱中制成砂型和在型芯箱中制成型芯；然后从砂型中取出木模，放入型芯，合箱。由图 11-5 可知，砂型中的空腔即是零件的实体部分。从浇口浇注铁液，直至铁液从冒口中溢出，说明铁液已充满砂型的空腔。待铁液冷却后落砂取出铸件，切除铸件上冒口和浇口的金属块，即得到铸件成品。

（2）铸造圆角　为了满足铸造工艺的要求，防止砂型落砂和铸件产生裂纹、缩孔等缺陷，在铸件的各表面相交处都要做成圆角，称为铸造圆角，如图 11-6 所示。

铸造圆角半径一般取壁厚的 1.2 ~ 0.4 倍。同一铸件上圆角半径的种类尽可能减少，如图 11-7 所示。

（3）起模斜度　为了在铸造时便于将模样从砂型中取出，在铸件沿着起模方向的壁上，

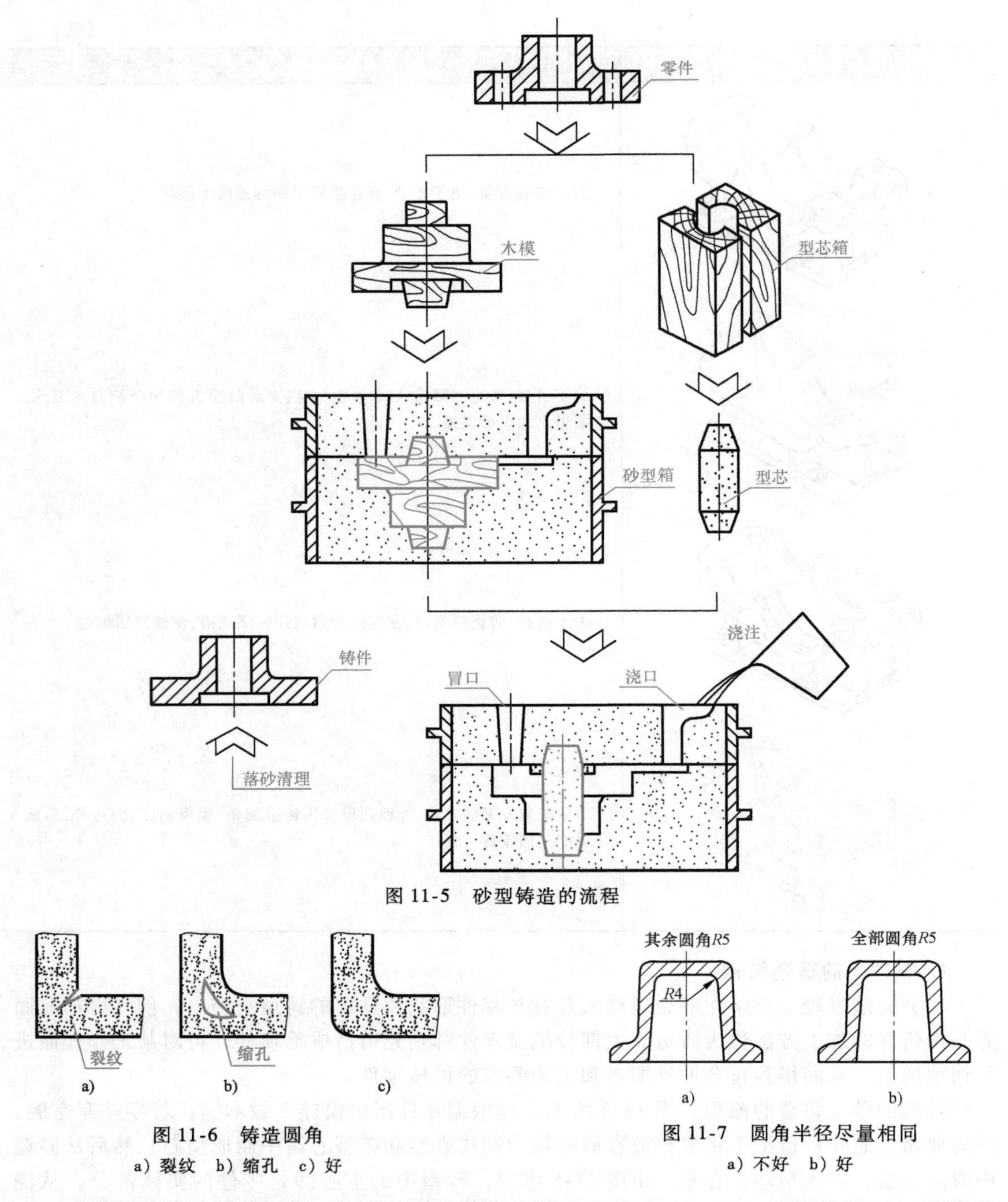

图 11-5　砂型铸造的流程

图 11-6　铸造圆角
a）裂纹　b）缩孔　c）好

图 11-7　圆角半径尽量相同
a）不好　b）好

一般要设计出起模斜度。起模斜度的大小：通常木模为1°～3°；金属模用手工造型时为1°～2°，用机械造型时为0.5°～1°，如图11-8所示。

2. 零件上的机械加工结构

铸件、锻件等毛坯的工作表面，一般要在切削机床上，通过切削加工，获得图样所要求的尺寸、形状和表面质量。

（1）常用的切削加工方法　切削加工是通过刀具和坯料之间的相对运动，从坯料上切除一定金属，从而达到零件表面要求的一种加工方法。不同的加工表面，在不同的机床上，用不同的刀具及相对运动进行切削。常用的切削加工方法有：车削、铣削、钻削、刨削和磨削，如图 11-9 所示。

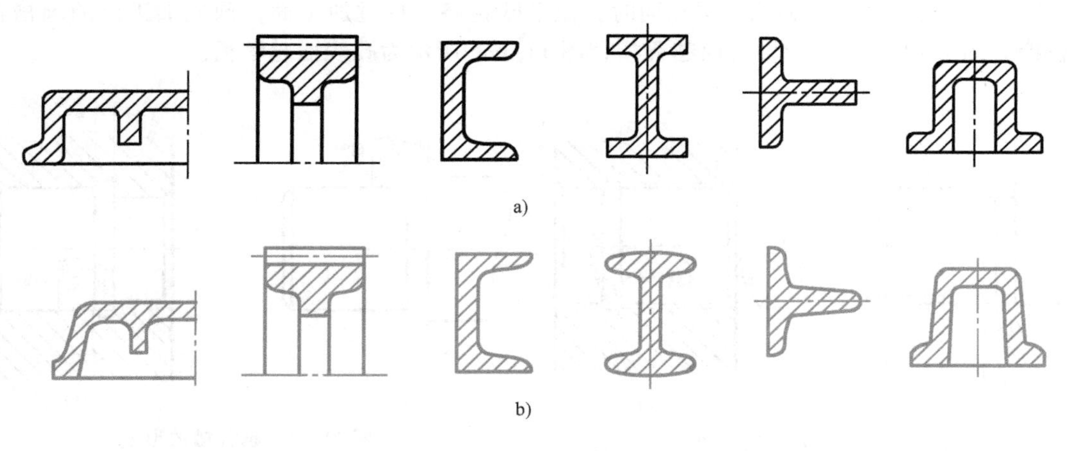

图 11-8　起模斜度

a）无起模斜度　b）有起模斜度

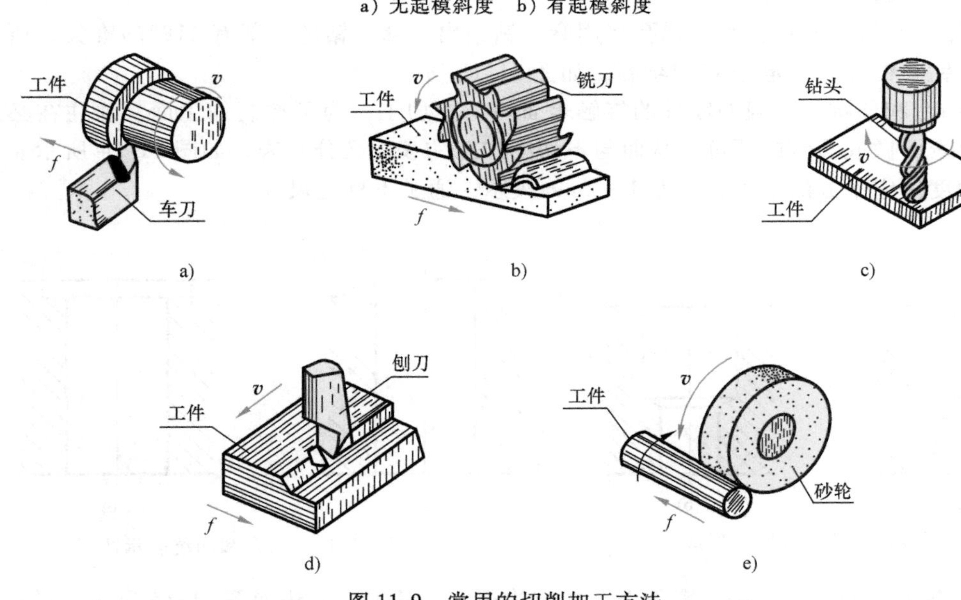

图 11-9　常用的切削加工方法

a）车削　b）铣削　c）钻削　d）刨削　e）磨削

（2）倒角、退刀槽和越程槽

1）倒角。为了便于装配和去掉切削加工形成的毛刺、锐边，常在孔、轴的端部，加工成 45°的倒角，有时加工成 30°或 60°的倒角，宽度 t 视直径的大小而定。图 11-10a 所示为轴端面倒角，图 11-10b 所示为孔端面倒角。

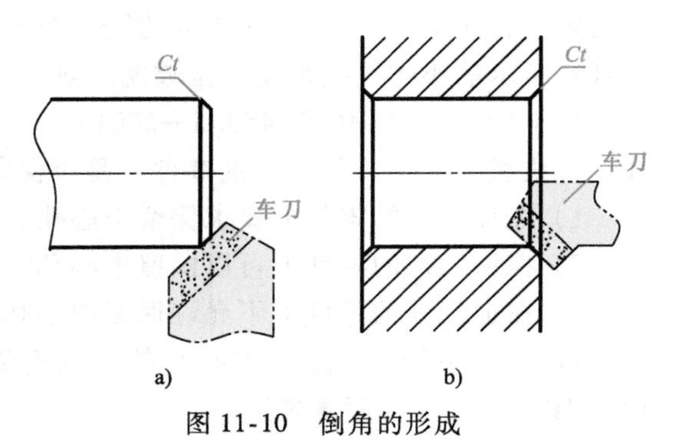

图 11-10　倒角的形成

2）退刀槽。加工螺纹时，为了便于螺纹刀具退出，在螺纹终止端先预先加工出圆槽称为退刀槽。其尺寸由直径 ϕ 和宽度 b 决定。图

11-11a 所示为外螺纹退刀槽，图 11-11b 所示为内螺纹退刀槽。重要的退刀槽尺寸可阅查标准手册。

3）越程槽。磨削轴和孔的圆柱面时，便于砂轮略微越过加工面，预先加工出的圆槽称越程槽。图 11-12a 所示为轴表面越程槽，图 11-12b 所示为孔表面越程槽。

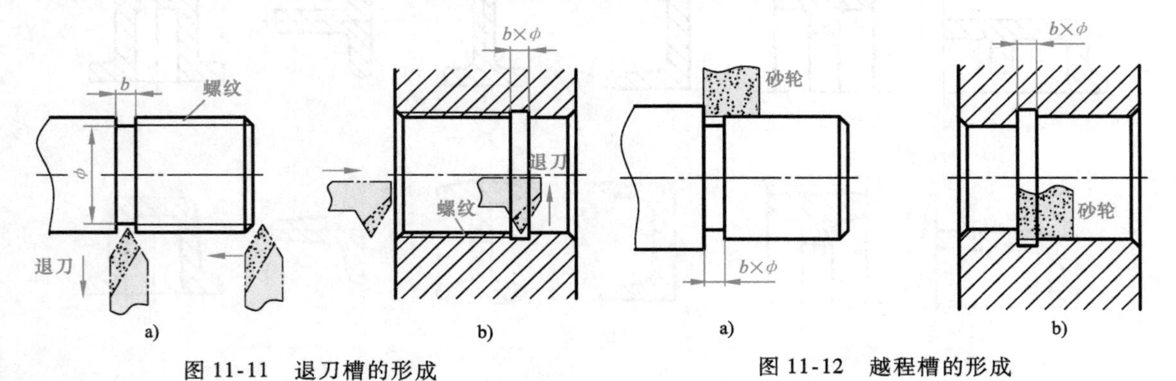

图 11-11　退刀槽的形成　　图 11-12　越程槽的形成

（3）孔、凸台及凹坑

1）钻头锥坑。不通孔和阶梯孔多用麻花钻钻出，麻花钻的头部有 118°的锥尖，所以加工后留下钻头锥坑，规定按 120°绘制，如图 11-13 所示。

2）凸台和凹坑。一般两零件的接触表面均切削加工，为了控制加工面，往往在必须加工的局部表面做成凸台或凹坑，从而与不切削加工的表面区分开来，如图 11-14 所示。其中凹坑的深度用锪平方法加工，深度 1 ~2mm 表示，通常不标注尺寸。

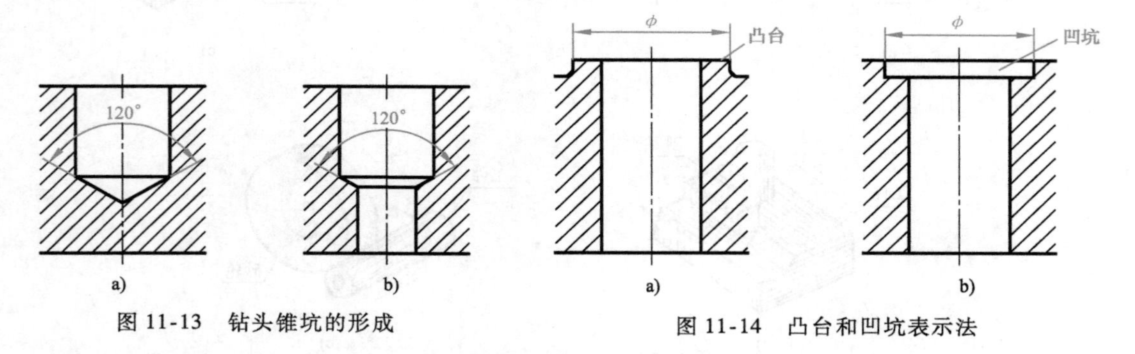

图 11-13　钻头锥坑的形成　　图 11-14　凸台和凹坑表示法

（4）各种孔的形成方法　零件上孔的结构很多，其加工方法如图 11-15 所示。图11-15a 所示为用麻花钻头钻直径不大的孔；图 11-15b 所示的定位销孔要求表面精度较高，需要用铰刀铰孔；图 11-15c、d、e 所示的圆柱沉孔、平面凹坑、圆锥沉孔，需要用锪钻加工；图 11-15f 所示的小螺纹孔可用丝锥攻制螺纹。

（5）中心孔（GB/T 4459.5—2001）　一般加工轴类零件时，需要在轴的端部加工中心孔。在机械图样中，加工好的零件上是否保留中心孔的要求有三种：

1）在加工好的零件上要求保留中心孔。

2）在加工好的零件上可以保留中心孔。

3）在加工好的零件上不允许保留中心孔。

（6）中心孔的标记　中心孔的形式有四种：R 型（弧形）、A 型（不带护锥）、B 型（带护锥）、C 型（带螺纹）。

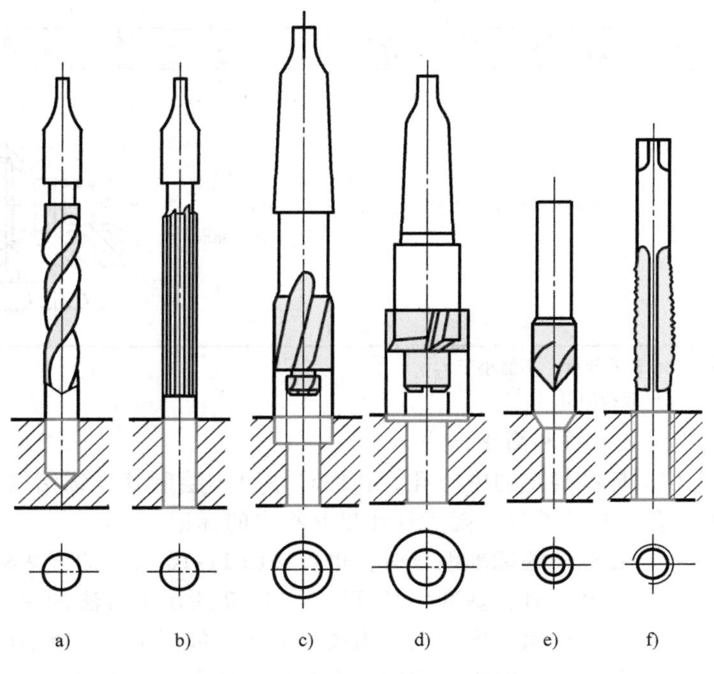

图 11-15 孔的加工方法

a) 钻孔 b) 铰孔 c)、d)、e) 锪沉孔 f) 攻螺纹

四种标准中心孔的标记见表 11-3。

表 11-3 四种标准中心孔的标记

中心孔的形式	标记示例	标注说明	
R(弧形) 根据 GB/T 145 选择中心钻	GB/T 4459. 5—R3. 15/6. 7	$D=3.15\text{mm}$ $D_1=6.7\text{mm}$	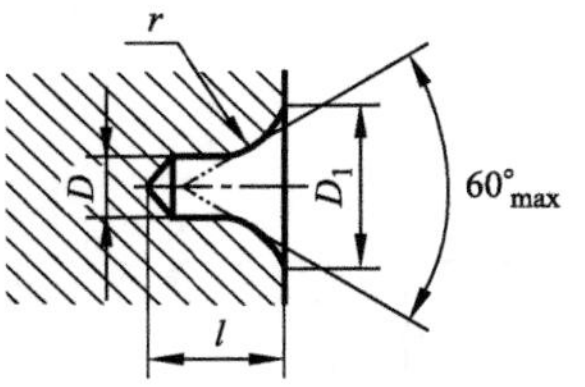
A(不带护锥) 根据 GB/T 145 选择中心钻	GB/T 4459. 5—A4/8. 5	$D=4\text{mm}$ $D_1=8.5\text{mm}$	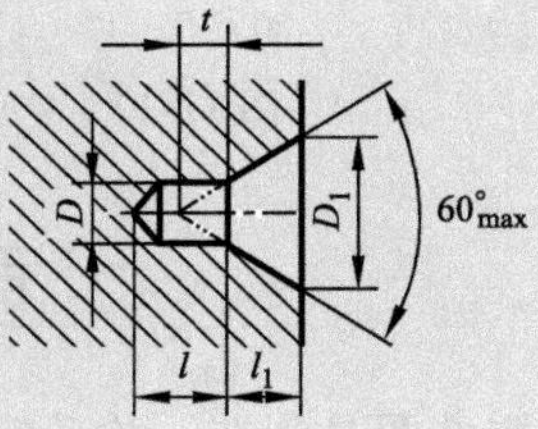
B(带护锥) 根据 GB/T 145 选择中心钻	GB/T 4459. 5—B2. 5/8	$D=2.5\text{mm}$ $D_1=8\text{mm}$	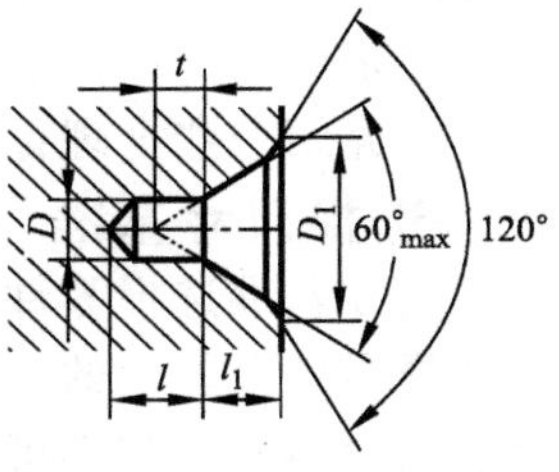

（续）

中心孔的形式	标记示例	标注说明	
C(带螺纹) 根据 GB/T 145 选择中心钻	GB/T 4459.5—CM10L30/16.3	D = M10mm L = 30mm D_2 = 16.3mm	

注：1. 尺寸 l 取决于中心钻的长度，不能小于 t。

2. 尺寸 L 取决于零件的功能要求。

（7）中心孔的规定表示法和简化画法

1）对于已经有相应标准规定的中心孔，在图样中可不绘制其详细结构，只需要在零件的轴端绘制出对中心孔要求的符号，随后标注出其相应的标记。

2）如需要指明中心孔标记的标准编号时，也可按图 11-16 所示的方法标注。

3）以中心孔的轴线为基准时，基准代号可按图 11-17 所示的方法标注。

4）中心孔工作表面的表面粗糙度应在引出线上标注，如图 11-17 所示的方法标注。

5）在不致引起误解时，可省略标记中的标准编号，如图 11-18 所示。

6）如同一轴的两端中心孔相同，可只在其一端标出，但应注出数量，如图 11-18 所示。

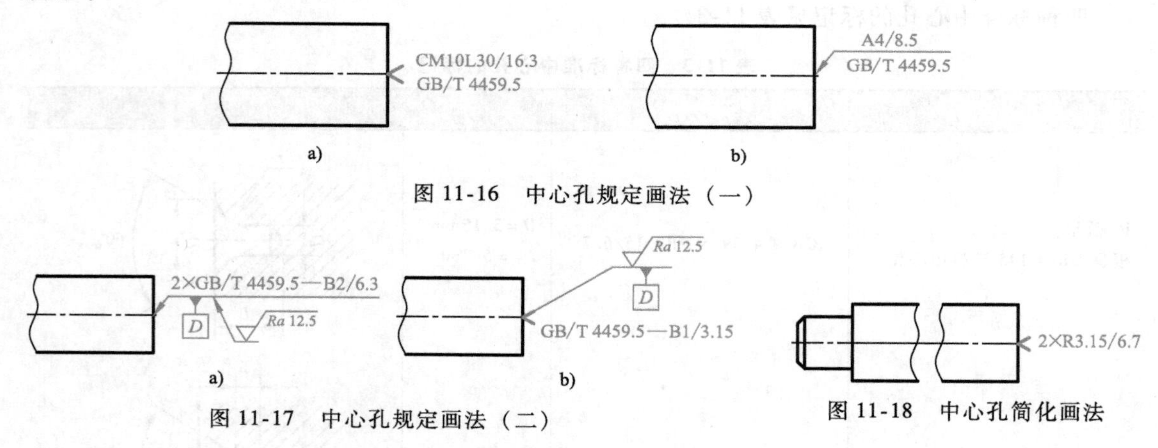

图 11-16 中心孔规定画法（一）

图 11-17 中心孔规定画法（二）

图 11-18 中心孔简化画法

第三节 零件图的尺寸标注

零件图是制造、检验零件的重要文件，图形只表达零件的形状，而零件的大小则由图上标注的尺寸来确定。因此，零件图的尺寸标注，除了要正确、完整、清晰以外，还要求合理。本节仅介绍一些合理标注尺寸的基本知识。

一、选择尺寸基准

一般尺寸基准选择零件上的线或面。一般线基准选择轴或孔的轴线、对称中心线等。面基准常选择零件上较大的加工面、两零件的结合面、零件的对称中心平面、重要端面或轴肩等。由于用途不同，基准可以分为两类。

1）设计基准：根据零件在机器中的位置、作用所选择的基准。

2）工艺基准：在加工或测量零件时所确定的基准。

从设计基准出发标注的尺寸，其优点是在标注尺寸上反映了设计要求，能保证所设计的零件在机器中的工作性能。

从工艺基准出发标注的尺寸，其优点是把尺寸的标注与零件的加工制造联系起来，在标注尺寸上反映了工艺要求，使零件便于制造、加工和测量。

一般在标注尺寸时，最好是把设计基准与工艺基准统一起来。这样既能满足设计要求，又能满足工艺要求。如果两者不能统一时，应以保证设计要求为主。

零件有长、宽、高三个度量方向，每个方向均有尺寸基准。当零件结构比较复杂时，同一方向上的尺寸基准可能有几个，其中决定零件主要尺寸的基准称为主要基准，为了加工和测量方便而附加的基准称为辅助基准。

为了将尺寸标注得合理，符合设计和加工对尺寸提出的要求，一般回转结构的轴线、装配中的定位面和支承面、主要的加工面和对称中心平面可作为基准。如图 11-19 所示，该零件的对称中心平面是尺寸 A、B 的基准；回转面的轴线是尺寸 C、E 的基准；底面是尺寸 D 的基准。

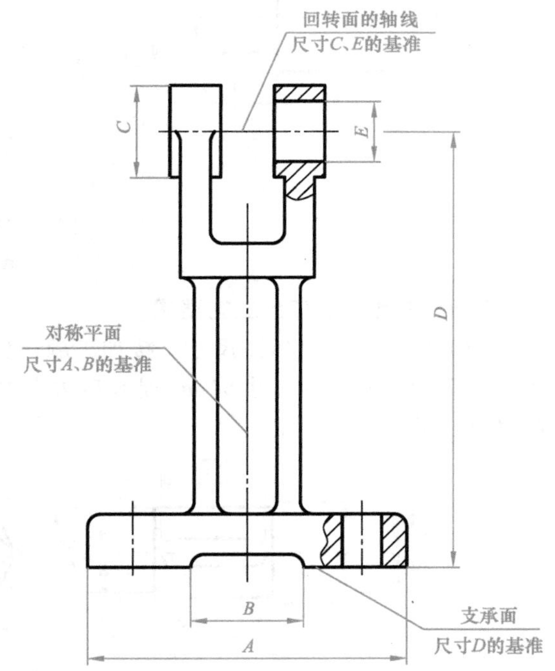

图 11-19　常用的几种尺寸基准

二、合理标注尺寸的原则

1. 零件上的重要尺寸必须直接给出

重要的尺寸主要是指直接影响零件在机器中的工作性能和相对位置的尺寸。常用的如零件间的配合尺寸、重要的安装尺寸等。零件的重要尺寸应从基准直接注出，避免尺寸换算，以保证加工时能达到尺寸要求。如图 11-19 所示，支架的轴孔直径 E、中心孔位置 D 都是直接标注的，用以保证中心高尺寸的精度。如图 11-20 所示中的尺寸 a 必须直接注出。

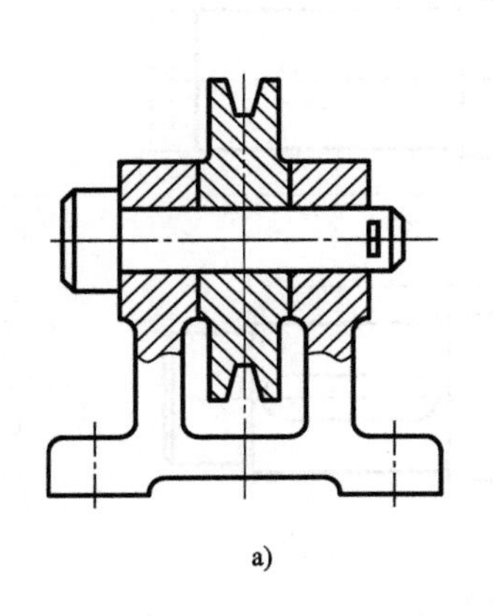

a)

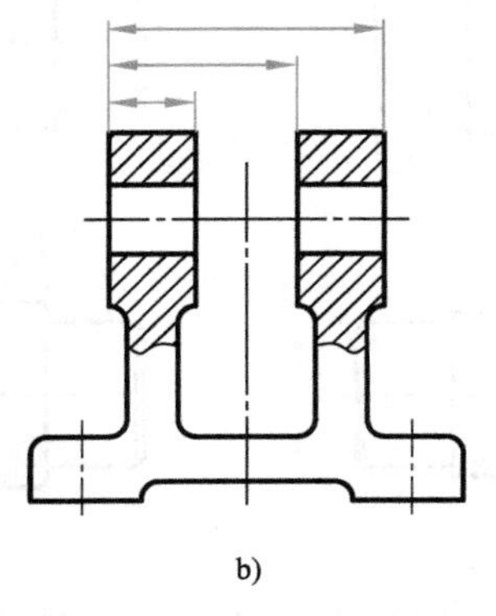

b)

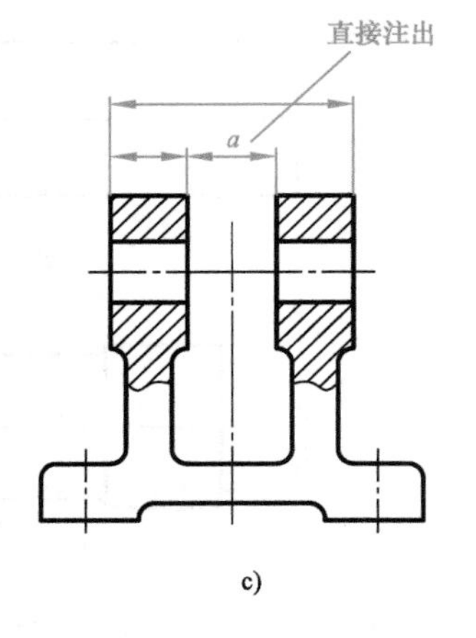

c)

图 11-20　重要尺寸应直接注出

a）装配图　b）不好　c）好

2. 避免出现封闭的尺寸链

封闭的尺寸链是指头尾相接，绕成一圈的尺寸。如图 11-21a 所示的阶梯轴，长度方向尺寸 A_1、A_2、A_3、A_0 首尾相接，构成一封闭尺寸链，这种情况应当避免。因为尺寸 A_1 是尺寸 A_2、A_3、A_0 之和，而尺寸 A_1 有一定的精度要求；但在加工时，尺寸 A_2、A_3、A_0 各自都会产生误差，这样所有的误差便会积累到尺寸 A_1 上，不能保证设计的精度要求。若要保证尺寸 A_1 的精度要求，就必须提高尺寸 A_2、A_3、A_0 每段尺寸的精度，这将给加工带来困难，并提高成本。

所以，当几个尺寸构成封闭的尺寸链时，应当在尺寸链中挑选一个不重要的尺寸空出不标注（开环），以使所有的误差都积累在此处，如图 11-21b 所示为正确的注法。

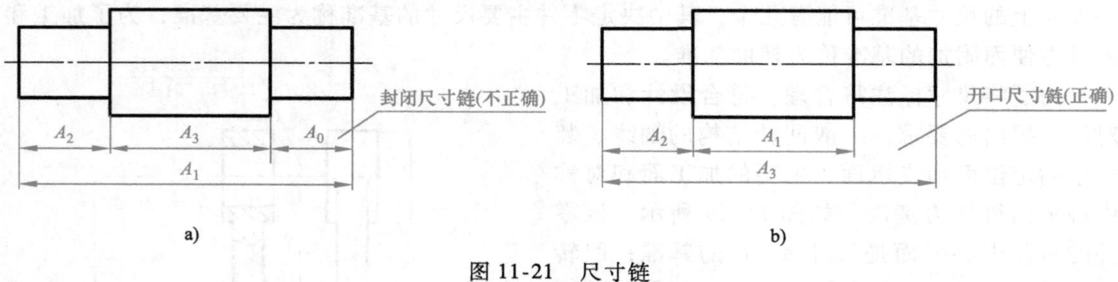

图 11-21　尺寸链

a）封闭尺寸链　b）开口尺寸链

3. 标注尺寸应符合工艺要求

（1）按加工顺序标注尺寸　按加工顺序标注尺寸，符合加工过程，便于加工和测量。如图 11-22 所示的小轴尺寸 51mm 是长度方向的功能尺寸，要直接注出，其余尺寸都是按加工顺序标注的。

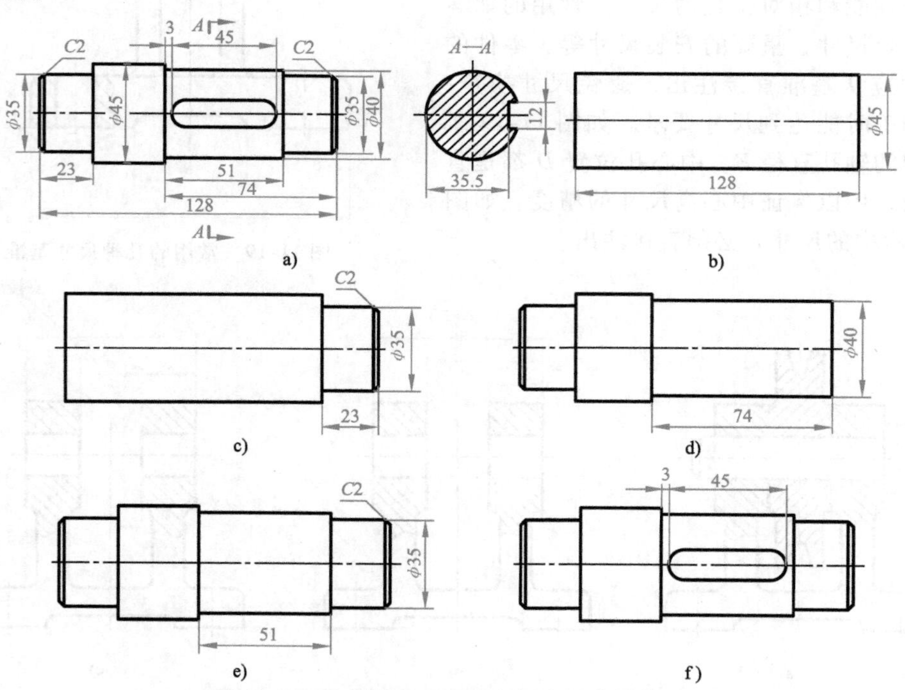

图 11-22　小轴的加工顺序与标注尺寸的关系

a）小轴零件　b）备料　c）加工长为 23mm 的轴颈 ϕ35mm　d）调头加工 ϕ40mm，长度为 74mm　e）加工 ϕ35mm，保证尺寸 51mm　f）加工键槽

(2) 按加工方法集中标注　一个零件一般是经过几种加工方法（如车、刨、铣、磨……）才制成的。在标注尺寸时，最好将与加工方法有关的尺寸集中标注。如图 11-22a 所示小轴的键槽，它是在铣床上加工的，因此这部分尺寸与车床上加工的尺寸最好分开标注。如主视图中键槽的定位尺寸 3mm 和长度尺寸 45mm 标注在图形的上方；断面图中标注槽宽尺寸 12mm 和深度尺寸 35.5mm，加工时看图比较方便。

(3) 考虑加工、测量的方便及可能性　如果没有特殊要求，应尽量做到用普通量具就能测量，以减少专用量具的设计和制造。标注尺寸时，应考虑便于加工、便于测量，如图 11-23所示为便于加工与不便于加工的图例对比，图 11-24 所示为便于测量与不便于测量的图例对比。

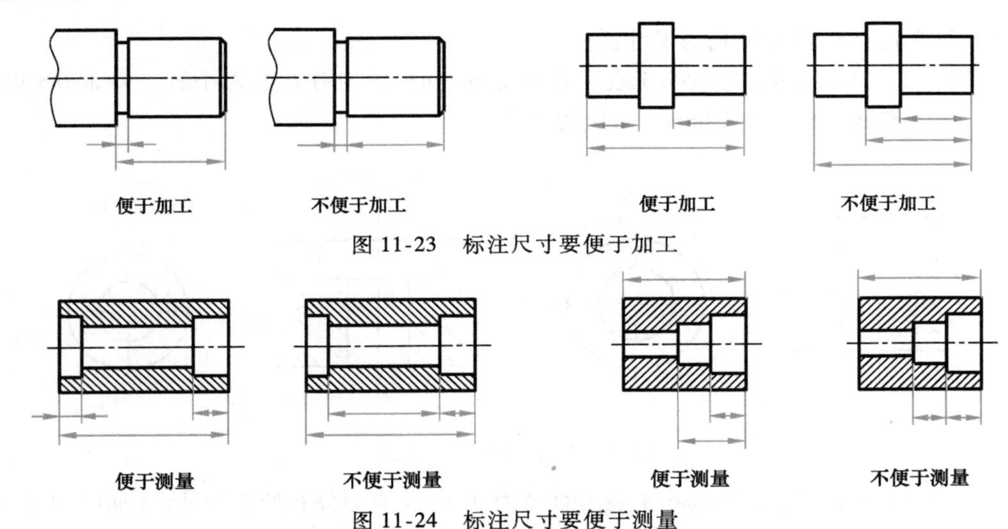

图 11-23　标注尺寸要便于加工

图 11-24　标注尺寸要便于测量

三、零件上常用的典型结构尺寸标注

(1) 45°倒角的尺寸注法（图 11-25）　标注中的 *C* 表示 45°倒角，1 表示倒角的距离。

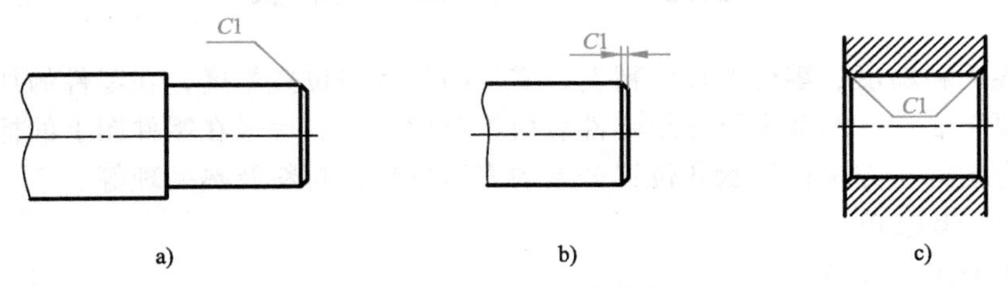

图 11-25　45°倒角的尺寸注法

(2) 30°倒角的尺寸注法（图 11-26）　标注倒角的角度和倒角的距离。

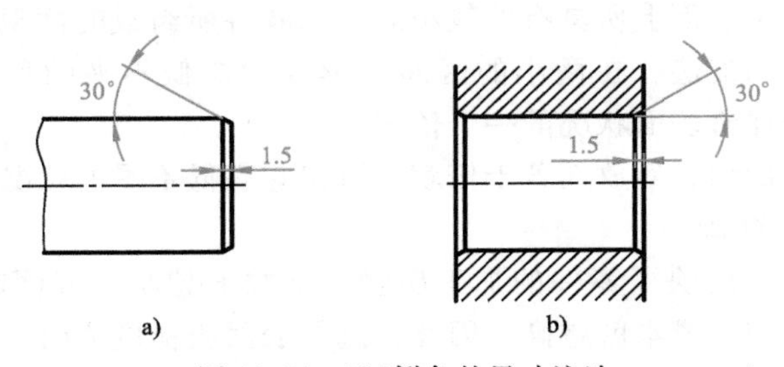

图 11-26　30°倒角的尺寸注法

（3）退刀槽、越程槽的尺寸注法 越程槽和退刀槽的尺寸可以按图 11-27 所示方法标注，其中尺寸 2 表示槽的宽度，尺寸 1 表示槽的深度，尺寸 $\phi10$ 表示槽所在位置的轴径。

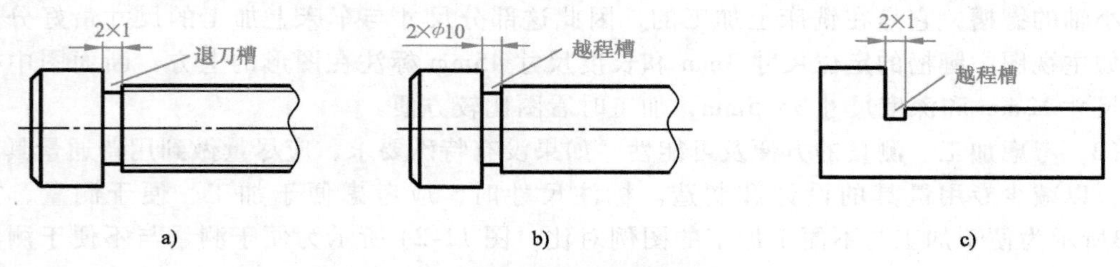

图 11-27 退刀槽与越程槽的注法

（4）锥形沉孔和柱形沉孔的尺寸注法

1）如图 11-28a 所示，$6\times\phi6.5$ 表示直径为 6.5mm 均匀分布的六个孔。⌵$\phi10\times90°$表示沉孔形状为锥形，直径为 10mm，角度为 90°。

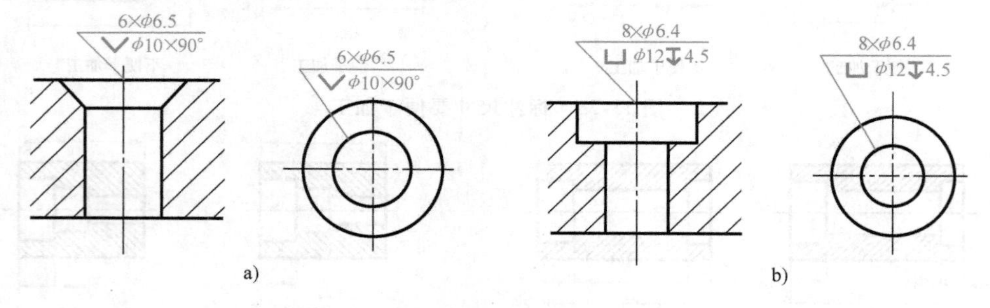

图 11-28 沉孔的尺寸注法

2）如图 11-28b 所示，$8\times\phi6.4$ 表示直径为 6.4mm 均匀分布的 8 个孔。⌴$\phi12$↧4.5 表示沉孔形状为柱形，直径为 12mm，深度为 4.5mm。

第四节 零件技术要求

零件的表面粗糙度、零件的尺寸精度、零件的形状与位置精度，在零件的加工中必须按设计给定的要求制造。本节主要介绍零件表面粗糙度符号、代号在零件图上的标注方法；尺寸公差与配合的标注方法；形状和位置公差的表示方法；材料及热处理等。

一、表面粗糙度

1. 表面粗糙度的概念

在零件图上，每个表面都应按使用要求标注表面粗糙度代号，以表明该表面完工后的状况，便于安排生产工序，保证产品质量。

表面粗糙度是指加工表面上所具有的较小间距和峰谷所组成的微观几何形状特性。就是指零件表面加工后遗留的痕迹，在微小的区间内形成的高低不平的程度（即粗糙的程度）用数值表现出来，作为评价表面状况的一个依据。

若将加工表面横向剖切，经放大若干倍就会看出它高低不平的状况，如图 11-29 所示。

2. 表面粗糙度值的选择

表面粗糙度值的大小反映了零件的加工质量。其数值越小，表面越光滑，表面质量越高，加工工艺越复杂，加工成本就越高。因此，选择表面粗糙度值时，既要考虑满足零件的功能要求，又要符合加工的工艺性。

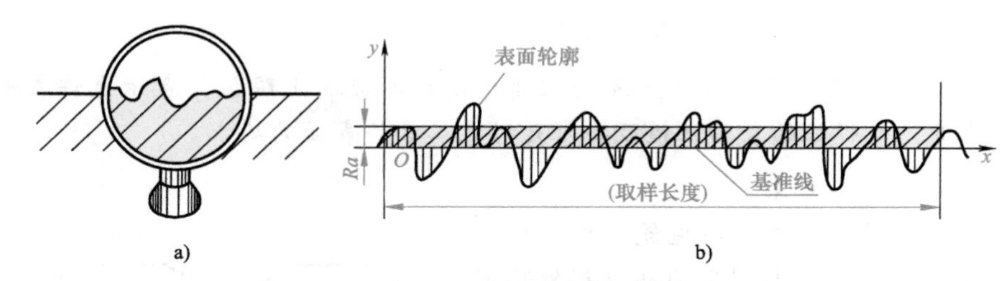

图 11-29 表面粗糙度的概念

3. 表面粗糙度符号和参数代号

在图样中标注表面粗糙度时，用符号、参数代号和数值表示。

(1) 表面粗糙度符号 表面粗糙度度符号有三种，如图 11-30 所示。

1) 图 11-30a 所示为基本符号，表示该表面可用任何方法获得，当不加注粗糙度参数或有关说明时，仅用于简化代号标注。

2) 图 11-30b 所示为去除材料的扩展符号，表示该表面必须用去除材料的方法达到表面粗糙度要求，例如可用机械加工（车、铣、钻、磨等）、腐蚀、电火花加工、气割等方法获得。

3) 图 11-30c 所示为不去除材料的扩展符号，表示该表面必须用不去除材料的方法达到表面粗糙度要求，例如可用铸造、锻造、冲压变形、热轧、冷轧、粉末冶金等方法获得。

4) 图中符号的尺寸 d'、H_1、H_2 等与图样上的轮廓线宽度和数字的高度等相互关联，可查有关资料确定。

图 11-31 表示在图 11-30 所示三个符号的长边上均可加一条横线，作为完整图形符号，用于标注有关参数和说明等补充信息。

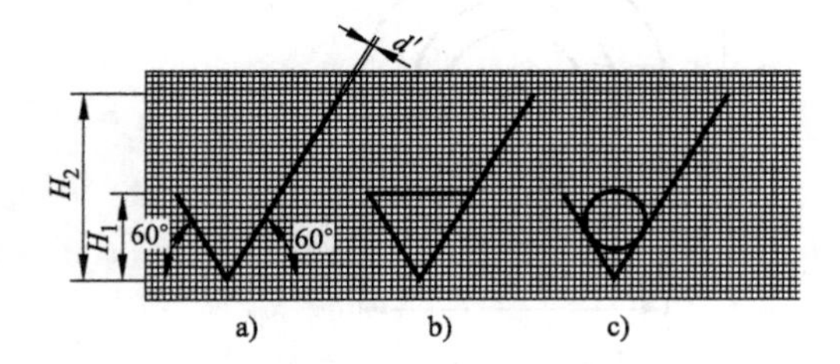

图 11-30 表面粗糙度基本符号及扩展符号

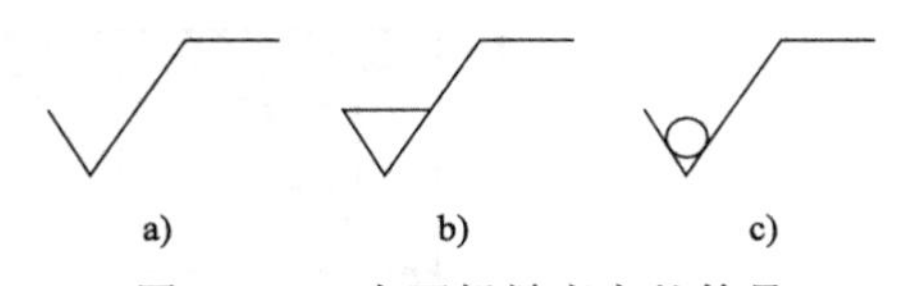

图 11-31 表面粗糙度完整符号

如图 11-32 所示在上述三个符号上均可加一小圆圈，表示某个视图上构成封闭轮廓的各表面具有相同的表面粗糙度要求。

(2) 表面粗糙度代号 在表面粗糙度符号中加注表面粗糙度高度参数或其他有关要求后，称为表面粗糙度代号，如图 11-33 所示。

图 11-32 具有相同表面粗糙度要求的注法

图 11-33 图样中粗糙度代号

图 11-33a 表示：去除材料，单向上限值，R 轮廓，算术平均偏差为 3.2μm。

图 11-33b 表示：不去除材料，单向上限值，R 轮廓，轮廓最大高度的最大值为 0.4μm。

图 11-33c 表示：不去除材料，双向上限值，R 轮廓，上极限值，算术平均偏差为

3. 2μm；下极限值，算术平均偏差为 0. 8μm。

注意 在一般情况下标注的是表面粗糙度高度参数的上限值，表示允许表面粗糙到什么程度。所标注的表面粗糙度要求是对完工零件表面的要求。

4. 表面粗糙度标注要求

表面粗糙度符号一般注在可见轮廓线、尺寸线或其延长线上，符号的尖端必须从材料外指向材料被注表面，数字及符号的注写方向必须与尺寸数字方向一致。各方向符号的标注如图 11-34 所示。

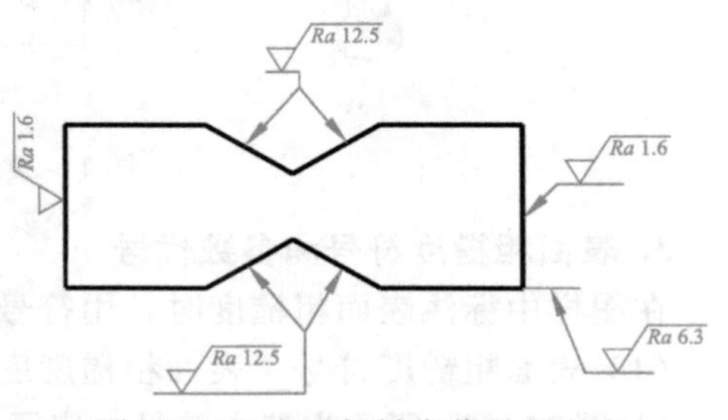

图 11-34 表面粗糙度代号的方向

5. 表面粗糙度标注示例（图 11-35 ~ 图 11-40）

1）如图 11-35 所示，圆柱表面和切平面处的表面粗糙度标注。

2）如图 11-36 所示，表面粗糙度可用带箭头或黑点的指引线引出后标注。

3）如图 11-37 所示，当不会引起误解时，表面粗糙度可以标注在给定的尺寸线上。

4）如图 11-38 所示，当工件的多数表面有相同的表面粗糙度时，可统一标注在标题栏附近。如图 11-38a 表示其余表面粗糙度值为 *Ra*3. 2μm，如图 11-38b 表示除 *Ra*1. 6μm 和 *Ra*6. 3μm 外，其余表面粗糙度值为 *Ra*3. 2μm。

5）表面粗糙度代号可标注在几何公差框格上（图 11-39），对有相同表面粗糙度的表面可用等式的形式简化标注（图 11-40）。

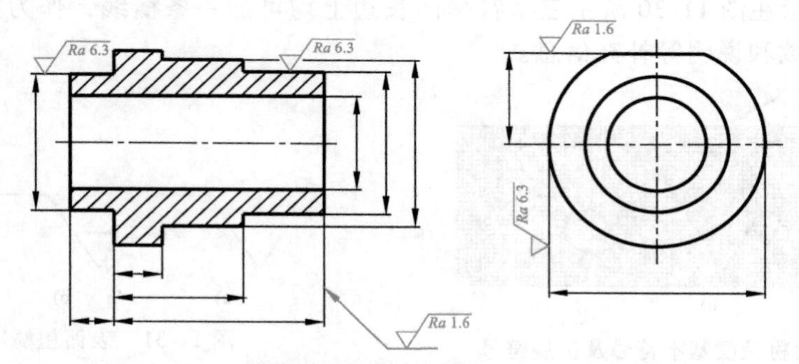

图 11-35 表面粗糙度要求标在圆柱特征的延长线上

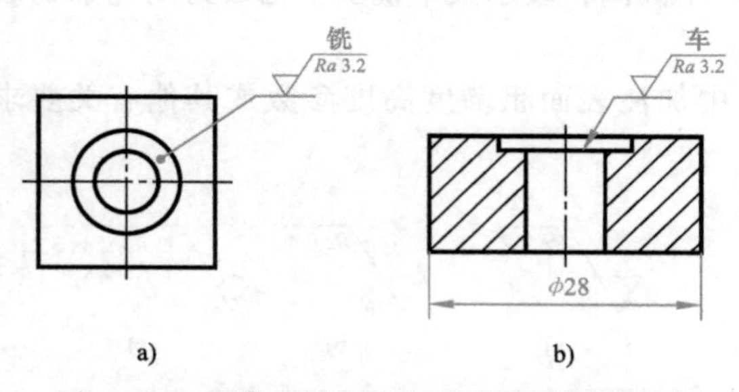

图 11-36 用指引线引出标注表面粗糙度要求

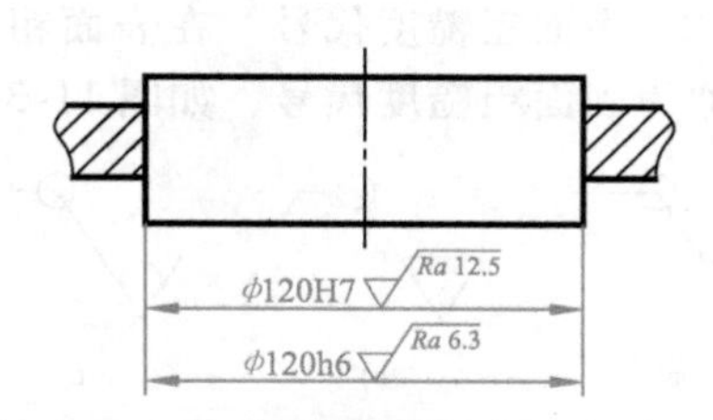

图 11-37 表面粗糙度要求标在尺寸线上

二、极限与配合

机器和部件是由各种零件组成的。根据设计要求的不同，这些零件在工作中可以相对静止或者相对运动，即形成了不同性质的配合。为了保证零件装配后能达到性能要求，并具有

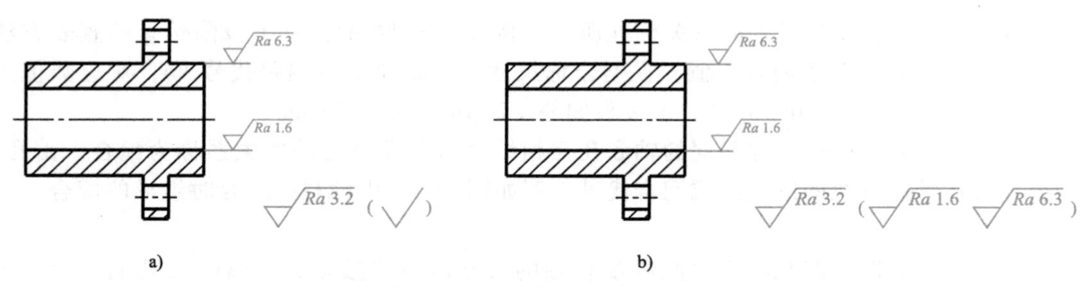

图 11-38 表面粗糙度要求标在圆柱特征的延长线上

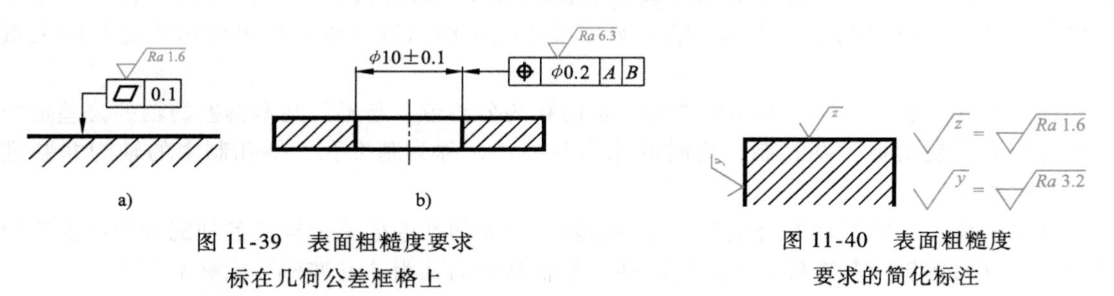

图 11-39 表面粗糙度要求标在几何公差框格上

图 11-40 表面粗糙度要求的简化标注

互换性，这些零件加工后应当满足尺寸要求。所谓满足尺寸要求，即是要求尺寸保持在某个合理的范围内。这个范围应该既能够满足使用性能的要求，又能够在制造上经济合理。

1. 部分术语及简介

（1）公称尺寸 由图样规范确定的理想形状要素的尺寸，即设计给定的尺寸称为公称尺寸。例如图 11-41 中，孔或轴的直径尺寸 $\phi65$mm 称为公称尺寸（或公称直径）。

（2）极限尺寸 尺寸要素允许尺寸的两个极端称为极限尺寸。允许的最大尺寸称为上极限尺寸（图 11-41a 中 65.021mm），允许的最小尺寸称为下极限尺寸（图 11-41a 中 65.002mm）。

（3）偏差 某一尺寸减其公称尺寸所得的代数差称为偏差。极限尺寸减公称尺寸所得的代数差称为极限偏差，有上极限偏差和下极限偏差之分。

上极限尺寸－公称尺寸＝上极限偏差

下极限尺寸－公称尺寸＝下极限偏差

上、下极限偏差可以是正值、负值或“零”。例如图 11-41a 所示公称尺寸 $\phi65^{+0.021}_{+0.002}$mm 右边的“+0.021”即为上极限偏差，“+0.002”即为下极限偏差。

（4）尺寸公差 尺寸允许的变动量（上极限偏差与下极限偏差之差）称为尺寸公差。例如图 11-41a 所示轴的公差为 0.021mm－0.002mm＝0.019mm。

（5）公差带代号 由基本偏差代号的拉丁字母和表示标准公差等级的阿拉伯数字组合而成，例如图 11-42 所示的“k6”“H7”；大写字母为孔的基本偏差，小写字母为轴的基本偏差。

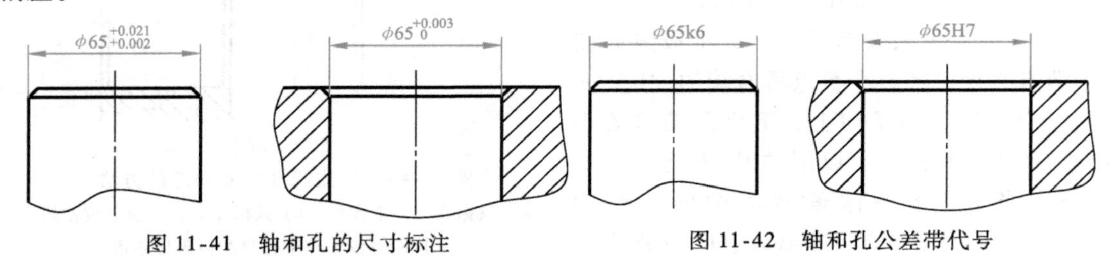

图 11-41 轴和孔的尺寸标注

图 11-42 轴和孔公差带代号

尺寸偏差由公差带代号查阅有关标准所得，例如 $\phi65$ k6 的上、下极限偏差的查表方法是：查附表 E-3 轴的基本偏差数值，根据公称尺寸 65mm 和基本偏差代号 k6，对应数值为下极限偏差 +2μm（+0.002mm）、上极限偏差 +21μm（+0.021mm）。

（6）配合代号　公称尺寸相同的轴和孔互相结合时公差带之间的关系称为配合。由孔、轴的公差带代号以分式的形式组成配合代号，例如图 11-42 中轴与孔结合时组成的配合代号为“H7/ k6”。

当轴与孔配合时，若孔的尺寸减相配合轴的尺寸所得代数差为正值时（孔的尺寸大于轴的尺寸）是间隙配合；若孔的尺寸减相配合轴的尺寸所得代数差为负值时（孔的尺寸小于轴的尺寸）是过盈配合；若孔、轴的实际尺寸既可能出现间隙，也可能出现过盈的关系则是过渡配合。

（7）基孔制和基轴制　基本偏差为一定的孔的公差带，与不同基本偏差的轴的公差带构成各种配合的制度称为基孔制，这时的孔为基准件，称为基准孔。基孔制中的轴为非基准件，或称配合件。

基本偏差为一定的轴的公差带，与不同基本偏差的孔的公差带构成各种配合的制度称为基轴制，这时的轴为基准件，称为基准轴。基轴制中的孔为非基准件，或称配合件。

提示　在配合代号中，孔的基本偏差代号的字母为 H 时，表示基孔制配合；轴的基本偏差代号的字母为 h 时，表示基轴制配合。

根据配合代号查阅基孔制优先与常用配合（GB/T 1801—2009）可明确其配合关系，如图 11-42 所示轴与孔的配合代号为“H7/ k6”，经查阅可知是基孔制的过渡配合，并且属于优先配合。

2. 在零件图中标注线性尺寸公差的方法

在零件图中有三种标注线性尺寸公差的方法：一是只标注公差带代号，二是标注极限偏差值，三是同时标注公差带代号和极限偏差值。这三种标注形式具有同等效力，可根据具体情况需要选用，如图 11-43 所示。

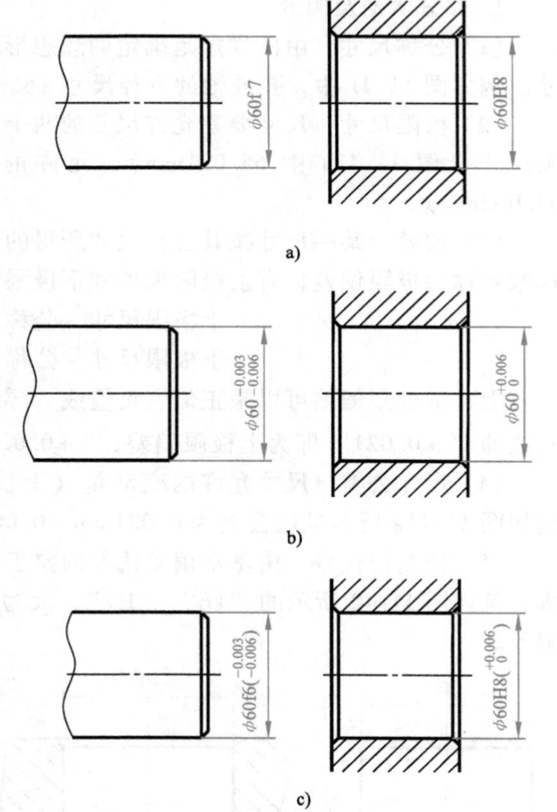

图 11-43　标注线性尺寸公差的方法
a）只标注公差带代号　b）只标注上、下极限偏差值
c）同时标注公差带代号和极限偏差值

公差的书写方式如下：

1）应用极限偏差标注尺寸公差时，上极限偏差需注在公称尺寸的右上方，下极限偏差则与公称尺寸注写在同一底线上，以便于书写。一般极限偏差的数字高度比公称尺寸的数字高度小一号，如图 11-44 所示。

2）在标注极限偏差时，上、下极限偏差的小数点必须对齐，小数点后右端的“0”一般不注出，如果为了使上、下极限偏差的小数点后的小数相同，可以用“0”补齐。

3）当上、下极限偏差值中的一个为“零”时，必须用“0”注出，它的位置应和另一极限偏差的小数点的个位数对齐，如图 11-45 所示。

图 11-44　公差的书写方式　　图 11-45　公差书写要求

4）当公差带相对公称尺寸对称地配置时，即上、下极限偏差数值相同，正负相反，只需要注写一次数字，高度与公称尺寸相同，并在极限偏差与公称尺寸之间注出符号“±”，如图 11-46 所示。

3. 在装配图中标注配合尺寸的方法

一般在装配图中标注线性尺寸的配合代号或分别标出孔和轴的极限偏差值。

1）在装配图中标注线性尺寸的配合代号时，可在尺寸线的上方用分数形式标注，分子为孔的公差带代号（字母用大写），分母为轴的公差带代号（字母用小写），如图 11-47 所示。

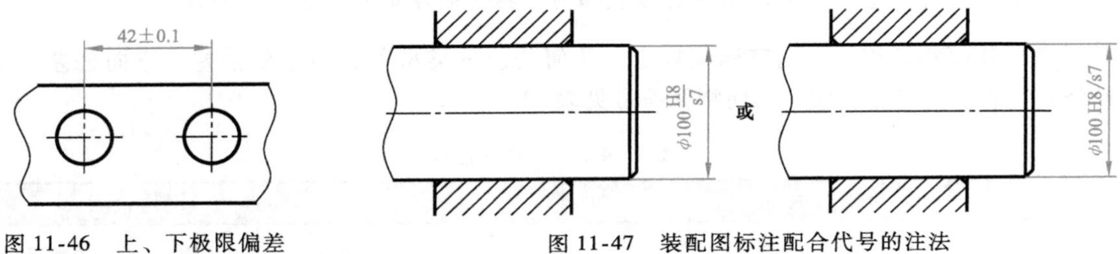

图 11-46　上、下极限偏差数值相同的注法　　图 11-47　装配图标注配合代号的注法

2）标注标准件与零件的配合代号时，可以只标注相配零件的公差带代号，如图 11-48 所示轴承与零件轴、孔表面处的配合，只标注轴、孔的公差带代号，而不标注轴承的公差带代号。

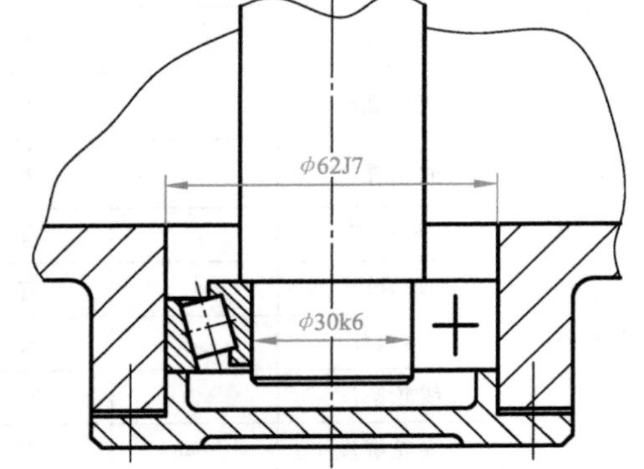

图 11-48　被测要素和基准要素的标注方法

三、几何公差

几何公差是指零件的实际形状和实际位置对理想形状和理想位置的允许变动量。

对于一般零件，如果没有标注几何公差可用尺寸公差加以限制，但是对于某些精度要求较高的零件，在零件图中不仅要规定尺寸公差，而且还要规定几何公差，如图 11-49 所示。

1. 几何公差代号和基准代号

在图样上，一般几何公差要求用代号标注，当无法用代号标注时，允许在技术要求中用文字说明。

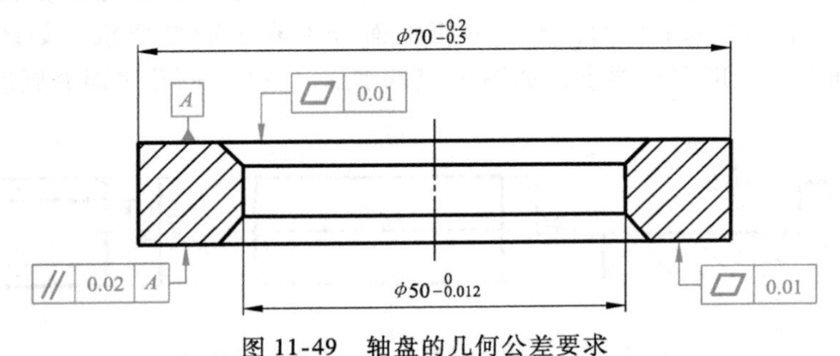

图 11-49　轴盘的几何公差要求

（1）几何公差代号　几何公差代号为带引线的框格，箭头指向被测要素。框格由两格或多格组成，框格自左向右填写，各框格的内容如图 11-50 所示。

（2）基准符号　与被测要素相关的基准用一个大写字母表示，字母标注在基准方框内，与一个涂黑或空白的三角形相连表示基准，如图 11-51 所示。

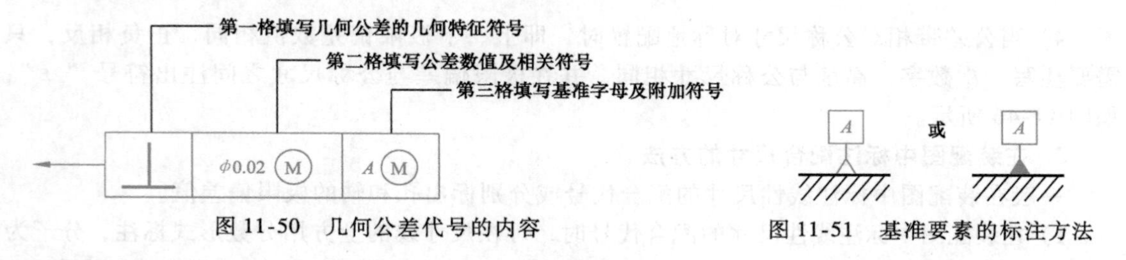

图 11-50　几何公差代号的内容　　图 11-51　基准要素的标注方法

提示　无论基准符号在图中的位置如何，框中的字母一律水平书写。

（3）几何特征符号　国家标准规定，几何公差按类型可分为形状公差、方向公差、位置公差和跳动公差，对应的几何特征符号见表 11-4。

表 11-4　几何特征符号

公差类型	几何特征	符号	有无基准	公差类型	几何特征	符号	有无基准
形状公差	直线度	—	无	位置公差	位置度	⌖	有或无
	平面度	▱	无		同心度（用于中心点）	◎	有
	圆度	○	无		同轴度（用于轴线）	◎	有
	圆柱度	⌭	无		对称度	⌯	有
	线轮廓度	⌒	无		线轮廓度	⌒	有
	面轮廓度	⌓	无		面轮廓度	⌓	有
方向公差	平行度	//	有	跳动公差	圆跳动	↗	有
	垂直度	⊥	有		全跳动	⌰	有
	倾斜度	∠	有				
	线轮廓度	⌒	有				
	面轮廓度	⌓	有				

2. 几何公差标注的基本要求

（1）被测要素是工作表面　当被测要素是工作表面要素时，公差框格指引线的箭头垂直于被测要素。如图 11-52a 所示，上、下两平面分别有平面度要求；如图 11-52b 所示，ϕ30mm 圆柱表面有圆柱度要求要求；如图 11-52c 所示，ϕ15mm 孔表面有圆度要求。

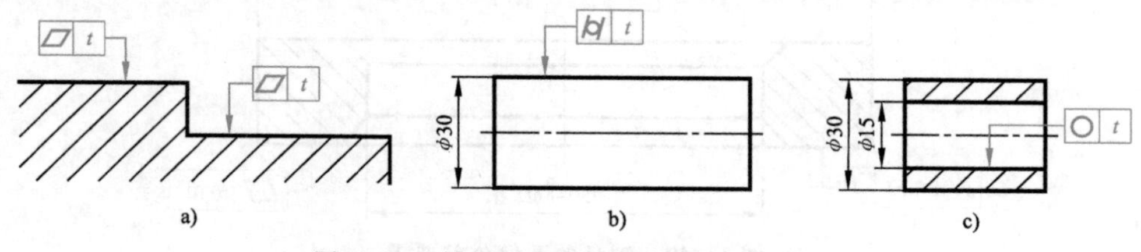

图 11-52　被测要素是工作表面的标注方法

(2) 基准要素是工作表面　当基准要素是工作表面要素时，基准符号的三角形要对着基准要素。如图 11-53 所示，当基准要素为工件的表面时，基准符号的三角形要放在工作表面的轮廓线（图 11-53a）或其延长线上（图 11-53b），但要与尺寸线错开。无论基准符号为何方向，字母的方向为读图方向（图 11-53c）。

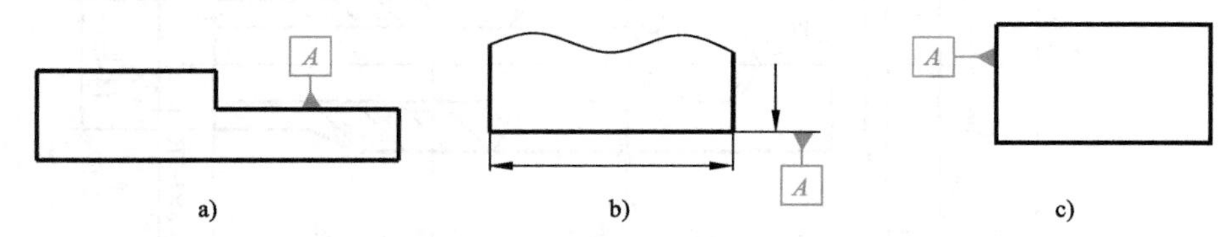

图 11-53　基准要素为工作表面的标注方法

(3) 被测要素是中心要素　当被测要素是回转体的轴线或对称中心线时，公差框格指引线的箭头垂直于被测要素的轴线或中心线，并且要与尺寸线对齐。如图 11-54a 所示，ϕ30mm 圆柱的轴线有直线度要求；如图 11-54b 所示，ϕ30mm 圆柱的轴线有同轴度要求；如图 11-54c 所示，槽的中心线有对称度要求。

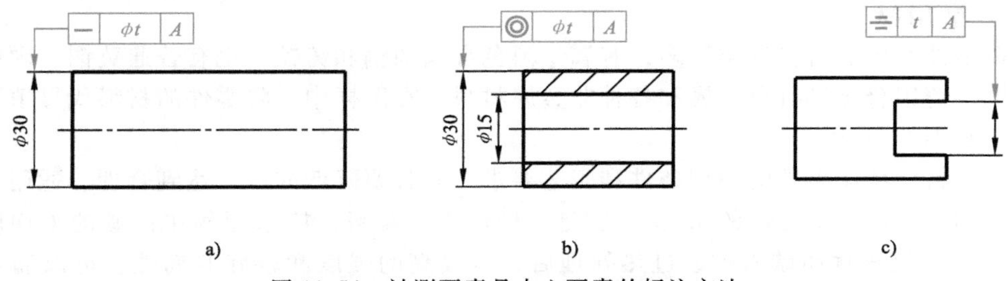

图 11-54　被测要素是中心要素的标注方法

(4) 基准要素是中心要素　当基准要素是尺寸要素确定的轴线或对称中心线时，基准符号的三角形要放在尺寸线的延长线上，并且要与尺寸线对齐不能错开。如图 11-55a 所示，基准是 ϕ30mm 圆柱的轴线；如图 11-55b 所示，基准是 ϕ30mm 孔的轴线；如图 11-55c 所示，基准是槽的中心线。

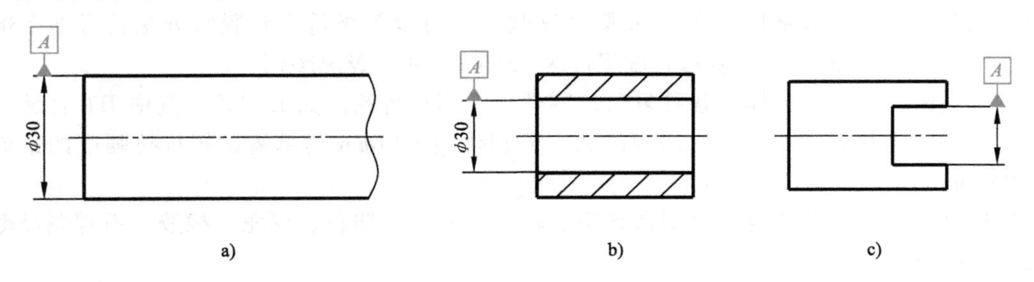

图 11-55　基准要素为中心时的标注

3. 识读几何公差标注

说明图 11-56 所示的几何公差的含义。

↗ 0.03 A 的含义：被测要素是 R750mm 球面，基准要素是 ϕ16f7 轴段的轴线，几何公差项目是圆跳动，公差值为 0.03mm。

⌭ 0.005 的含义：被测要素是 ϕ16f7 的圆柱外表面，几何公差项目是圆柱度，公差值为 0.005mm。

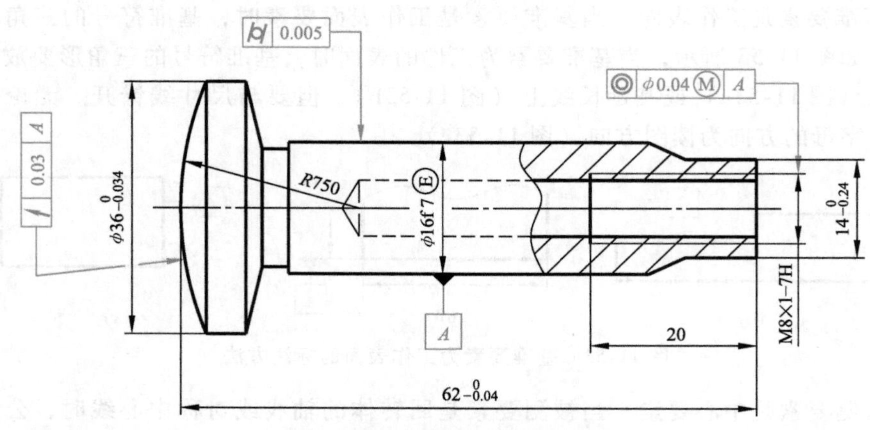

图 11-56　几何公差标注示例

| ◎ | ϕ0.04Ⓜ | A | 的含义：被测要素是 M18 × 1-7H 孔的轴线，基准要素是 ϕ16f7 轴段的轴线，几何公差基项目是同轴度，公差值为 ϕ0.04mm。

四、常用材料

制造零件所用的材料种类很多，有属于黑色金属的钢和铸铁，也有普通黄铜、硬铝、铸锡、青铜、铸铝合金等有色金属和各种非金属材料。在图样中，将零件的材料代号填写在标题栏的“材料”项内。

选择材料要考虑零件的使用条件和工艺要求，并且要降低成本，达到合理、适用、经济的目的。例如，机器中常用的 45 钢，它是一种优质碳素钢，45 表示钢中的碳的平均质量分数为 0.45%。这种优质碳素钢经过热处理后，有较高的强度和较好的韧性，可以满足零件所需要的技术要求。对于受力不大，要求一般的轴和齿轮等零件，可以用它来制造。

对于受力大、质量轻、尺寸小和要求轴颈耐磨、处于高温或低温条件上工作的轴，一般采用合金钢。如 40Cr 是合金结构钢，40 表示钢中的碳的平均质量分数为 0.40%。钢中除了应有的化学成分外，还加入一定量的合金元素 Cr，因而提高了钢的力学性能。

对于受力小，不重要的轴、铆钉、螺钉、螺母等零件，可用碳素结构钢。钢的牌号由代表屈服强度的汉语拼音字母“Q”、屈服强度数值、质量等级符号和脱氧方法符号四个部分按顺序组成。例如 Q235-AF 表示屈服强度为 235MPa 的 A 级沸腾钢。

对于支座、机架、壳体及各种复杂的零件，常用灰铸铁。如 HT200，其中 HT 表示“灰铁”二字的汉语拼音首字首，它后面的数字分别代表 ϕ30mm 的单铸试棒抗拉强度的最低值为 200MPa。

各种有色金属或其他合金可制造垫圈、轴瓦等零件。塑料、尼龙、橡胶、石棉制品等可做密封等材料。

五、常用的热处理方法

钢的热处理是将钢件通过不同的方法加热、保温和冷却，以改变其组织，从而获得所需要性能的一种工艺。热处理可提高零件的质量，延长使用寿命，满足零件所要求的使用性能，如耐碱性、耐磨性、耐热性、耐蚀性和抗疲性能等。热处理也可以作为零件加工过程中的一个中间工序，消除生产过程中妨碍加工的某些不利因素，以保证生产的正常进行。

根据加热、冷却的方法不同，热处理方法分为普通热处理（如退火、淬火、回火等）和表面热处理（如渗碳、渗氮和表面淬火等）。制造零件时，应根据零件的工作条件、结构特点、主要损坏形式和要求的力学性能指标等来制订热处理要求。

一般零件的热处理要求用文字在技术要求中注写，如图 11-57 所示的技术要求“淬火 55 ~ 58HRC”。淬火是将零件加热、保温后快速冷却的一种热处理方法，一般是为了得到较高的硬度和良好的耐磨性，HRC 是洛氏 C 级硬度，55 ~ 58 表示硬度值。

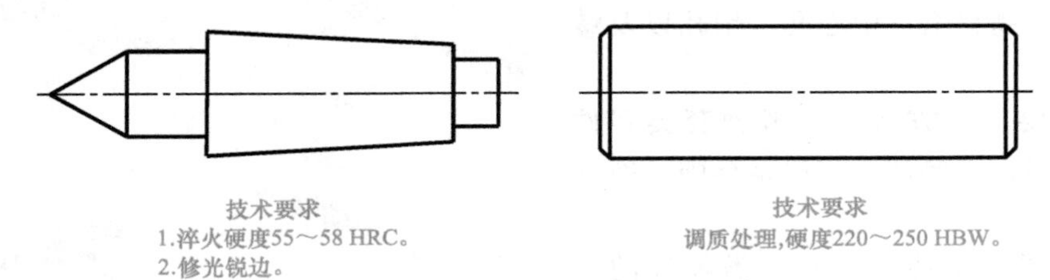

图 11-57　技术要求示例（一）

硬度是各种零件和工具必须具备的性能指标。机械制造业所用的刀具、量具、模具等，都应具备足够的硬度，才能保证使用性能和寿命。硬度的测试方法很多，最常用的有布氏硬度（HBW）试验法、洛氏硬度（HRC）试验法和维氏硬度（HV）试验法三种。

如图 11-57 所示的圆柱销，要求调质处理后的硬度值为 220 ~ 250HBW。调质是淬火后调温回火，使钢获得好的韧性和足够的强度。很多轴和齿轮等零件是需要调质处理的。有时标注“5151 235”，“5151”是调质处理方法的代号，“235”表示“200 ~ 250HBW”㊀。

一般表面处理是在零件表面加镀（涂层），以提高耐蚀、耐磨等性能或使表面美观，如电镀、发蓝、涂油或喷漆等。电镀是用电解法在零件表面镀上一层很薄的金属膜，如镀铬、镀锌。发蓝是用化学反应方法使零件表面形成一层很薄的氧化膜。涂油和喷漆也是用来保护或装饰零件表面的。对以上表面处理的要求，以及对零件表面缺陷的限制，如锐边修钝、加工检验方法的指标等都可以在图形上或用文字在技术要求中加以说明，如图 11-58 所示。

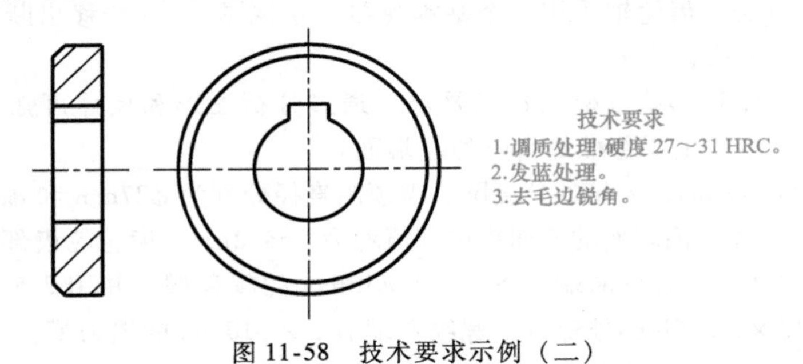

图 11-58　技术要求示例（二）

第五节　读零件图

根据零件的形状特征、表达方法和加工方法的某些共同点，将零件分为四大类：轴套类零件、轮盖类零件、叉架类零件和箱座类零件。

一、读轴套类零件图

轴一般用来支承传动零件和传递动力。套一般是安装在轴上，起轴向定位、传动或联接等作用。轴类零件通常指回转的实心结构，并且轴向长度大于直径 3 倍以上的零件，套类零件通常是指带孔的回转结构并且轴向长度小于直径 3 倍的零件。轴套类零件如图 11-59 所示。

㊀ 具体内容可参考国家标准 GB/T 12603—2005《金属热处理工艺分类及代号》相关知识。——编者注

1. 轴套类零件的主要特点

（1）结构特点　通常轴套类零件由几个不同直径的同轴回转体组成，上面常有键槽、退刀槽、越程槽、中心孔、销孔以及螺纹等结构。

（2）主要加工方法　一般轴套类零件的毛坯用棒料，主要加工方法是车削、镗削和磨削。

（3）视图表达特点　轴套类零件的主视图按加工位置放置，表达其主体结构。采用断面图、局部剖视图、局部放大图等表达零件的局部结构。

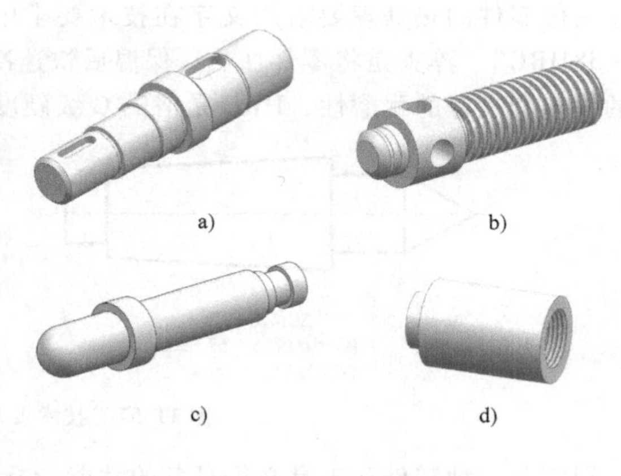

图 11-59　轴套类零件

（4）尺寸标注方面　轴套类零件以回转轴线作为径向尺寸基准，以重要端面作为轴向尺寸基准。主要尺寸直接注出，其余尺寸按加工顺序标注。

（5）技术要求　轴套类零件有配合要求的表面，其表面粗糙度值较小。有配合要求的轴颈和主要端面一般有几何公差要求。

2. 读齿轮轴零件图（图 11-60）

（1）概括了解　从标题栏可知齿轮轴的比例、材料等。齿轮的直径不大时，通常将齿轮与轴做成一体，称为齿轮轴。对照齿轮轴的立体图可以看出，齿轮轴的齿轮两端轴段支承在泵体和泵盖的孔中；右端有键槽处的轴段与泵体外面的齿轮配合；齿轮轴的右端螺纹是用螺母将箱外齿轮轴向定位。

（2）视图表达方法　齿轮轴采用一个基本视图（主视图）、一个移出断面图、两个局部放大图，主视图按加工位置确定。

（3）尺寸分析、结构形状分析及技术要求　通过分析图形和尺寸可知，轴的径向尺寸基准是轴线，轴向尺寸的主要基准是齿轮的左端面。

齿轮轴的总长是 112mm，齿轮的分度圆、齿顶圆直径分别为 ϕ27mm 和 ϕ34.5mm，齿轮宽度为 25mm，轮齿的表面和两端面的表面粗糙度值均为 Ra3.2μm，齿轮轮齿部分的主要参数在零件图的右上角表中列出。齿轮两端面各有 2 × ϕ15mm 的越程槽，并用 2.5:1 局部放大图表示。轴的右端是 M12 ×1.5-6h 的外螺纹，螺纹左端有 2 × ϕ10mm 的退刀槽，并用 2.5: 1 局部放大图表示。在 ϕ14mm 的轴段上有一个键槽，键槽的定位尺寸为 1mm，定形尺寸为长 10mm、宽 5mm、深 3mm，键槽的表面粗糙度值为 Ra6.3μm。轴左端代号 2 × GB/T 4459.5-B2.5/8 表示：轴两端中心孔为国家标准 GB/T 4459.5 规定的 B 型中心孔，孔直径为 2.5mm、深 8mm。

二、读轮盖类零件图

轮盖类零件包括带轮、齿轮、手轮、端盖、压盖、法兰盘等。一般轮用来传递动力和转矩，盖主要起轴向定位以及密封等作用。轮盖类零件如图 11-61 所示。

1. 轮盖类零件的主要特点

（1）结构特点　轮盖类零件的主体部分由回转体组成，也可能是其他几何形状的扁平盘形状。零件通常有键槽、轮辐、均匀分布的螺孔、销孔、光孔、凸凹台等结构，并且常有一个端面与部件中的其他零件结合。

（2）主要加工方法　轮盖类零件的毛坯多为铸件，主要在车床上加工，较薄的工件采用刨床或铣床加工。

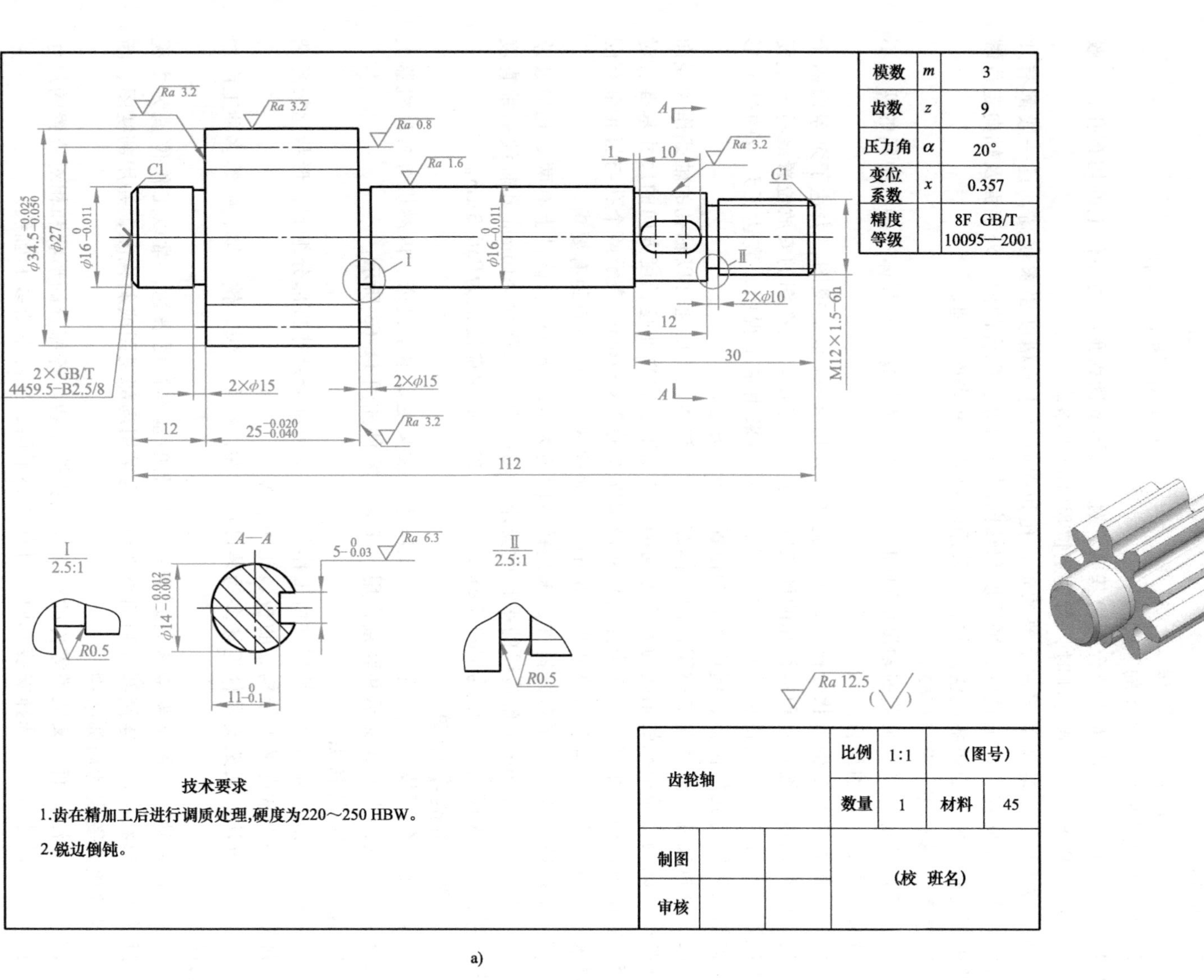

图 11-60 齿轮轴零件图

（3）视图表达特点　一般轮盖类零件采用两个基本视图表达。主视图按加工位置原则，轴线水平放置，通常采用全剖视图表达内部结构；另一个视图表达外形轮廓和其他结构，如孔、肋板、轮辐的相对位置等。

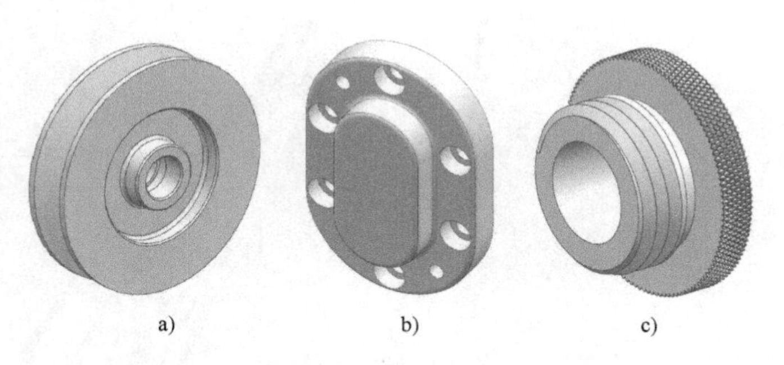

图 11-61　轮盖类零件

（4）尺寸标注方面　轮盖类零件的回转轴线是径向尺寸的主要基准，轴向尺寸则以主要结合面为基准。对于圆形或圆弧形盖类零件上的均布孔，一般采用“$n \times \phi x$ EQS”的形式标注时，角度定位尺寸可省略。

（5）技术要求　轮盖类零件重要的轴、孔和端面尺寸的精度要求较高，且一般都有几何公差要求，如同轴度、垂直度、平行度和轴向圆跳动等。配合的内、外表面及轴向定位端面的表面有较低的表面粗糙度值。材料多采用时效处理和表面处理。

2. 读泵盖零件图（图 11-62）

（1）概括了解　对照泵盖的轴测图可知，泵盖通过销和螺钉与泵体连接，中间的两个不通孔与泵体内的齿轮轴配合。

（2）视图表达和结构形状分析　泵盖的主视图采用 $A—A$ 全剖视图，表达了泵盖内两个轴孔的形状和位置、锥销孔和螺钉孔的形状以及泵盖的厚度。主视图的安放位置既符合主要加工位置，也符合泵盖在部件中的工作位置。左视图采用基本视图，表达了泵盖的外部形状、锥销孔和螺钉孔的位置、剖切平面的位置及剖切方法。

（3）分析尺寸　多数轮盖类零件的主体部分是回转体，所以通常以轴孔的轴线作为径向尺寸基准。此例是盖中孔的轴线为高度方向的尺寸基准、右端面是长度方向的尺寸基准、对称面是宽度方向的尺寸基准。其中注有尺寸极限偏差的 $2 \times \phi 16$mm 表示两个孔与齿轮轴有配合要求，注有对称尺寸偏差的尺寸 28.76mm，表明这两个孔的中心距有要求。

（4）了解技术要求　泵盖是铸件，未注铸造圆角为 $R2 \sim R3$mm。该件上有两处几何公差要求：一个是两个 $\phi 16$mm 孔轴线的平行度要求，另一个右端面对 $\phi 16$mm 孔轴线的垂直度要求。两轴孔的表面粗糙度值为 $Ra3.2\mu m$，右端面的表面粗糙度值为 $Ra6.3\mu m$。

三、读叉架类零件图

叉架类零件包括拨叉、连杆、支架、支座等，拨叉主要用于机床、内燃机等各种机器上的操纵机构，支架主要起支承和联接作用。叉架类零件如图 11-63 所示。

1. 叉架类零件的特点

（1）结构特点　通常叉架类零件由工作部分、支承部分及连接部分组成，形状比较复杂且不规则。零件上常有叉形结构、肋板、孔和槽等。

（2）加工方法　叉架类零件毛坯多为铸件或锻件，经车、镗、铣、刨、钻等多种工序加工而成。

（3）视图表达　一般叉架类零件需要两个以上的基本视图表达，常以工作位置为主视图，反映主要形状特征。连接部分和细小部分结构采用局部视图或斜视图，并用剖视图、断面图、局部放大图表达局部结构。

（4）尺寸标注方面　叉架类零件的尺寸标注比较复杂。各部分的形状和相对位置的尺寸要直接标注。尺寸基准常选择安装基面，对称中心平面、孔的中心线和轴线。

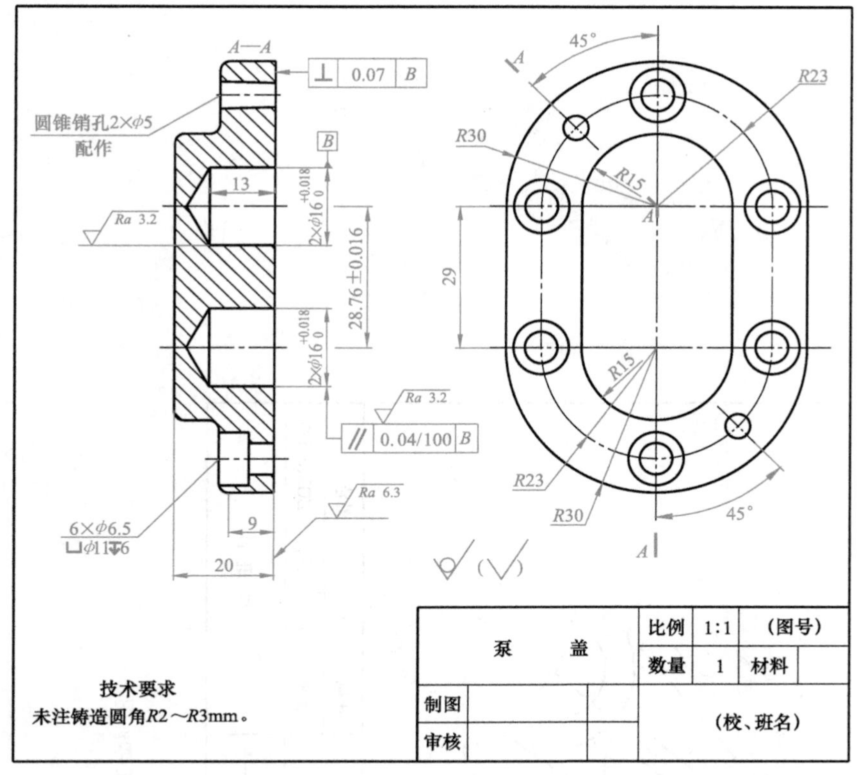

a)

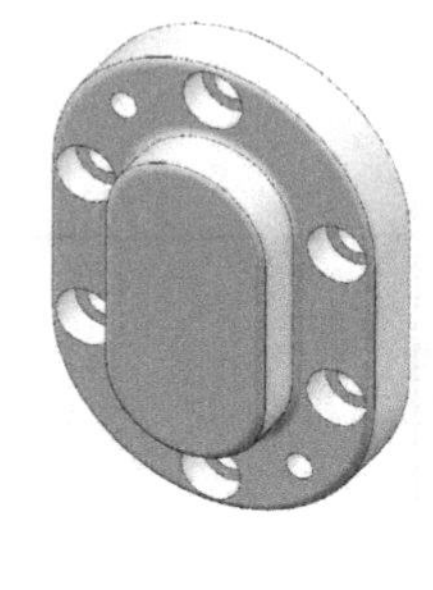

b)

图 11-62 泵盖零件图

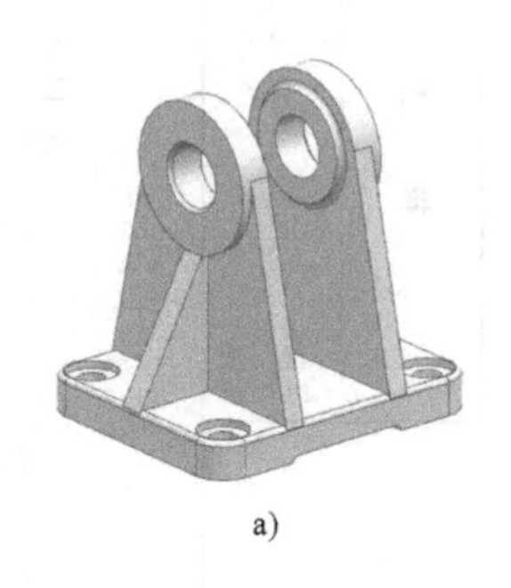

a)

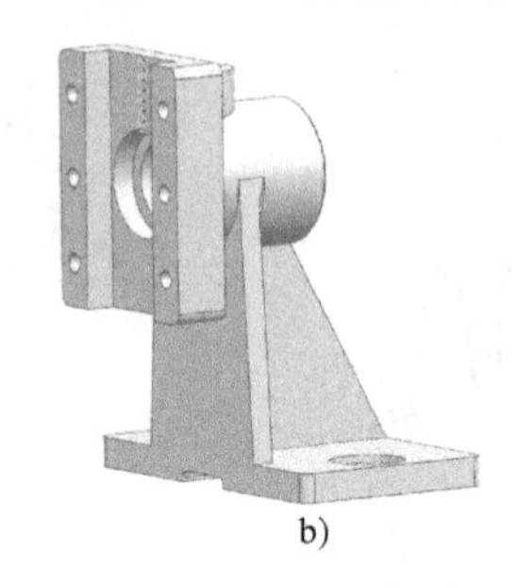

b)

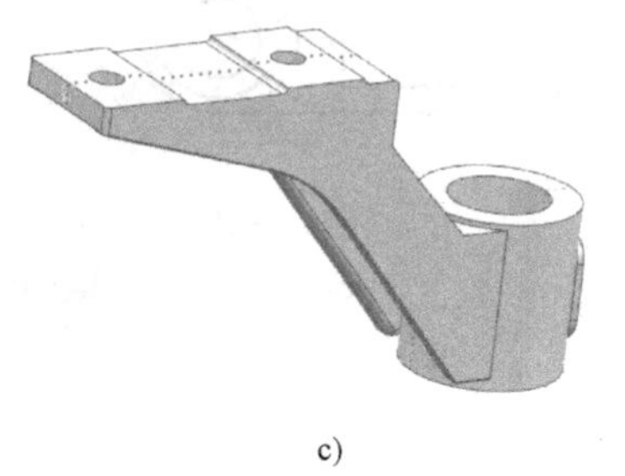

c)

图 11-63 叉架类零件

叉架类零件的定位尺寸较多，往往还要有角度尺寸。为了便于制作木模，一般采用形体分析法标注定位尺寸。

（5）技术要求 支承部分、运动配合面及安装面均有较严格的尺寸公差、几何公差和表面粗糙度要求。

2. 读拨叉零件图（图 11-64）

（1）概括了解 拨叉主要用在机床或内燃机等各种机器的操纵机构上。由标题栏可知，拨叉的材料为 ZG310-570 钢，绘图比例为 1∶1。

（2）视图表达分析 拨叉由两个基本视图、一个局部剖视图和一个移出断面图组成。根据视图的配置可知，*A—A* 剖视图为主视图，左视图主要表达拨叉的外形，并表达了 *B—B* 局部剖视图的剖切位置。

对照主、左视图可以看出拨叉的主要结构形状：上部呈叉状，方形叉口开了宽 25mm、

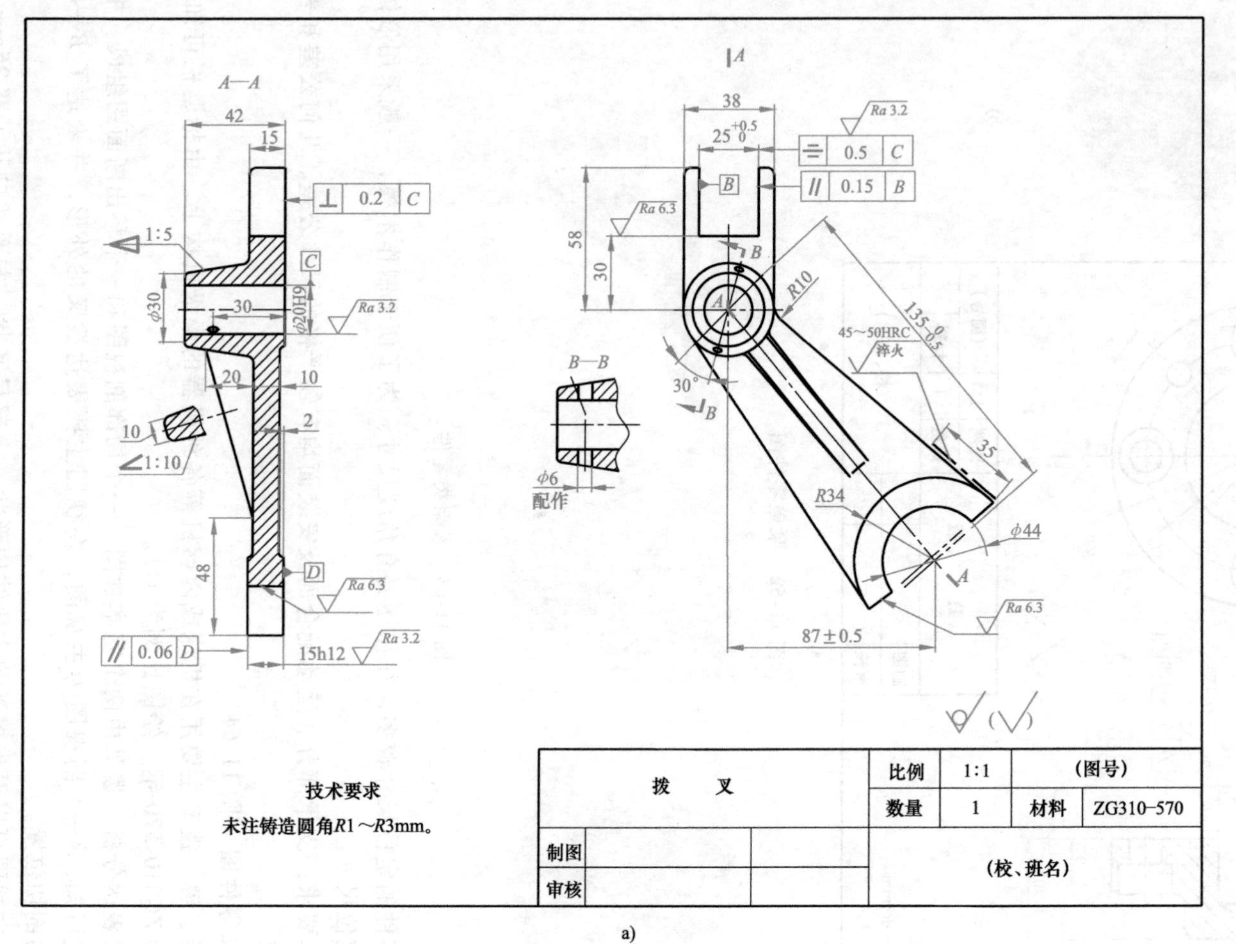

a)

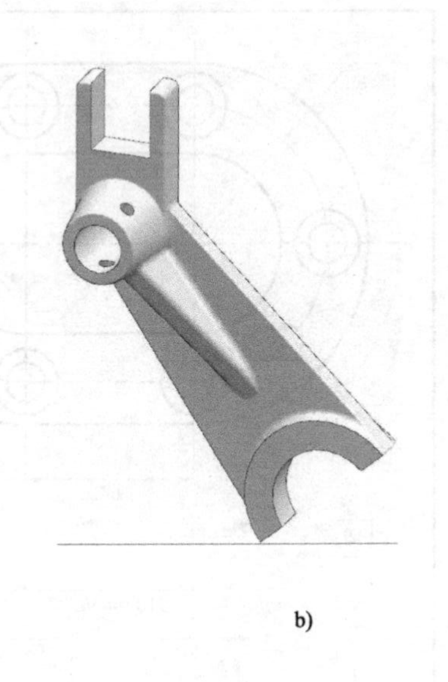

b)

图 11-64 拨叉零件图

深 28mm 的槽；中间是圆台，圆台中有 ϕ20mm 的通孔；下部圆弧叉口是比半圆柱略小的圆柱体，其上开了一个 ϕ44mm 的圆柱形槽；圆弧形叉口与圆台之间有连接板，连接板上有一个三角肋。结合 *B—B* 局部剖视图可看出圆柱台壁上开有销孔。

（3）分析尺寸　高度和宽度方向的主要尺寸基准均为圆台上的 ϕ20mm 轴线，长度方向的主要尺寸基准为拨叉的右端面。

从上述三个基准出发，不难看出各部分的定形尺寸和定位尺寸，并由此进一步了解拨叉各部分的相对位置，从而想象出拨叉的整体形状。

（4）了解技术要求　拨叉的主要尺寸都注有公差要求，如上部方形叉口的宽度尺寸 25mm、中间圆台的孔径 ϕ20H9、下部圆弧形叉口厚度尺寸 15h12，以及圆弧形叉口与圆台孔的相对位置尺寸 $135_{-0.5}^{\ 0}$mm，（87 ±0.5）mm 等。对应的表面粗糙度要求也较严，分别为 *Ra*3.2μm 和 *Ra*6.3μm。

左视图中用粗单点画线表示的是：在尺寸 35mm 范围内的淬火硬度为 45 ~ 50HRC，是局部热处理的标注形式。

零件图上标注的几何公差是：右端面对圆台孔轴线的垂直度公差为 0.2mm，方形叉口的对称中心平面对圆台孔轴线的对称度公差为 0.5mm，方形叉口两侧面的平行度公差为 0.15mm，圆弧形叉口左端面对右端面的平行度公差为 0.06mm。

四、读箱座类零件图

箱座类零件包括各种箱体、壳体、阀体和泵体等，结构形状比较复杂。箱座类零件多为铸件，是机器或部件的主要零件，一般可以起支承、容纳、定位和密封等作用。箱座类零件如图 11-65 所示。

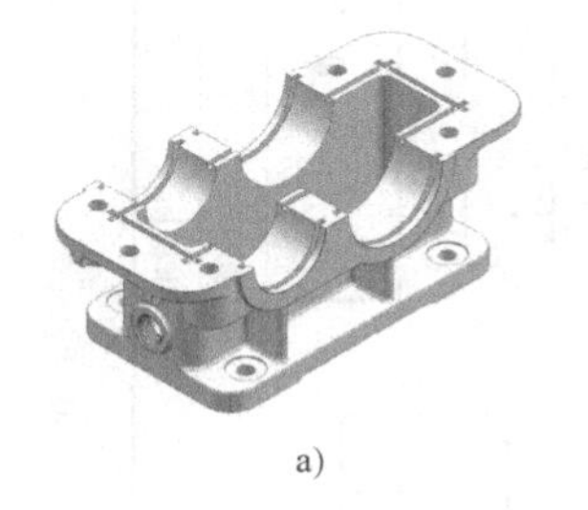
a)

b)

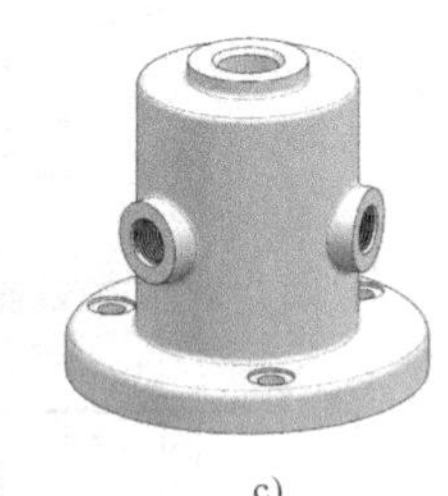
c)

图 11-65　箱座类零件

1. 箱座类零件的特点

（1）结构特点　箱座类零件上常有薄壁围成的不同形状的空腔，并有轴承孔、凸台、肋板、安装底板及安装孔等结构。

（2）加工方法　箱座类零件的毛坯多为铸件，经过镗、铣、刨、钻等多种工序加工而成。

（3）视图表达　一般箱座类零件的结构形状比较复杂，一般需要三个以上的视图来表达。常以工作位置为主视图，并采用全剖视图，主要反映内部形状特征。俯、左视图一般采用向视图或局部剖视图补充表达内、外结构。必要时增加局部视图或局部放大图表达局部结构。

（4）尺寸标注方面　箱座类零件的尺寸标注比较复杂，尺寸数量较多，各部分的形状和相对位置的尺寸要直接标注。尺寸基准常选择安装基面，对称中心平面、孔的中心线和轴线。

（5）技术要求　箱座类零件各加工表面的表面结构和尺寸精度一般根据使用要求确定，重要轴线之间常有几何公差要求。

2. 读泵体零件图（图 11-66）

（1）结构分析　图 11-66 所示的泵体，其内腔要容纳齿轮和支承轴，并要有动力的输入，

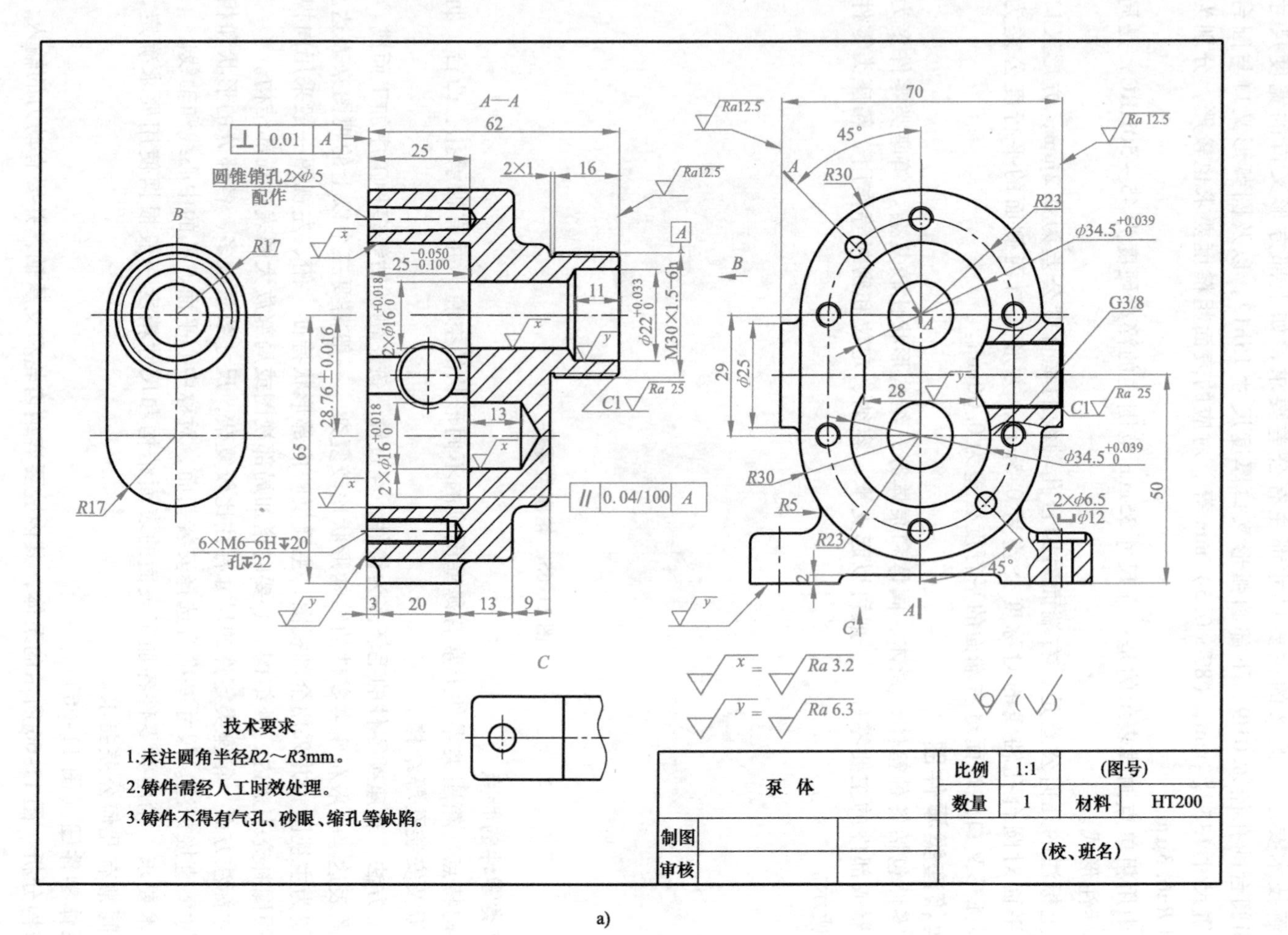

a)

b)

图 11-66 泵体零件图

油液的流进、流出，所以需要密封，且与其相邻零件要有定位、联接、安装等要求。

（2）视图表达 泵体采用了主、左两个基本视图和两个局部向视图。主视图采用按工作位置确定，并在主视图上采用全剖，重点反映其内腔形状和轴孔的结构。左视图主要反映了泵体的内外轮廓形状、端面销孔和螺纹孔的分布。两处局部剖视图反映了进、出油孔和底板安装孔，B 向局部向视图表达泵体右侧凸起部分的形状，C 向局部向视图表达底板的形状。

（3）分析尺寸 泵体长度方向的尺寸基准是左端面，高度方向的尺寸基准是底面，宽度方向的尺寸基准是对称中心平面。通过尺寸分析可以看出，泵体中比较重要的尺寸（轴孔的尺寸和内腔的尺寸）均注有偏差数值，说明此处与轴和齿轮配合，因此要求较高。

（4）了解技术要求 尺寸精度要求高的表面，其表面粗糙度值较低，轴孔和内腔均为 $Ra3.2\mu m$。泵体左端面等其他加工表面的表面粗糙度要求稍低，为 $Ra6.3\mu m$ 和 $Ra12.5\mu m$。其他不加工表面为铸造表面。铸件需经人工时效处理，且不得有缺陷。

（5）几何公差要求 左端面相对螺纹 M30×1.5 轴线的垂直度公差为 0.01mm，两个 ϕ16mm 轴孔轴线的平行度公差为 0.04mm/100mm。

第六节 零件测绘

零件的测绘就是依据实际零件画出图形，测量出尺寸和制订出技术要求。由于测绘是在生产现场进行的，因此测绘时，应首先画出零件草图（徒手图），然后根据零件草图画出零件工作图，为设计机器、修配零件和准备配件创造条件。

一、零件测绘的基本方法

1. 画徒手图

（1）徒手画零件图的准备

1）了解该零件的名称和用途。

2）鉴定该零件是由什么材料制成的。

3）对该零件进行结构分析，因为零件的每个结构都有一定的功用。这项工作对破旧、磨损和带有缺陷的零件测绘尤为重要。在分析的基础上，把它改正过来，只有这样，才能完整、正确、简便地表达它们的结构形状，并完整、清晰、合理地标注尺寸。

4）对该零件进行工艺分析，因为同一零件可以按不同的加工顺序制造，所以其结构形状的表达、基准的选择和尺寸的标注也不一样。

5）拟订零件的表达方案，通过上述分析，对该零件有了较深的认识，在此基础上再确定主视图、视图数量和表达方法。

（2）徒手画零件图的步骤

1）在图纸上定出各视图的位置，画出各视图的基准和中心线。安排各视图的位置时，要考虑到各视图间应有尽留有标注尺寸的地方，留出右下角标题栏的位置。

2）详细画出零件的外部及内部的结构形状。

3）注出零件各表面粗糙度符号，选择基准和画尺寸界线、尺寸线及箭头。经过仔细校核后，画出剖面线，描深轮廓线。

4）测量尺寸，定出技术要求，并将尺寸数字、技术要求补全。

2. 画零件工作图

这里主要介绍根据测绘的徒手零件图来整理零件工作图的方法。徒手零件图是在车间内测绘的，测绘的时间不允许太长，有些问题只要表达清楚就可以了，不一定是最完善的。因此，在整理零件工作图时，需要对徒手零件图再进行审核、校核。有些问题需要设计、计算和选用。如表面粗糙度、尺寸公差、几何公差、材料及表面处理等。有些问题需要重新考虑，如表达方法的选择、尺寸的标注等。经过复查、补充、修改后，开始画零件工作图。

画零件工作图的具体方法和步骤如下：

(1) 对徒手零件图进行审核、校核

1) 表达方案是否正确、完整、清晰和简便。

2) 零件上的结构形状是否正确、合理。

3) 尺寸标注是否完整、合理、清晰。

4) 技术要求是否满足零件的性能要求，而且经济、效益较好。

(2) 画零件工作图

1) 根据零件的复杂程度选择比例，尽量选用1:1比例。

2) 根据表达方案比例，留出标注尺寸和技术要求的位置，选择标准图幅。

3) 画底稿

① 定出各视图的基准线。

② 画出各视图的图形。

③ 标注出尺寸和表面粗糙度。

4) 校核，描深，填写技术要求和标题栏。

二、常用量具及其测量方法

1. 常用量具

测量尺寸常用的简单量具有：金属直尺、外卡钳和内卡钳；测量较精密的零件时，要用游标卡尺、千分尺或其他精密量具，如图11-67所示。游标卡尺和千分尺上有尺寸刻度，测量零件时可直接从刻度上读出零件尺寸。用内、外卡钳测量时，必须借助金属直尺才能读出零件的尺寸。

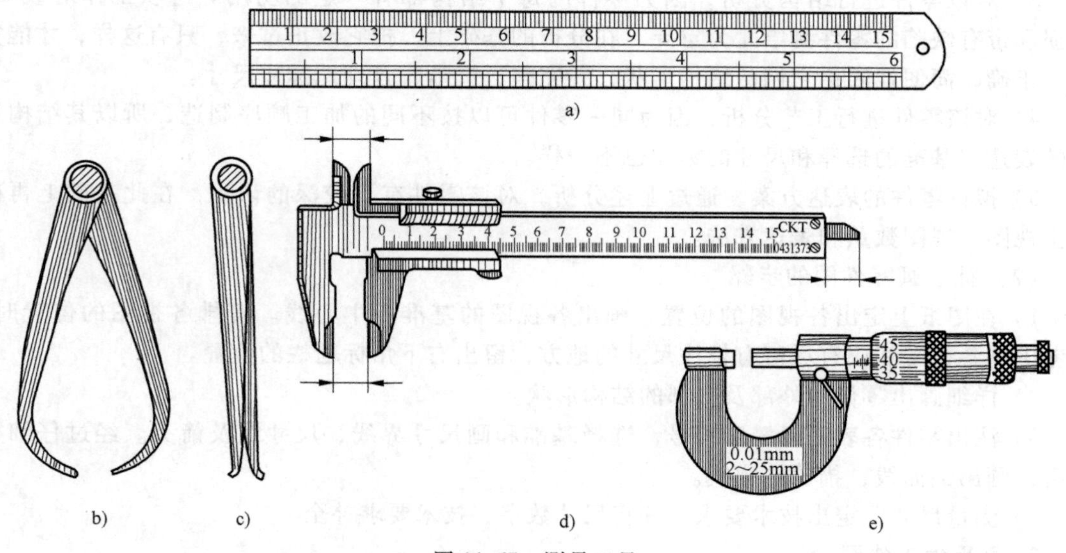

图11-67　测量工具

a) 金属直尺　b) 外卡钳　c) 内卡钳　d) 游标卡尺　e) 千分尺

2. 常用的测量方法

1）测量直线尺寸（长、宽、高）时，一般可用金属直尺直接量得尺寸大小，如图11-68所示。

2）测量回转面直径尺寸时，一般可用游标卡尺或千分尺测量，如图 11-69 所示。

3）在测量阶梯孔的直径时，会遇到外面孔小，里面孔大的情况，用游标卡尺无法直接测量里面的尺寸。这时可用内卡钳测量，也可用内外同值卡钳测量，如图 11-70 所示。

4）测量壁厚尺寸时，一般可用金属直尺测量。若孔较小，可用游标深度卡尺测量。有时也会遇到用金属直尺或游标深度卡尺都无法测量的壁厚，这时可用卡钳测量，如图 11-71 所示。

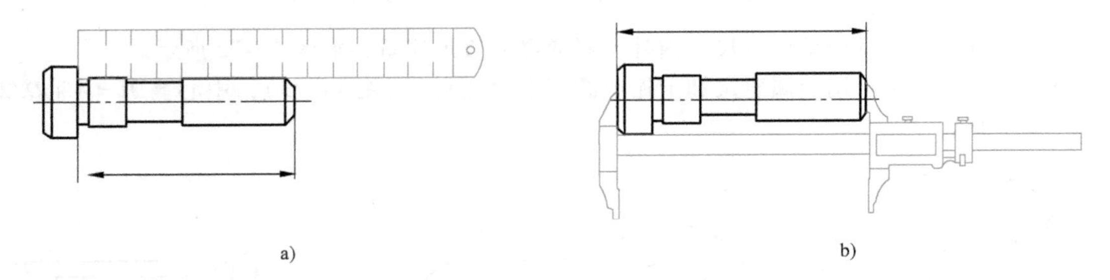

图 11-68　测量直线尺寸
a）金属直尺测量长度　b）游标卡尺测量长度

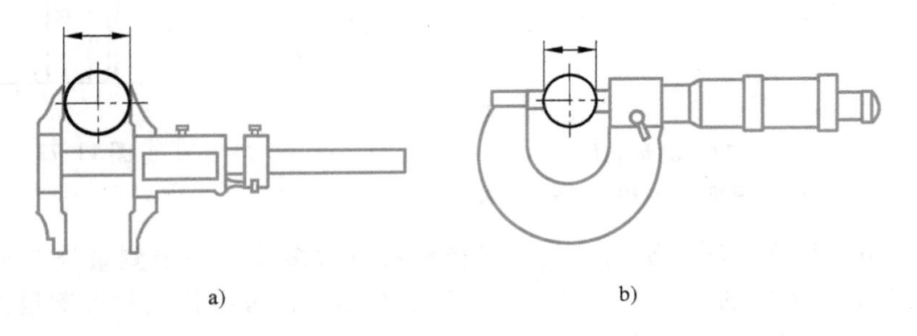

图 11-69　测量回转面的直径
a）游标卡尺测量直径　b）千分尺测量直径

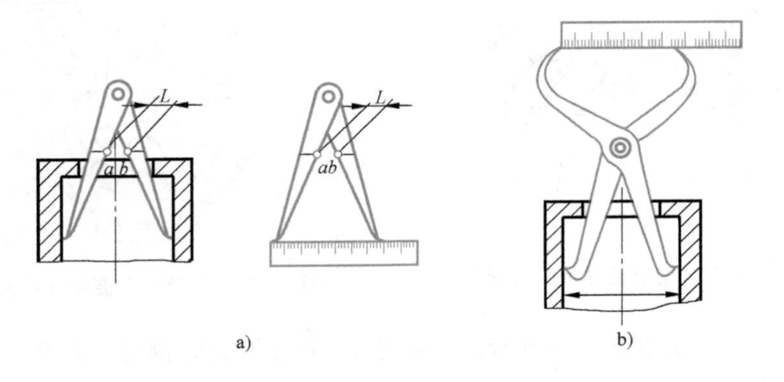

图 11-70　测量阶梯孔的直径
a）用普通内卡钳测量　b）用内外同值卡钳测量

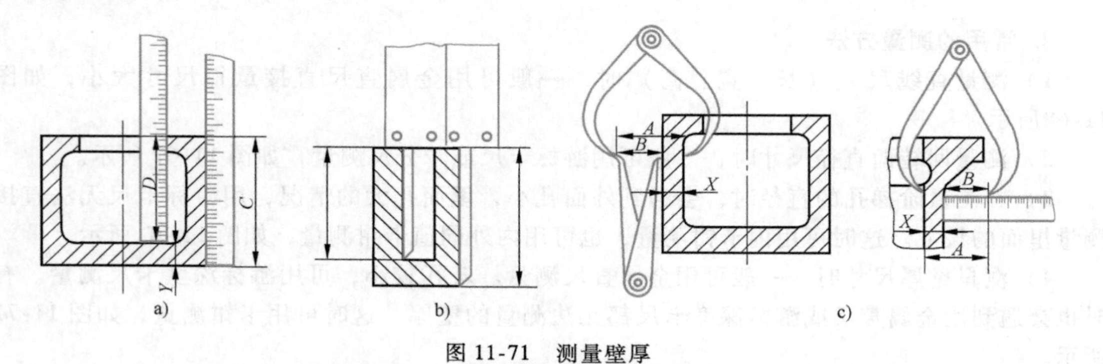

图 11-71　测量壁厚

a）用金属直尺测量　b）用游标深度卡尺测量　c）用卡钳测量

5）一般孔间距可用游标卡尺、内外卡钳或金属直尺测量，如图 11-72 所示。

6）一般中心距可用金属直尺和卡钳或游标卡尺测量。（图 11-73），中心高 $H=A+D/2$ 或 $H=B+d/2$。

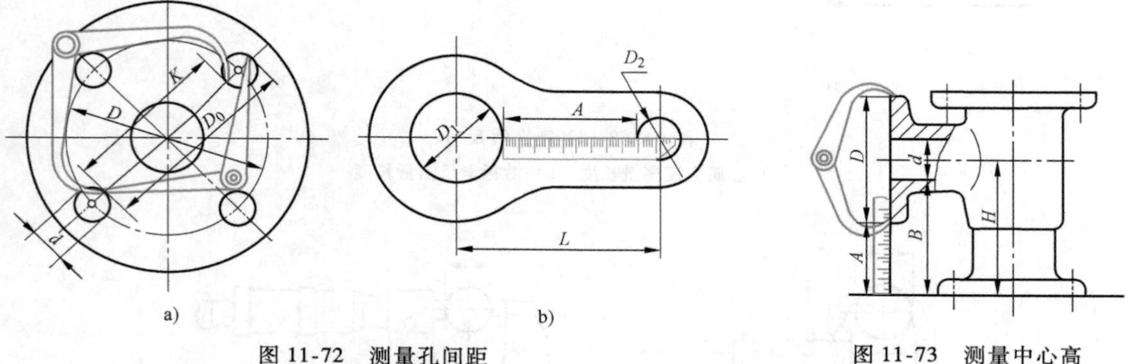

图 11-72　测量孔间距

a）　用卡钳测量　b）用金属直尺测量

图 11-73　测量中心高

7）一般可用半径样板测量圆角。每套半径样板有很多片，一半测量外圆角，一半测量内圆角，每片都刻有半径的大小。测量时，只需要在半径样板中找到与被测量部分完全吻合的一片，从片上的数值可知圆角半径的大小，如图 11-74 所示。

8）测量角度可用游标万能角度尺，如图 11-75 所示。

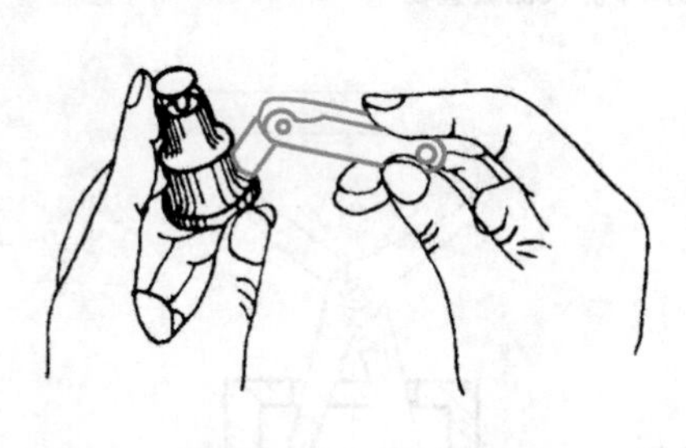

图 11-74　用半径样板测量圆角

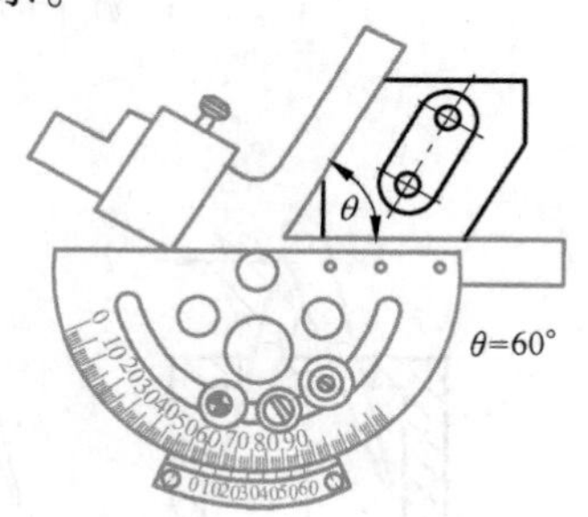

图 11-75　用游标万能角度尺测量角度

9）曲线和曲面要求测得很准确时，必须用专门的量仪进行测量。要求不太高时，常用下面三种方法测量。

① 拓印法：对于柱面部分的曲率半径测量，可用纸拓印其轮廓，得到如实的平面曲线，

然后判定该曲线的圆弧连接情况，测量出曲线半径，如图 11-76a 所示。

② 铅丝法：对于曲线回转面零件母线的曲率半径测量，可用铅丝弯曲成实形后，得到如实的平面曲线，然后判定该曲线的圆弧连接情况，用中垂线法，求得各圆弧的中心，测量出曲线半径，如图 11-76b 所示。

③ 坐标法：一般的曲线和曲面都可用金属直尺和三角板定出曲面上各点的坐标，在图上画出曲线，或求出曲率半径，如图 11-76c 所示。

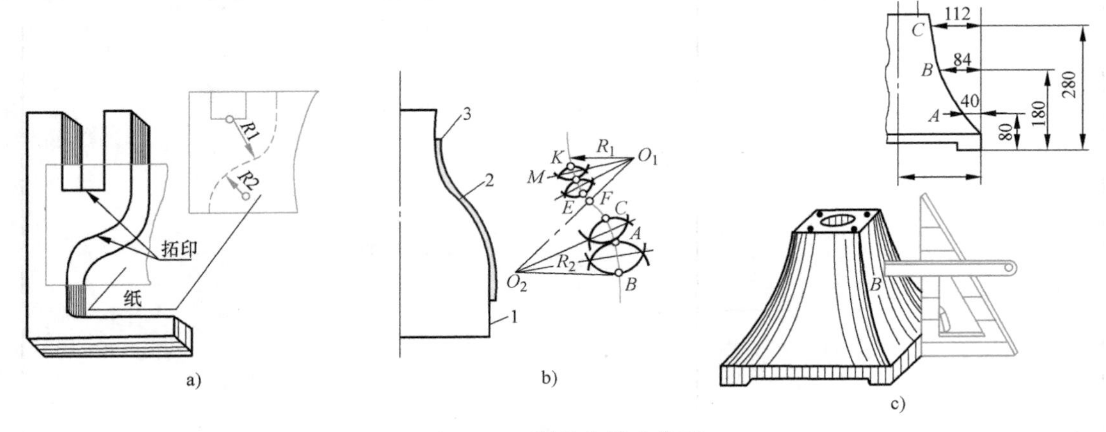

图 11-76　测量曲线或曲面

a）拓印法　b）铅丝法　c）坐标法

三、测绘举例

以图 11-77 所示阀体零件为例，说明零件测绘的基本方法。

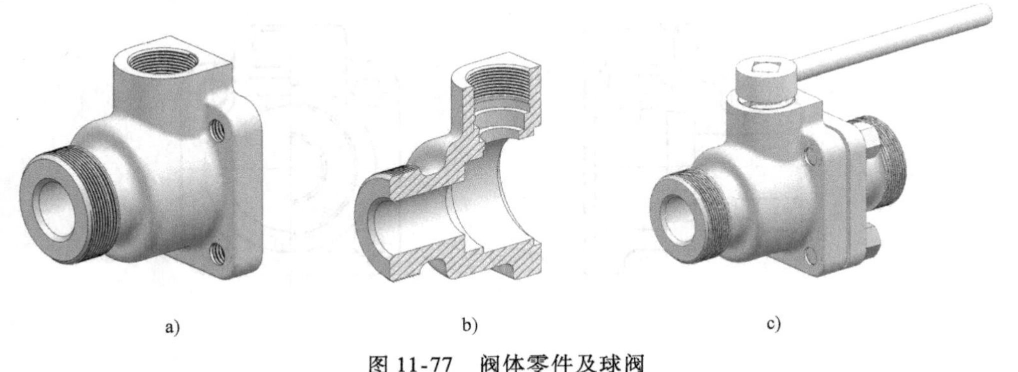

图 11-77　阀体零件及球阀

a）阀体零件　b）阀体全剖结构　c）球阀

1. 分析零件

阀体是球阀中的一个主要零件，属于箱座类零件。零件的主要结构由水平且同轴的圆柱回转体、方形连接板和垂直方向的 U 形柱体组成。零件内部水平方向和垂直方向的孔腔用于容纳其他零件。

2. 绘制零件草图（目测，徒手绘制）

3. 测量各结构尺寸，标注在草图上

4. 根据零件的作用，确定零件的技术要求

5. 绘制零件工作图

阀体零件的画图步骤如图 11-78 所示。

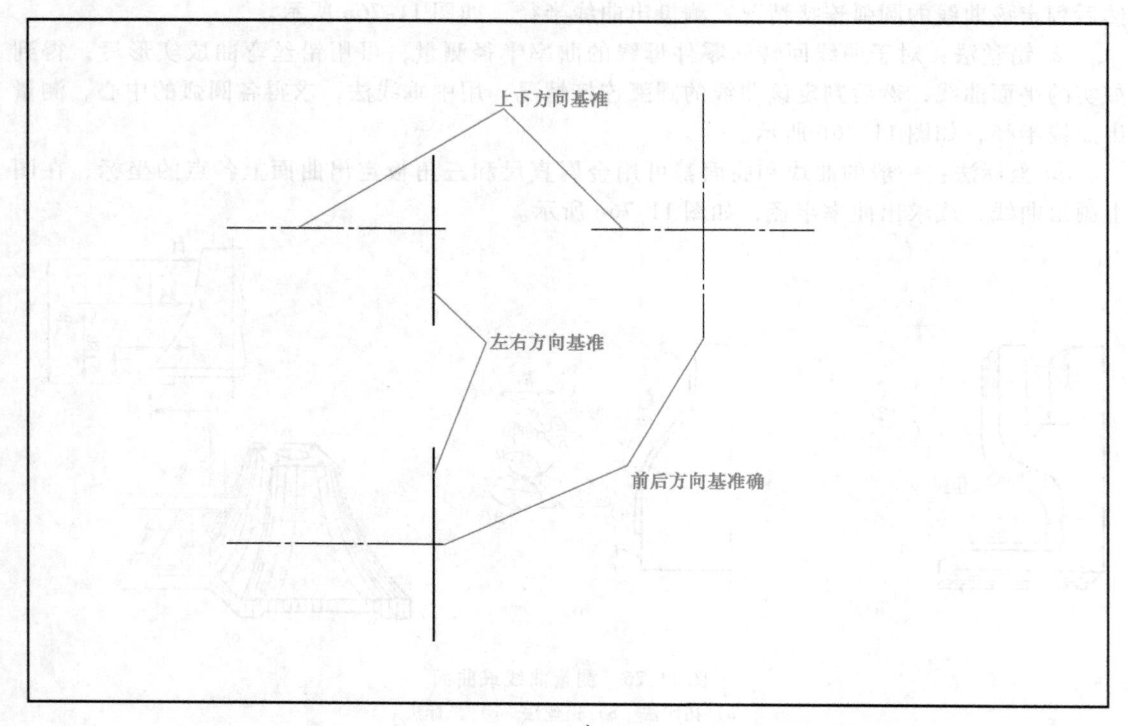

a）

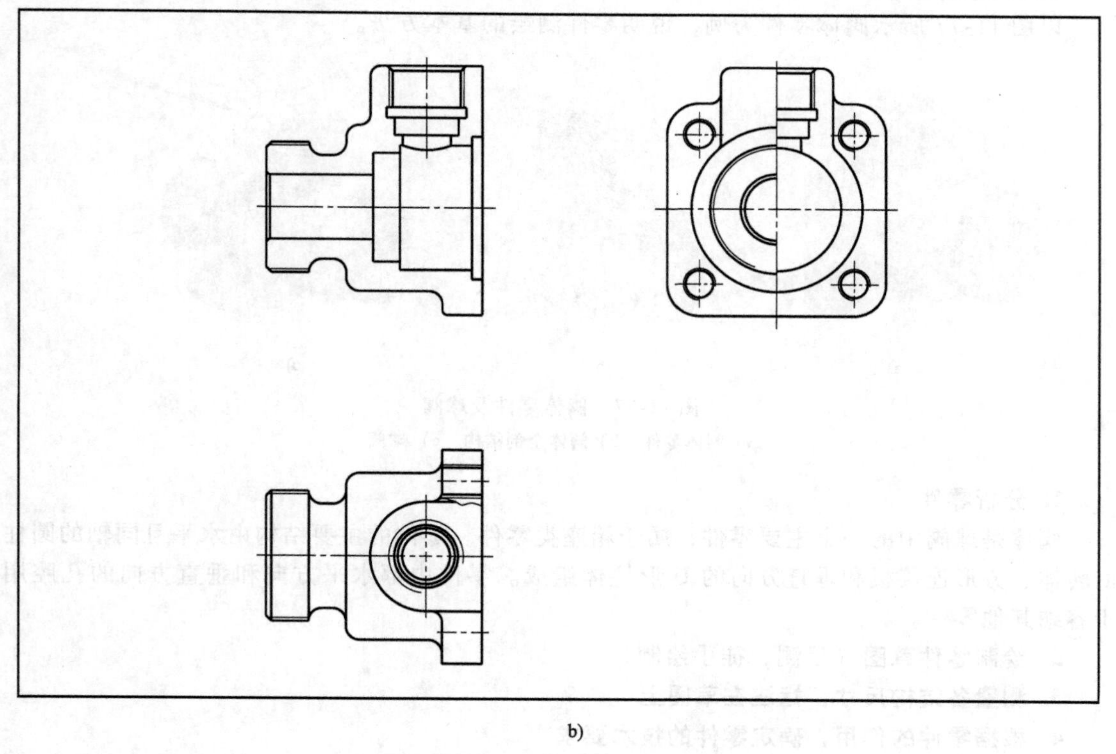

b）

图 11-78　阀体零件图的画图步骤
a）画基准线　b）画出主要轮廓

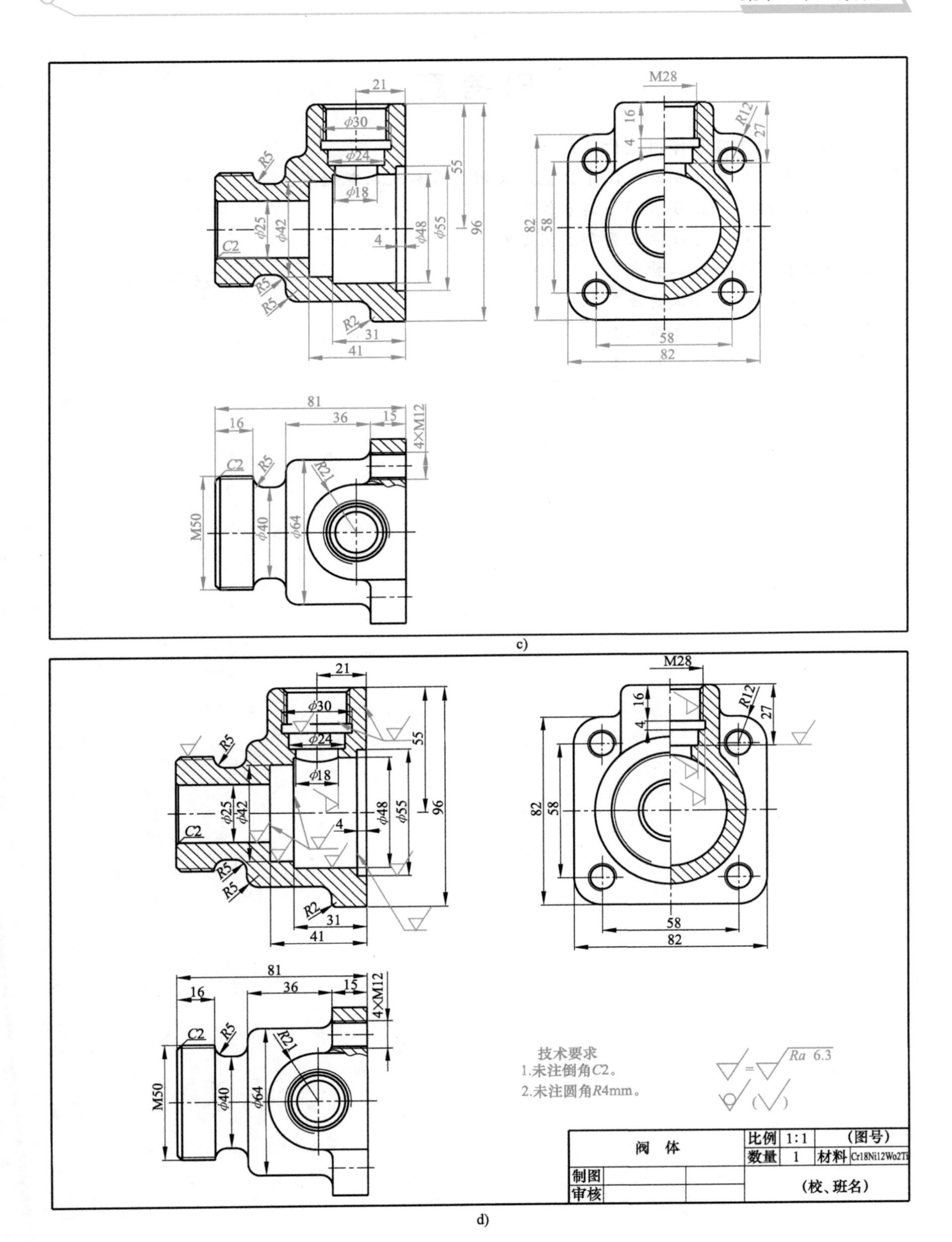

图 11-78　阀体零件图的画图步骤（续）

c）标注尺寸、画剖面线　d）注写表面粗糙度、技术要求并填写标题栏

思考题

1. 零件图的内容和作用是什么？
2. 零件图上为什么要标注尺寸公差、几何公差和表面粗糙度？
3. 零件按结构特点分为哪几类零件？
4. 零件图的尺寸标注要注意哪些问题？
5. 轴套类零件有什么特点？
6. 盘盖类零件有什么特点？
7. 叉架类零件有什么特点？
8. 箱座类零件有什么特点？

第十二章　装　配　图

本章教学目标

1. 了解装配图的作用和内容
2. 了解装配图的表达方法
3. 了解装配图的尺寸标注
4. 了解装配图的零件序号和明细栏
5. 了解常见的装配工艺结构和装置
6. 掌握由零件图画装配图的技能
7. 能识读简单或中等难度的装配图

表达机器或部件的图样称为装配图。本章主要介绍装配图的作用和内容、部件或机器的表达方法、装配图的画法、读装配图的方法、由装配图拆画零件图的方法、部件的测绘等。

第一节　装配图的作用和内容

一、装配图的作用

1）在产品设计中，一般先画出装配图，用以表达机器或部件的工作原理、主要结构和各零件的装配关系，然后根据装配图设计零件并画出零件图。

2）在产品制造中，装配图是制订装配工艺规程、进行装配和检验的技术依据。即根据装配图把制成的零件装配成合格的部件或机器。

3）在使用或维修机械设备时，也通过装配图来了解机器的性能、结构、传动路线、工作原理、维护和使用的方法。

4）装配图反映设计者的技术思想，因此装配图与零件图同是生产和技术交流中的重要技术文件。

二、装配图的内容

如图 12-1a 所示为一个球心阀部件，如图 12-1b 所示为球心阀的装配图，由此可以看出一张完整的装配图应该具有如下内容：

（1）一组图形　用一组视图（包括剖视图、断面图等）表达机器或部件的传动路线、工作原理、结构特点、零件之间的相对位置、装配关系、连接方式和主要零件的结构形状等。

（2）几类尺寸　标注出表示机器或部件的性能、规格、外形以及装配、检验、安装时所必需的几类尺寸。

（3）技术要求　用文字或符号说明机器或部件的性能、装配、检验、调整、运输、安

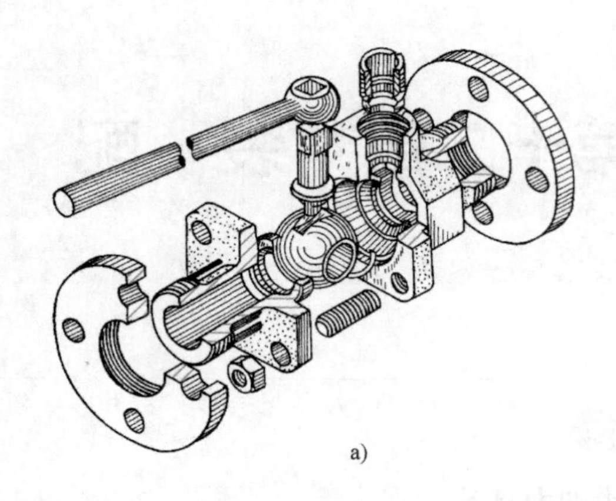

a)

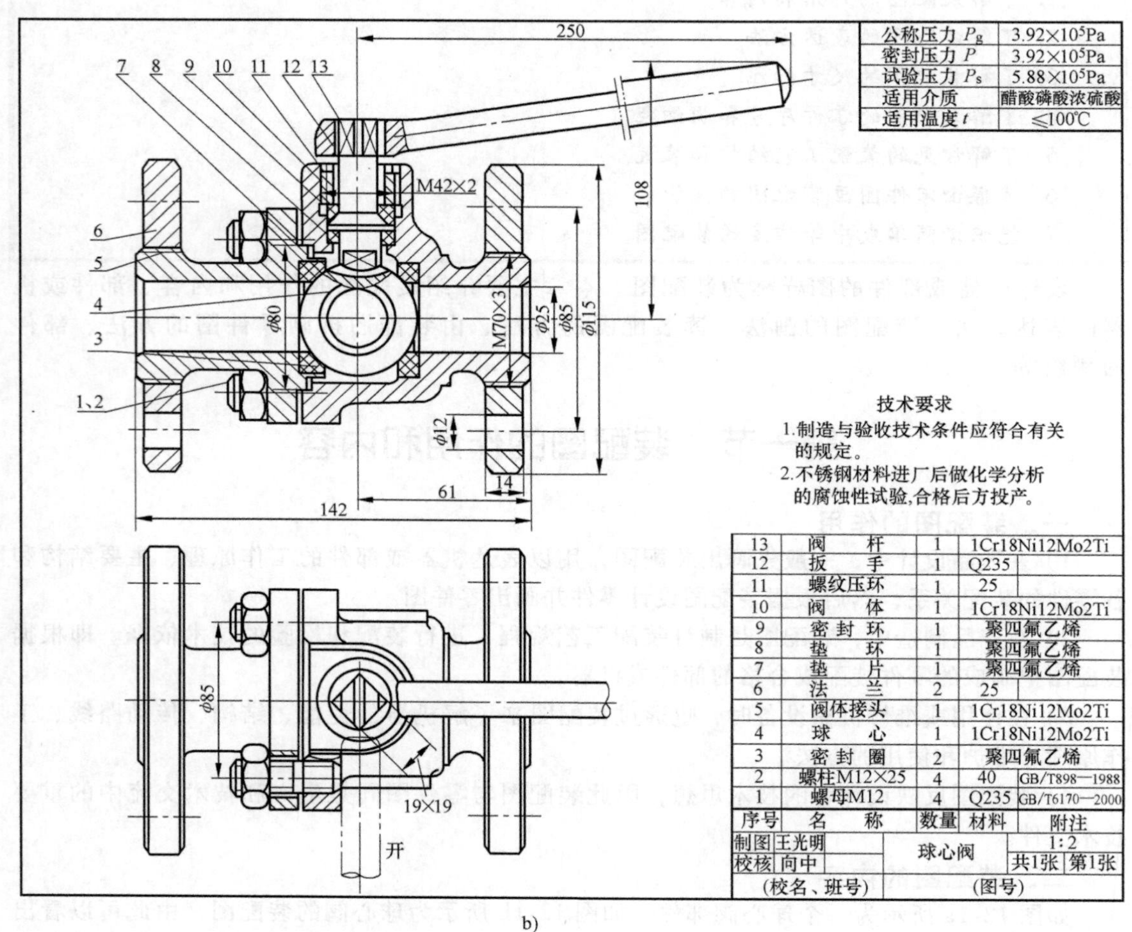

b)

图 12-1　球心阀

a）轴测图　b）装配图

装、验收及使用等方面的技术要求。

（4）零件编号、明细栏和标题栏　在装配图上应对每种不同的零件编写序号，并在明细栏内依次填写零件的序号、名称、数量、材料等内容。标题栏内填写机器或部件的名称、比例、图号以及设计、制图、校核人员等。

第二节　装配图的表达方法

装配图和零件图的表达方法有许多相同之处，因此前面介绍工件的各种表达方法（视图、剖视图、断面图、局部放大图等）对装配图都适用。但是，两种图样的要求不同，所以表达的侧重点也不同。零件图主要表达零件的大小、形状，它是加工制造零件的依据；装配图则主要表达机器或部件的工作原理、各组成零件的装配关系，它是将制造出来的零件装配成机器的主要依据。因此，装配图不必将每个零件的形状、大小都表达完整。根据装配图的特点和表达要求，国家标准《机械制图》对装配图提出了一些规定画法和特殊表达方法。

一、装配图的规定画法

1. 接触面和配合面的画法

两个零件的接触表面或有配合关系的工作表面，其分界处规定只画一条线。非接触面或没有配合关系时，即使间隙很小，也必须画出两条线。

2. 零件剖面符号的画法

1）在剖视图中，相邻两零件的剖面线方向应相反；或者方向一致，但间隔不同，如图12-2所示轴承。但是，同一个零件，在不同视图中的剖面线应该保证方向相同、间隔相同。当断面的宽度小于2mm时，允许以涂黑来代替剖面线，如图12-2所示垫片的画法。

2）对于紧固件（如螺钉、螺栓、螺母、垫圈、键、销等）、轴、连杆、手柄、球等实心件，当剖切平面通过其轴线或对称中心平面时，都按不剖绘制，如图12-2所示。但必须注意，当剖切平面垂直于这些零件的轴线剖切时，则在这些零件的剖面上应该画出剖面线。

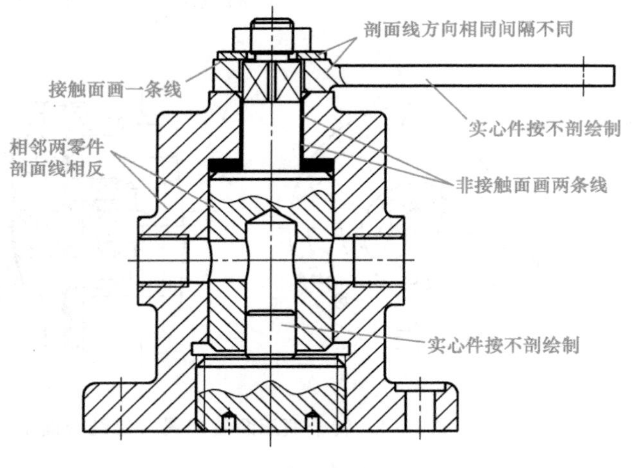

图12-2　装配图规定画法

二、装配图的特殊表达方法

1. 拆卸画法

在装配图的某一视图中，为了表示某些零件被遮盖的内部构造或其他零件的形状，可假想拆去一个或几个零件后绘制该视图。如图12-3a所示为一个滑动轴承部件，图12-3b所示为滑动轴承的装配图，其主视图、左视图采用了半剖画法，表达该部件的内、外形状及装配关系；俯视图左右对称，其右边采用了拆卸画法，即拆去轴承盖等零件，以表达该部件的内部形状。

2. 沿结合面剖切画法

为了表达部件的内部结构形状，可采用沿结合面剖切画法（一般是在盖处的结合面剖切）。如图12-4所示为转子液压泵装配图，其中右视图的*A—A*剖视图，即是沿结合面剖切而得到的剖视图。对于这种画法，零件的结合处不画剖面线，但剖切到的其他零件，如右视图中的螺钉等零件仍需要画出剖面线。

3. 单独表示某个零件

在装配图中，当某个零件的形状未表达清楚，该结构又对理解装配关系有影响时，可单

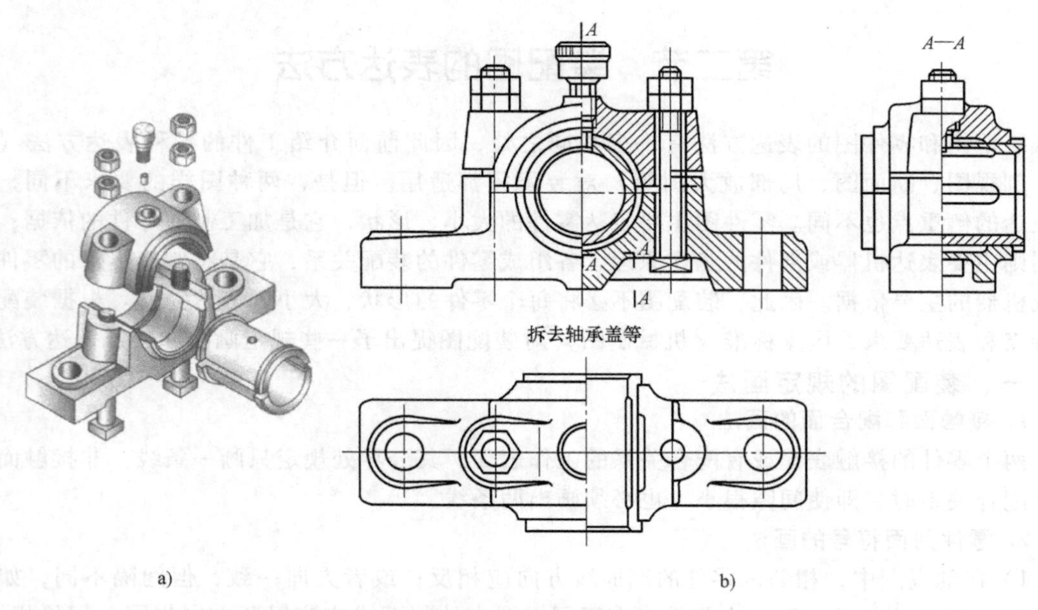

图 12-3　滑动轴承的装配图（拆卸画法）

a）滑动轴承轴测图　b）滑动轴承装配图

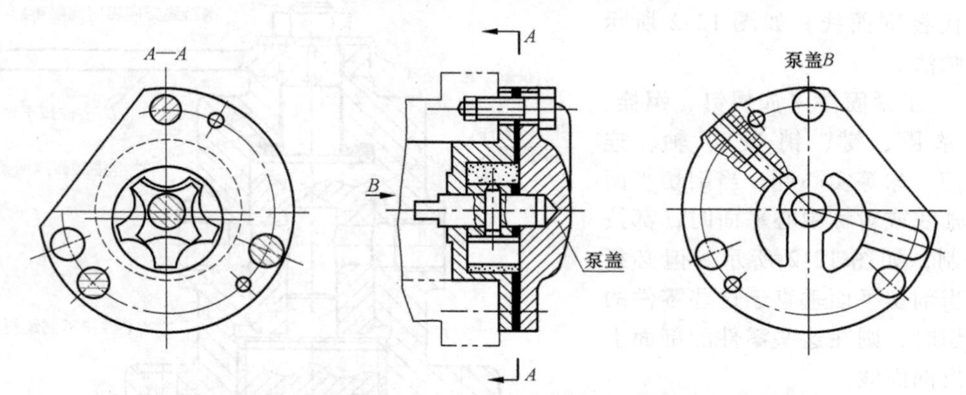

图 12-4　转子液压泵装配图（沿结合面剖切和单独表达某零件画法）

独画出该零件的某一视图。如图 12-4 所示转子液压泵中的泵盖，采用 *B* 向视图单独表示其形状。此时，一般应在视图的上方标注零件名称及投影符号。

4. 假想画法

在装配图中，为了表示与本部件有装配关系但又不属于本部件的其他相邻零、部件时，可用细双点画线画出相邻零、部件的部分轮廓，如图 12-5 所示的车床导轨。

当需要表示运动零件的运动范围或极限位置时，也可用细双点画线表示运动零件在极限位置的轮廓，如图 12-5、图 12-6 所示的手柄。

5. 夸大画法

在装配图中，对于薄的垫片、簧丝很细的弹簧、微小的间隙等，为了表达清楚，可将它们适当夸大画出，如图 12-2 所示的垫片。

6. 展开画法

在装配图中，当很多轴的轴线不在同一平面时，为了表达各轴上零件的装配关系以及它们之间的传动路线，可假想按传动顺序沿各轴线剖切，再依次展开在一个平面上画出其剖视图，并在该视图上方标注“*A*—*A* 展开”，如图 12-7 所示。

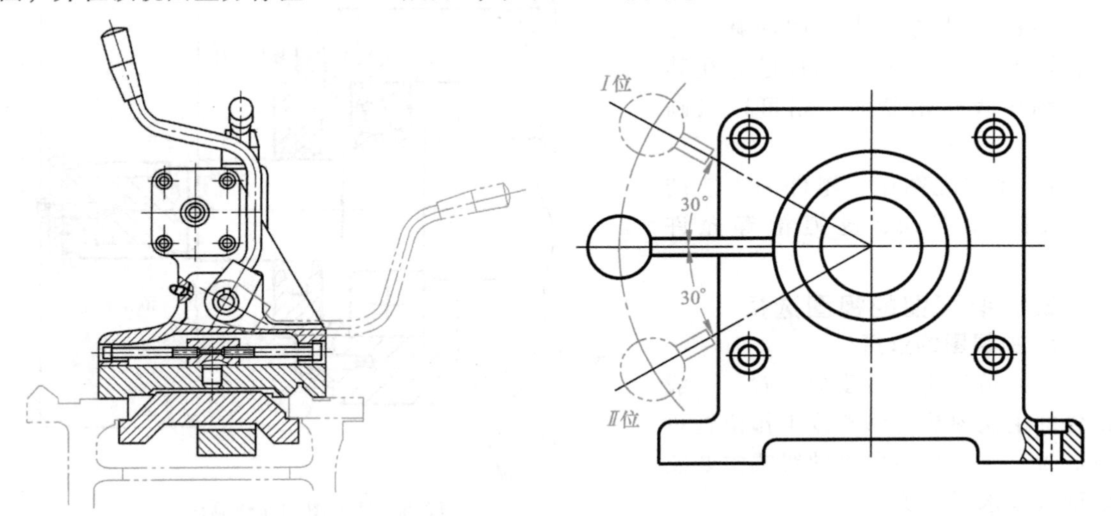

图 12-5　车床导轨（假想画法）　　图 12-6　表示运动零件的极限位置（假想画法）

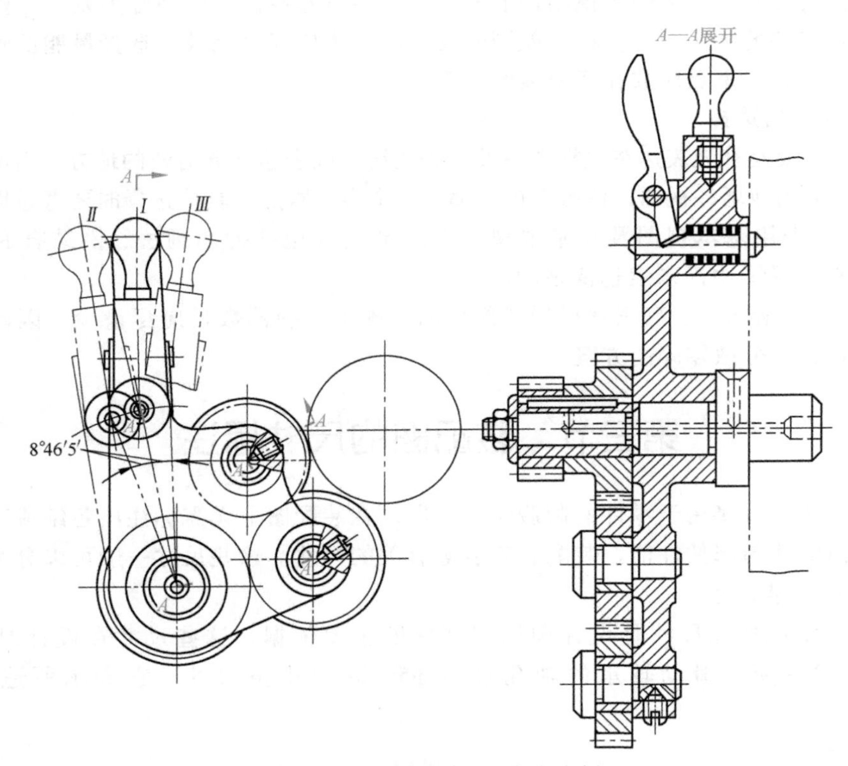

图 12-7　交换齿轮架（展开画法）

三、装配图的简化画法

1）对于装配图中若干相同的零件组，如螺栓联接件等，可仅详细地画出一组或几组，其余的组件只需用点画线表示其装配位置即可，如图 12-8 中的螺钉。

2）装配图中的滚动轴承允许按规定画法只画一半，而另一半则采用图 12-8 所示的简化画法表示。

3）在装配图中，当剖切平面通过某些标准件的轴线（如油杯、油标、管接头等），且该部件已经在其他视图中表达清楚时，则可以只画外形。

4）在装配图中，零件的工艺结构如倒角、圆角、退刀槽等允许不画。

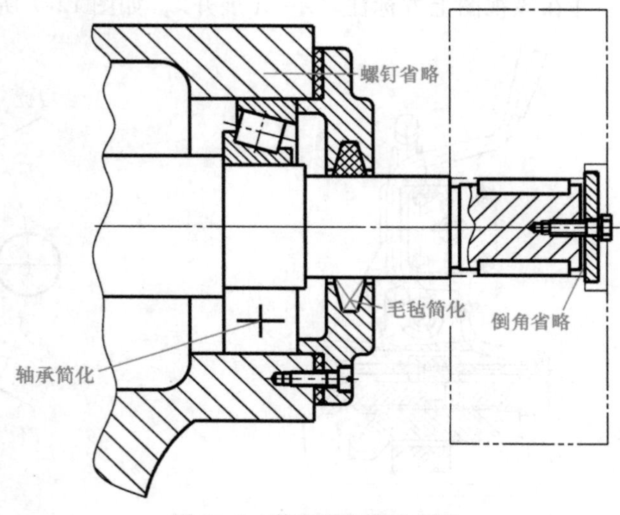

图 12-8　装配图的简化画法

四、装配图的视图选择

1. 主视图的选择

（1）确定部件的安放位置　一般部件的主视图是将部件按工作位置自然放置，有时则将主要轴线或主要安装面放成水平位置。

（2）确定主视图的投射方向　确定主视图的投射方向时，应使主视图最能充分地反映机器或部件的装配关系、工作原理、传动路线及主要零件的主要结构。在不能同时反映时，则应经过比较，选择最能反映上述内容的视图作为主视图，重点应放在反映装配关系上。

2. 其他视图的选择

其他视图主要是补充表达在主视图中没有表达清楚或表达不够清楚的地方。有时也要考虑读图的方便，适当地增补视图，使每个视图都有一个表达重点。具体选择时要考虑以下几点：

1）尽可能选用基本视图及在基本视图上取剖视（包括拆卸画法、沿结合面剖切画法等）来表达在主视图中尚未表达清楚的内容。

2）在完整、清晰、正确表达机器或部件的前提下，视图数目应尽量少。因此，选择方案时，应避免过于分散零碎的方案。

第三节　装配图的尺寸标注

由于装配图不直接用于零件的制造生产，所以在装配图上无需标注出各组成零件的全部尺寸，而只需标注与部件性能、装配、安装等有关的尺寸。这些尺寸一般可以分为五类：

1. 规格或性能尺寸

部件的规格或性能尺寸是设计和选用部件的主要依据，这些尺寸在设计时就已经确定了。如图 12-9 所示滑动轴承的轴孔直径 ϕ50H8 为规格尺寸，它表示所适用的轴径尺寸。

2. 装配尺寸

表示机器或部件中有关零件之间装配关系的尺寸叫做装配尺寸。这类尺寸包括：

（1）配合尺寸　保证零件之间配合性质（间隙配合、过渡配合、过盈配合等）的配合尺寸，如图 12-9 所示的 80H9/f9，100H9/f9 和 ϕ60H7/k7。

（2）相对位置尺寸　装配时零件间需要保证的相对位置尺寸，常用的有重要的轴距、中心距的间隙等。如图 12-9 所示轴承孔轴线距离底面的高度尺寸 58mm，两联接螺栓的中心距离尺寸（100 ± 0.3）mm，轴承盖与轴承座之间的间隙尺寸 2mm 等。

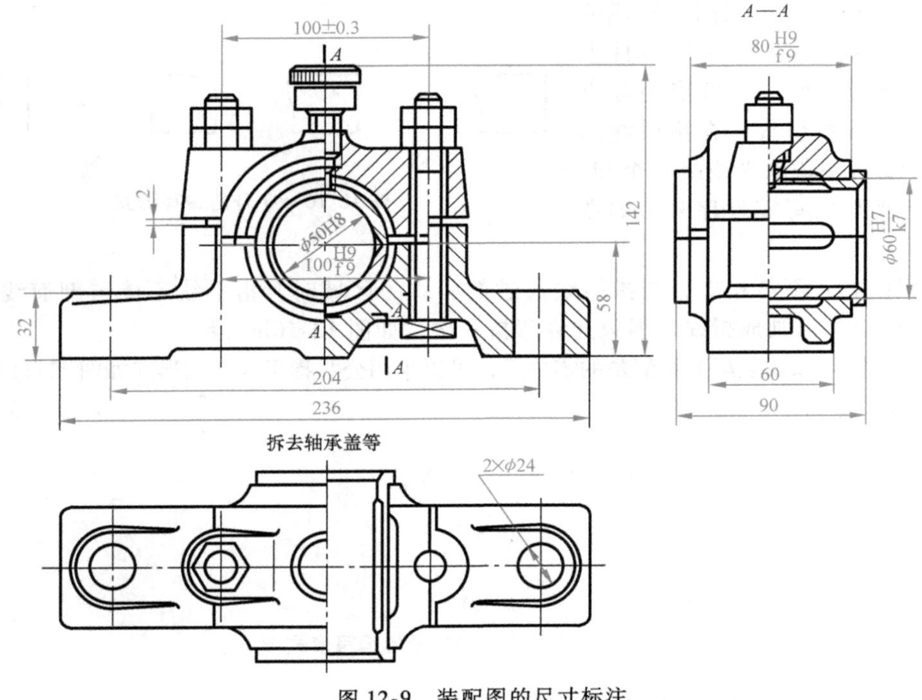

图 12-9　装配图的尺寸标注

3. 安装尺寸

部件安装到其他零、部件或基座上所需要的尺寸叫做安装尺寸。如图 12-9 所示轴承座底板上安装孔尺寸 2×φ24mm 及其位置尺寸 204mm。

4. 外形尺寸

部件的总长、总宽和总高的尺寸叫做外形尺寸。它表明部件所占空间的大小，以供产品包装、运输和安装时参考。如图 12-9 所示的尺寸 236mm、90mm 和 142mm。

5. 其他重要尺寸

在装配图中除了上述尺寸外，有时还应该标注出诸如运动零件的活动范围，非标准零件上的螺纹标记，以及设计时经计算确定的重要尺寸等。

提示　装配图上的一个尺寸有时兼有几种含义，而且上述五类尺寸并非在任何一张装配图都必须完全具备。因此，在标注装配图尺寸时，应按上述五类尺寸，结合部件的具体情况选择标注。

第四节　装配图的零件序号和明细栏

为了便于读图、装配产品、图样管理和做好生产准备工作，需要在装配图上对各种零件或组件进行编号，称零件的序号，同时要编制相应的零件明细栏。

一、序号的编排方法与规定

1）将装配图上各零件按一定的顺序用阿拉伯数字进行编号。

2）装配图上相同的零件只编写一个序号，而且只标注一次。图中的标准组件，如油杯、滚动轴承等可看作是一个整体，只编写一个序号。

3）序号应该注写在视图轮廓线的外边，其方法是先在要标注的零件上画一个实心圆点，然后以圆点为起点用细实线画一条指引线，在指引线的端部用细实线画一条水平线或一个圆，在水平线上或圆内写零件序号，如图12-10a所示。

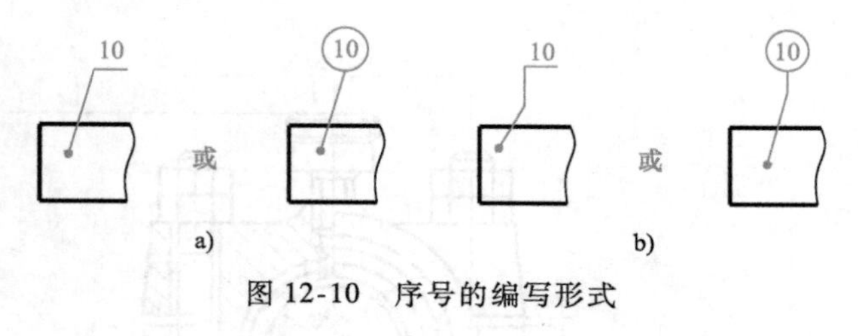

图12-10 序号的编写形式

4）指引线相互不能相交，当指引线通过剖面线的区域时，指引线不能与剖面线平行。必要时，指引线可以画成折线，但只允许弯折一次，如图12-10b所示。

5）一组紧固件以及装配关系清楚的零件组，可以采用公共指引线，其形式如图12-11所示。

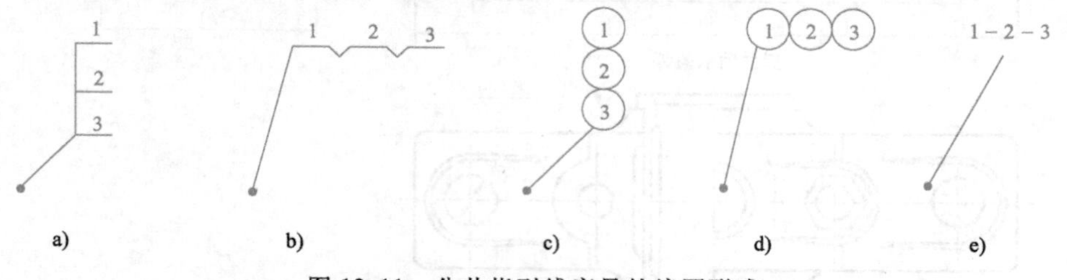

图12-11 公共指引线序号的编写形式

注意 同一装配图中编写序号的形式应一致，且序号要按水平或垂直方向排列整齐，按顺时针方向或逆时针方向排列均可，如图12-12a所示。

6）装配图中的标准件可以与非标准件同样地编写序号，也可以不编写序号，而将标准件的数量与规格直接注写在指引线的水平线上，如图12-12b所示。

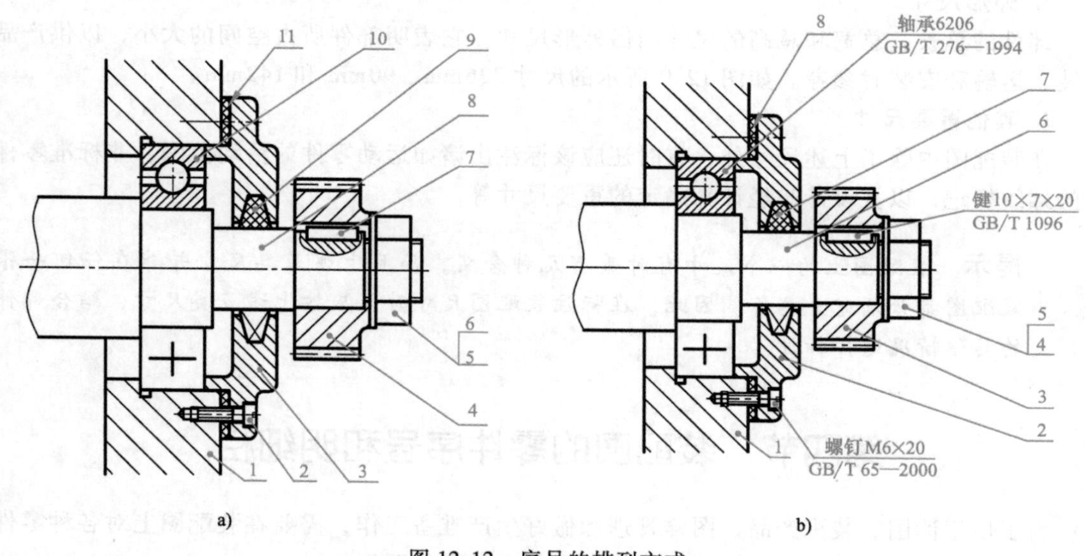

图12-12 序号的排列方式

a）所有零件编写序号 b）标准件不编写序号

二、标题栏和明细栏

1）标题栏和明细栏应该配置在装配图的右下角处。明细栏是装配图中全部零件的详细目录，应画在标题栏的上方，零（组）件序号应自下而上按顺序填写。当地方不够时，可以将其余部分分段移到标题栏的左边。

2）在特殊情况下，零件的详细目录也可以不画在装配图中，而将明细栏作为装配图的续页单独编写在另一张 A4 图纸上。单独编写时，序号应由上向下按顺序填写。

3）明细栏的内容和格式可参照 GB/T 10609.2—2009 的有关规定，如图 12-13 所示。制图作业中的明细栏建议按图 12-14 所示的格式绘制。

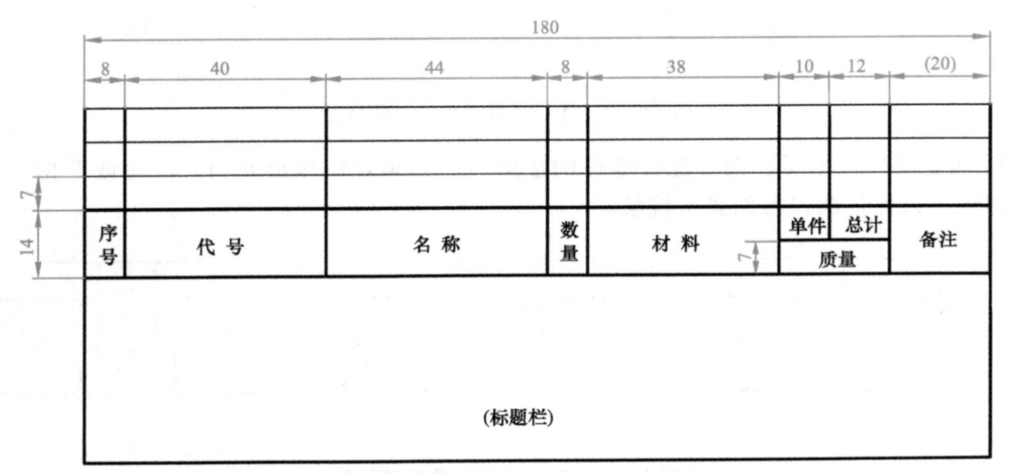

图 12-13　标准装配图标题栏、明细栏的格式

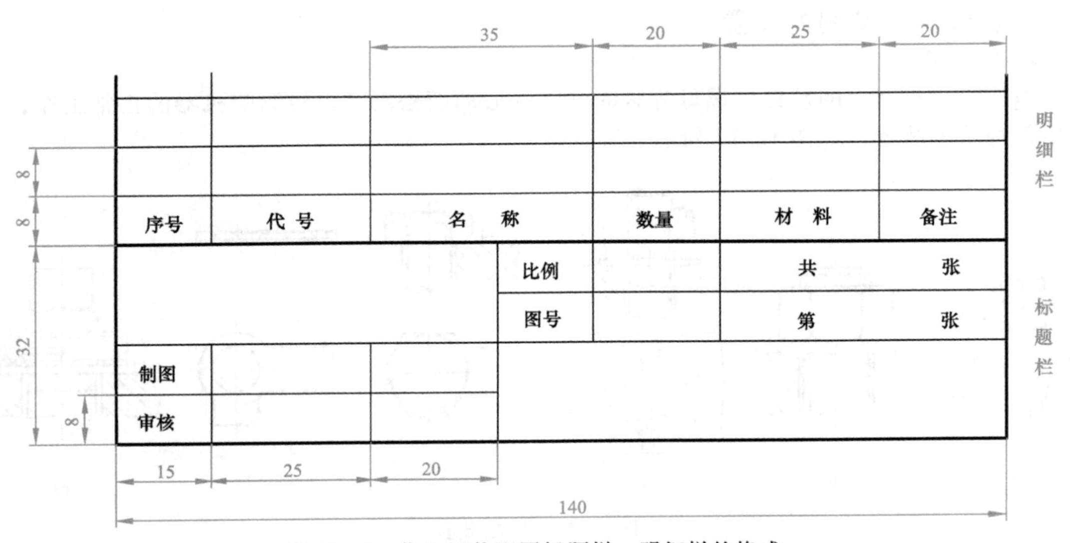

图 12-14　作业用装配图标题栏、明细栏的格式

第五节　常用的装配工艺结构和装置

了解部件上一些有关的装配工艺结构和常用装置，可使图样中的零、部件的结构形状画得更合理；而且在读装配图时，也有助于理解零件间的装配关系和零件的结构形状。

一、装配工艺结构

1）如图 12-15 所示，两个零件在同一方向上只能有一对接触面，这样既可以保证接触面达到良好的接触，又便于零件的加工。

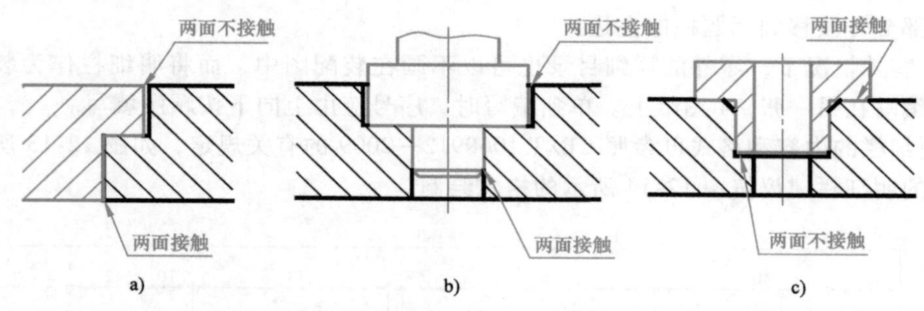

图 12-15　同一方向上接触面的数量

2）如图 12-16 所示，两个配合零件的接触面的转角处应做出倒角、圆角或凹槽，保留一定间隙，以保证两接触面紧密接触。

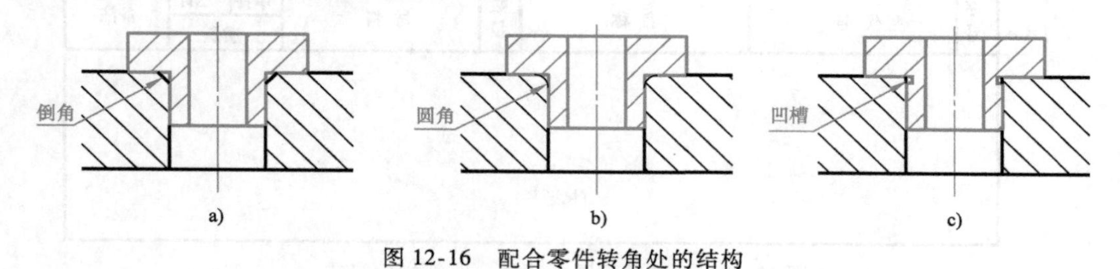

图 12-16　配合零件转角处的结构

二、部件上常用的装置

1. 防松装置

为了防止机器上的螺钉、螺母等紧固件因受振动而松动，以致影响机器的正常工作，常采用各种防松装置，如图 12-17 所示。

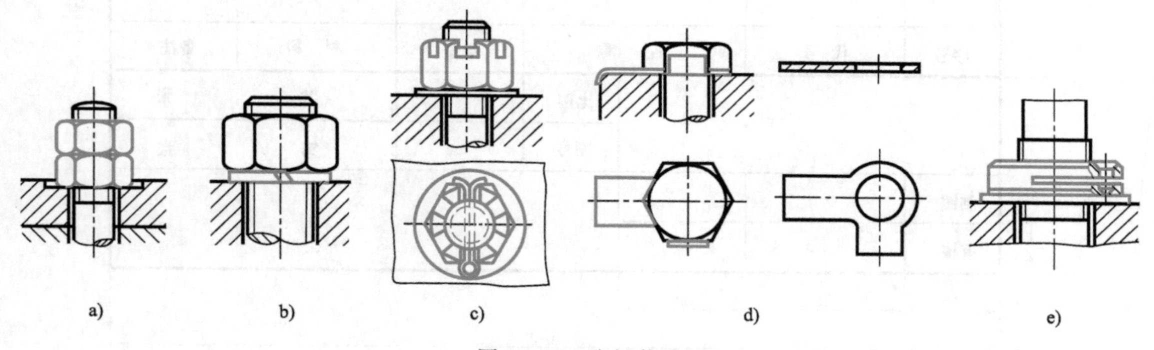

图 12-17　防松装置

a）用双螺母锁紧　b）用弹簧垫圈锁紧　c）用开口销和六角槽型螺母锁紧　d）用双耳止动垫片锁紧　e）用开缝圆螺母锁紧

（1）双螺母锁紧　如图 12-17a 所示，它主要依靠两螺母在拧紧后，螺母之间产生轴向力，使螺母牙与螺栓牙之间的摩擦力增大而防止螺母自动松脱。

（2）弹簧垫圈锁紧　如图 12-17b 所示，当螺母拧紧后，垫圈受压变平，依靠变形力使螺栓牙之间的摩擦力增大以及垫圈开口刃阻止螺母转动而防止螺母松动。

（3）用开口销防松　如图 12-17c 所示，开口销装在螺栓的孔和槽形螺母的槽中，所以开口销直接锁住六角槽形螺母，使之不能松脱。

（4）用止动垫片锁紧　如图 12-17d 所示，螺母拧紧后，将止动垫片的止动边弯倒在螺母的一个面和零件的表面上，即可锁紧螺母。

（5）开缝圆螺母锁紧　如图 12-17e 所示，拧紧圆螺母上的螺钉，使螺母上的开缝靠紧，起防松作用。

2. 滚动轴承的固定、间隙调整及密封装置的结构

（1）滚动轴承的固定　为了防止滚动轴承产生轴向窜动，必须采用一定的结构来固定轴承的内、外圈。常用的固定结构如下：

1）用轴肩固定：如图 12-18a 所示，用台肩和轴肩固定轴承的内、外圈。

2）用弹性挡圈固定：如图 12-18b 所示，轴承的内圈用弹性挡圈固定；轴承的外圈用轴承端盖固定。弹性挡圈和轴端环槽的尺寸可根据轴的直径，从有关手册中查取。

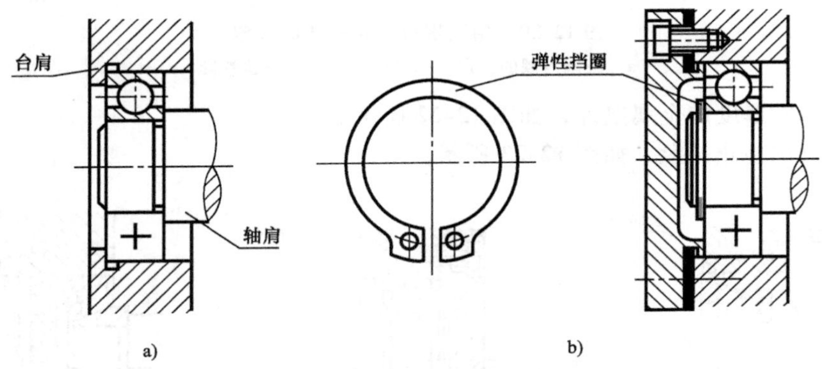

图 12-18　滚动轴承的轴向固定装置

a）用轴肩、台肩固定轴承内、外圈　b）用轴肩端盖和弹性挡圈固定内、外圈

3）用轴端挡圈固定：如图 12-19 所示，轴端挡圈是标准件。为了使挡圈能够压紧轴承内圈，轴颈的长度要小于轴承的宽度，否则挡圈起不了固定轴承的作用。

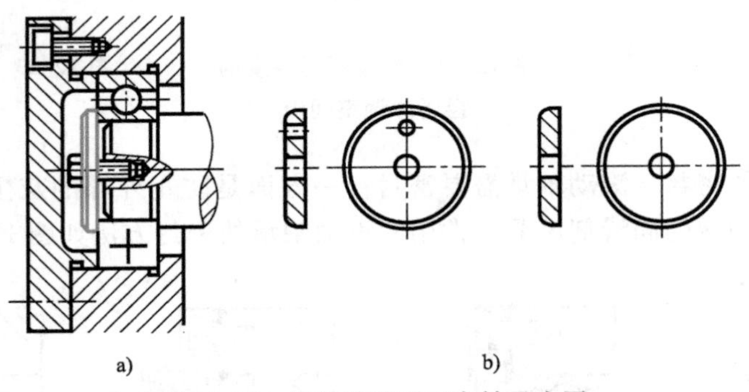

图 12-19　用轴端挡圈固定轴承内圈

a）轴承固定　b）轴承端盖

4）用圆螺母及止退垫圈固定：如图 12-20 所示，圆螺母及止退垫圈均为标准件。圆螺母外边有四个槽；止退垫圈孔中的止退片卡在轴的槽中，外边六个止退片中一个卡在圆螺母的一个槽中，螺母轴向固定，使轴承轴向固定。

5）用套筒固定：如图 12-21 所示，细双点画线表示轴的左端安装一个带轮，带轮和轴承之间安装套筒，用以固定轴承内圈。

（2）滚动轴承间隙调整　由于轴在高速旋转时会引起发热、膨胀，因此在轴承和轴承端盖之间要留有少量的间隙（一般为 0.2～0.3mm），以防止轴承转动不灵活或卡住。滚动轴承工作时所需要的间隙可随时调整。常用的调整方法有：

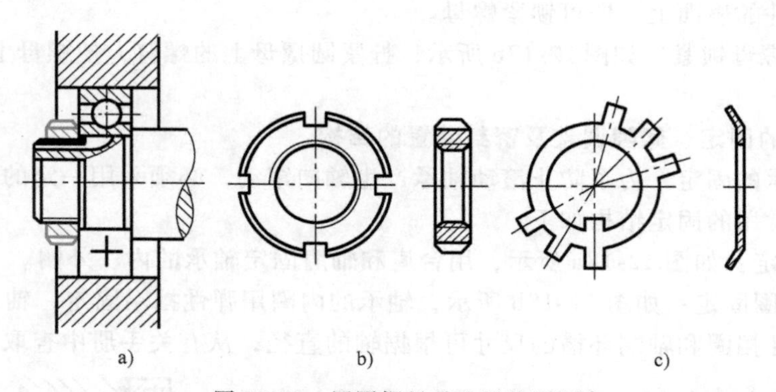

图 12-20 用圆螺母及止退垫圈固定
a）轴承内圈的固定 b）圆螺母 c）止退垫圈

1）更换不同厚度的金属垫片，如图 12-22 所示。

2）用螺钉调整止推盘，如图 12-23 所示。

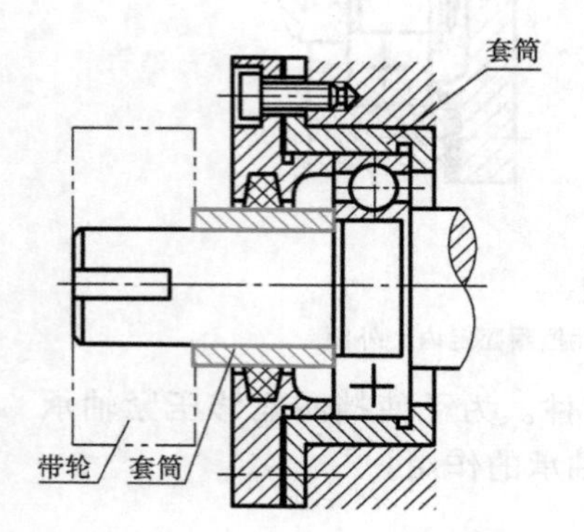

图 12-21 用套筒固定内、外圈

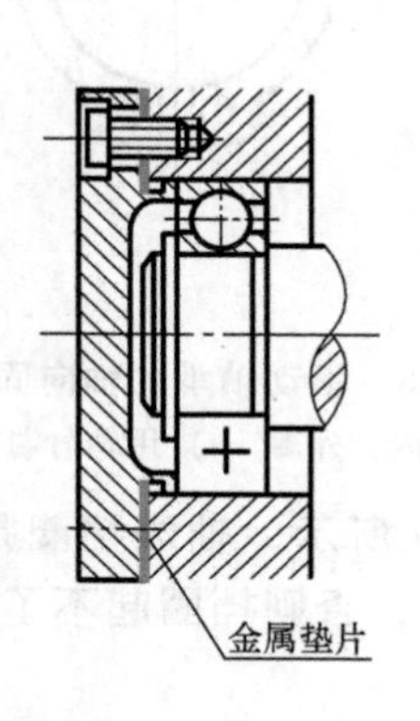

图 12-22 更换不同厚度的金属片调整间隙

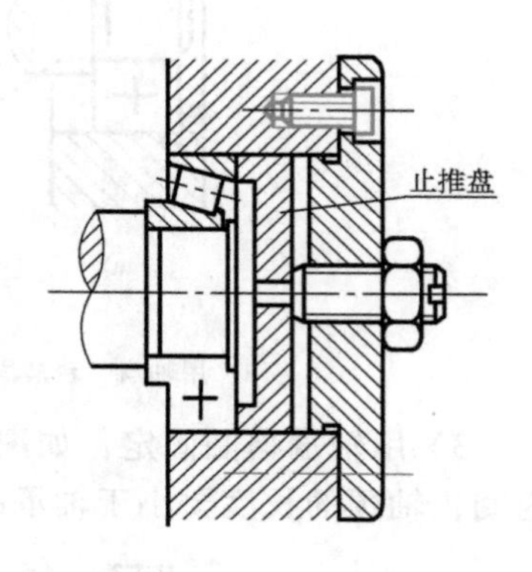

图 12-23 用螺钉调整止推盘

（3）滚动轴承的密封 滚动轴承需要密封，一方面是防止外部的灰尘和水分进入轴承，另一方面也要防止轴承的润滑剂渗漏。常用的滚动轴承的密封方法如图 12-24 所示。

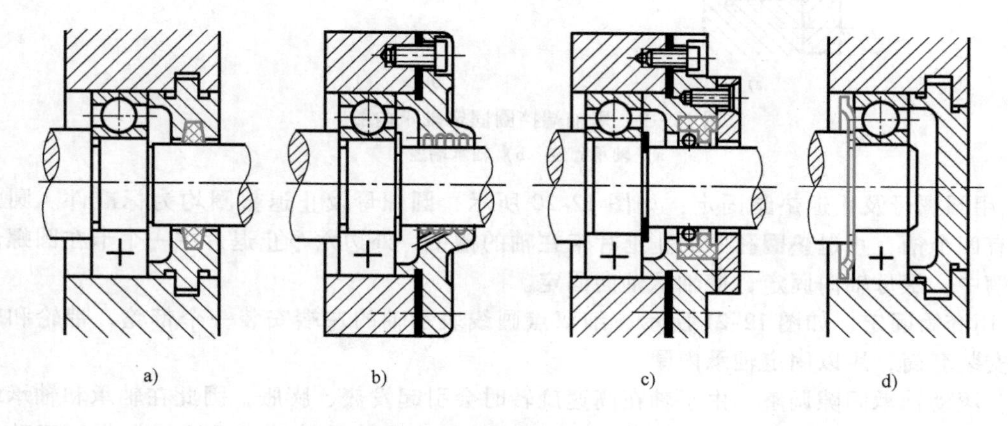

图 12-24 滚动轴承的密封方法
a）毡圈密封 b）油沟密封 c）皮碗密封 d）挡油环密封

各种密封方法所用的零件及结构，有的已经标准化了，如皮碗和毡圈；有的某些局部结构标准化了，如轴承盖的毡圈槽、油沟等结构。

3. 防漏结构

在机器或部件中，为了防止内部液体外漏，同时防止外部灰尘、杂质侵入，要采用防漏措施，如图 12-25 所示为两种防漏的典型示例。用压盖或螺母将填料压紧起到防漏作用。压盖要画在开始压填料的位置，表示填料刚刚加满。

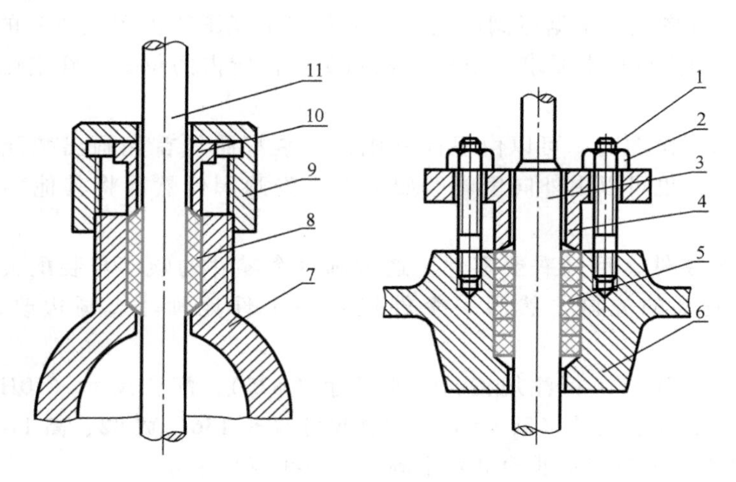

图 12-25　防漏结构

1—双头螺柱　2、9—螺母　3、11—阀杆　4、10—压盖　5、8—填料　6、7—阀体

第六节　由零件图画装配图

一、了解部件

1. 了解部件的工作原理

在画图前，应对部件进行了解和分析，通过观察实物，查阅有关资料，弄清部件的用途、性能、工作原理、结构特点、零件之间的装配关系以及拆装方法等。

如图 12-26 所示，球阀是气体或液体流动的开关装置。旋转扳手与管向垂直，扳手带动阀杆旋转，阀杆带动球芯旋转，从而阻断左右管路。反之，旋转扳手与管路平行，球芯接通左右管路。

2. 了解各零件的装配关系

球阀由 12 种零件组装而成，其中螺柱、螺母是标准件。球阀各零件的装配有左右方向和垂直方向两条装配路线：左右方向的装配路线为阀体、密封圈、球芯、垫环和阀体接头从左向右装配而成，阀体与阀体接头用螺柱联接；垂直方向的装配路线为阀杆、垫片、密封环、螺纹压环和扳手装配而成，上下方向各零件的位置由螺纹压环压紧定位。

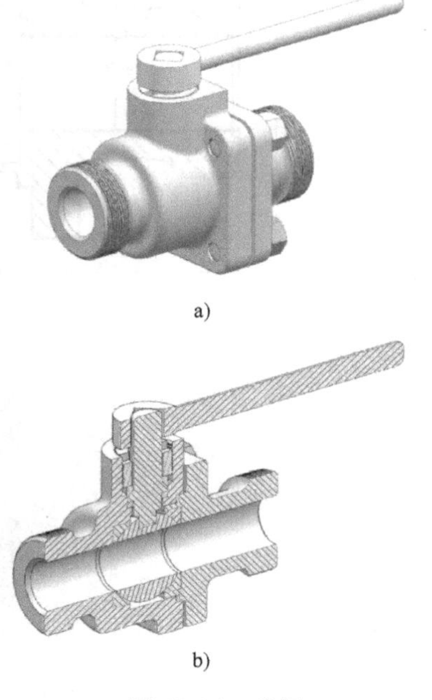

图 12-26　球阀

a）球阀外形结构　b）球阀内部结构

3. 了解各零件的工作图和形状（图12-27）

二、画装配图

根据已有的零件图，由零件图画装配图的方法和步骤如下：

（1）确定球阀的表达方案　球阀装配图的主视图主要表达内部各零件的装配关系和工作原理，与阀体零件图和阀体接头零件的表达方法相同，采用全剖视图。俯、左视图以表达球阀外形为主，采用基本视图。

（2）确定比例和图幅　根据球阀的实际大小及三个视图所占图纸空间的位置，考虑零件序号、尺寸标注和注写技术要求以及标题栏和明细栏所占的位置，确定比例和图幅（尽量选择1:1比例）。

（3）画装配图　画图时，可以由里向外画，按装配路线首先画出装配基准件，然后依次画出其他零件。也可以由外向里画，如本例中先画阀体然后将其他零件依次逐个画上去。

一般先画主要零件，后画次要零件。通常画每个零件的顺序与装配关系相近，两个相邻零件有定位关系的先画，然后一个件挨着一个件地画。边画边改，完成装配图底稿。

（4）标注尺寸和序号　标注规格、性能尺寸（$\phi25$），配合尺寸（10H9/d9、$\phi55$H9/h9、14×14H9/d9），安装尺寸（58×58），总体尺寸（长136、宽82、高114）和装配尺寸（M28、M50）。按照顺时针方向垂直和水平画出指引线填写序号。

（5）完成全图　填写标题栏，按零件的序号对应填写明细栏。检查整理并加深图线。

球阀装配图的画图步骤如图12-28所示。

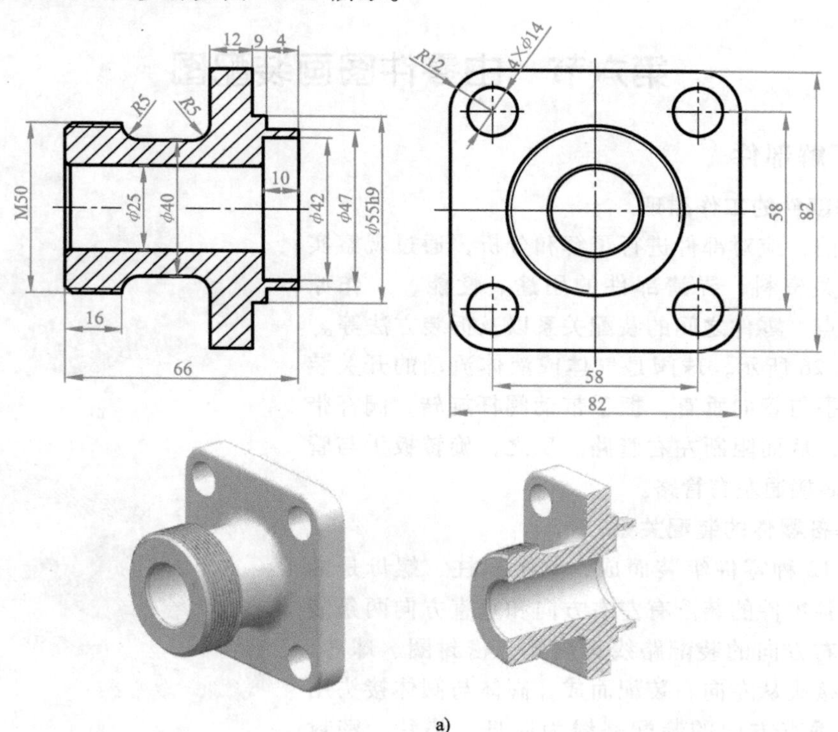

图12-27　球阀各零件工作图及实体结构

a）阀体接头

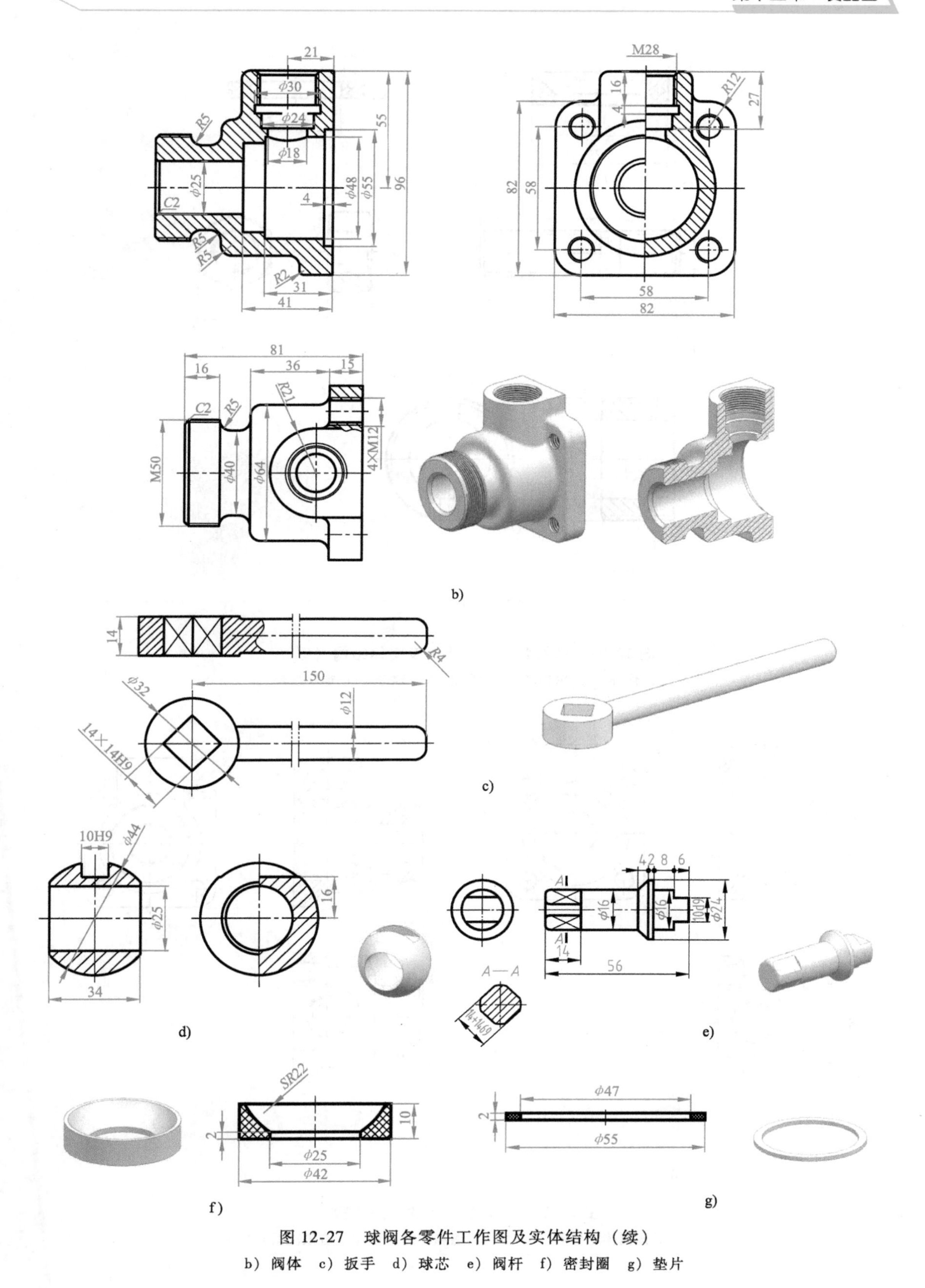

图 12-27 球阀各零件工作图及实体结构（续）

b）阀体 c）扳手 d）球芯 e）阀杆 f）密封圈 g）垫片

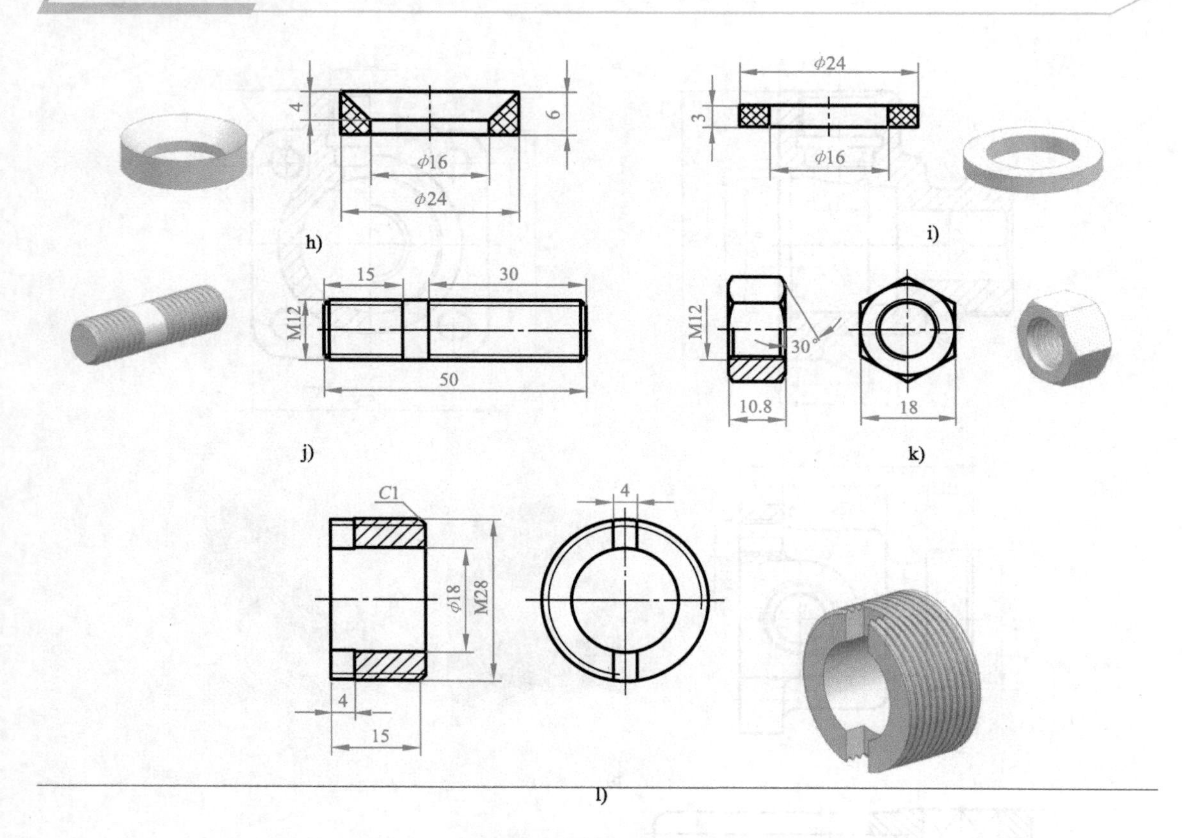

图 12-27　球阀各零件工作图及实体结构（续）

h）垫环　i）密封环　j）螺柱　k）螺母　l）螺纹压环

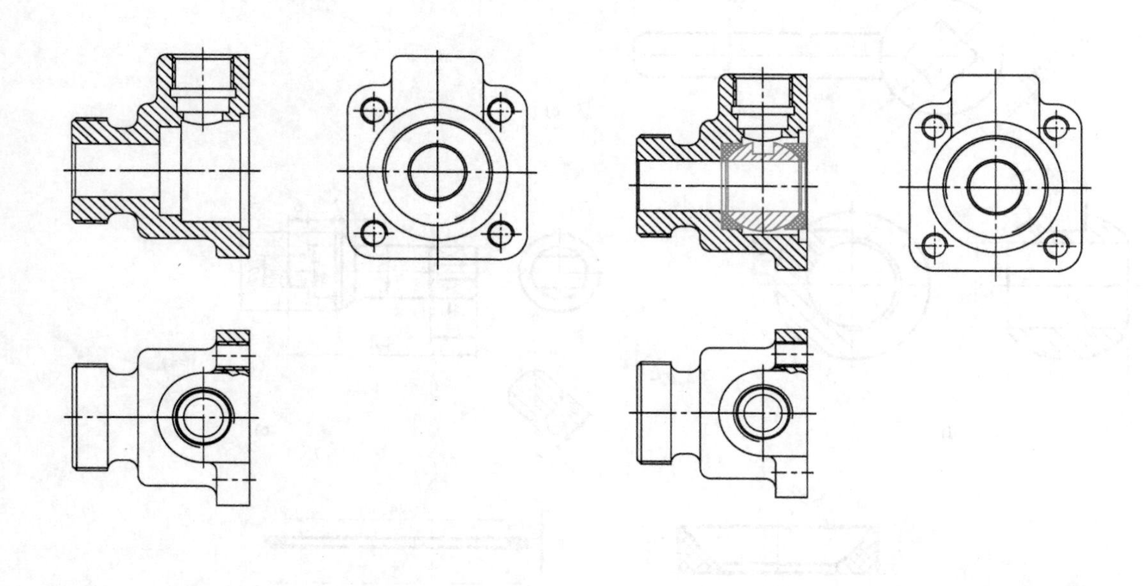

图 12-28　球阀装配图的画图步骤

a）画阀体零件图　b）画密封圈和球芯（由左向右依次画）

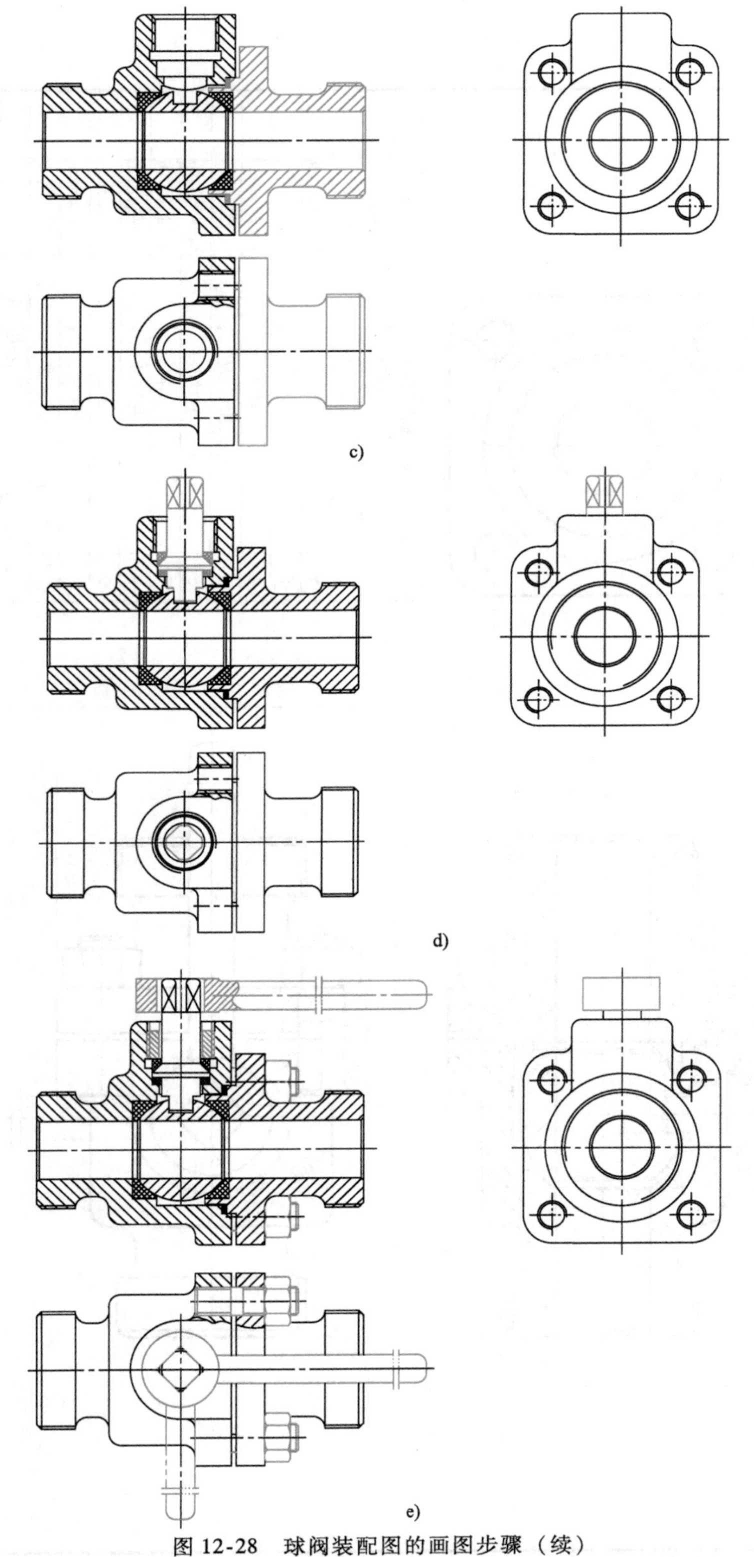

图 12-28　球阀装配图的画图步骤（续）

c）画垫片和阀体接头（先画垫片，再画阀体接头）　d）画阀杆、垫环和密封环（先画垫环，再画阀杆，最后画密封环）　e）画螺纹压环、扳手和螺柱螺母（扳手的另一极限位置用细双点画线画出）

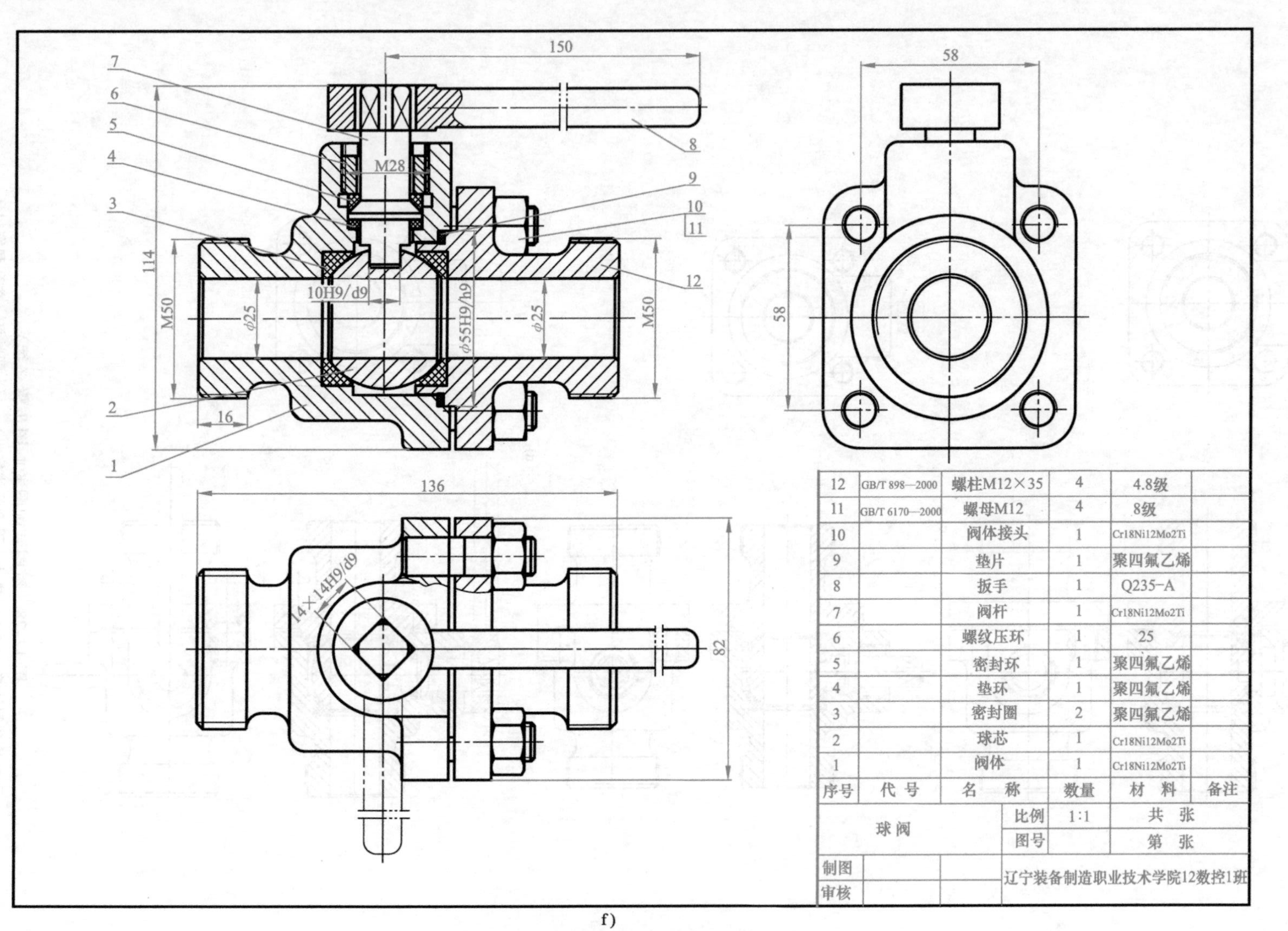

f)

图 12-28　球阀装配图的画图步骤（续）

f）标注尺寸、零件序号，填写标题栏和明细栏（注意序号对应）

第七节　读装配图

读装配图的目的是从装配图上了解机器或部件的用途、性能和工作原理，各组成零件之间的装配关系和技术要求，还要了解零件在机器中的作用，想象出它们的基本结构。下面以齿轮泵为例说明读装配图的方法步骤。

一、读齿轮泵装配图

1. 概括了解

如图 12-29 所示为齿轮泵装配图。从标题栏中了解机器或部件的名称，结合阅读说明书及有关资料，了解机器或部件的用途。根据比例，了解机器或部件的大小。从明细栏的序号与图中零件序号对照，了解各零件的名称及其在装配图中的位置，由其数量可了解机器或部件的复杂程度。此外，还要弄清装配图上视图的表达方案及各视图的表达重点。

齿轮泵是机器供油系统的一个部件，从图 12-29 中比例及标注的尺寸可知其总体大小，齿轮泵共 14 种零件，其中标准件 5 种，非标准件 9 种。这些零件的名称、数量、材料和标准编号及它们各自的位置，可以对照零件序号和明细栏看出。

齿轮泵采用了两个基本视图。从标注可知，主视图是用两相交剖切面得到的全剖视图，它表达了齿轮泵的主要装配关系。左视图是沿垫片与泵体的结合面剖切，并采用局部剖视图，主要表达了一对齿轮啮合及吸、压油的情况。

2. 分析传动关系及工作原理

分析部件的工作原理，一般应从传动关系入手。从齿轮泵的主视图中可以看出，外部动力传给齿轮 11，再通过键 12 传递给主动齿轮轴 4，带动从动齿轮轴 2 产生旋转运动。左视图是补充表达工作原理的。一对齿轮吸、压油过程如图 12-30a 所示，然后分析其工作原理。

当泵体内腔中的齿轮按如图 12-30a 所示的箭头方向旋转时，齿轮啮合区右边的齿轮脱开，造成吸油腔容积增大，形成局部负压。油池中的油在大气压力的作用下，被吸入泵腔内。旋转的齿轮将吸入的油沿箭头方向送至啮合区左边的油腔，齿轮在压油腔中开始啮合，压油腔容积减小，压力增大，从而将油从出油口压出，输送到需要供油的部位。

3. 分析零件间的装配关系

齿轮泵有两条装配路线，一条是主动齿轮轴装配线，主动齿轮轴 4 装在泵体 7 和泵盖 3 的轴孔内，在主动齿轮轴右边伸出端装有密封圈 8、轴套 9、压紧螺母 10、齿轮 11、键 12、垫圈 13 及螺母 14；另一条是从动齿轮装配路线，从动齿轮轴 2 装在泵体 7 和泵盖 3 的轴孔内，与主动齿轮啮合。

4. 部件的结构分析

部件的主要结构分析如下：

（1）联接与固定方式　泵体与泵盖通过螺钉和销定位联接，主动齿轮轴和从动齿轮轴通过两齿轮端面与泵盖内侧和泵体内腔底面接触定位，主动齿轮轴上的齿轮靠键与轴联接，并通过弹簧垫圈和螺母固定。

（2）配合关系　两齿轮轴与泵体和泵盖的轴孔配合为 H7/f6，轴套的外圆柱面与泵体的配合为 H8/f7，齿轮 11 的内孔与主动齿轮轴 4 之间的配合为 H7/f6，两齿轮与泵体 7 的配合为 H8/f7。

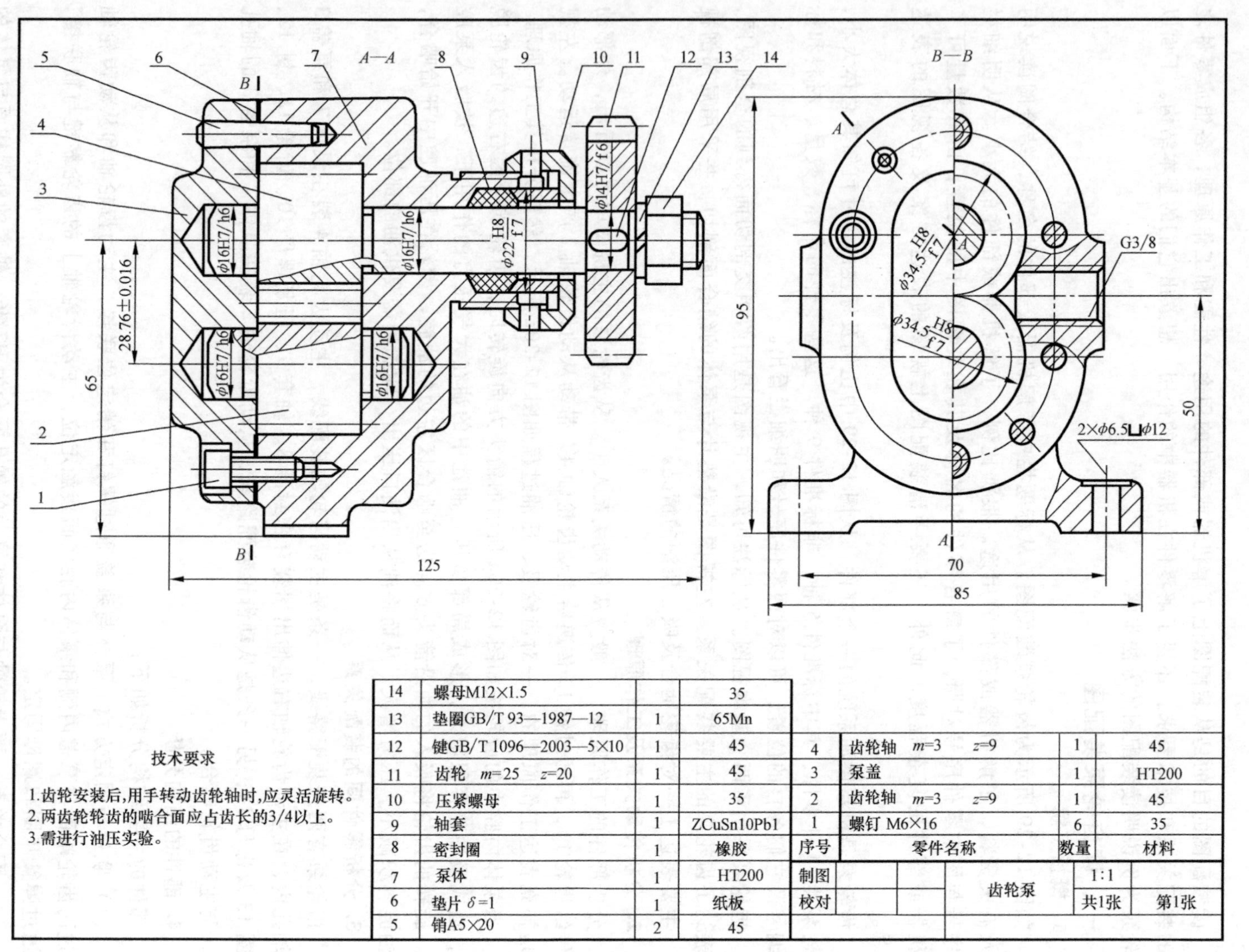

序号	零件名称	数量	材料
14	螺母M12×1.5		35
13	垫圈GB/T 93—1987—12	1	65Mn
12	键GB/T 1096—2003—5×10	1	45
11	齿轮 m=25 z=20	1	45
10	压紧螺母	1	35
9	轴套	1	ZCuSn10Pb1
8	密封圈	1	橡胶
7	泵体	1	HT200
6	垫片 δ=1	1	纸板
5	销A5×20	2	45
4	齿轮轴 m=3 z=9	1	45
3	泵盖	1	HT200
2	齿轮轴 m=3 z=9	1	45
1	螺钉 M6×16	6	35

制图		齿轮泵	1:1	
校对			共1张	第1张

图 12-29　齿轮泵装配图

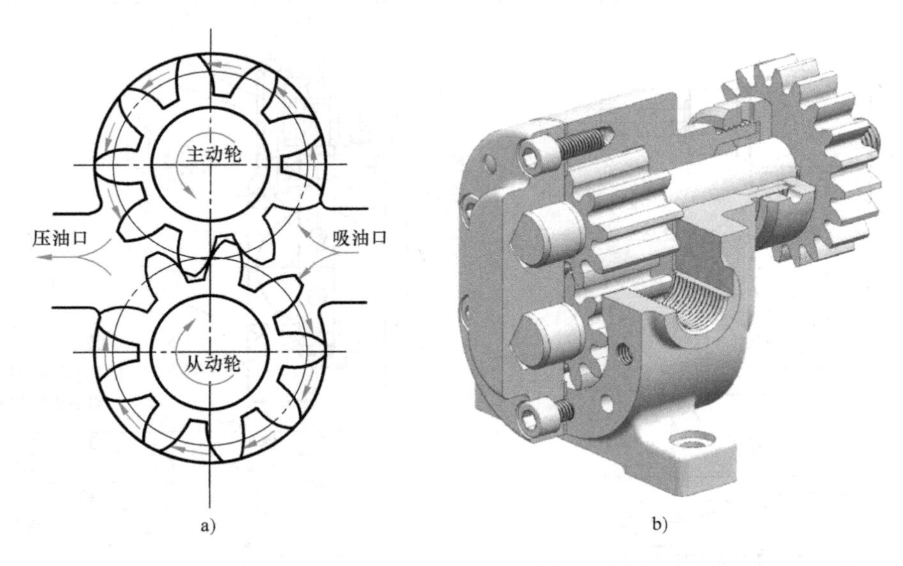

图 12-30 齿轮泵工作原理及齿轮泵轴测图

（3）密封结构　主动齿轮轴的外伸端部有密封圈。通过轴套压紧，并用压紧螺母压紧而密封，此外，泵体与泵盖联接时，垫片被压紧起密封作用。

5. 分析零件，想象各零件的结构形状

读懂部件的工作原理和装配关系，实际上都离不开零件的结构形状，一旦读懂了零件的结构形状，就可以加深对工作原理和装配关系的理解。读图时，借助序号指引的零件剖面线的方向与间隔，对照投影关系以及相邻零件的装配情况，就可以想象出各零件的主要结构形状，分析时一般从主要零件开始，再看次要零件。齿轮泵的主要零件是泵体、泵盖，它们的结构形状将主、左视图对照起来，可以看得很清楚，其余零件均不难看懂。

6. 读懂技术要求

齿轮泵装配图中的技术要求有三条：第一、二条是装配时的要求，第三条是指装配后需要进行油压试验。

7. 综合归纳

在以上各步的基础上，综合分析总结归纳，就能想象出总体结构形状。

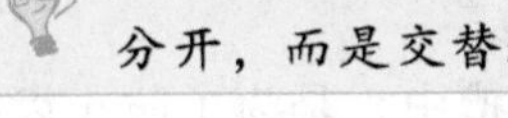

注意　上述读图方法和步骤仅是概括说明，实际在读装配图时，几个步骤不能截然分开，而是交替进行，灵活掌握。

二、读蝴蝶阀装配图

例 12-1　如图 12-31 所示，读蝴蝶阀装配图。

1. 初步了解

由图 12-31 中的标题栏中可知该部件是蝴蝶阀（阀也称为开关），主要是在管道上用来截断气流或液流的。该阀共有 13 个零件，3 个标准件，10 个一般零件，是一个较为简单的部件。

2. 视图分析

该图用了三个视图表达。主视图主要表达了整个部件的结构外形，并做了一个局部剖视图表达阀体和阀杆配合的情况。左视图采用了全剖视图，主要表达了最主要的装配结构，即表达了阀门的形状和阀盖的内部结构以及阀杆系统的装配情况。俯视图采用 *B—B* 剖视图，

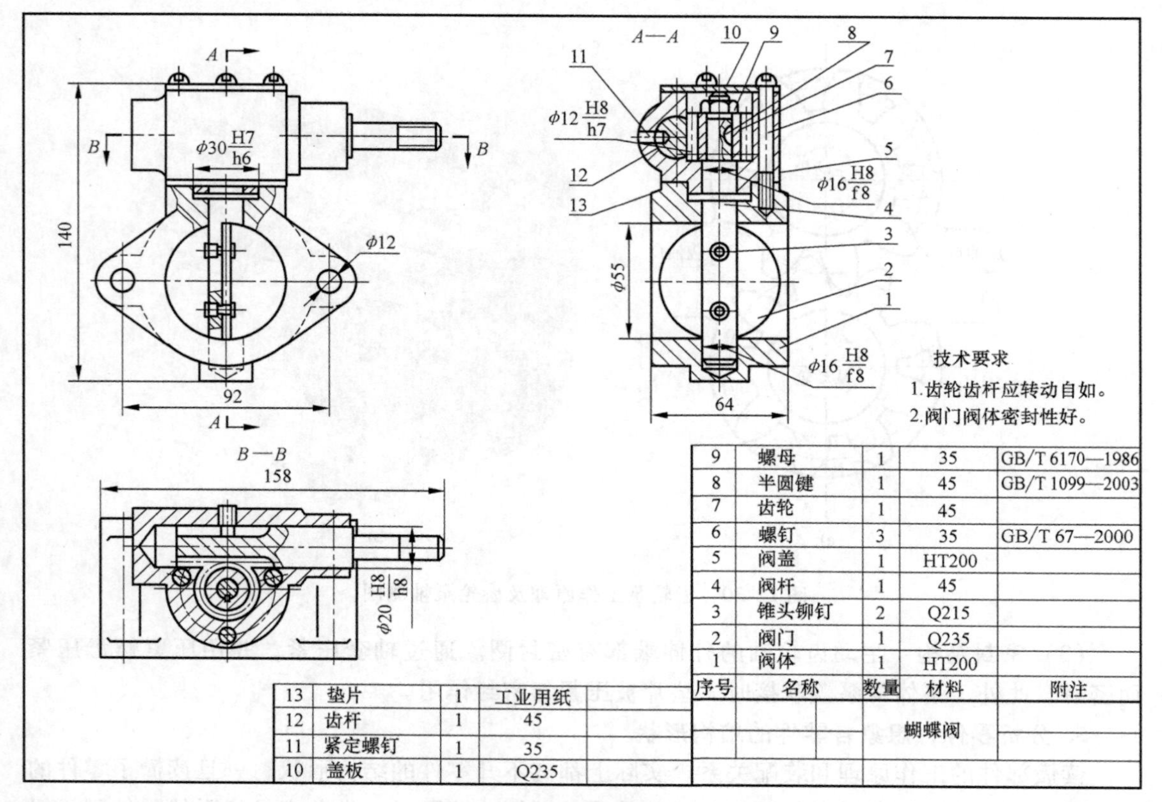

序号	名称	数量	材料	附注
13	垫片	1	工业用纸	
12	齿杆	1	45	
11	紧定螺钉	1	35	
10	盖板	1	Q235	
9	螺母	1	35	GB/T 6170—1986
8	半圆键	1	45	GB/T 1099—2003
7	齿轮	1	45	
6	螺钉	3	35	GB/T 67—2000
5	阀盖	1	HT200	
4	阀杆	1	45	
3	锥头铆钉	2	Q215	
2	阀门	1	Q235	
1	阀体	1	HT200	

图 12-31　蝴蝶阀装配图

以表达齿轮和齿杆的传动关系和装配情况。

3. 蝴蝶阀的工作原理

当外力推动齿杆左右移动时，与齿杆啮合的齿轮就带动阀杆 4 旋转，使阀门开启和关闭。整个阀门可分为阀杆系统和齿杆系统两条装配线。

4. 零件间的装配关系

由左视图结合其他视图，按零件的序号依次看懂各零件的装配顺序为阀体与阀盖、盖板用三个螺钉联接。其内部装配由阀门与阀杆用铆钉联结；齿轮与阀杆用半圆键联接；螺母连接到阀杆端部，用于齿轮的轴向定位；齿杆装在阀盖的内腔，用紧定螺钉定位，防止齿杆转动。

5. 运动关系

齿杆沿着它的轴线做往复直线运动，固定螺钉未端插入齿杆的键槽中，是为了防止齿杆转动，保证齿杆上的齿与齿轮准确啮合，以开启和关闭阀门。

6. 定位调整

阀盖与阀体的定位，是靠阀盖下端凸起的圆台与阀体台座上的孔配合。而阀杆的轴向定位是靠轴肩的上下表面分别与阀盖和阀体的端面接触。为了这两个面不至于将阀杆的轴肩压得太紧而无法转动，在阀盖和阀体之间装有垫片来调节。

7. 配合关系

图中一共有 5 处配合要求。阀杆与阀体、阀盖两处的配合为 H8/f6；表示为基孔制的间隙配合，即要求阀杆有旋转运动。其他三处配合 H8/h8、H8/h7、H7/h6，表示为基孔制的小间隙配合。

8. 尺寸分析

该图中的尺寸有：规格尺寸 ϕ55mm，表示阀口的大小；配合尺寸 ϕ16H8/f8、ϕ12H8/h7、ϕ20H8/h8、ϕ30H7/h6；安装尺寸 ϕ12mm；外形尺寸 140mm、92mm、64mm。

9. 装拆顺序

阀的装拆顺序是先松开螺钉，将齿杆从孔中抽出；松开螺钉，打开盖板，将阀盖与齿轮同时由阀杆上抽出；然后敲掉铆钉，取下阀门；最后，将阀杆由阀门上部抽出。

第八节　根据装配图拆画零件图

在设计过程中，一般先画出装配图，然后再根据装配图画出零件图。由装配图拆画零件图通常称为拆图，拆图步骤如下：

（1）读懂装配图　拆图前先阅读装配图，了解设计意图，弄懂装配关系、技术要求和每个零件的结构。

（2）分离零件　根据装配图中的序号和剖面线方向及间隔等确定各零件的视图。

（3）画图　选取表达方案，按零件的画图步骤画出零件图

（4）拆图时注意事项

1）标准件属于外购件，不需要画出零件图。借用件，可利用已有的图样，也不必画出零件图。

2）一般零件应该按装配图所体现的形状、大小和有关技术要求，补画出零件图。因此，一般件是拆画零件图的主要对象。

3）在装配图中没有表达清楚的结构，要根据零件的作用和要求，重新设计补画出来。如图 12-32 所示螺纹堵头部的形状，如图 12-33 所示的泵盖右端的外形。

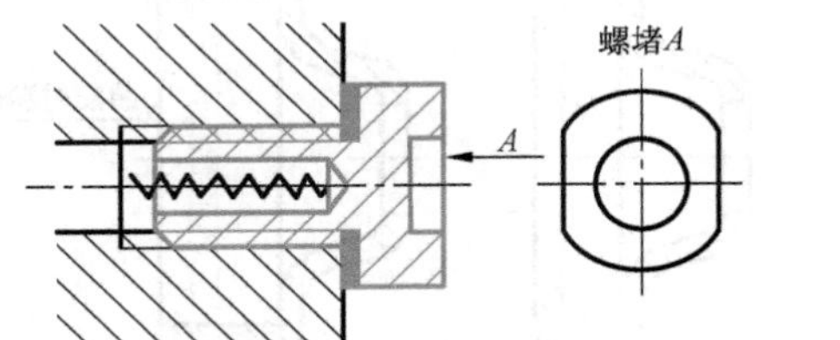

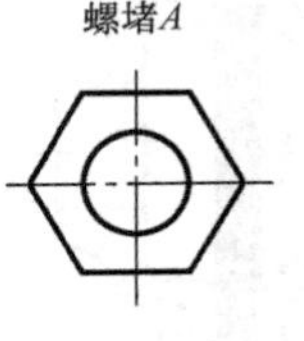

图 12-32　螺纹堵头头部的形状设计

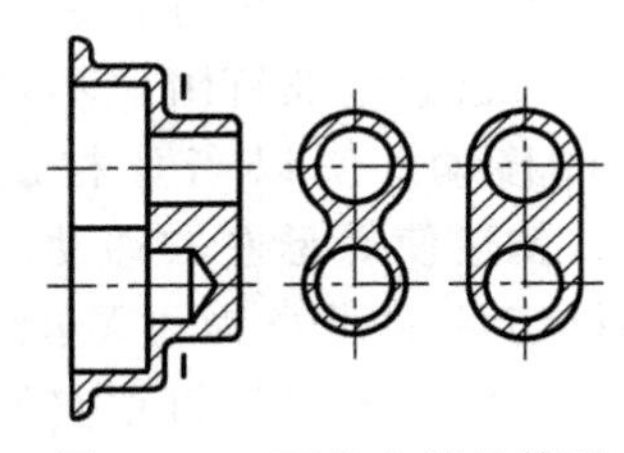

图 12-33　泵盖右端的外形

4）如果零件上某一部分结构需要与另一个零件装配时加工的，则应该在零件图上注明，如图 12-34 所示。

5）在装配图中被省略的细小结构，倒角、圆角、退刀槽等，在拆画零件图时均应该全部画出，其结构尺寸应查阅有关手册。

6）当零件上采用铆合联接时（图 12-35a），铆钉头部已经变形了，不是零件的正确形状，如图 12-35b 所示。在画零件图时，应将铆合前零件的形状画出，如图 12-35c 所示。

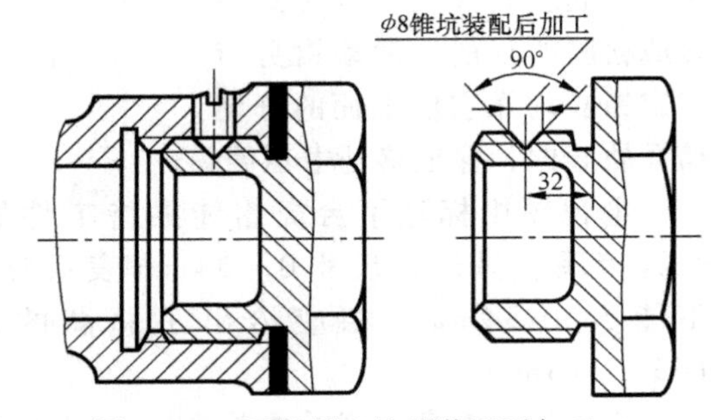

图 12-34　零件图上注明装配后加工

7）当零件采用卷边变形方法联接时，如图 12-36a 所示。分离出来的零件是不正确的零

件，如图 12-36b 所示。应将零件卷边前的形状画出，如图 12-36c 所示。

8）零件的表达方案是根据零件的结构特点考虑的，不强求与装配图一致，一般壳体、箱座类零件的主视图与装配图一致。一般轴套类零件按加工位置选取主视图。

9）对装配图上已有的尺寸，零件图上必须注出。对于配合尺寸，要根据配合符号查表，注出上、下极限偏差值。对于与标准件联接或配合的有关尺寸，如螺纹、销孔等，要从相应的标准中查取。

10）对装配图中没有标注的尺寸，则由装配图上按所用比例大小直接量取，数值可作适当圆整。

11）零件的表面粗糙度、尺寸公差、热处理等，在拆图时应根据零件在部件中的作用、设计要求、工艺要求方面的知识来确定。

例 12-2 拆画零件图示例

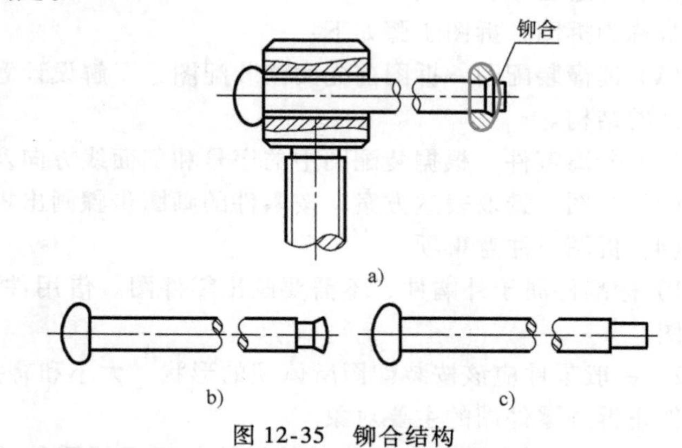

图 12-35 铆合结构

a）铆合装配图 b）零件的不正确形状 c）零件的正确形状

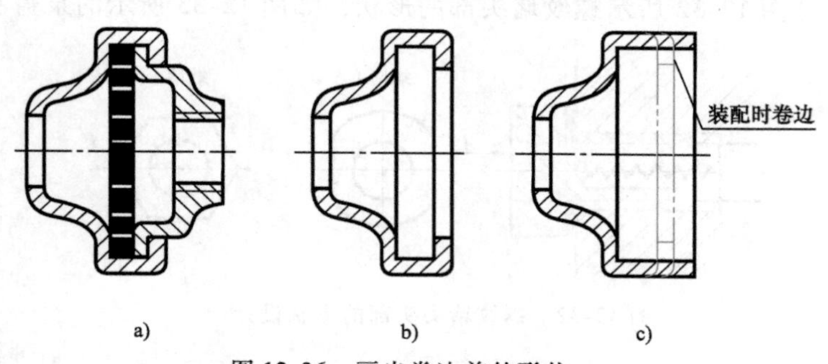

图 12-36 画出卷边前的形状

a）装配图 b）零件的不正确形状 c）零件的正确形状

图 12-37 所示台虎钳装配图。装配图用了主视图、俯视图和左视图并作了局部剖视图，主要表达台虎钳的工作原理、装配关系以及主要外形。另外增加了 *B—B* 移出断面图表达固定钳身中间断面的形状；*A* 向主要表达了固定钳身的仰视形状。

台虎钳的工作原理是：用手转动手柄时，丝杠也同时转动。由于丝杠与螺母是螺纹联接，又被紧定螺钉阻挡不可能左右移动，所以当丝杠旋转时，就迫使螺母左右移动。而螺母与活动钳身为过盈配合，且还有两个紧定螺钉把它们联接在一起。于是螺母连同活动钳身一起左右移动，以达到夹紧或松脱的目的。活动钳身与固定钳身均靠它们上面的燕尾槽导轨导向，保证移动中不偏斜。

主视图中标注了台虎钳能夹持工件的厚度尺寸为 0～50mm，也表明了台虎钳的张开范围。另外，尺寸 0～34mm 表示台虎钳安装到工作台上时，工作台的厚度尺寸不能大于 34mm。相应给出了总高的尺寸范围 165～190mm，总长的尺寸范围 165～215mm。

现以活动钳身为例拆画零件图。由图 12-37 中的序号 6 所指的部位，对照三个视图的投影和剖面符号，将其他相关零件排除，便可逐步把活动钳身分离出来。如图 12-38 所示粗实线表示的就是活动钳身的投影，细实线表示相关的其他零件的投影。

从分离出的钳身投影分析想象出零件的形状，如图 12-39 所示。

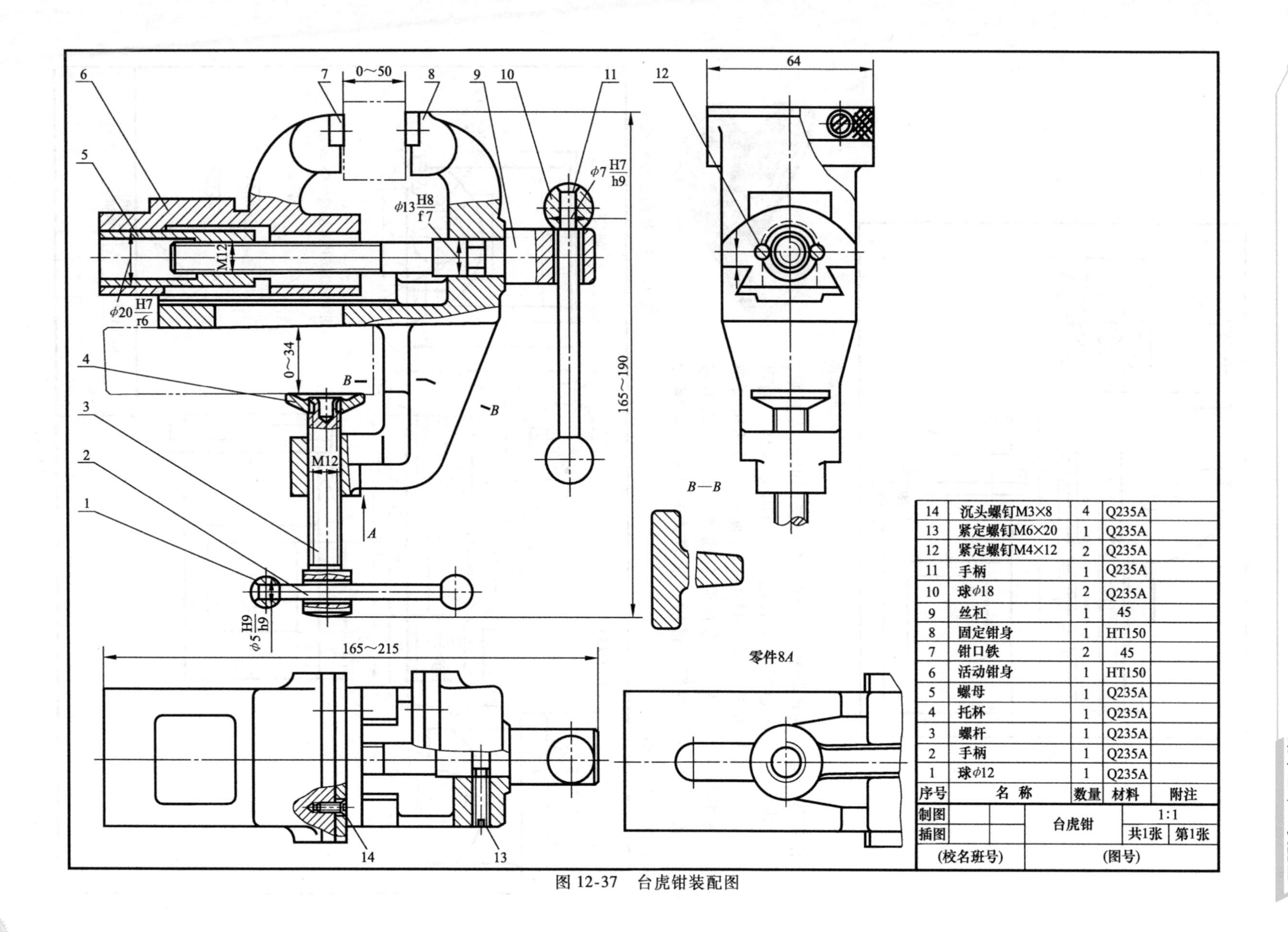

序号	名称	数量	材料	附注
14	沉头螺钉M3×8	4	Q235A	
13	紧定螺钉M6×20	1	Q235A	
12	紧定螺钉M4×12	2	Q235A	
11	手柄	1	Q235A	
10	球φ18	2	Q235A	
9	丝杠	1	45	
8	固定钳身	1	HT150	
7	钳口铁	2	45	
6	活动钳身	1	HT150	
5	螺母	1	Q235A	
4	托杯	1	Q235A	
3	螺杆	1	Q235A	
2	手柄	1	Q235A	
1	球φ12	1	Q235A	

制图		台虎钳	1:1	
描图			共1张	第1张
(校名班号)		(图号)		

图 12-37 台虎钳装配图

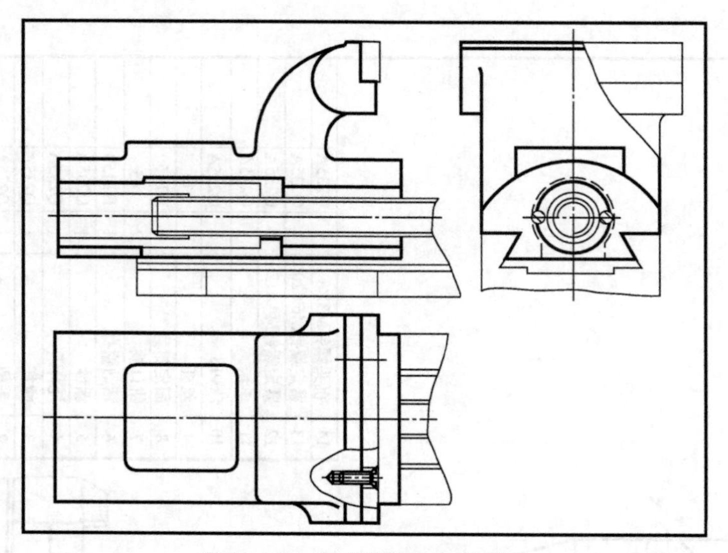

图 12-38　活动钳身分离示意图

图 12-39　活动钳身轴测图

根据零件本身的形状特点，重新选择视图的表达方案。如果装配图上的视图也适用于表达所拆画出的零件，则可以选择基本一致的方案，画图时可以方便些。活动钳身仍取装配图中的三个视图，但考虑到右端钳口部分反映不够明显，再增加一个右视图。最后，所表达的活动钳身零件图如图 12-40 所示。

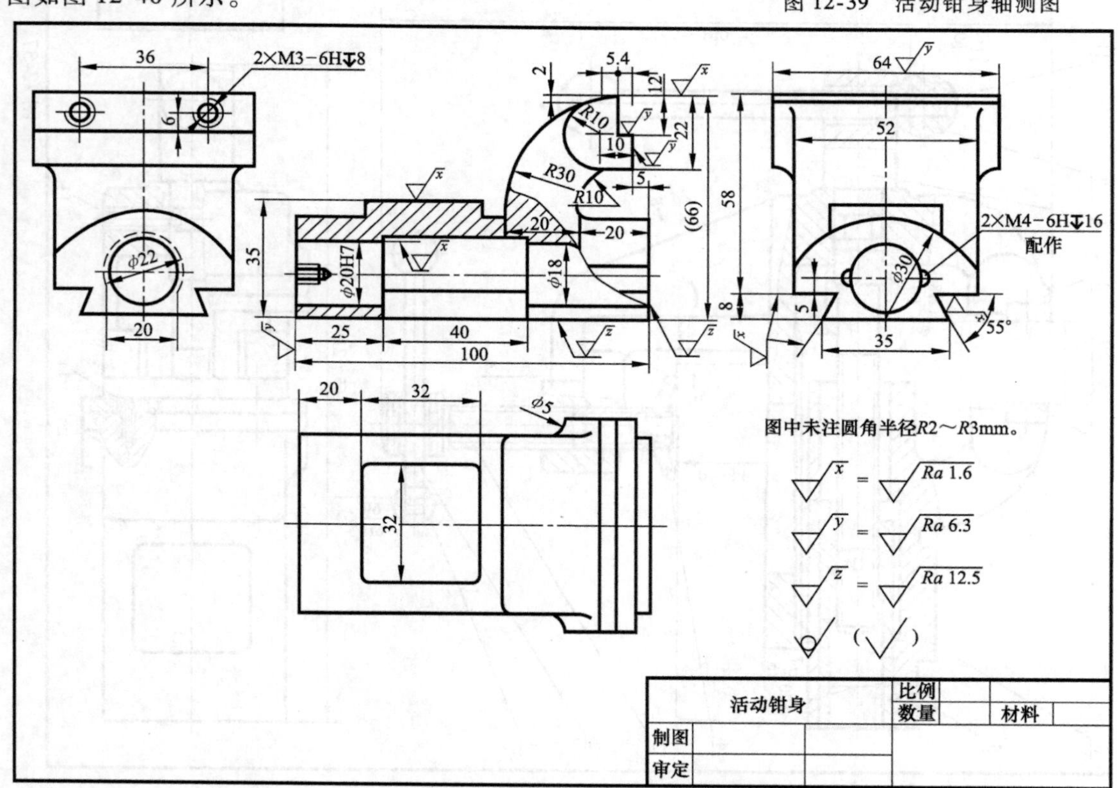

图 12-40　活动钳身零件图

思考题

1. 装配图的作用是什么?
2. 装配图与零件图有什么区别?
3. 装配图中相邻两零件的剖面线有什么要求?
4. 装配图中对实心的零件在剖视图中有何要求?
5. 装配图中的尺寸需要标注哪些?
6. 装配图中零件的序号在排列时有什么要求?
7. 装配图中明细栏的序号为什么要从下向上排列?
8. 由零件图画装配图时应该注意哪些问题?

附　　录

附录A 螺　纹

1. 普通螺纹（见表 A-1）

表 A-1　普通螺纹直径与螺距（摘自 GB/T 193—2003）　（单位：mm）

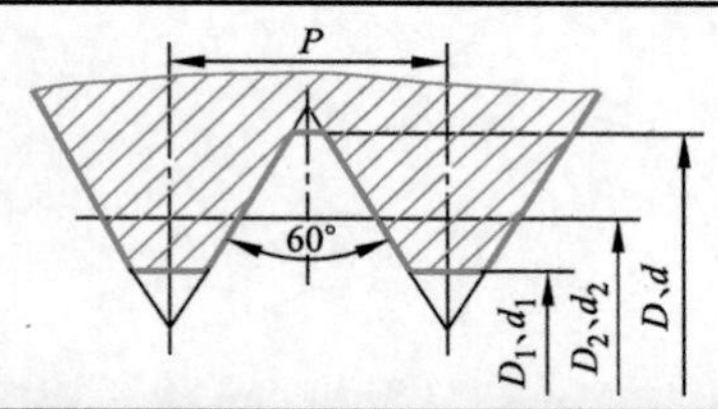

标记示例

公称直径 24mm，螺距为 3mm 的粗牙右旋普通螺纹：M24

公称直径 24mm，螺距为 1.5mm 的细牙左旋普通螺纹：M24×1.5-LH

公称直径 D、d			螺距 P	
第一系列	第二系列	第三系列	粗牙	细牙
1	1.1		0.25	0.2
1.2				
	1.4		0.3	
1.6	1.8		0.35	
2			0.4	0.25
	2.2		0.45	
2.5				0.35
3			0.5	
	3.5		0.6	
4			0.7	0.5
	4.5		0.75	
5			0.8	
		5.5		
6			1	0.75
	7			
8			1.25	1,0.75
		9		
10			1.5	1.25,1,0.75
		11	1.5	1.5,1,0.75
12			1.75	1.25,1
	14		2	1.5,1.25,1

公称直径 D、d			螺距 P	
第一系列	第二系列	第三系列	粗牙	细牙
		15		1.5,1
16			2	
		17		
	18		2.5	2,1.5,1
20				
	22			
24			3	
		25		
		26		1.5
	27		3	2,1.5,1
		28		
30			3.5	(3),2,1.5,1
		32		2,1.5
	33		3.5	(3),2,1.5
		35		1.5
36			4	3,2,1.5
		38		1.5
	39		4	3,2,1.5
		40		
42			4.5	4,3,2,1.5
	45			
48			5	
		50		3,2,1.5

注：1. 优先选用第一系列，第三系列尽可能不用。

2. 括号内的尺寸尽可能不用。

2. 非密封管螺纹（表 A-2）

表 A-2　非密封管螺纹（GB/T 7307—2001）　　（单位：mm）

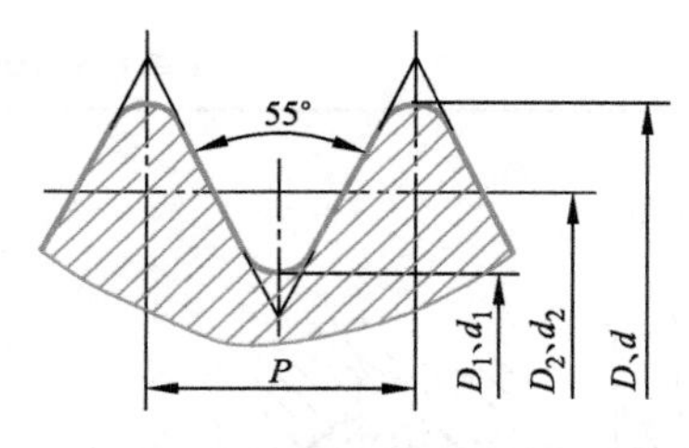

标记示例

尺寸代号 1½，内螺纹：G1½

尺寸代号 1½，A 级外螺纹：G1½A

尺寸代号 1½，B 级外螺纹：左旋：G1½B-LH

尺寸代号	每 25.4 mm 内的牙数 n	螺距 P	公称直径		
			大径 $d=D$	中径 $d_2=D_2$	小径 $d_1=D_1$
1/8	28	0.907	9.728	9.147	8.566
1/4	19	1.337	13.157	12.301	11.445
3/8	19	1.337	16.662	15.806	14.950
1/2	14	1.814	20.955	19.793	18.631
5/8	14	1.814	22.911	21.749	20.587
3/4	14	1.814	26.441	25.279	24.117
7/8	14	1.814	30.201	29.039	27.877
1	11	2.309	33.249	31.770	30.291
1⅛	11	2.309	37.897	36.418	34.939
1¼	11	2.309	41.910	40.431	38.952
1½	11	2.309	47.803	46.324	44.845
1¾	11	2.309	53.746	52.267	50.788
2	11	2.309	59.614	58.135	56.656
2¼	11	2.309	65.710	64.231	62.752
2½	11	2.309	75.184	73.705	72.226
2¾	11	2.309	81.534	80.055	78.576
3	11	2.309	87.884	86.405	84.926
3½	11	2.309	100.330	98.851	97.372
4	11	2.309	113.030	111.551	110.072

附录B 键

表 B-1 普通平键 （单位：mm）

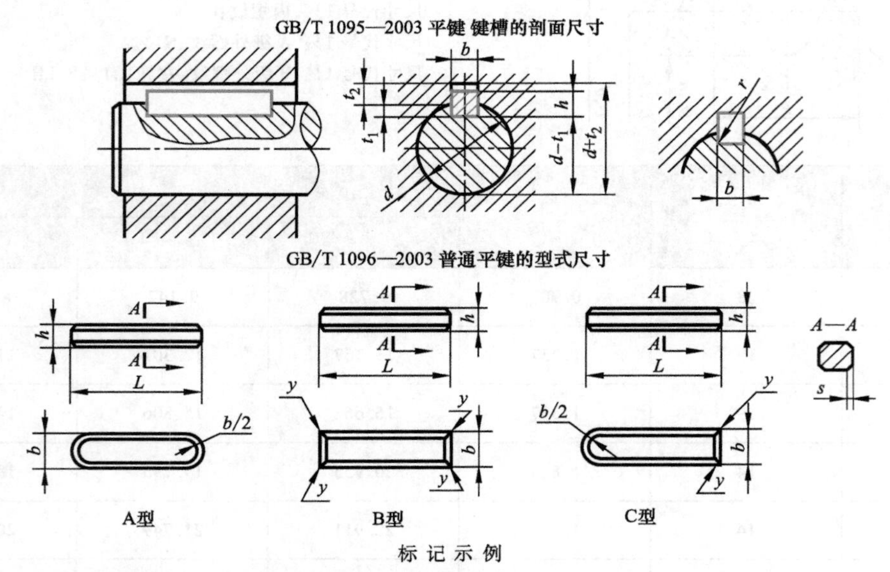

标 记 示 例

宽度 $b=16$mm、高度 $h=10$mm、长度 $L=100$mm 的普通 A 型平键：GB/T 1096 键 16×10×100

轴径 d	键的公称尺寸			键槽												s
				宽度 b						深度				半径 r		
				b	极限偏差					轴		毂				
					松联接		正常联接		紧密联接							
	b	h	L		轴 H9	毂 D10	轴 N9	毂 JS9	轴和毂 P9	t_1	极限偏差	t_2	极限偏差	min	max	
6~8	2	2	6~20	2	+0.025 0	+0.060 +0.020	−0.004 −0.029	±0.0125	−0.006 −0.031	2	+0.1 0	1.0	+0.1 0	0.08	0.16	0.16~0.25
>8~10	3	3	6~36	3						1.8		1.4				
>10~12	4	4	8~45	4	+0.030 0	+0.078 +0.030	0 −0.030	±0.015	−0.012 −0.042	2.5	+0.1 0	1.8	+0.1 0	0.08	0.16	
>12~17	5	5	10~56	5						3.0		2.3		0.16	0.25	0.25~0.40
>17~22	6	6	14~70	6						3.5		2.8				
>22~30	8	7	18~90	8	+0.036 0	+0.098 +0.040	0 −0.036	±0.018	−0.015 −0.051	4.0	+0.2 0	3.3	+0.2 0			
>30~38	10	8	22~110	10						5.0		3.3		0.25	0.40	0.40~0.60
>38~44	12	8	28~140	12	+0.043 0	+0.120 +0.050	0 −0.043	±0.0215	−0.018 −0.061	5.0		3.3				
>44~50	14	9	36~160	14						5.5		3.8				
>50~58	16	10	45~180	16						6.0		4.3				
>58~65	18	11	50~200	18						7.0		4.4				
L 系列	6、8、10、12、14、16、18、20、22、25、28、32、36、40、45、50、56、63、70、80、90、100、110、125、140、160、180、200															

注：（$d-t_1$）和（$d+t_2$）的极限偏差按相应的 t_1 和 t_2 的极限偏差选取，但（$d-t_1$）的极限偏差值应取负号。

附录C 销

1. 圆锥销（表 C-1）

表 C-1 圆锥销（摘自 GB/T 117—2000） （单位：mm）

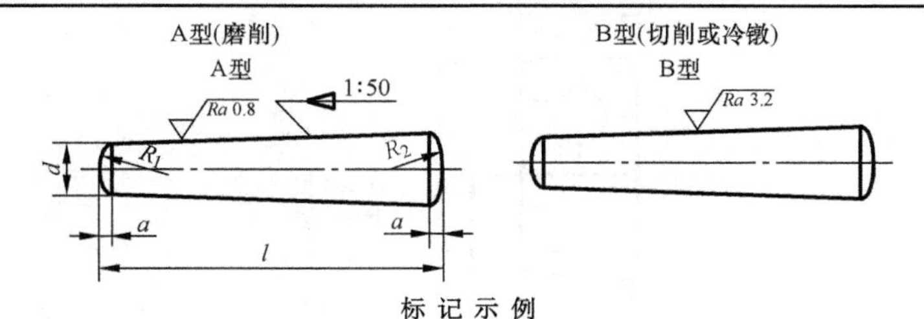

标记示例

公称直径 $d=10$、长度 $l=60$、材料为 35 钢、热处理硬度 28～38HRC、表面氧化处理的 A 型圆锥销：

销 GB/T 117 10×60

d(h10)	0.6	0.8	1	1.2	1.5	2	2.5	3	4	5
a≈	0.08	0.1	0.12	0.16	0.2	0.25	0.3	0.4	0.5	0.63
l(商品规格范围公称长度)	4～8	5～12	6～16	6～20	8～24	10～35	10～35	12～45	14～55	18～60
d(公称)	6	8	10	12	16	20	25	30	40	50
a≈	0.8	1	1.2	1.6	2	2.5	3	4	5	6.3
l(商品规格范围公称长度)	22～90	22～120	26～160	32～180	40～200	45～200	50～200	55～200	60～200	65～200

2. 圆柱销（表 C-2）

表 C-2 圆柱销不淬硬钢和奥氏体不锈钢（摘自 GB/T 119.1—2000） （单位：mm）

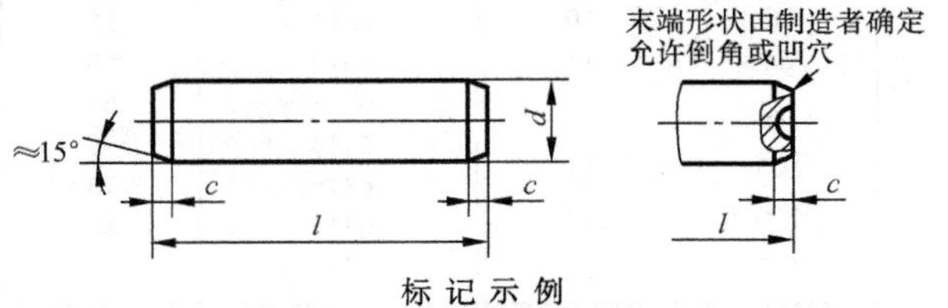

标记示例

公称直径 $d=6$、公差为 m6、公称长度 $l=30$、材料为钢、不经淬火、不经表面处理的圆柱销的标记：

销 GB/T 119.1 6m6×30

公称直径 d(m6/h8)	0.6	0.8	1	1.2	1.5	2	2.5	3	4	5
c≈	0.12	0.16	0.20	0.25	0.30	0.35	0.40	0.50	0.63	0.80
l(商品规格范围公称长度)	2～6	2～8	4～10	4～12	4～16	6～20	6～24	8～30	8～40	10～50
公称直径 d(m6/h8)	6	8	10	12	16	20	25	30	40	50
c≈	1.2	1.6	2.0	2.5	3.0	3.5	4.0	5.0	6.3	8.0
l(商品规格范围公称长度)	12～60	14～80	18～95	22～140	26～180	35～200	50～200	60～200	80～200	95～200
l系列	2、3、4、5、6、8、10、12、14、16、18、20、22、24、26、28、30、32、35、40、45、50、55、60、65、70、75、80、85、90、95、100、120、140、160、180、200									

注：1. 材料用钢时硬度要求为 125～245 HV30，用奥氏体不锈钢 Al（GB/T 3098.6）时硬度要求 210～280 HV30。
2. 公差 m6：$Ra \leqslant 0.8\mu m$；公差 h8：$Ra \leqslant 1.6\mu m$。

附录D 轴 承

表 D-1 深沟球轴承（摘自 GB/T 276—1994）

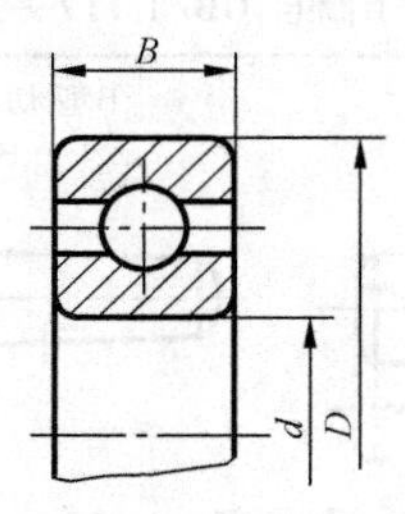

轴承代号	外形尺寸/mm			轴承代号	外形尺寸/mm		
	d	D	B		d	D	B
0 系列				3 系列			
16001	12	28	7	6300	10	32	11
16002	15	32	8	6301	12	35	12
16003	17	35	8	6302	15	37	13
16004	20	42	8	6303	17	42	14
16005	25	47	8	6304	20	52	15
16006	30	55	9	6305	25	62	16
16007	35	62	9	6306	30	72	17
16008	40	68	9	6307	35	80	18
16009	45	75	10	6308	40	90	19
16010	50	80	10	6309	45	100	20
16011	55	90	11	6310	50	110	21
16012	60	95	11	6311	55	120	22
16013	65	100	11	6312	60	130	23
16014	70	110	13	6313	65	140	24
16015	75	115	13	6314	70	150	25
				6315	75	160	37
				6316	80	170	39
				6317	85	180	41
2 系列				4 系列			
6201	12	32	10	6403	17	62	17
6202	15	35	11	6404	20	72	19
6203	17	40	12	6405	25	80	21
6204	20	47	14	6406	30	90	23
6205	25	52	15	6407	35	100	25
6206	30	62	16	6408	40	110	27
6207	35	72	17	6409	45	120	29
6208	40	80	18	6410	50	130	31
6209	45	85	19	6411	55	140	33
6210	50	90	20	6412	60	150	35
6211	55	100	21	6413	65	160	37
6212	60	110	22	6414	70	180	42
6213	65	120	23	6415	75	190	45
6214	70	125	24	6416	80	200	48
6215	75	130	25	6417	85	210	52

附录 E 极限与配合

表 E-1 标准公差数值（摘自 GB/T 1800.1—2009）

公称尺寸/mm		标准公差等级																	
		IT1	IT2	IT3	IT4	IT5	IT6	IT7	IT8	IT9	IT10	IT11	IT12	IT13	IT14	IT15	IT16	IT17	IT18
大于	至	μm											mm						
—	3	0.8	1.2	2	3	4	6	10	14	25	40	60	0.1	0.14	0.25	0.4	0.6	1	1.4
3	6	1	1.5	2.5	4	5	8	12	18	30	48	75	0.12	0.18	0.3	0.48	0.75	1.2	1.8
6	10	1	1.5	2.5	4	6	9	15	22	36	58	90	0.15	0.22	0.36	0.58	0.9	1.5	2.2
10	18	1.2	2	3	5	8	11	18	27	43	70	110	0.18	0.27	0.43	0.7	1.1	1.8	2.7
18	30	1.5	2.5	4	6	9	13	21	33	52	84	130	0.21	0.33	0.52	0.84	1.3	2.1	3.3
30	50	1.5	2.5	4	7	11	16	25	39	62	100	160	0.25	0.39	0.62	1	1.6	2.5	3.9
50	80	2	3	5	8	13	19	30	46	74	120	190	0.3	0.46	0.74	1.2	1.9	3	4.6
80	120	2.5	4	6	10	15	22	35	54	87	140	220	0.35	0.54	0.87	1.4	2.2	3.5	5.4
120	180	3.5	5	8	12	18	25	40	63	100	160	250	0.4	0.63	1	1.6	2.5	4	6.3
180	250	4.5	7	10	14	20	29	46	72	115	185	290	0.46	0.72	1.15	1.85	2.9	4.6	7.2
250	315	6	8	12	16	23	32	52	81	130	210	320	0.52	0.81	1.3	2.1	3.2	5.2	8.1
315	400	7	9	13	18	25	36	57	89	140	230	360	0.57	0.89	1.4	2.3	3.6	5.7	8.9
400	500	8	10	15	20	27	40	63	97	155	250	400	0.63	0.97	1.55	2.5	4	6.3	9.7
500	630	9	11	16	22	32	44	70	110	175	280	440	0.7	1.1	1.75	2.8	4.4	7	11
630	800	10	13	18	25	36	50	80	125	200	320	500	0.8	1.25	2	3.2	5	8	12.5
800	1000	11	15	21	28	40	56	90	140	230	360	560	0.9	1.4	2.3	3.6	5.6	9	14
1000	1250	13	18	24	33	47	65	105	165	260	420	660	1.05	1.65	2.6	4.2	6.6	10.5	16.5
1250	1600	15	21	29	39	55	78	125	195	310	500	780	1.25	1.95	3.1	5	7.8	12.5	19.5
1600	2000	18	25	35	46	65	92	150	230	370	600	920	1.5	2.3	3.7	6	9.2	15	23
2000	2500	22	30	41	55	78	110	175	280	440	700	1100	1.75	2.8	4.4	7	11	17.5	28
2500	3150	26	36	50	68	96	135	210	330	540	860	1350	2.1	3.3	5.4	8.6	13.5	21	33

注：1. 公称尺寸大于 500mm 的 IT1 ~ IT5 的标准公差数值为试行的。

2. 公称尺寸小于或等于 1mm 时，无 IT14 ~ IT18。

表 E-2 孔的基本偏差

公称尺寸/mm		基本偏																		
		下极限偏差 EI																		
大于	至	所有标准公差等级											IT6	IT7	IT8	≤IT8	>IT8	≤IT8	>IT8
		A	B	C	CD	D	E	EF	F	FG	G	H	JS	J			K		M	
—	3	+270	+140	+60	+34	+20	+14	+10	+6	+4	+2	0	偏差=$\pm\frac{IT_n}{2}$，式中IT_n是IT值数	+2	+4	+6	0	0	−2	−2
3	6	+270	+140	+70	+46	+30	+20	+14	+10	+6	+4	0		+5	+6	+10	−1+Δ	—	−4+Δ	−4
6	10	+280	+150	+80	+56	+40	+25	+18	+13	+8	+5	0		+5	+8	+12	−1+Δ	—	−6+Δ	−6
10	14	+290	+150	+95	—	+50	+32	—	+16	—	+6	0		+6	+10	+15	−1+Δ	—	−7+Δ	−7
14	18																			
18	24	+300	+160	+110	—	+65	+40	—	+20	—	+7	0		+8	+12	+20	−2+Δ	—	−8+Δ	−8
24	30																			
30	40	+310	+170	+120	—	+80	+50	—	+25	—	+9	0		+10	+14	+24	−2+Δ	—	−9+Δ	−9
40	50	+320	+180	+130																
50	65	+340	+190	+140	—	+100	+60	—	+30	—	+10	0		+13	+18	+28	−2+Δ	—	−11+Δ	−11
65	80	+360	+200	+150																
80	100	+380	+220	+170	—	+120	+72	—	+36	—	+12	0		+16	+22	+34	−3+Δ	—	−13+Δ	−13
100	120	+410	+240	+180																
120	140	+460	+260	+200	—	+145	+85	—	+43	—	+14	0		+18	+26	+41	−3+Δ	—	−15+Δ	−15
140	160	+520	+280	+210																
160	180	+580	+310	+230																
180	200	+660	+340	+240	—	+170	+100	—	+50	—	+15	0		+22	+30	+47	−4+Δ	—	−17+Δ	−17
200	225	+740	+380	+260																
225	250	+820	+420	+280																
250	280	+920	+480	+300	—	+190	+110	—	+56	—	+17	0		+25	+36	+55	−4+Δ	—	−20+Δ	−20
280	315	+1050	+540	+330																
315	355	+1200	+600	+360	—	+210	+125	—	+62	—	+18	0		+29	+39	+60	−4+Δ	—	−21+Δ	−21
355	400	+1350	+680	+400																
400	450	+1500	+760	+440	—	+230	+135	—	+68	—	+20	0		+33	+43	+66	−5+Δ	—	−23+Δ	−23
450	500	+1650	+840	+480																

注：1. 公称尺寸小于或等于1mm时，基本偏差A和B及大于IT8的N均不采用。公差带JS7至JS11，若IT_n值数是

2. 对小于或等于IT8的K、M、N和小于或等于IT7的P至ZC，所需Δ值从表内右侧选取。例如：18～30mm段

特殊情况：250～315mm段的M6，ES＝－9μm（代替－11μm）。

数值（摘自 GB/T 1800.1—2009） （单位：μm）

差数值 上极限偏差 ES															Δ 值					
≤IT8	>IT8	≤IT7	标准公差等级大于 IT7												标准公差等级					
N		P 至 ZC	P	R	S	T	U	V	X	Y	Z	ZA	ZB	ZC	IT3	IT4	IT5	IT6	IT7	IT8
-4	-4	在大于IT7的相应数值上增加一个Δ值	-6	-10	-14	—	-18	—	-20	—	-26	-32	-40	-60	0	0	0	0	0	0
-8+Δ	0		-12	-15	-19	—	-23	—	-28	—	-35	-42	-50	-80	1	1.5	1	3	4	6
-10+Δ	0		-15	-19	-23	—	-28	—	-34	—	-42	-52	-67	-97	1	1.5	2	3	6	7
-12+Δ	0		-18	-23	-28	—	-33	—	-40	—	-50	-64	-90	-130	1	2	3	3	7	9
								-39	-45	—	-60	-77	-108	-150						
-15+Δ	0		-22	-28	-35	—	-41	-47	-54	-63	-73	-98	-136	-188	1.5	2	3	4	8	12
						-41	-48	-55	-64	-75	-88	-118	-160	-218						
-17+Δ	0		-26	-34	-43	-48	-60	-68	-80	-94	-112	-148	-200	-274	1.5	3	4	5	9	14
						-54	-70	-81	-97	-114	-136	-180	-242	-325						
-20+Δ	0		-32	-41	-53	-66	-87	-102	-122	-144	-172	-226	-300	-405	2	3	5	6	11	16
				-43	-59	-75	-102	-120	-146	-174	-210	-274	-360	-480						
-23+Δ	0		-37	-51	-71	-91	-124	-146	-178	-214	-258	-335	-445	-585	2	4	5	7	13	19
				-54	-79	-104	-144	-172	-210	-254	-310	-400	-525	-690						
-27+Δ	0		-43	-63	-92	-122	-170	-202	-248	-300	-365	-470	-620	-800	3	4	6	7	15	23
				-65	-100	-134	-190	-228	-280	-340	-415	-535	-700	-900						
				-68	-108	-146	-210	-252	-310	-380	-465	-600	-780	-1000						
-31+Δ	0		-50	-77	-122	-166	-236	-284	-350	-425	-520	-670	-880	-1150	3	4	6	9	17	26
				-80	-130	-180	-258	-310	-385	-470	-575	-740	-960	-1250						
				-84	-140	-196	-284	-340	-425	-520	-640	-820	-1050	-1350						
-34+Δ	0		-56	-94	-158	-218	-315	-385	-475	-580	-710	-920	-1200	-1550	4	4	7	9	20	29
				-98	-170	-240	-350	-425	-525	-650	-790	-1000	-1300	-1700						
-37+Δ	0		-62	-108	-190	-268	-390	-475	-590	-730	-900	-1150	-1500	-1900	4	5	7	11	21	32
				-114	-208	-294	-435	-530	-660	-820	-1000	-1300	-1650	-2100						
-40+Δ	0		-68	-126	-232	-330	-490	-595	-740	-920	-1100	-1450	-1850	-2400	5	5	7	13	23	34
				-132	-252	-360	-540	-660	-820	-1000	-1250	-1600	-2100	-2600						

奇数，则取偏差 = ±(IT_n - 1)/2。

的 K7，Δ = 8μm，所以 ES = -2μm + 8μm = +6μm；18 ~ 30mm 段的 S6，Δ = 4μm，所以 ES = -35μm + 4μm = -31μm。

表 E-3　轴的基本偏差

公称尺寸/mm		基本偏差数值（上极限偏差 es）														
		所有标准公差等级												IT5 和 IT6	IT7	IT8
大于	至	a	b	c	cd	d	e	ef	f	fg	g	h	js	j		
—	3	−270	−140	−60	−34	−20	−14	−10	−6	−4	−2	0	偏差 = $\pm\frac{IT_n}{2}$，式中 IT_n 是 IT 值数	−2	−4	−6
3	6	−270	−140	−70	−46	−30	−20	−14	−10	−6	−4	0		−2	−4	
6	10	−280	−150	−80	−56	−40	−25	−18	−13	−8	−5	0		−2	−5	
10	14	−290	−150	−95		−50	−32		−16		−6	0		−3	−6	
14	18															
18	24	−300	−160	−110		−65	−40		−20		−7	0		−4	−8	
24	30															
30	40	−310	−170	−120		−80	−50		−25		−9	0		−5	−10	
40	50	−320	−180	−130												
50	65	−340	−190	−140		−100	−60		−30		−10	0		−7	−12	
65	80	−360	−200	−150												
80	100	−380	−220	−170		−120	−72		−36		−12	0		−9	−15	
100	120	−410	−240	−180												
120	140	−460	−260	−200		−145	−85		−43		−14	0		−11	−18	
140	160	−520	−280	−210												
160	180	−580	−310	−230												
180	200	−660	−340	−240		−170	−100		−50		−15	0		−13	−21	
200	225	−740	−380	−260												
225	250	−820	−420	−280												
250	280	−920	−480	−300		−190	−110		−56		−17	0		−16	−26	
280	315	−1050	−540	−330												
315	355	−1200	−600	−360		−210	−125		−62		−18	0		−18	−28	
355	400	−1350	−680	−400												
400	450	−1500	−760	−440		−230	−135		−68		−20	0		−20	−32	
450	500	−1650	−840	−480												

注：公称尺寸小于或等于 1mm 时，基本偏差 a 和 b 均不采用。公差带 js7 ~ js11，若 IT_n 值数是奇数，则取偏差 = $\pm\frac{IT_n-1}{2}$。

数值（摘自 GB/T 1800.1—2009）　　　　　　　　（单位：μm）

基本偏差数值（下极限偏差 ei）															
IT4 ~ IT7	≤IT3 > IT7	所有标准公差等级													
k		m	n	p	r	s	t	u	v	x	y	z	za	zb	zc
0	0	+2	+4	+6	+10	+14		+18		+20		+26	+32	+40	+60
+1	0	+4	+8	+12	+15	+19		+23		+28		+35	+42	+50	+80
+1	0	+6	+10	+15	+19	+23		+28		+34		+42	+52	+67	+97
+1	0	+7	+12	+18	+23	+28		+33		+40		+50	+64	+90	+130
									+39	+45		+60	+77	+108	+150
+2	0	+8	+15	+22	+28	+35		+41	+47	+54	+63	+73	+98	+136	+188
							+41	+48	+55	+64	+75	+88	+118	+160	+218
+2	0	+9	+17	+26	+34	+43	+48	+60	+68	+80	+94	+112	+148	+200	+274
							+54	+70	+81	+97	+114	+136	+180	+242	+325
+2	0	+11	+20	+32	+41	+53	+66	+87	+102	+122	+144	+172	+226	+300	+405
					+43	+59	+75	+102	+120	+146	+174	+210	+274	+360	+480
+3	0	+13	+23	+37	+51	+71	+91	+124	+146	+178	+214	+258	+335	+445	+585
					+54	+79	+104	+144	+172	+210	+254	+310	+400	+525	+690
+3	0	+15	+27	+43	+63	+92	+122	+170	+202	+248	+300	+365	+470	+620	+800
					+65	+100	+134	+190	+228	+280	+340	+415	+535	+700	+900
					+68	+108	+146	+210	+252	+310	+380	+465	+600	+780	+1000
+4	0	+17	+31	+50	+77	+122	+166	+236	+284	+350	+425	+520	+670	+880	+1150
					+80	+130	+180	+258	+310	+385	+470	+575	+740	+960	+1250
					+84	+140	+196	+284	+340	+425	+520	+640	+820	+1050	+1350
+4	0	+20	+34	+56	+94	+158	+218	+315	+385	+475	+580	+710	+920	+1200	+1550
					+98	+170	+240	+350	+425	+525	+650	+790	+1000	+1300	+1700
+4	0	+21	+37	+62	+108	+190	+268	+390	+475	+590	+730	+900	+1150	+1500	+1900
					+114	+208	+294	+435	+530	+660	+820	+1000	+1300	+1650	+2100
+5	0	+23	+40	+68	+126	+232	+330	+490	+595	+740	+920	+1100	+1450	+1850	+2400
					+132	+252	+360	+540	+660	+820	+1000	+1250	+1600	+2100	+2600